Wolfgang Nolting

Grundkurs Theoretische Physik
1 Klassische Mechanik

Grundkurs Theoretische Physik

Von Wolfgang Nolting

1 Klassische Mechanik
Mathematische Vorbereitung – Mechanik des freien Massenpunktes – Mechanik der Mehr-Teilchen-Systeme – Der starre Körper

2 Analytische Mechanik
Lagrange-Mechanik – Hamilton-Mechanik – Hamilton-Jacobi-Theorie

3 Elektrodynamik
Mathematische Vorbereitung – Elektrostatik – Magnetostatik – Elektrodynamik

4 Spezielle Relativitätstheorie, Thermodynamik
Spezielle Relativitätstheorie: Grundlagen – Kovariante vierdimensionale Formulierung – Thermodynamik: Grundbegriffe – Hauptsätze – Thermodynamische Potentiale – Phasen und Phasenübergänge

5 Quantenmechanik
Teil 1: Grundlagen
Induktive Begründung der Wellenmechanik – Schrödinger-Gleichung – Grundlagen der Quantenmechanik (Dirac-Formalismus) – Einfache Modellsysteme

Teil 2: Methoden und Anwendungen
Quantentheorie des Drehimpulses – Zentralpotential – Näherungsmethoden – Mehr-Teilchen-Systeme – Streutheorie

6 Statistische Physik
Klassische Statistische Physik – Quantenstatistik – Quantengase – Phasenübergänge

7 Viel-Teilchen-Theorie
Die zweite Quantisierung – Viel-Teilchen-Modellsysteme – Green-Funktion – Wechselwirkende Teilchen-Systeme – Störungstheorie ($T = 0$) – Störungstheorie bei endlichen Temperaturen

Wolfgang Nolting

Grundkurs Theoretische Physik 1 Klassische Mechanik

Mit 183 Abbildungen und 74 Aufgaben
mit vollständigen Lösungen

5., verbesserte Auflage

vieweg

Prof. Dr. rer. nat. W. Nolting
Humboldt-Universität Berlin

Die 1. bis 4. Auflage des Buches erschienen
im Verlag Zimmermann-Neufang, Ulmen

Der Verlag Vieweg ist ein Unternehmen der Bertelsmann Fachinformation GmbH.

Umschlag: Klaus Birk, Wiesbaden
Druck und buchbinderische Verarbeitung: Lengericher Handelsdruckerei, Lengerich
Gedruckt auf säurefreiem Papier
Printed in Germany

ISBN 3-528-16931-1

VORWORT

Physikalische Beobachtungen und Erkenntnisse werden abstrakt als **Physikalische Theorien** zusammengefaßt. Die wichtigsten Theorien dieser Art, die die Grundlagen für die heutige Theoretische Physik darstellen, sind

1) (Klassische) Mechanik (Bewegungslehre)
2) Analytische Mechanik
3) Elektrodynamik (Elektrizitätslehre)
4) Relativitätstheorie
5) Thermodynamik (Wärmelehre)
6) Quantenmechanik
7) Statistische Mechanik

Der **Grundkurs: Theoretische Physik** soll in mehreren Bänden das Minimalprogramm des Theoretischen Physikers abdecken. Der vorliegende erste Band befaßt sich mit der **Klassischen Mechanik**. Gegenstand derselben ist die

> *Analyse der Gesetzmäßigkeiten, nach denen sich materielle Körper unter dem Einfluß von Kräften im Raum und in der Zeit bewegen.*

In diese Formulierung gehen bereits einige Grundbegriffe ein, deren strenge Definitionen durchaus nicht-trivial sind und deshalb noch sorgfältig erarbeitet werden müssen. Einige von diesen Begriffen werden wir sogar zunächst als mehr oder weniger *selbstverständliche* Grunderfahrungstatsachen ohne exakte physikalische Definitionen hinnehmen müssen. Unter einem **materiellen Körper** wollen wir einen zeitlich und räumlich lokalisierbaren Gegenstand verstehen, der mit *(träger) Masse* behaftet ist. Den Massenbegriff werden wir später genauer zu diskutieren haben. Das gilt auch für den Begriff der Kraft. Kräfte sorgen für Änderungen des Bewegungszustandes des betrachteten Körpers. Der Raum, der unserer Anschauung entspricht, ist der dreidimensionale, euklidische Raum E_3. Er ist nach allen Seiten unbegrenzt, homogen und isotrop, d.h., Translationen (Verschiebungen) und Rotationen (Drehungen) unserer Welt in diesem Raum verändern diese nicht. Auch die Zeit ist eine Grunderfahrungstatsache, von der wir wissen, daß sie existiert und unwiderruflich vergeht. Sie ist ebenfalls homogen, d.h., kein Zeitpunkt ist gegenüber dem anderen in irgendeiner Weise a priori ausgezeichnet. Nur **Zeitdifferenzen** sind deshalb von Bedeutung.

Zur Beschreibung der Naturvorgänge benötigt der Physiker als entscheidende Hilfsdisziplin die Mathematik. Es ist unerläßlich, daß sich der Physikstudent im Laufe seines Studiums mit den folgenden mathematischen Theorien und Methoden vertraut macht:

1) Differential- und Integralrechnung einer oder mehrerer Veränderlicher,
2) Vektoralgebra,
3) Differentialgleichungen,
4) Funktionentheorie,
5) Gruppentheorie.

Das Dilemma besteht nun darin, daß **Theoretische Mechanik** in angemessener Weise nur dann vermittelt werden kann, wenn dem Studienanfänger das entsprechende Rüstzeug bereits zur Verfügung steht. Diese Voraussetzung ist jedoch nicht gegeben. Der vorliegende erste Band des **Grundkurses: Theoretische Physik** beginnt deshalb mit einer komprimierten mathematischen Einführung, die in knapper Form all das präsentieren soll, was für das vertiefte Verständnis der **Theoretischen Mechanik** unbedingt vonnöten ist. Es versteht sich von selbst, daß dann nicht alle mathematischen Theorien mit absoluter Strenge bewiesen und abgeleitet werden können. Da muß bisweilen ein Verweis auf entsprechende mathematische Vorlesungen und Lehrbücher erlaubt sein. Ich habe mich aber trotzdem um eine halbwegs abgerundete Darstellung bemüht, wobei speziellere mathematische Abhandlungen allerdings erst an den Stellen in den Text eingeschoben werden, an denen sie direkt benötigt werden.

Der **Grundkurs: Theoretische Physik** ist im Zusammenhang mit Vorlesungen entstanden, die ich an der Universität Münster abgehalten habe. Das animierende Interesse der Studenten an meinem Vorlesungsskript hat mich dazu verleitet, besondere Mühe in die Darstellung zu investieren. Die Entstehungsgeschichte dieses Grundkurses erklärt auch die Absicht, die mit dieser Buchreihe verfolgt wird. Sie soll dem Studenten möglichst direkt das Grundgerüst der Theoretischen Physik vermitteln, soll also ein direkter Begleiter des Grundstudiums sein. Für ein weiterführendes vertieftes Studium muß dann auf die Spezialliteratur verwiesen werden. Zahlreiche Übungsaufgaben mit ausführlichen Musterlösungen sollen das Erlernte vertiefen helfen. Nach jedem größeren Kapitel werden Kontrollfragen angeboten, die zum Selbsttest dienen und auf entsprechende Prüfungen vorbereiten sollen.

Mein besonderer Dank gilt an dieser Stelle den Studenten, die im Wintersemester 1986/87 an der Universität Münster an meinem Kurs zur **Theoretischen Mechanik** teilgenommen und durch konstruktive Kritik zu dessen Gelingen maßgeblich beigetragen haben. Herrn Prof. Dr. V. Dose, MPI f. Plasmaphysik, Garching, danke ich für die gewährte Gastfreundschaft und für wertvolle Unterstützung in vielerlei Hinsicht ganz herzlich. Nicht unerwähnt bleiben soll die erfreuliche Zusammenarbeit mit dem Verlag Zimmermann-Neufang, insbesondere mit Herrn Prof. Dr. O. Neufang.

München, im Oktober 1988 Wolfgang Nolting

INHALTSVERZEICHNIS

1 MATHEMATISCHE VORBEREITUNGEN

1.1 Vektoren

Um eine physikalische Größe festzulegen, werden drei Angaben benötigt:

Dimension, Maßeinheit, Maßzahl.

Man klassifiziert die physikalischen Größen als

Skalare, Vektoren, Tensoren, ...

Tensoren werden zunächst nicht vorkommen. Wir erläutern den Tensorbegriff deshalb später.

Skalar: Größe, die nach Festlegung von Dimension und Maßeinheit vollständig durch Angabe einer Maßzahl charakterisiert ist (z.B. Masse, Volumen, Temperatur, Druck, Wellenlänge, ...).

Vektor: Größe, die zusätzlich die Angabe einer Richtung benötigt (z.B. Verschiebung, Geschwindigkeit, Beschleunigung, Impuls, Kraft, ...).

Der begrifflich einfachste Vektor ist der Verschiebungs- oder

Ortsvektor,

mit dem man die Punkte des euklidischen Raumes E_3 beschreiben kann. Dazu definiert man zunächst einen

Koordinatenursprung 0

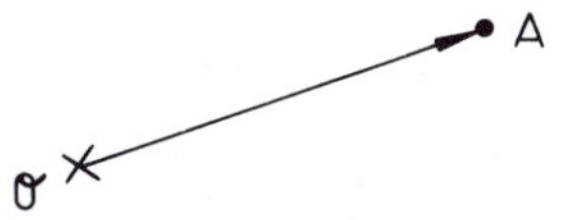

und verbindet diesen mit dem betrachteten Punkt A des E_3. Der Verbindungsstrecke gibt man eine Richtung, indem man festlegt, sie vom Koordinatenkreuz 0 nach A zu durchlaufen. Wir wollen vereinbaren, daß Vektoren durch halbfette Buchstaben dargestellt werden. Jeder Vektor **a** hat eine **Länge**, einen **Betrag**

$$a = |\mathbf{a}|$$

und eine **Richtung**, zu deren Festlegung eine Referenzrichtung, d.h. ein Bezugssystem, vonnöten ist. Das einfachste Bezugssystem wird von drei aufeinander senkrecht stehenden Geraden gebildet, die sich in einem gemeinsamen Punkt, dem Koordinatenursprung 0, schneiden (sechsstrahliger Stern).

Man gibt den Geraden Richtungen, und zwar so, daß sie in der Reihenfolge $(1, 2, 3)$ bzw. (x, y, z) ein **Rechtssystem** bilden. Man drehe auf dem kürzesten Weg von 1 nach 2, dann hat Achse 3 die Richtung, in der sich eine Rechtsschraube fortbewegen würde. Man spricht von einem

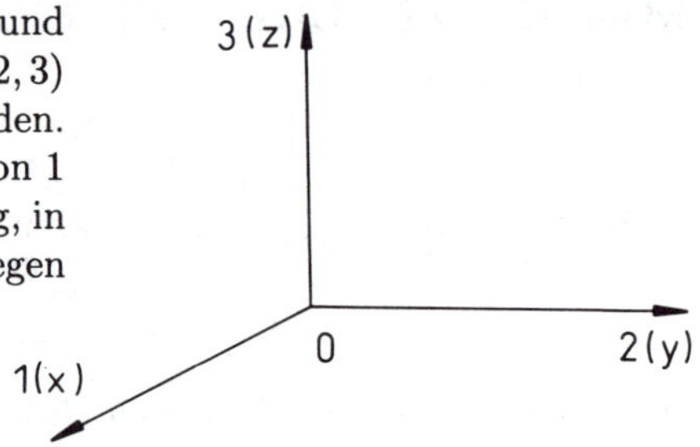

kartesischen Koordinatensystem.

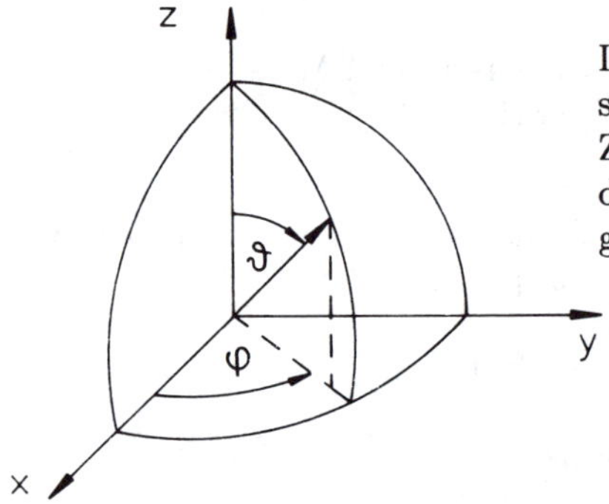

Ist das Bezugssystem einmal festgelegt, so ist die Orientierung im E_3 durch **zwei** Zahlenangaben (z.B. zwei Winkel) eindeutig bestimmt, was an der Einheitskugel demonstriert werden kann.

Man bezeichnet 2 Vektoren als **gleich**, falls sie gleiche Längen und gleiche Richtungen aufweisen. Dabei ist **nicht** vorausgesetzt, daß beide Vektoren denselben Ausgangspunkt haben.

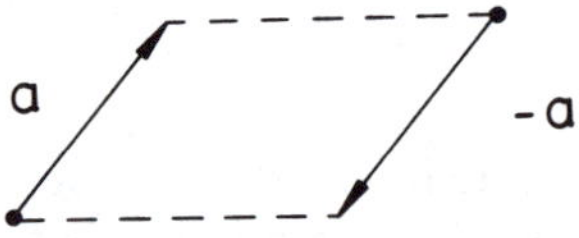

Zu jedem Vektor **a** gibt es einen gleich langen, aber antiparallelen Vektor. Diesen bezeichnen wir mit $(-\mathbf{a})$. Als **Einheitsvektor** definiert man einen Vektor mit dem Betrag 1.

1.1.1 Elementare Rechenregeln

a) Addition

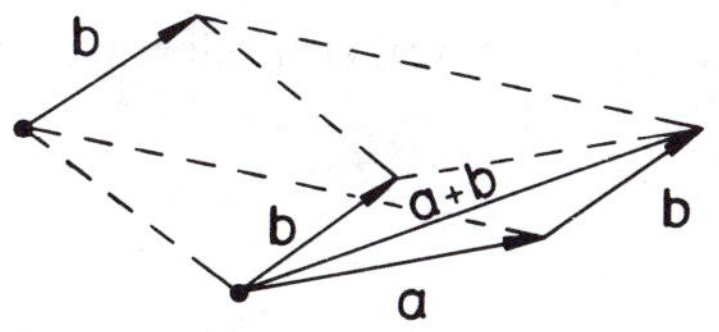

Zwei Vektoren **a** und **b** werden addiert, indem man durch Parallelverschiebung den Fußpunkt des einen Vektors (**b**) mit der Pfeilspitze des anderen Vektors (**a**) zur Deckung bringt. Der Summenvektor (**a** + **b**) beginnt am Fußpunkt von **a** und reicht bis zur Spitze von **b**. (**a** + **b**) entspricht der Diagonalen des von **a** und **b** aufgespannten Parallelogramms *(Parallelogrammregel)*. Rechenregeln für die Vektorsumme:

α) Kommutativität

$$\mathbf{a} + \mathbf{b} = \mathbf{b} + \mathbf{a}. \tag{1.1}$$

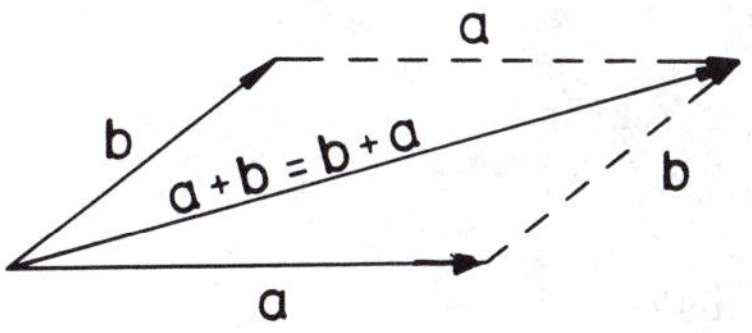

Das wird an nebenstehendem Bild, letztlich an der Definition des Summenvektors, unmittelbar klar. Entscheidend für die Kommutativität ist die freie Parallelverschiebbarkeit der Vektoren.

β) Assoziativität

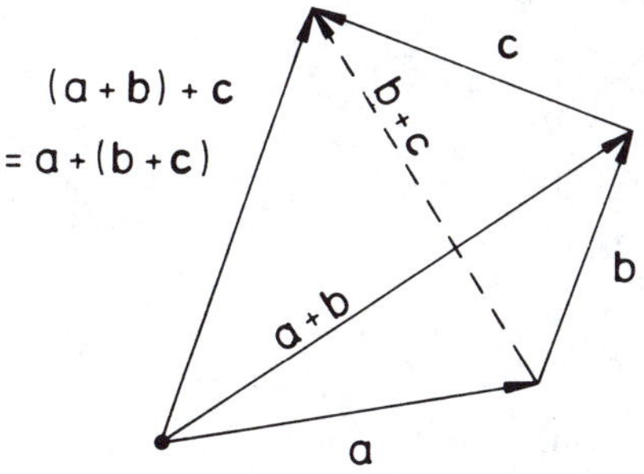

$$(\mathbf{a} + \mathbf{b}) + \mathbf{c} = \mathbf{a} + (\mathbf{b} + \mathbf{c}). \tag{1.2}$$

Die Richtigkeit wird aus nebenstehendem Bild unmittelbar klar.

γ) **Vektorsubtraktion**

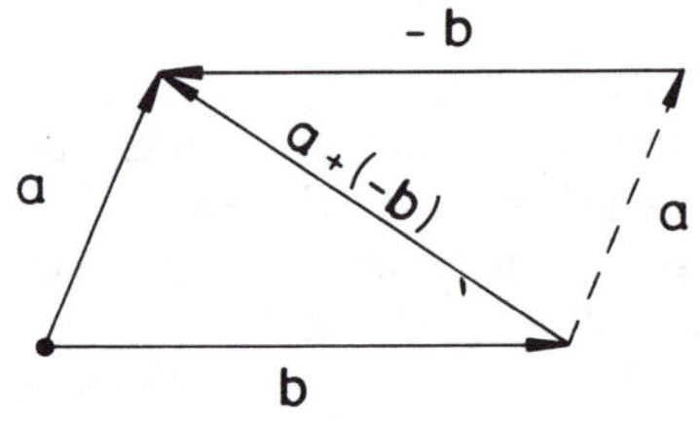

$$\mathbf{a} - \mathbf{b} = \mathbf{a} + (-\mathbf{b}). \tag{1.3}$$

Subtrahiert man **a** von sich selbst, so ergibt sich der

Nullvektor

$$\mathbf{a} - \mathbf{a} = \mathbf{0}, \tag{1.4}$$

der einzige Vektor, der keine definierte Richtung hat. Für **alle** Vektoren gilt:

$$\mathbf{a} + \mathbf{0} = \mathbf{a}. \tag{1.5}$$

Wegen (1.1), (1.2), (1.4) und (1.5) bildet die Gesamtheit der Ortsvektoren eine **(kommutative) Gruppe**.

b) Multiplikation mit einer Zahl

α sei eine reelle Zahl ($\alpha \in \mathbb{R}$), **a** ein beliebiger Vektor.

Definition: $\alpha\mathbf{a}$ ist ein Vektor mit

$$1) \quad \alpha\mathbf{a} = \begin{cases} \uparrow\uparrow \mathbf{a}, & \text{falls } \alpha > 0 \\ \uparrow\downarrow \mathbf{a}, & \text{falls } \alpha < 0, \end{cases}$$

$$2) \quad |\alpha\mathbf{a}| = |\alpha| a. \tag{1.6}$$

Spezialfälle: $1\,\mathbf{a} = \mathbf{a}, \qquad 0\,\mathbf{a} = \mathbf{0}, \qquad (-1)\,\mathbf{a} = -\mathbf{a}.$ (1.7)

Rechenregeln:

Es seien α, β, ... reelle Zahlen; **a**, **b**, ... Vektoren.

α) **Distributivität**

Es gelten folgende zwei Distributivgesetze:

$$(\alpha + \beta)\mathbf{a} = \alpha\mathbf{a} + \beta\mathbf{a}, \tag{1.8}$$

$$\alpha(\mathbf{a} + \mathbf{b}) = \alpha\mathbf{a} + \alpha\mathbf{b}. \tag{1.9}$$

Der Beweis zu (1.8) ergibt sich unmittelbar aus der Definition des Vektors. Beweis zu (1.9):

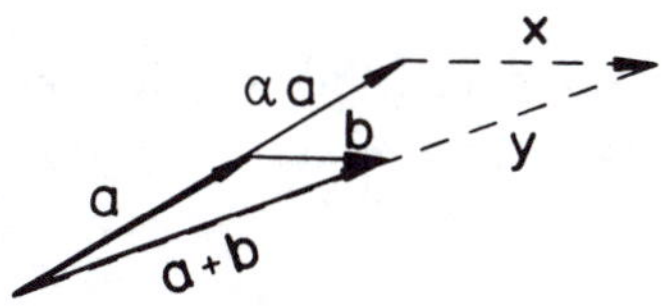

Nach dem Bild gilt ($\alpha > 0$) :

$$\begin{aligned} \alpha\mathbf{a} + \mathbf{x} &= \mathbf{y}, \\ \mathbf{x} &= \hat{\alpha}\mathbf{b} \quad (\hat{\alpha} > 0), \\ \mathbf{y} &= \bar{\alpha}(\mathbf{a} + \mathbf{b}) \quad (\bar{\alpha} > 0). \end{aligned}$$

Die Behauptung ist bewiesen, falls $\hat{\alpha} = \bar{\alpha} = \alpha$ ist:

1. Strahlensatz:

$$\frac{|\mathbf{y}|}{|\mathbf{a} + \mathbf{b}|} = \frac{|\alpha\mathbf{a}|}{|\mathbf{a}|} = \alpha \Longrightarrow \bar{\alpha} = \alpha.$$

2. Strahlensatz:

$$\frac{|\mathbf{x}|}{|\mathbf{b}|} = \frac{|\alpha\mathbf{a}|}{|\mathbf{a}|} = \alpha \Longrightarrow \hat{\alpha} = \alpha.$$

Einsetzen in $\alpha\mathbf{a} + \mathbf{x} = \mathbf{y}$ ergibt die Behauptung. Der Beweis für $\alpha < 0$ wird analog geführt.

β) **Assoziativität**

$$\alpha(\beta\mathbf{a}) = (\alpha\beta)\mathbf{a} \equiv \alpha\beta\mathbf{a}. \tag{1.10}$$

Wegen $|\alpha\beta| = |\alpha||\beta|$ ist der Beweis unmittelbar klar.

γ) **Einheitsvektor**

Aus jedem Vektor **a** läßt sich durch Multiplikation mit dem Reziproken seines Betrages ein Einheitsvektor in Richtung von **a** konstruieren:

$$\mathbf{e}_a = a^{-1}\mathbf{a} \quad \text{mit} \quad |\mathbf{e}_a| = a^{-1}a = 1, \qquad \mathbf{e}_a \uparrow\uparrow \mathbf{a}. \tag{1.11}$$

Einheitsvektoren werden wir in der Regel mit den Buchstaben **e** oder **n** kennzeichnen.

Wir haben unsere bisherigen Überlegungen mehr oder weniger direkt auf die Ortsvektoren des E_3 bezogen. Man kann aber die obigen Eigenschaften der Ortsvektoren auch als **Axiome** interpretieren. Alle Objekte, die diese Axiome erfüllen, sollen dann *Vektoren* genannt werden. Der Ortsvektor wäre nun die naheliegendste Realisierung des abstrakten Vektorbegriffs. Die Gesamtheit der Vektoren bildet einen

linearen (Vektor-)Raum V über dem Körper der reellen Zahlen $\mathbb{R}$,

der, um es noch einmal zusammenzustellen, die folgenden Axiome erfüllt:

A) Zwischen zwei Elementen $\mathbf{a}, \mathbf{b} \in V$ ist eine Verknüpfung (*Addition*) definiert:

$$\mathbf{a} + \mathbf{b} = \mathbf{s} \in V$$

mit

1) $(\mathbf{a} + \mathbf{b}) + \mathbf{c} = \mathbf{a} + (\mathbf{b} + \mathbf{c})$, (Assoziativität)
2) Nullelement: $\mathbf{a} + \mathbf{0} = \mathbf{a}$ für alle $\mathbf{a}$,
3) Inverses: Zu jedem $\mathbf{a} \in V$ gibt es ein $(-\mathbf{a}) \in V$, so daß $\mathbf{a} + (-\mathbf{a}) = \mathbf{0}$,
4) $\mathbf{a} + \mathbf{b} = \mathbf{b} + \mathbf{a}$. (Kommutativität)

B) Multiplikation mit Elementen $\alpha, \beta, \ldots \in \mathbb{R}$:

$$\alpha \in \mathbb{R} \quad \mathbf{a} \in V \Longrightarrow \alpha\mathbf{a} \in V$$

mit

1) $(\alpha + \beta)\mathbf{a} = \alpha\mathbf{a} + \beta\mathbf{a}$,
   $\alpha(\mathbf{a} + \mathbf{b}) = \alpha\mathbf{a} + \alpha\mathbf{b}$, (Distributivität)
2) $\alpha(\beta\mathbf{a}) = (\alpha\beta)\mathbf{a}$, (Assoziativität)
3) Es gibt ein *Einselement* 1, so daß $1 \cdot \mathbf{a} = \mathbf{a}$ für alle $\mathbf{a} \in V$.

Die Multiplikation von Vektoren mit Skalaren haben wir in diesem Abschnitt eingeführt. Kann man auch Vektoren mit Vektoren multiplizieren? Die Antwort ist ja, jedoch muß die Art der Multiplikation genauer erklärt werden. Man kennt zwei Typen von Produkten aus Vektoren, das **Skalarprodukt** (*inneres Produkt*) und das **Vektorprodukt** (*äußeres Produkt*).

1.1.2 Skalarprodukt

Als **Skalarprodukt** (inneres Produkt) zweier Vektoren $\mathbf{a}$ und $\mathbf{b}$ bezeichnet man die folgende Zahl (Skalar):

$$(\mathbf{a}, \mathbf{b}) \equiv \mathbf{a} \cdot \mathbf{b} = ab\cos\vartheta, \qquad \vartheta = \sphericalangle(\mathbf{a}, \mathbf{b}). \tag{1.12}$$

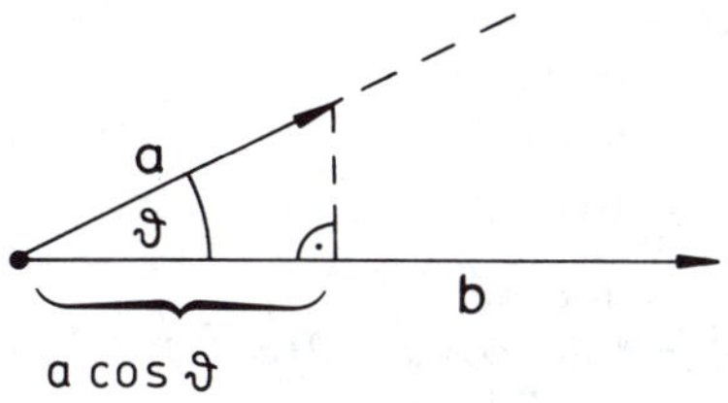

Anschaulich handelt es sich um das Produkt aus der Länge des ersten Vektors mit der Projektion des zweiten Vektors auf die Richtung des ersten.

$$\mathbf{a} \cdot \mathbf{b} = 0, \quad \text{falls} \quad \begin{array}{l} 1)\ a = 0 \text{ oder/und } b = 0 \\ \text{oder} \quad 2)\ \vartheta = \pi/2. \end{array} \tag{1.13}$$

a und **b** heißen **orthogonal** ($\mathbf{a} \perp \mathbf{b}$) zueinander, falls

$$\mathbf{a} \cdot \mathbf{b} = 0 \quad \text{mit } a \neq 0 \text{ und } b \neq 0. \tag{1.14}$$

Eigenschaften

a) Kommutativität

$$\mathbf{a} \cdot \mathbf{b} = \mathbf{b} \cdot \mathbf{a}. \tag{1.15}$$

Diese Beziehung ist direkt an der Definition des Skalarproduktes ablesbar.

b) Distributivität

$$(\mathbf{a} + \mathbf{b}) \cdot \mathbf{c} = \mathbf{a} \cdot \mathbf{c} + \mathbf{b} \cdot \mathbf{c}. \tag{1.16}$$

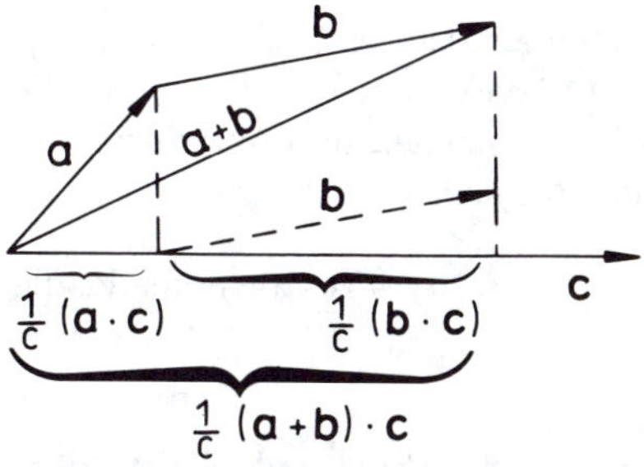

Das nebenstehende Bild liefert unmittelbar den Beweis, der erneut die freie Verschiebbarkeit der Vektoren ausnutzt.

c) Bilinearität (Homogenität)

Für jede reelle Zahl α gilt:

$$(\alpha \mathbf{a}) \cdot \mathbf{b} = \mathbf{a} \cdot (\alpha \mathbf{b}) = \alpha (\mathbf{a} \cdot \mathbf{b}). \tag{1.17}$$

Beweis:

$$\begin{aligned}
\alpha > 0: \quad (\alpha\mathbf{a}) \cdot \mathbf{b} &= \alpha ab\cos\vartheta \\
\mathbf{a} \cdot \mathbf{b} &= ab\cos\vartheta \\
\Longrightarrow \quad \alpha(\mathbf{a} \cdot \mathbf{b}) &= (\alpha\mathbf{a}) \cdot \mathbf{b} \\
\alpha < 0: \quad \mathbf{a} \cdot \mathbf{b} &= ab\cos\vartheta \\
(\alpha\mathbf{a}) \cdot \mathbf{b} &= |\alpha|ab\cos(\pi - \vartheta) = \\
&= -|\alpha|ab\cos\vartheta = \\
&= \alpha ab\cos\vartheta = \\
&= \alpha(\mathbf{a} \cdot \mathbf{b}).
\end{aligned}$$

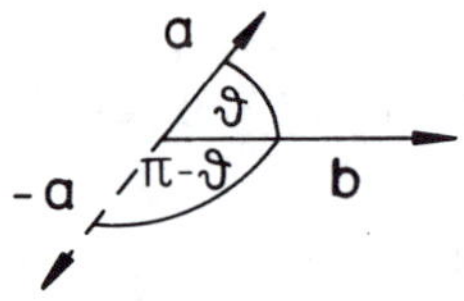

d) Betrag *(Norm)* **eines Vektors**

Wegen $\cos(0) = 1$ gilt:

$$\mathbf{a} \cdot \mathbf{a} = a^2 \geq 0 \Longleftrightarrow a = \sqrt{\mathbf{a} \cdot \mathbf{a}}. \tag{1.18}$$

Das Gleichheitszeichen gilt nur für den Nullvektor.

$$\mathbf{e} \cdot \mathbf{e} = 1 \quad \Longleftrightarrow \quad \text{Einheitsvektor.}$$

e) Schwarzsche Ungleichung

$$|\mathbf{a} \cdot \mathbf{b}| \leq ab. \tag{1.19}$$

Wegen $|\cos\vartheta| \leq 1$ folgt diese Aussage unmittelbar aus der Definition (1.12). Letztere bezieht sich auf die *anschaulichen* Ortsvektoren des E_3. Für die Elemente eines abstrakten Vektorraumes wird das Skalarprodukt durch die Eigenschaften (1.15) bis (1.18) definiert. Genauer heißt dies:

Man bezeichnet eine Verknüpfung zweier Elemente $\mathbf{a}, \mathbf{b}$ des Vektorraums V, die diesen ein $\alpha \in \mathbb{R}$ zuordnet,

$$\mathbf{a} \cdot \mathbf{b} = \alpha,$$

als **Skalarprodukt**, wenn die Axiome (1.15) bis (1.18) erfüllt sind. Ein Vektorraum, in dem ein Skalarprodukt erklärt ist, heißt **unitärer Vektorraum**.

Wir wollen (1.19) deshalb mit Hilfe dieser Eigenschaften beweisen:

Wenn $a = 0$ oder/und $b = 0$ gilt, so ist (1.19) mit Gleichheitszeichen erfüllt. Seien deshalb $a \neq 0$ und $b \neq 0$. Dann gilt für jedes reelle α:

$$0 \overset{(1.18)}{\leq} (\mathbf{a} + \alpha\mathbf{b}) \cdot (\mathbf{a} + \alpha\mathbf{b}) =$$

$$\overset{(1.18)}{\underset{}{\overset{(1.17)}{=}}} a^2 + \alpha^2 b^2 + \alpha\mathbf{b} \cdot \mathbf{a} + \alpha\mathbf{a} \cdot \mathbf{b} =$$

$$\overset{(1.15)}{=} a^2 + \alpha^2 b^2 + 2\alpha\mathbf{a} \cdot \mathbf{b}.$$

α ist beliebig, wir können deshalb

$$\alpha = -\frac{\mathbf{a} \cdot \mathbf{b}}{b^2} \in \mathbb{R}$$

wählen. Dann folgt aber:

$$0 \leq a^2 + \frac{(\mathbf{a} \cdot \mathbf{b})^2 b^2}{b^4} - 2\,\frac{(\mathbf{a} \cdot \mathbf{b})^2}{b^2} \Bigg| \cdot b^2 \geq 0,$$

$$0 \leq a^2 b^2 - (\mathbf{a} \cdot \mathbf{b})^2 \Longrightarrow \text{q.e.d.}$$

f) Dreiecksungleichung

$$|a - b| \leq |\mathbf{a} + \mathbf{b}| \leq a + b. \tag{1.20}$$

Der Beweis benutzt die Schwarzsche Ungleichung:

$$\begin{aligned}
&-ab \leq \mathbf{a} \cdot \mathbf{b} \leq ab \\
\Longleftrightarrow\ & a^2 + b^2 - 2ab \leq a^2 + b^2 + 2\mathbf{a} \cdot \mathbf{b} \leq a^2 + b^2 + 2ab \\
\Longleftrightarrow\ & (a - b)^2 \leq (\mathbf{a} + \mathbf{b})^2 \leq (a + b)^2 \\
\Longleftrightarrow\ & |a - b| \leq |\mathbf{a} + \mathbf{b}| \leq |a + b| = a + b.
\end{aligned}$$

Eine spezielle Anwendung des Skalarproduktes führt zum **Kosinussatz**:

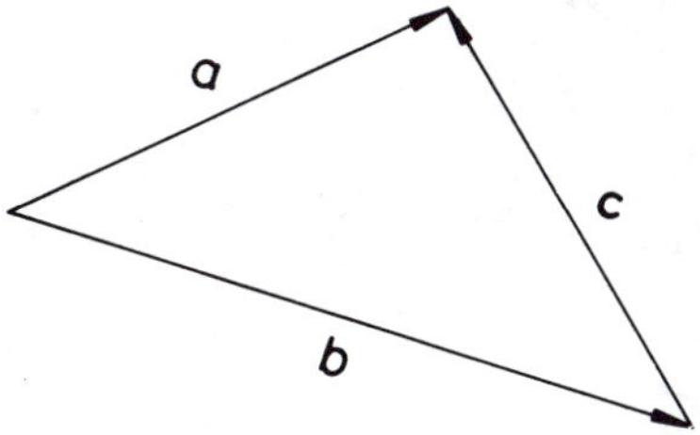

$$\begin{aligned}
&\mathbf{c} = \mathbf{a} - \mathbf{b}, \\
&c^2 = (\mathbf{a} - \mathbf{b})^2 = a^2 - 2\mathbf{a} \cdot \mathbf{b} + b^2 \\
\Longrightarrow\ & c^2 = a^2 + b^2 - 2ab\cos\sphericalangle(\mathbf{a}, \mathbf{b}).
\end{aligned} \tag{1.21}$$

1.1.3 Vektorprodukt

Das im letzten Abschnitt diskutierte Produkt von zwei Vektoren ordnet diesem eine Zahl, also einen Skalar, zu. Es gibt jedoch noch eine zweite Möglichkeit der Produktbildung, die je zwei Vektoren jeweils einen dritten Vektor zuordnet. Unter dem **Vektorprodukt** (*äußeres Produkt, Kreuzprodukt*)

$$\mathbf{c} = \mathbf{a} \times \mathbf{b}$$

verstehen wir einen Vektor mit folgenden Eigenschaften:

1) $c = a\, b\, \sin\vartheta; \qquad \vartheta = \sphericalangle(\mathbf{a}, \mathbf{b}).$ (1.22)

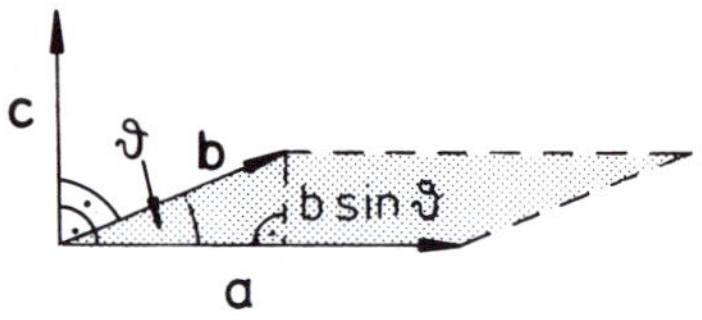

Der Betrag c entspricht dem Flächeninhalt des von **a** und **b** aufgespannten Parallelogramms.

2) **c** steht senkrecht auf der von **a** und **b** aufgespannten Ebene, so daß **a**, **b**, **c** in dieser Folge ein Rechtssystem bilden.

Aus Punkt 2) wird ersichtlich, daß das Vektorprodukt weniger eine Richtung als vielmehr einen **Drehsinn** auszeichnet. Das Vektorprodukt hat in mancherlei Hinsicht andere Eigenschaften als ein normaler (**polarer**) Vektor. **c** ist ein sog. **axialer** Vektor (**Pseudovektor**). Die strenge Unterscheidung gelingt mit Hilfe der

Rauminversion: *Spiegelung aller Raumpunkte (E_3) an einem bestimmten, vorgegebenen Punkt (z.B. Koordinatenursprung).*

Polare Vektoren gehen bei Inversion in ihr Negatives über:

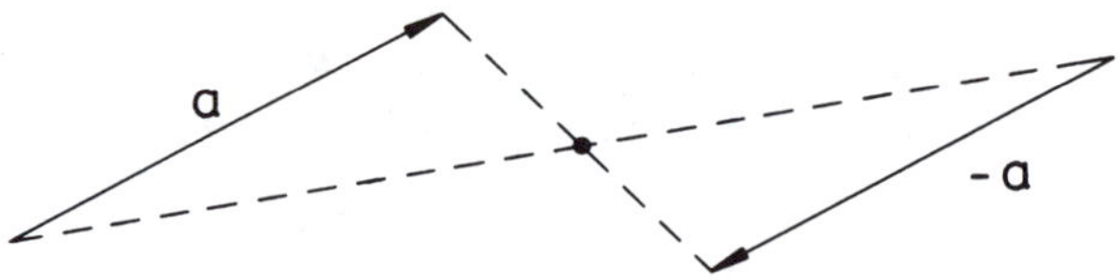

Dagegen bleibt ein Drehsinn bei Inversion erhalten, so daß ein axialer Vektor sein Vorzeichen nicht ändert:

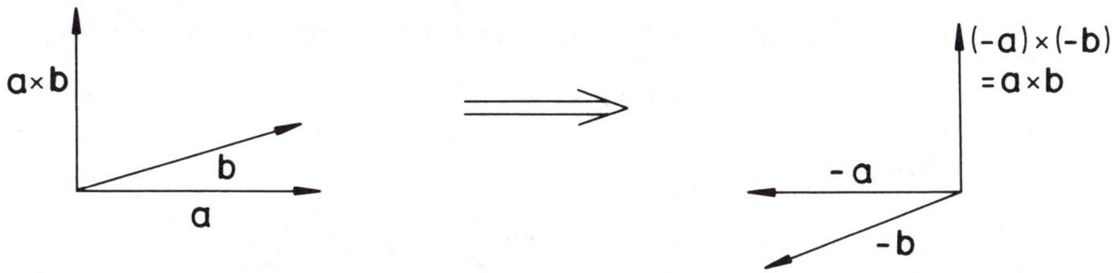

Bemerkung: Das Skalarprodukt aus nur polaren oder nur axialen Vektoren ändert sich bei Inversion sicher nicht, ist also ein echter Skalar. Das Skalarprodukt aus einem polaren und einem axialen Vektor ändert dagegen sein Vorzeichen $\Longrightarrow$ **Pseudoskalar**.

Man beachte, daß das Skalarprodukt (Kap. 1.1.2) zwischen Vektoren eines beliebig-dimensionalen Vektorraums definiert ist, wohingegen das Vektorprodukt nur für dreidimensionale Vektoren gilt.

Eigenschaften des Vektorproduktes

a) antikommutativ:

$$\mathbf{a} \times \mathbf{b} = -\mathbf{b} \times \mathbf{a}. \tag{1.23}$$

Diese Eigenschaft ist als Folge der Rechtsschraubenregel unmittelbar klar.

b)

$$\mathbf{a} \times \mathbf{b} = 0, \quad \text{falls 1) } a \text{ oder/und } b = 0, \quad 2)\ \mathbf{b} = \alpha\mathbf{a}\ ;\ \alpha \in \mathbb{R}.$$

Zwei kollineare (auch: gleichgerichtete) Vektoren spannen keine Ebene auf $(\sin 0 = 0)$.

c) distributiv:

$$(\mathbf{a} + \mathbf{b}) \times \mathbf{c} = \mathbf{a} \times \mathbf{c} + \mathbf{b} \times \mathbf{c}. \tag{1.24}$$

Der Beweis erfolgt in zwei Schritten:

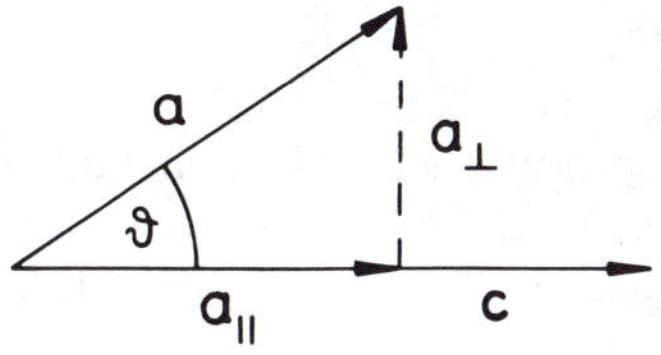

α) Der Vektor $\mathbf{c}$ in (1.24) ist offensichtlich irgendwie ausgezeichnet. Wir zerlegen deshalb $\mathbf{a}$, $\mathbf{b}$ und $(\mathbf{a} + \mathbf{b})$ jeweils in einen zu $\mathbf{c}$ parallelen und einen dazu senkrechten Anteil:

$$\begin{array}{l}\mathbf{a}=\mathbf{a}_{\|}+\mathbf{a}_{\perp}\\ \mathbf{b}=\mathbf{b}_{\|}+\mathbf{b}_{\perp}\end{array};\quad \mathbf{a}+\mathbf{b}=(\mathbf{a}+\mathbf{b})_{\|}+(\mathbf{a}+\mathbf{b})_{\perp}. \tag{1.25}$$

Zum Vektorprodukt tragen aber nur die zu $\mathbf{c}$ senkrechten Komponenten bei:

$$\mathbf{a}\times\mathbf{c}=\mathbf{a}_{\perp}\times\mathbf{c}. \tag{1.26}$$

Es gilt nämlich:

$$\begin{aligned}|\mathbf{a}_{\perp}\times\mathbf{c}| &= a_{\perp}c\sin\frac{\pi}{2}=\\ &= a_{\perp}c=a\,c\sin\vartheta=\\ &= |\mathbf{a}\times\mathbf{c}|.\end{aligned}$$

Da auch die Richtungen von $\mathbf{a}\times\mathbf{c}$ und $\mathbf{a}_{\perp}\times\mathbf{c}$ übereinstimmen, ist (1.26) offensichtlich richtig. Wir können deshalb im zweiten Teil des Beweises o.B.d.A. annehmen, daß $\mathbf{a}$ und $\mathbf{b}$ bereits senkrecht zu $\mathbf{c}$ stehen.

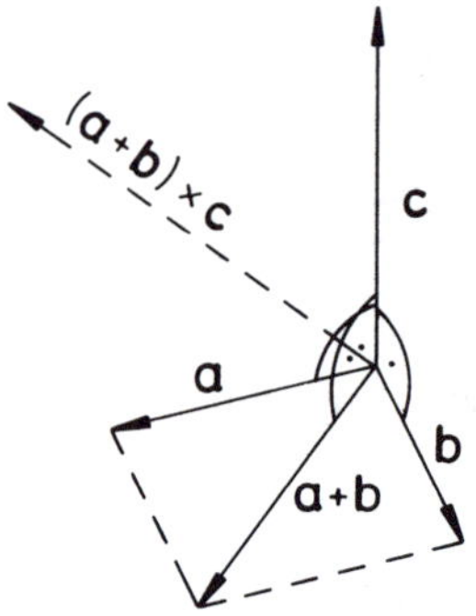

β) Durch die Vektorprodukte $\mathbf{a}\times\mathbf{c}$, $\mathbf{b}\times\mathbf{c}$, $(\mathbf{a}+\mathbf{b})\times\mathbf{c}$ entstehen aus $\mathbf{a}$, $\mathbf{b}$, $(\mathbf{a}+\mathbf{b})$ neue Vektoren, deren Beträge um den Faktor c geändert sind. Sie liegen alle drei in der zu $\mathbf{c}$ senkrechten, von $\mathbf{a}$ und $\mathbf{b}$ aufgespannten Ebene und sind gegenüber den Ausgangsvektoren um $\pi/2$ gedreht. Die Winkel zwischen $\mathbf{a}\times\mathbf{c}$, $\mathbf{b}\times\mathbf{c}$ und $(\mathbf{a}+\mathbf{b})\times\mathbf{c}$ sind also dieselben wie zwischen $\mathbf{a}$, $\mathbf{b}$ und $(\mathbf{a}+\mathbf{b})$:

$$\frac{1}{c}(\mathbf{a}\times\mathbf{c})+\frac{1}{c}(\mathbf{b}\times\mathbf{c})=\frac{1}{c}\left[(\mathbf{a}+\mathbf{b})\times\mathbf{c}\right]. \tag{1.27}$$

Mit (1.9) folgt dann

$$\frac{1}{c}\left[(\mathbf{a}\times\mathbf{c})+(\mathbf{b}\times\mathbf{c})\right]=\frac{1}{c}\left[(\mathbf{a}+\mathbf{b})\times\mathbf{c}\right], \tag{1.28}$$

womit die Behauptung bewiesen ist.

d) nicht assoziativ

Die Stellung der Klammern im doppelten Vektorprodukt ist **nicht** beliebig. In der Regel gilt:

$$\mathbf{a}\times(\mathbf{b}\times\mathbf{c})\neq(\mathbf{a}\times\mathbf{b})\times\mathbf{c}. \tag{1.29}$$

Der Vektor auf der linken Seite liegt in der ($\mathbf{b}$, $\mathbf{c}$)-Ebene, der auf der rechten Seite in der ($\mathbf{a}$, $\mathbf{b}$)-Ebene.

e) bilinear für reelle Zahlen α

$$(\alpha\mathbf{a}) \times \mathbf{b} = \mathbf{a} \times (\alpha\mathbf{b}) = \alpha(\mathbf{a} \times \mathbf{b}). \tag{1.30}$$

Für $\alpha > 0$ folgt der Beweis direkt aus der Definition, für $\alpha < 0$ hat man beim Beweis die Rechtsschraubenregel zu beachten.

Anwendungsbeispiel:

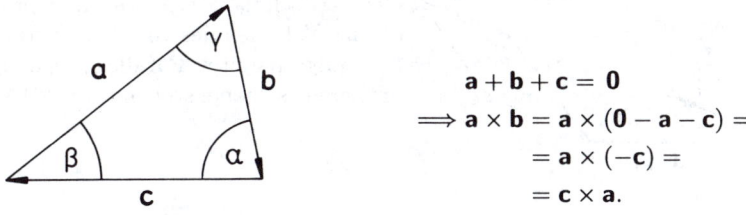

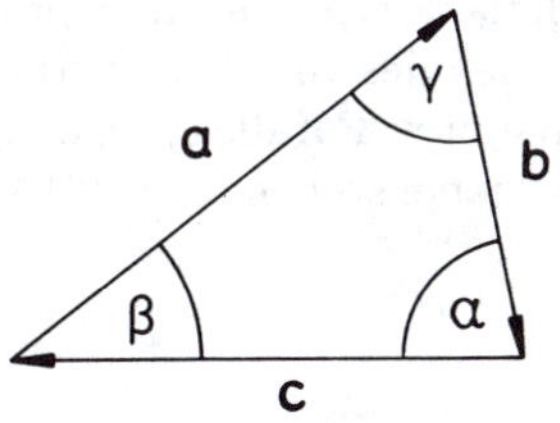

$$\begin{aligned} &\mathbf{a} + \mathbf{b} + \mathbf{c} = \mathbf{0} \\ \Longrightarrow\ &\mathbf{a} \times \mathbf{b} = \mathbf{a} \times (\mathbf{0} - \mathbf{a} - \mathbf{c}) = \\ &= \mathbf{a} \times (-\mathbf{c}) = \\ &= \mathbf{c} \times \mathbf{a}. \end{aligned}$$

Andererseits gilt auch:

$$\mathbf{a} \times \mathbf{b} = (\mathbf{0} - \mathbf{b} - \mathbf{c}) \times \mathbf{b} = (-\mathbf{c}) \times \mathbf{b} = \mathbf{b} \times \mathbf{c}.$$

Es ist also:

$$\mathbf{a} \times \mathbf{b} = \mathbf{c} \times \mathbf{a} = \mathbf{b} \times \mathbf{c}, \quad \text{falls } \mathbf{a} + \mathbf{b} + \mathbf{c} = 0. \tag{1.31}$$

Dies bedeutet für die Beträge:

$$ab \sin(\pi - \gamma) = ca \sin(\pi - \beta) = bc \sin(\pi - \alpha)$$

oder

$$\frac{a}{\sin\alpha} = \frac{c}{\sin\gamma} = \frac{b}{\sin\beta}. \tag{1.32}$$

Das ist der bekannte **Sinussatz.**

1.1.4 "Höhere" Vektorprodukte

Wir haben zwei Möglichkeiten kennengelernt, zwei Vektoren multiplikativ miteinander zu verknüpfen. Wir wollen nun untersuchen, auf welche Weise man Produkte aus mehr als zwei Vektoren bilden kann. Bildet man das **Skalarprodukt** aus zwei Vektoren, so ergibt sich eine Zahl, die man natürlich, wie in (1.6) definiert, mit einem dritten Vektor multiplizieren kann:

$$(\mathbf{a} \cdot \mathbf{b})\, \mathbf{c} = \mathbf{d}. \tag{1.33}$$

d hat die Richtung von **c**. Das **Vektorprodukt** liefert im Resultat einen neuen Vektor und kann deshalb auf zwei Arten mit einem weiteren Vektor multiplikativ verknüpft werden:

$$(\mathbf{a} \times \mathbf{b}) \cdot \mathbf{c}\ ;\ (\mathbf{a} \times \mathbf{b}) \times \mathbf{c}.$$

Wir diskutieren zunächst das **Spatprodukt:**

$$V(\mathbf{a}, \mathbf{b}, \mathbf{c}) = (\mathbf{a} \times \mathbf{b}) \cdot \mathbf{c}. \tag{1.34}$$

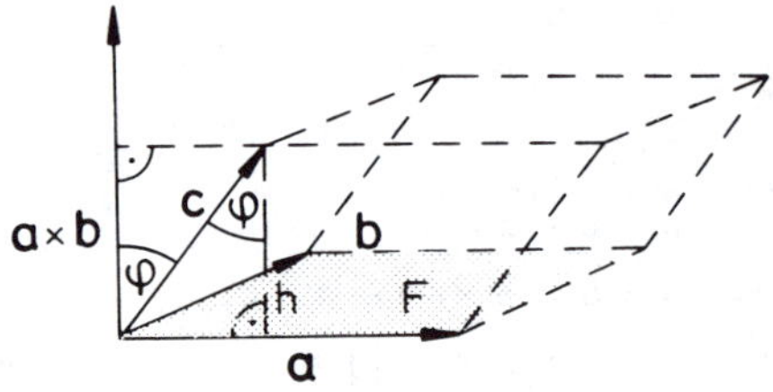

Geometrisch läßt sich das Spatprodukt als das Volumen des von den Vektoren **a**, **b**, **c** aufgespannten Parallelepipeds interpretieren (s. nebenstehendes Bild).

$$\begin{aligned} \text{Volumen} &= \text{Grundfläche } F \cdot \text{Höhe } h = \\ &= |\mathbf{a} \times \mathbf{b}| \cdot c \cdot \cos\varphi = \\ &= (\mathbf{a} \times \mathbf{b}) \cdot \mathbf{c}. \end{aligned}$$

Da es gleichgültig ist, welche Seite des Parallelepipeds als Grundfläche F gewählt wird, ändert sich das Spatprodukt bei **zyklischer** Vertauschung der Vektoren nicht:

$$V = (\mathbf{a} \times \mathbf{b}) \cdot \mathbf{c} = (\mathbf{b} \times \mathbf{c}) \cdot \mathbf{a} = (\mathbf{c} \times \mathbf{a}) \cdot \mathbf{b}. \tag{1.35}$$

Bei fester Reihenfolge der Vektoren kann man also die Symbole $\times$ und $\cdot$ vertauschen:

$$(\mathbf{a} \times \mathbf{b}) \cdot \mathbf{c} = \mathbf{a} \cdot (\mathbf{b} \times \mathbf{c}).$$

Bei **antizyklischer** Vertauschung ändert V sein Vorzeichen. Man bezeichnet deshalb V als **Pseudoskalar**.

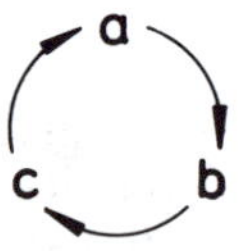

zyklisch

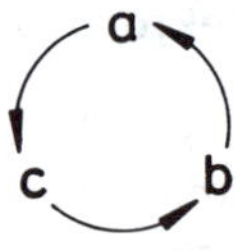

antizyklisch

Ein weiteres *höheres* Produkt aus Vektoren ist das **doppelte** Vektorprodukt:

$$\mathbf{p} = \mathbf{a} \times (\mathbf{b} \times \mathbf{c}). \tag{1.36}$$

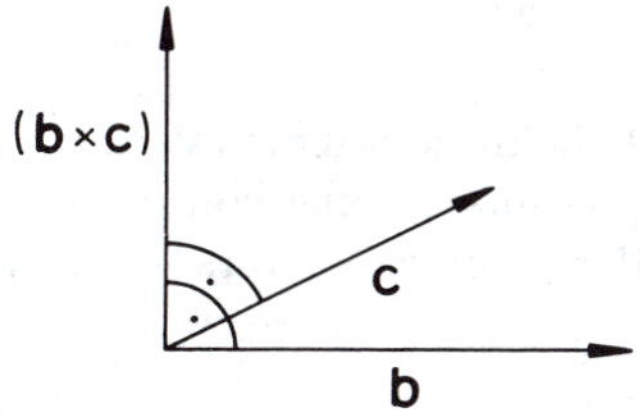

Der Vektor $(\mathbf{b} \times \mathbf{c})$ steht senkrecht auf der $(\mathbf{b}, \mathbf{c})$-Ebene, so daß $\mathbf{p}$ innerhalb dieser Ebene liegt. Deshalb können wir ansetzen:

$$\mathbf{p} = \beta\mathbf{b} + \gamma\mathbf{c}. \tag{1.37}$$

Andererseits ist aber $\mathbf{p}$ auch orthogonal zu $\mathbf{a}$:

$$0 = \mathbf{a} \cdot \mathbf{p} = \beta(\mathbf{a} \cdot \mathbf{b}) + \gamma(\mathbf{a} \cdot \mathbf{c}).$$

Das bedeutet:

$$\beta = \alpha(\mathbf{a} \cdot \mathbf{c}); \; \gamma = -\alpha(\mathbf{a} \cdot \mathbf{b}). \tag{1.38}$$

Eingesetzt in (1.37) ergibt sich das Zwischenergebnis:

$$\mathbf{p} = \alpha\big[\mathbf{b}(\mathbf{a} \cdot \mathbf{c}) - \mathbf{c}(\mathbf{a} \cdot \mathbf{b})\big]. \tag{1.39}$$

Wir werden später explizit zeigen, daß $\alpha = 1$ sein muß. Es folgt damit der sog. **Entwicklungssatz** für das doppelte Vektorprodukt:

$$\mathbf{a} \times (\mathbf{b} \times \mathbf{c}) = \mathbf{b}(\mathbf{a} \cdot \mathbf{c}) - \mathbf{c}(\mathbf{a} \cdot \mathbf{b}). \tag{1.40}$$

Man kann hieran leicht die **Nichtassoziativität** des Vektorproduktes demonstrieren:

$$\begin{aligned}(\mathbf{a} \times \mathbf{b}) \times \mathbf{c} = -\mathbf{c} \times (\mathbf{a} \times \mathbf{b}) &= -\mathbf{a}(\mathbf{c} \cdot \mathbf{b}) + \mathbf{b}(\mathbf{c} \cdot \mathbf{a}) \\ &\neq \mathbf{a} \times (\mathbf{b} \times \mathbf{c}).\end{aligned} \tag{1.41}$$

Mit dem Entwicklungssatz beweist man schließlich noch die wichtige **Jacobi-Identität**:

$$\mathbf{a} \times (\mathbf{b} \times \mathbf{c}) + \mathbf{b} \times (\mathbf{c} \times \mathbf{a}) + \mathbf{c} \times (\mathbf{a} \times \mathbf{b}) = 0. \tag{1.42}$$

1.1.5 Basisvektoren

Wir haben in (1.11) *Einheitsvektoren* definiert. Da definitionsgemäß ihr Betrag fest gleich 1 ist, eignen sie sich insbesondere zur Kennzeichnung von Richtungen. Will man die Angaben über Richtung und Betrag eines Vektors $\mathbf{a}$ voneinander trennen, so empfiehlt sich die Darstellung:

$$\mathbf{a} = a\,\mathbf{e}_a. \tag{1.43}$$

Zwei Vektoren $\mathbf{a}$ und $\mathbf{b}$ mit derselben Richtung $\mathbf{e}$ heißen **kollinear**. Für sie lassen sich reelle Zahlen $\alpha \neq 0$, $\beta \neq 0$ finden, die die Gleichung

$$\alpha\mathbf{a} + \beta\mathbf{b} = 0 \tag{1.44}$$

erfüllen. Man sagt, $\mathbf{a}$ und $\mathbf{b}$ seien **linear abhängig**. Diesen Begriff verallgemeinern wir wie folgt:

Definition: n Vektoren $\mathbf{a}_1$, $\mathbf{a}_2$, ..., $\mathbf{a}_n$ heißen **linear unabhängig**, falls die Gleichung

$$\sum_{j=1}^{n} \alpha_j \mathbf{a}_j = 0 \tag{1.45}$$

nur durch

$$\alpha_1 = \alpha_2 = \ldots = \alpha_n = 0 \tag{1.46}$$

erfüllt werden kann. Andernfalls heißen sie **linear abhängig.**

Definition: Die **Dimension eines Vektorraumes** ist gleich der maximalen Anzahl linear unabhängiger Vektoren.

Satz: In einem d-dimensionalen Vektorraum bildet jede Menge von d linear unabhängigen Vektoren eine **Basis**, d.h. **jeder beliebige** Vektor dieses Raumes läßt sich als Linearkombination dieser d Vektoren beschreiben.

Beweis: $\mathbf{a}_1, \ldots, \mathbf{a}_d$ seien linear unabhängige Vektoren des d-dimensionalen Raumes V und $\mathbf{b}$ sei ein beliebiger Vektor in V. Dann sind $\{\mathbf{b}, \mathbf{a}_1, \ldots, \mathbf{a}_d\}$ sicher linear abhängig, da sonst V mindestens $(d+1)$-dimensional wäre.

Somit gibt es Koeffizienten

$$\{\beta, \alpha_1, \ldots, \alpha_d\} \neq \{0, 0, \ldots, 0\}$$

mit

$$\sum_{j=1}^{d} \alpha_j \mathbf{a}_j + \beta\mathbf{b} = \mathbf{0}.$$

Weiter muß $\beta \neq 0$ sein, da sonst ja

$$\sum_{j=1}^{d} \alpha_j \mathbf{a}_j = 0 \quad \text{mit} \quad \{\alpha_1, ..., \alpha_d\} \neq \{0, ..., 0\}$$

wäre. Die $\mathbf{a}_{j,j=1,...,d}$ wären dann entgegen der Behauptung linear abhängig. Mit $\beta \neq 0$ können wir aber schreiben:

$$\mathbf{b} = -\sum_{j=1}^{d} \frac{\alpha_j}{\beta} \mathbf{a}_j = \sum_{j=1}^{d} \gamma_j \mathbf{a}_j \quad \text{q.e.d.}$$

Häufig besonders bequem als Basisvektoren sind Einheitsvektoren, die paarweise orthogonal zueinander sind. Man spricht in diesem Fall von einem

Orthonormalsystem $\mathbf{e}_i, \quad i = 1, 2, ..., d,$

für das also gilt:

$$\mathbf{e}_i \cdot \mathbf{e}_j = \delta_{ij} = \begin{cases} 1 & \text{für } i = j, \\ 0 & \text{für } i \neq j. \end{cases} \tag{1.47}$$

Ein Orthonormalsystem, das gleichzeitig Basis des Vektorraumes V ist, bezeichnet man als **vollständig**. Für einen beliebigen Vektor $\mathbf{a} \in V$ gilt dann:

$$\mathbf{a} = \sum_{j=1}^{d} a_j \mathbf{e}_j. \tag{1.48}$$

Die a_j sind die **Komponenten** des Vektors $\mathbf{a}$ bezüglich der Basis $\mathbf{e}_1, ..., \mathbf{e}_d$.

Die Komponenten a_j sind natürlich von der Wahl der Basis abhängig. Es handelt sich um die orthogonalen Projektionen von $\mathbf{a}$ auf die Basisvektoren:

$$\mathbf{e}_i \cdot \mathbf{a} = \sum_{j=1}^{d} a_j (\mathbf{e}_i \cdot \mathbf{e}_j) = \sum_{j=1}^{d} a_j \delta_{ij} = a_i, \quad i = 1, 2, ..., d. \tag{1.49}$$

Bei fest vorgegebener Basis ist der Vektor eindeutig durch seine Komponenten festgelegt. Damit sind andere gebräuchliche Darstellungen des Vektors als

Spaltenvektor: $\mathbf{a} = \begin{pmatrix} a_1 \\ a_2 \\ \vdots \\ a_d \end{pmatrix}$ oder

Zeilenvektor: $\mathbf{a} = (a_1, a_2, ..., a_d)$

sinnvoll.

Beispiele:

a) Ebene

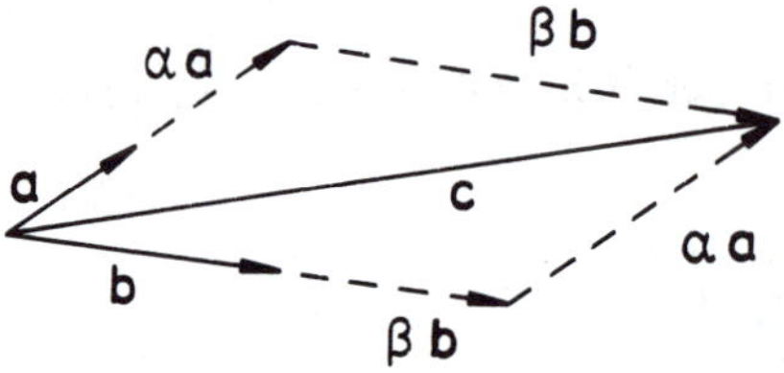

Je zwei nichtkollineare Vektoren **a** und **b** sind linear unabhängig. Jeder dritte Vektor **c** der Ebene ist dann linear abhängig. **a** und **b** bilden also eine mögliche Basis, die natürlich nicht notwendig orthonormal sein muß:

$$\mathbf{c} = \alpha\mathbf{a} + \beta\mathbf{b} \equiv (\alpha, \beta). \tag{1.50}$$

b) Euklidischer Raum E_3

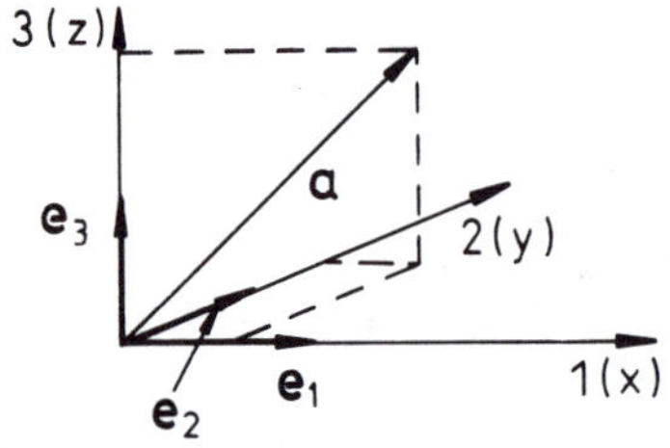

Je drei nichtkomplanare (nicht in einer Ebene liegende) Vektoren sind stets linear unabhängig. Jeder vierte Vektor ist dann linear abhängig. Die Dimension des E_3 ist also $d = 3$. Eine häufig verwendete Orthonormalbasis des E_3 ist das skizzierte **kartesische Koordinatensystem** mit den Basisvektoren: $\mathbf{e}_1$, $\mathbf{e}_2$, $\mathbf{e}_3$ (auch $\mathbf{e}_x$, $\mathbf{e}_y$, $\mathbf{e}_z$). Für den Vektor $\mathbf{a} \in E_3$ gilt dann:

$$\mathbf{a} = a_1\mathbf{e}_1 + a_2\mathbf{e}_2 + a_3\mathbf{e}_3 = a_x\mathbf{e}_x + a_y\mathbf{e}_y + a_z\mathbf{e}_z. \tag{1.51}$$

Für die **(kartesischen) Komponenten** a_i läßt sich schreiben:

$$a_i = \mathbf{e}_i \cdot \mathbf{a} = a \cos\vartheta_i, \qquad \vartheta_i = \sphericalangle(\mathbf{e}_i, \mathbf{a}), \tag{1.52}$$

$$\cos\vartheta_i = \frac{a_i}{a} : \quad \textbf{Richtungskosinus}. \tag{1.53}$$

Die Komponenten a_i legen auch den **Betrag des Vektors** eindeutig fest:

$$a = \sqrt{\mathbf{a} \cdot \mathbf{a}} = \sqrt{\sum_{i,j=1}^{3} a_i a_j (\mathbf{e}_i \cdot \mathbf{e}_j)} = \sqrt{\sum_{i,j} a_i a_j \delta_{ij}} = \sqrt{a_1^2 + a_2^2 + a_3^2}. \tag{1.54}$$

Der Betrag des Vektors **a** berechnet sich also als Wurzel aus der Summe der Komponentenquadrate. Damit gilt auch:

$$\cos^2\vartheta_1 + \cos^2\vartheta_2 + \cos^2\vartheta_3 = 1, \tag{1.55}$$

so daß durch zwei Richtungskosinus der dritte zumindest bis auf das Vorzeichen festgelegt ist.

1.1.6 Komponentendarstellungen

Wir wollen in diesem Abschnitt die früher abgeleiteten Rechenregeln für Vektoren auf Komponenten umschreiben. Wir beschränken unsere Betrachtungen auf den E_3:

$$\mathbf{e}_1,\ \mathbf{e}_2,\ \mathbf{e}_3, \quad \text{Orthonormalbasis des } E_3,$$

$$\mathbf{a} = (a_1,\ a_2,\ a_3) = \sum_{i=1}^{3} a_i \mathbf{e}_i \qquad \text{Vektor des } E_3,$$

analog: $\mathbf{b}$, $\mathbf{c}$, $\mathbf{d}, \ldots$

a) Spezielle Vektoren

Nullvektor:

$$\mathbf{0} \equiv (0,\ 0,\ 0). \tag{1.56}$$

Basisvektoren:

$$\mathbf{e}_1 = (1,\ 0,\ 0), \quad \mathbf{e}_2 = (0,\ 1,\ 0), \quad \mathbf{e}_3 = (0,\ 0,\ 1). \tag{1.57}$$

b) Addition

$$\mathbf{c} = \mathbf{a} + \mathbf{b} = \sum_{j=1}^{3} (a_j + b_j)\mathbf{e}_j = \sum_{j=1}^{3} c_j \mathbf{e}_j$$

$$\Longrightarrow \quad \mathbf{e}_i \cdot (\mathbf{a} + \mathbf{b}) = a_i + b_i = c_i, \quad i = 1, 2, 3 \tag{1.58}$$

$$\Longrightarrow \quad \mathbf{c} = (a_1 + b_1,\ a_2 + b_2,\ a_3 + b_3). \tag{1.59}$$

Man addiert also zwei Vektoren, indem man bei gleicher Basis ihre Komponenten addiert.

c) Multiplikation mit reellen Zahlen

$$\mathbf{b} = \alpha \mathbf{a}; \qquad \alpha \in \mathbb{R},$$

$$\alpha \mathbf{a} = \sum_{j=1}^{3} (\alpha a_j)\mathbf{e}_j = \sum_{j=1}^{3} b_j \mathbf{e}_j,$$

$$b_j = \alpha a_j; \qquad \alpha \mathbf{a} = (\alpha a_1,\ \alpha a_2,\ \alpha a_3). \tag{1.60}$$

Man multipliziert also einen Vektor mit einer reellen Zahl, indem man bei gleicher Basis jede Komponente mit dieser Zahl multipliziert.

d) Skalarprodukt

$$(\mathbf{a} \cdot \mathbf{b}) = \left(\sum_{i=1}^{3} a_i \mathbf{e}_i\right) \left(\sum_{j=1}^{3} b_j \mathbf{e}_j\right) =$$

$$= \sum_{i,j=1}^{3} a_i b_j (\mathbf{e}_i \cdot \mathbf{e}_j) = \sum_{i,j=1}^{3} a_i b_j \delta_{ij}$$

$$\Longrightarrow (\mathbf{a} \cdot \mathbf{b}) = \sum_{j=1}^{3} a_j b_j. \tag{1.61}$$

Das Skalarprodukt zweier Vektoren ist also die Summe der Komponentenprodukte. Betrachten Sie hiermit die **Projektion eines Vektors a auf eine vorgegebene Richtung n:**

$$\mathbf{n} = (n_1, n_2, n_3); \quad |\mathbf{n}| = 1; \quad n_i = \cos\sphericalangle(\mathbf{n}, \mathbf{e}_i).$$

Nach (1.61) gilt:

$$(\mathbf{a} \cdot \mathbf{n}) = \sum_{j=1}^{3} a_j n_j = a \cos\sphericalangle(\mathbf{n}, \mathbf{a}),$$

wobei nach (1.52) auch $a_j = a \cos\sphericalangle(\mathbf{a}, \mathbf{e}_j)$ sein muß. Kombiniert man diese Gleichungen, so folgt die nützliche Beziehung

$$\cos\sphericalangle(\mathbf{n}, \mathbf{a}) = \sum_{j=1}^{3} \cos\sphericalangle(\mathbf{a}, \mathbf{e}_j) \cos\sphericalangle(\mathbf{n}, \mathbf{e}_j). \tag{1.62}$$

e) Vektorprodukt

Wir betrachten zunächst die orthonormalen Basisvektoren, die ja nach Voraussetzung ein Rechtssystem darstellen:

$$\mathbf{e}_1 \times \mathbf{e}_2 = \mathbf{e}_3; \quad \mathbf{e}_2 \times \mathbf{e}_3 = \mathbf{e}_1; \quad \mathbf{e}_3 \times \mathbf{e}_1 = \mathbf{e}_2. \tag{1.63}$$

Zusammen mit der Antikommutativität des Vektorproduktes und der Orthonormalitätsrelation (1.47) findet man:

$$\mathbf{e}_i \cdot (\mathbf{e}_j \times \mathbf{e}_k) = \begin{cases} 1, & \text{falls } (i,j,k) \textbf{ zyklisch} \\ & \text{aus } (1,2,3), \\ -1, & \text{falls } (i,j,k) \textbf{ antizyklisch} \\ & \text{aus } (1,2,3), \\ 0 & \text{in allen anderen Fällen.} \end{cases} \tag{1.64}$$

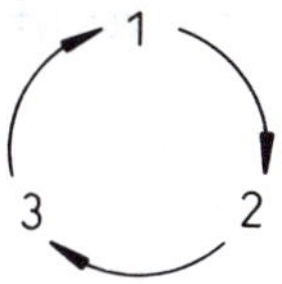

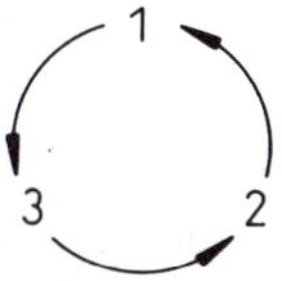

Zur Abkürzung schreibt man:

$$\epsilon_{ijk} = \mathbf{e}_i \cdot (\mathbf{e}_j \times \mathbf{e}_k) = (\mathbf{e}_i \times \mathbf{e}_j) \cdot \mathbf{e}_k. \tag{1.65}$$

Dies sind die Komponenten des sogenannten **total antisymmetrischen Tensors dritter Stufe**.

Damit lassen sich die Vektorprodukte der Basisvektoren zusammenfassend formulieren:

$$(\mathbf{e}_i \times \mathbf{e}_j) = \sum_{k=1}^{3} \epsilon_{ijk} \mathbf{e}_k. \tag{1.66}$$

Für allgemeine Vektorprodukte gilt dann:

$$\mathbf{c} = \mathbf{a} \times \mathbf{b} = \sum_{i,j} a_i b_j (\mathbf{e}_i \times \mathbf{e}_j) = \sum_{i,j,k} \epsilon_{ijk} a_i b_j \mathbf{e}_k = \sum_k c_k \mathbf{e}_k$$

$$\Longrightarrow \quad c_k = \sum_{i,j} \epsilon_{ijk} a_i b_j. \tag{1.67}$$

Dies ist eine Kurzdarstellung der folgenden drei Gleichungen:

$$c_1 = a_2 b_3 - a_3 b_2; \quad c_2 = a_3 b_1 - a_1 b_3; \quad c_3 = a_1 b_2 - a_2 b_1. \tag{1.68}$$

f) Spatprodukt

Dieses ist mit (1.64) und (1.65) leicht angebbar:

$$\mathbf{a} \cdot (\mathbf{b} \times \mathbf{c}) = \sum_{i,j,k} a_i b_j c_k \mathbf{e}_i \cdot (\mathbf{e}_j \times \mathbf{e}_k) = \sum_{i,j,k} \epsilon_{ijk} a_i b_j c_k. \tag{1.69}$$

g) Entwicklungssatz (doppeltes Vektorprodukt)

Wir berechnen die k-te Komponente des doppelten Vektorproduktes $\mathbf{a} \times (\mathbf{b} \times \mathbf{c})$:

$$\begin{aligned}\left[\mathbf{a} \times (\mathbf{b} \times \mathbf{c})\right]_k &= \sum_{i,j} \epsilon_{ijk} a_i (\mathbf{b} \times \mathbf{c})_j = \sum_{i,j} \sum_{l,m} \epsilon_{ijk} \epsilon_{lmj} a_i b_l c_m = \\ &= - \sum_{i,j} \sum_{l,m} \epsilon_{ikj} \epsilon_{jlm} a_i b_l c_m .\end{aligned}$$

Man kann hier die folgende Formel anwenden (Beweis als Übung!):

$$\sum_j \epsilon_{ikj} \epsilon_{jlm} = \delta_{il} \delta_{km} - \delta_{im} \delta_{kl} . \tag{1.70}$$

Das nutzen wir oben aus:

$$\begin{aligned}\left[\mathbf{a} \times (\mathbf{b} \times \mathbf{c})\right]_k &= \sum_{i,l,m} a_i b_l c_m \left(\delta_{im} \delta_{kl} - \delta_{il} \delta_{km}\right) = \\ &= \sum_i \left(a_i b_k c_i - a_i b_i c_k\right) = b_k (\mathbf{a} \cdot \mathbf{c}) - c_k (\mathbf{a} \cdot \mathbf{b}) = \\ &= \left[\mathbf{b}(\mathbf{a} \cdot \mathbf{c}) - \mathbf{c}(\mathbf{a} \cdot \mathbf{b})\right]_k .\end{aligned}$$

Dies gilt für $k = 1, 2, 3$, womit der **Entwicklungssatz** (1.40)

$$\mathbf{a} \times (\mathbf{b} \times \mathbf{c}) = \mathbf{b}(\mathbf{a} \cdot \mathbf{c}) - \mathbf{c}(\mathbf{a} \cdot \mathbf{b}) \tag{1.71}$$

bewiesen ist.

Verifizieren Sie als Übung schließlich noch die folgenden wichtigen Beziehungen:

$$(\mathbf{a} \times \mathbf{b}) \cdot (\mathbf{c} \times \mathbf{d}) = (\mathbf{a} \cdot \mathbf{c})(\mathbf{b} \cdot \mathbf{d}) - (\mathbf{a} \cdot \mathbf{d})(\mathbf{b} \cdot \mathbf{c}), \tag{1.72}$$

$$(\mathbf{a} \times \mathbf{b})^2 = a^2 b^2 - (\mathbf{a} \cdot \mathbf{b})^2 . \tag{1.73}$$

1.1.7 Aufgaben

Aufgabe 1.1.1

$\mathbf{e}_1$, $\mathbf{e}_2$, $\mathbf{e}_3$ seien orthogonale Einheitsvektoren in x, y, z-Richtung.

1) Berechnen Sie

$$\mathbf{e}_3 \cdot (\mathbf{e}_1 + \mathbf{e}_2),$$
$$(5\mathbf{e}_1 + 3\mathbf{e}_2) \cdot (7\mathbf{e}_1 - 16\mathbf{e}_3),$$
$$(\mathbf{e}_1 + 7\mathbf{e}_2 - 3\mathbf{e}_3) \cdot (12\mathbf{e}_1 - 3\mathbf{e}_2 - 4\mathbf{e}_3).$$

2) Bestimmen Sie α so, daß die Vektoren

$$\mathbf{a} = 3\mathbf{e}_1 - 6\mathbf{e}_2 + \alpha\mathbf{e}_3$$

und

$$\mathbf{b} = -\mathbf{e}_1 + 2\mathbf{e}_2 - 3\mathbf{e}_3$$

orthogonal zueinander sind!

3) Wie lang ist die Projektion des Vektors

$$\mathbf{a} = 3\mathbf{e}_1 + \mathbf{e}_2 - 4\mathbf{e}_3$$

auf die Richtung von

$$\mathbf{b} = 4\mathbf{e}_2 + 3\mathbf{e}_3?$$

4) Zerlegen Sie den Vektor

$$\mathbf{a} = \mathbf{e}_1 - 2\mathbf{e}_2 + 3\mathbf{e}_3 = \mathbf{a}_\perp + \mathbf{a}_\parallel$$

in einen Vektor $\mathbf{a}_\perp$ senkrecht und einen Vektor $\mathbf{a}_\parallel$ parallel zum Vektor

$$\mathbf{b} = \mathbf{e}_1 + \mathbf{e}_2 + \mathbf{e}_3.$$

Überprüfen Sie:

$$\mathbf{a}_\parallel \cdot \mathbf{a}_\perp = 0.$$

5) Bestimmen Sie den Winkel zwischen den Vektoren

$$\mathbf{a} = (2 + \sqrt{3})\mathbf{e}_1 + \mathbf{e}_2$$

und

$$\mathbf{b} = \mathbf{e}_1 + (2 + \sqrt{3})\mathbf{e}_2.$$

Aufgabe 1.1.2

1) Gegeben seien zwei Vektoren $\mathbf{a}$ und $\mathbf{b}$ mit $a = 6$ cm, $b = 9$ cm, die die folgenden Winkel einschließen: $\alpha = \sphericalangle(\mathbf{a}, \mathbf{b}) = 0°, 60°, 90°, 150°, 180°$. Bestimmen Sie die Länge des Summenvektors $\mathbf{a} + \mathbf{b}$ und den Winkel β

$$\beta = \sphericalangle(\mathbf{a} + \mathbf{b}, \mathbf{a}).$$

2) Gegeben seien zwei Vektoren $\mathbf{a}$ und $\mathbf{b}$

$$a = 6 \text{ cm}; \quad \sphericalangle(\mathbf{a}, \mathbf{e}_1) = 36°,$$
$$b = 7 \text{ cm}; \quad \sphericalangle(\mathbf{b}, \mathbf{e}_1) = 180°.$$

Bestimmen Sie Summe und Differenz der beiden Vektoren und die Winkel, die sie mit der $\mathbf{e}_1$-Achse einschließen.

3) Stellen Sie die Gleichung für eine Gerade auf, die durch den Punkt P_0 geht mit dem Ortsvektor

$$\mathbf{r}_0 = x_0\mathbf{e}_1 + y_0\mathbf{e}_2 + z_0\mathbf{e}_3$$

und zum Vektor

$$\mathbf{f} = a\mathbf{e}_1 + b\mathbf{e}_2 + c\mathbf{e}_3$$

parallel ist.

Aufgabe 1.1.3

Beweisen Sie:

1) $(\mathbf{a} \times \mathbf{b})^2 = a^2b^2 - (\mathbf{a} \cdot \mathbf{b})^2$,

2) $(\mathbf{a} \times \mathbf{b}) \cdot (\mathbf{c} \times \mathbf{d}) = (\mathbf{a} \cdot \mathbf{c})(\mathbf{b} \cdot \mathbf{d}) - (\mathbf{a} \cdot \mathbf{d})(\mathbf{b} \cdot \mathbf{c})$,

3) $(\mathbf{a} \times \mathbf{b}) \cdot [(\mathbf{b} \times \mathbf{c}) \times (\mathbf{c} \times \mathbf{a})] = [\mathbf{a} \cdot (\mathbf{b} \times \mathbf{c})]^2$.

Aufgabe 1.1.4

$\mathbf{e}_1$, $\mathbf{e}_2$, $\mathbf{e}_3$ seien Einheitsvektoren in x, y, z-Richtung.

1) Geben Sie für die Vektoren

$$\mathbf{a} = 2\mathbf{e}_1 + 4\mathbf{e}_2 + 2\mathbf{e}_3$$

und

$$\mathbf{b} = 3\mathbf{e}_1 - 2\mathbf{e}_2 - 7\mathbf{e}_3$$

$(\mathbf{a} + \mathbf{b})$, $(\mathbf{a} - \mathbf{b})$, $(-\mathbf{a})$, $6(2\mathbf{a} - 3\mathbf{b})$ in Komponenten an. Berechnen Sie die Beträge dieser Vektoren und zeigen Sie die Gültigkeit der Dreiecksungleichung:

$$|\mathbf{a} + \mathbf{b}| \leq a + b.$$

2) Berechnen Sie:

$$\mathbf{a} \times \mathbf{b}, \quad (\mathbf{a} + \mathbf{b}) \times (\mathbf{a} - \mathbf{b}), \quad \mathbf{a} \cdot (\mathbf{a} - \mathbf{b}).$$

3) Berechnen Sie die Fläche des von **a** und **b** aufgespannten Parallelogramms und bestimmen Sie einen Einheitsvektor, der auf dieser Ebene senkrecht steht.

Aufgabe 1.1.5

Beweisen Sie mit Hilfe der Vektorrechnung den Satz von Thales.

Aufgabe 1.1.6

Beweisen Sie das Distributivgesetz

$$\alpha(\mathbf{a} + \mathbf{b}) = \alpha\mathbf{a} + \alpha\mathbf{b}$$

für die Multiplikation von Vektoren **a**, **b** mit einer **negativen** reellen Zahl α.

Aufgabe 1.1.7

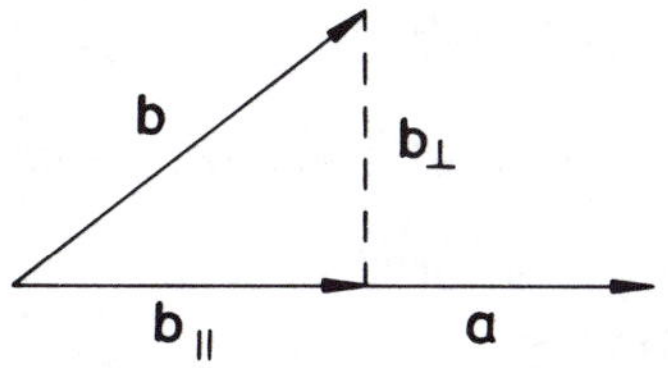

Zerlegen Sie den Vektor **b** in einen zum Vektor **a** parallelen und einen dazu senkrechten Anteil

$$\mathbf{b} = \mathbf{b}_{\|} + \mathbf{b}_{\perp}$$

und zeigen Sie, daß

$$\mathbf{b}_{\|} = \frac{1}{a^2}(\mathbf{a} \cdot \mathbf{b})\,\mathbf{a},$$
$$\mathbf{b}_{\perp} = \frac{1}{a^2}\mathbf{a} \times (\mathbf{b} \times \mathbf{a})$$

gilt.

Aufgabe 1.1.8

Zeigen Sie, daß

$$(\mathbf{a} - \mathbf{b}) \cdot [(\mathbf{a} + \mathbf{b}) \times \mathbf{c}] = 2\mathbf{a} \cdot (\mathbf{b} \times \mathbf{c})$$

gilt.

Aufgabe 1.1.9

Berechnen Sie für die drei Vektoren

$$\mathbf{a} = (-1,\ 2,\ -3), \quad \mathbf{b} = (3,\ -1,\ 5), \quad \mathbf{c} = (-1,\ 0,\ 2)$$

die folgenden Ausdrücke:

$$\mathbf{a} \cdot (\mathbf{b} \times \mathbf{c}), \quad (\mathbf{a} \times \mathbf{b}) \cdot \mathbf{c}, \quad |(\mathbf{a} \times \mathbf{b}) \times \mathbf{c}|,$$
$$|\mathbf{a} \times (\mathbf{b} \times \mathbf{c})|, \quad (\mathbf{a} \times \mathbf{b}) \times (\mathbf{b} \times \mathbf{c}), \quad (\mathbf{a} \times \mathbf{b})(\mathbf{b} \cdot \mathbf{c}).$$

Aufgabe 1.1.10

Berechnen Sie:

$$(\mathbf{a} \times \mathbf{b}) \cdot (\mathbf{c} \times \mathbf{d}) + (\mathbf{b} \times \mathbf{c}) \cdot (\mathbf{a} \times \mathbf{d}) + (\mathbf{c} \times \mathbf{a}) \cdot (\mathbf{b} \times \mathbf{d}).$$

Aufgabe 1.1.11

Beweisen Sie die Jacobi-Identität:

$$\mathbf{a} \times (\mathbf{b} \times \mathbf{c}) + \mathbf{b} \times (\mathbf{c} \times \mathbf{a}) + \mathbf{c} \times (\mathbf{a} \times \mathbf{b}) = \mathbf{0}.$$

Aufgabe 1.1.12

$\mathbf{a}_1$, $\mathbf{a}_2$, $\mathbf{a}_3$ seien drei nicht in einer Ebene liegende Vektoren. Definieren Sie drei sogenannte reziproke Vektoren $\mathbf{b}_1$, $\mathbf{b}_2$, $\mathbf{b}_3$:

$$\mathbf{b}_1 = \frac{\mathbf{a}_2 \times \mathbf{a}_3}{\mathbf{a}_1 \cdot (\mathbf{a}_2 \times \mathbf{a}_3)},$$

$\mathbf{b}_2$, $\mathbf{b}_3$ durch zyklische Vertauschung der Indizes (1, 2, 3).

1) Zeigen Sie für $i, j = 1, 2, 3$:

$$\mathbf{a}_i \cdot \mathbf{b}_j = \delta_{ij}.$$

2) Verifizieren Sie:

$$\mathbf{b}_1 \cdot (\mathbf{b}_2 \times \mathbf{b}_3) = [\mathbf{a}_1 \cdot (\mathbf{a}_2 \times \mathbf{a}_3)]^{-1}.$$

3) Zeigen Sie, daß die $\mathbf{a}_i$ die zu den $\mathbf{b}_j$ reziproken Vektoren sind.

4) $\mathbf{e}_i$, $i = 1, 2, 3$, seien drei orthonormale Basisvektoren. Bestimmen Sie die hierzu reziproken Vektoren.

Aufgabe 1.1.13

Für zwei Vektoren $\mathbf{a}, \mathbf{b} \in \mathbb{R}_2$ seien die folgenden Verknüpfungen definiert:

1) $\mathbf{a} \cdot \mathbf{b} = 4a_1b_1 - 2a_1b_2 - 2a_2b_1 + 3a_2b_2$,

2) $\mathbf{a} \cdot \mathbf{b} = a_1b_1 + a_2b_2 + a_2b_1 + 2a_1b_2$.

Handelt es sich dabei um Skalarprodukte?

Aufgabe 1.1.14

Gegeben sei die Menge V:

$$V = \{p(x) = a_0 + a_1 x + a_2 x^2 + a_3 x^3; \quad a_0, ..., a_3 \in \mathbb{R}\}$$

der reellen Polynome in einer Variablen vom Grad $\leq$ 3.

1) Zeigen Sie: V ist ein Vektorraum über dem Körper der reellen Zahlen.

2) Sind die folgenden Vektoren linear unabhängig?

a) $p_1(x) = x^2 - 2x; \quad p_2(x) = 7x^2 - x^3; \quad p_3(x) = 8x^2 + 11,$

b) $p_1(x) = -18x^2 + 15; \quad p_2(x) = 3x^3 + 6x^2 - 5; \quad p_3(x) = -x^3.$

1.2 Vektorwertige Funktionen

Unter einer **vektorwertigen Funktion** versteht man eine Funktion f, bei der einer unabhängigen Variablen nicht nur eine abhängige Variable zugeordnet ist, sondern deren n, die zusammen einen n-dimensionalen Vektor bilden:

$$f : M \subset \mathbb{R}_1 \to V \subset \mathbb{R}_n.$$

Wir wollen in diesem Kapitel einige wichtige Eigenschaften solcher Funktionen, die in der Theoretischen Physik einen weiten Anwendungsbereich besitzen, erarbeiten. Ich werde dabei davon ausgehen, daß die Grundregeln zur Stetigkeit, Differentiation und Integration von Funktionen **einer** Variablen bekannt sind. Wir wollen diese Kenntnisse mit der Vektoralgebra kombinieren, die wir im letzten Abschnitt diskutiert haben.

1.2.1 Parametrisierung von Raumkurven

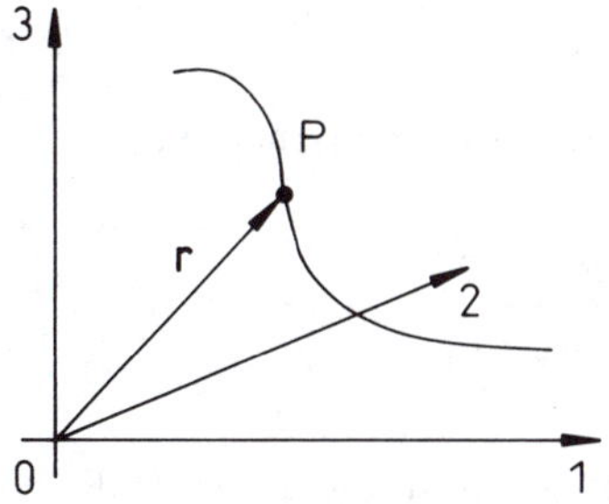

Für die Physik typische Beispiele von vektorwertigen Funktionen sind Raumkurven. Wir wählen im E_3 zunächst beliebig, aber fest einen Koordinatenursprung 0. Dann ist die Position P eines **Teilchens** durch den **Ortsvektor** $\mathbf{r} = \overrightarrow{0P}$ bestimmt. Unter einem **Teilchen** verstehen wir einen physikalischen Körper mit der Masse m, aber allseitig vernachlässigbarer Ausdehnung. Wir werden dafür später auch den Begriff **Massenpunkt** verwenden. Im Laufe der

Zeit wird das Teilchen seinen Ort wechseln, d.h., **r** wird Richtung und Betrag ändern. In einem zeit**un**abhängigen, vollständigen Orthonormalsystem (VONS) $\mathbf{e}_i$ werden die Komponenten *normale* zeitabhängige Funktionen:

$$\mathbf{r}(t) = \sum_{j=1}^{3} x_j(t)\mathbf{e}_j \equiv (x_1(t),\, x_2(t),\, x_3(t))\,. \tag{1.74}$$

Dies nennt man die **Trajektorie** oder die **Bahnkurve** des Teilchens.

Die Menge der von dem Teilchen im Laufe der Zeit passierten Raumpunkte definiert dann die sogenannte

$$\textbf{Raumkurve:} = \{\mathbf{r}(t),\ t_a \leq t \leq t_e\}. \tag{1.75}$$

Man nennt (1.74) eine **Parametrisierung** der Raumkurve (1.75). Der unabhängige Parameter ist in diesem Fall die Zeit t. Es gibt natürlich auch andere Möglichkeiten der Parametrisierung, wie wir noch in diesem Kapitel sehen werden. Ferner ist klar, daß verschiedene Bahnen dieselbe Raumkurve parametrisieren können. Man braucht die Raumkurve ja nur in verschiedenen Richtungen oder zu verschiedenen Zeiten zu durchlaufen.

Beispiele:

a) Kreisbewegung in der xz-Ebene

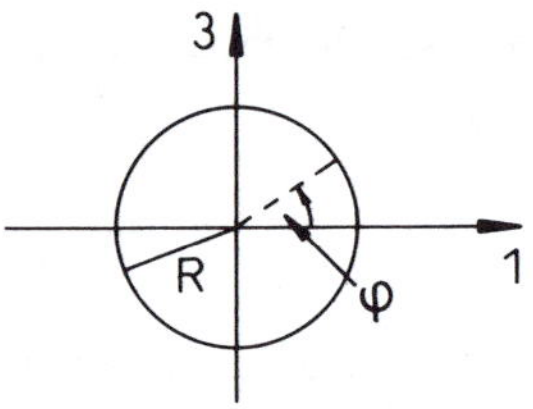

Der Kreis habe den Radius R, sein Mittelpunkt definiere den Koordinatenursprung. Eine naheliegende Parametrisierung ist die über den Winkel φ:

$$M = \{\varphi;\quad 0 \leq \varphi \leq 2\pi\},$$
$$\mathbf{r}(\varphi) = R(\cos\varphi,\, 0,\, \sin\varphi). \tag{1.76}$$

Eine weitere Parametrisierung gelingt z.B. über die x-Komponente x_1 :

$$M = \{x_1;\quad -R \leq x_1 \leq +R\},$$
$$\mathbf{r}(x_1) = \left(x_1,\, 0,\, \pm\sqrt{R^2 - x_1^2}\right),$$

wobei das Pluszeichen für die obere, das Minuszeichen für die untere Halbebene gilt.

b) Schraubenlinie

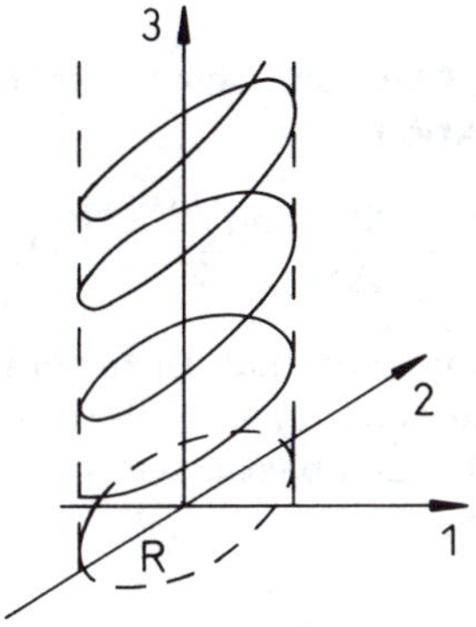

Der unabhängige Parameter sei t mit

$$M = \{t; \quad -\infty < t < +\infty\},$$
$$\mathbf{r}(t) = (R\cos\omega t, R\sin\omega t, b\,t). \tag{1.77}$$

R, b und ω sind Konstanten. Nach einem Umlauf $\omega\,\Delta t = 2\pi$ nehmen x- und y-Komponenten wieder ihre Ausgangswerte an, während die z-Komponente sich um die **Ganghöhe** (auch **Steighöhe**) z_0 geändert hat:

$$z_0 = b\,\Delta t = b\frac{2\pi}{\omega}. \tag{1.78}$$

Die **Stetigkeit von Bahnkurven** wird analog zu der von gewöhnlichen Funktionen definiert.

Definition: $\mathbf{r}(t)$ *stetig* in $t = t_0$, wenn zu jedem $\epsilon > 0$ ein $\delta(\epsilon, t_0)$ existiert, so daß aus $|t - t_0| < \delta$ stets $|\mathbf{r}(t) - \mathbf{r}(t_0)| < \epsilon$ folgt.

Nun gilt aber:

$$|\mathbf{r}(t) - \mathbf{r}(t_0)| = \sqrt{\left[x_1(t) - x_1(t_0)\right]^2 + \left[x_2(t) - x_2(t_0)\right]^2 + \left[x_3(t) - x_3(t_0)\right]^2} \leq$$
$$\leq \sqrt{3} \max_{i=1,2,3} |x_i(t) - x_i(t_0)|.$$

Daran liest man ab, daß $\mathbf{r}(t)$ genau dann stetig ist, wenn **alle** Komponentenfunktionen im gewöhnlichen Sinne stetig sind.

1.2.2 Differentiation vektorwertiger Funktionen

Wir betrachten eine vektorwertige Funktion $\mathbf{a}(t)$ und interessieren uns für differentielle Änderungen des Vektors, d.h. für Änderungen in kleinen Zeitintervallen. Physikalisch ist ein solches Zeitintervall, da durch den Meßprozeß bestimmt, zwar stets endlich, mathematisch wird jedoch der Limes eines unendlich kleinen Intervalls betrachtet. Statt der Zeit t in den folgenden Formeln kann natürlich jeder andere Parameter verwendet werden. Die vektorwertige Funktion $\mathbf{a}$ hat in der Regel zu verschiedenen Zeiten t und $t + \Delta t$ unterschiedliche Beträge und auch unterschiedliche Richtungen. Der Differenzenvektor

$$\Delta\mathbf{a} = \mathbf{a}(t + \Delta t) - \mathbf{a}(t)$$

wird mit abnehmender Zeitdifferenz Δt betragsmäßig immer kleiner werden, dabei in der Regel seine Richtung kontinuierlich ändern, um dann für sehr kleine Δt die Richtung der Tangente anzunehmen.

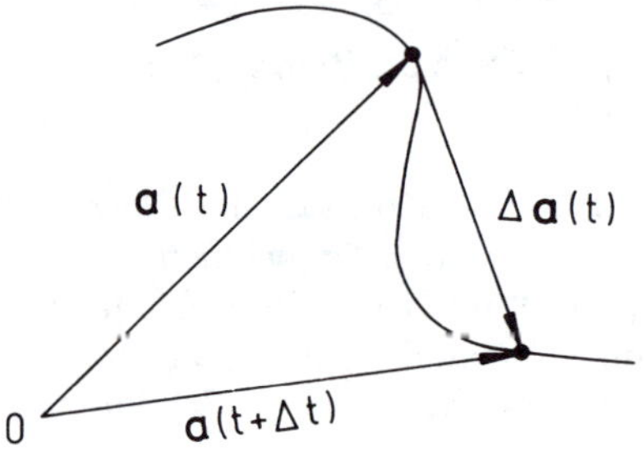

Definition: Ableitung einer vektorwertigen Funktion:

$$\frac{d\mathbf{a}}{dt} = \lim_{\Delta t \to 0} \frac{\mathbf{a}(t+\Delta t) - \mathbf{a}(t)}{\Delta t}. \tag{1.79}$$

Diese Definition setzt natürlich voraus, daß ein solcher Grenzvektor überhaupt existiert. Für Zeitableitungen schreibt man auch kurz:

$$\dot{\mathbf{a}}(t) \equiv \frac{d\mathbf{a}}{dt}.$$

Wir stellen $\mathbf{a}(t)$ in einem zeitunabhängigen Basissystem $\{\mathbf{e}_i\}$ dar:

$$\mathbf{a}(t) = \sum_j a_j(t)\mathbf{e}_j.$$

Dann gilt:

$$\mathbf{a}(t+\Delta t) - \mathbf{a}(t) = \sum_j \left[a_j(t+\Delta t) - a_j(t)\right]\mathbf{e}_j.$$

Damit ist offensichtlich die Ableitung einer vektorwertigen Funktion vollständig auf die bekannten Ableitungen der zeitabhängigen Komponentenfunktionen zurückgeführt:

$$\dot{\mathbf{a}}(t) = \frac{d\mathbf{a}}{dt} = \sum_j \dot{a}_j(t)\mathbf{e}_j. \tag{1.80}$$

Ganz Entsprechendes gilt für alle höheren Ableitungen:

$$\frac{d^n}{dt^n}\mathbf{a}(t) = \sum_j \left(\frac{d^n}{dt^n}a_j(t)\right)\mathbf{e}_j; \quad n = 0, 1, 2, \dots . \tag{1.81}$$

Es ist dann nicht schwierig, die folgenden **Differentiationsregeln** zu beweisen:

1) $$\frac{d}{dt}\left[\mathbf{a}(t) + \mathbf{b}(t)\right] = \dot{\mathbf{a}}(t) + \dot{\mathbf{b}}(t), \tag{1.82}$$

2) $$\frac{d}{dt}\left[f(t)\,\mathbf{a}(t)\right] = \dot{f}(t)\,\mathbf{a}(t) + f(t)\,\dot{\mathbf{a}}(t), \tag{1.83}$$

wenn $f(t)$ eine differenzierbare, skalare Funktion ist,

$$3)\ \frac{d}{dt}\left[\mathbf{a}(t)\cdot\mathbf{b}(t)\right]=\dot{\mathbf{a}}(t)\cdot\mathbf{b}(t)+\mathbf{a}(t)\cdot\dot{\mathbf{b}}(t), \tag{1.84}$$

$$4)\ \frac{d}{dt}\left[\mathbf{a}(t)\times\mathbf{b}(t)\right]=\dot{\mathbf{a}}(t)\times\mathbf{b}(t)+\mathbf{a}(t)\times\dot{\mathbf{b}}(t). \tag{1.85}$$

In 4) ist streng auf die Reihenfolge der Faktoren zu achten.

Beispiele:

a) Geschwindigkeit: $\mathbf{v}(t)=\dot{\mathbf{r}}(t)$ (1.86)

(stets tangential zur Bahnkurve),

Beschleunigung: $\mathbf{a}(t)=\dot{\mathbf{v}}(t)=\ddot{\mathbf{r}}(t).$ (1.87)

b) Einheitsvektor: $\mathbf{e}_a(t)=\dfrac{\mathbf{a}(t)}{|\mathbf{a}(t)|}.$

$$\mathbf{e}_a^2(t)=1\Longrightarrow\frac{d}{dt}\mathbf{e}_a^2(t)=0\overset{(1.84)}{=}2\mathbf{e}_a(t)\cdot\dot{\mathbf{e}}_a(t)$$

$$\Longrightarrow\frac{d}{dt}\mathbf{e}_a(t)\perp\mathbf{e}_a(t). \tag{1.88}$$

Die Ableitung des Einheitsvektors nach einem Parameter steht senkrecht auf dem Einheitsvektor.

1.2.3 Bogenlänge

Auch die **Integration von vektorwertigen Funktionen** läßt sich auf die entsprechende der parameterabhängigen Komponentenfunktionen übertragen:

$$\int\limits_{t_a}^{t_e}\mathbf{a}(t)\,dt=\sum_{j=1}^{3}\mathbf{e}_j\int\limits_{t_a}^{t_e}a_j(t)\,dt. \tag{1.89}$$

Wenn die Basisvektoren parameterunabhängig sind, können sie vor das Integral gezogen werden. Man integriert in diesem Fall also einen Vektor, indem man seine Komponenten integriert. Es sei jedoch ausdrücklich darauf hingewiesen, daß das so definierte Integral natürlich von der speziellen Parameterwahl abhängt, also keine echte Kurveneigenschaft darstellt. Wir werden im Laufe dieses Buches noch Integrale ganz anderer Art kennenlernen. An dieser Stelle wollen wir uns zunächst mit (1.89) begnügen.

Wir wollen uns ab jetzt auf die Raum- und Bahn-Kurven als Beispiele vektorwertiger Funktionen konzentrieren. Wir setzen für das folgende voraus, daß die Kurve *glatt* ist.

Definition: Eine Raumkurve heißt *glatt*, wenn es mindestens eine stetig differenzierbare Parametrisierung $\mathbf{r} = \mathbf{r}(t)$ gibt, für die nirgendwo

$$\frac{d\mathbf{r}}{dt} = 0$$

wird.

Bei solchen glatten Raumkurven ist es häufig vorteilhaft, die sogenannte *Bogenlänge* s als Kurvenparameter zu verwenden.

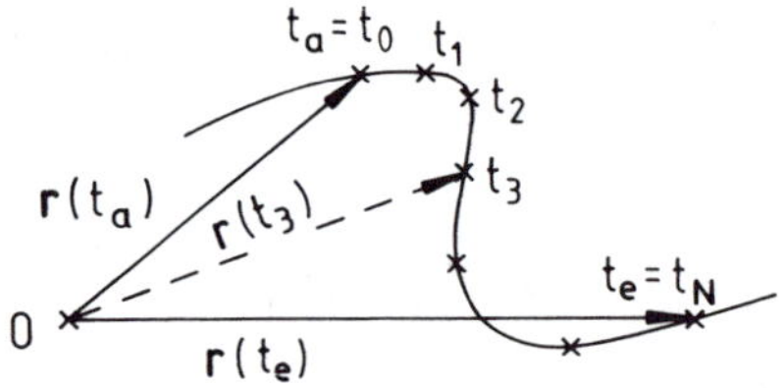

Definition: Die **Bogenlänge** s ist die Länge der Raumkurve, gemessen entlang der gekrümmten Kurve, ausgehend von einem willkürlich gewählten Anfangspunkt.

Dies wollen wir etwas detaillierter interpretieren. Dazu betrachten wir zunächst noch die Zeit als Kurvenparameter und zerlegen das Zeitintervall t_a bis $t_e = t_N$ in N Teilintervalle Δt_N, so daß für die Markierungen auf der Raumkurve gilt:

$$t_n = t_a + n\Delta t_N; \quad n = 0, 1, 2, ..., N \quad \text{mit } t_0 = t_a, t_N = t_e.$$

Diesen Zeitmarkierungen entsprechen Ortsvektoren $\mathbf{r}(t_n)$. Wenn wir diese linear miteinander verbinden, so ergibt sich ein **Polygonzug** der Länge

$$L_N(t_a, t_e) = \sum_{n=0}^{N-1} |\mathbf{r}(t_{n+1}) - \mathbf{r}(t_n)| = \sum_{n=0}^{N-1} \left| \frac{\mathbf{r}(t_{n+1}) - \mathbf{r}(t_n)}{\Delta t_N} \right| \Delta t_N.$$

Im Limes $N \to \infty$ entspricht die Länge L_N des Polygonzuges der Bogenlänge s zwischen den Endpunkten $\mathbf{r}(t_a)$ und $\mathbf{r}(t_e)$. Für $N \to \infty$ geht aber Δt_N gegen Null. Unter dem Summenzeichen steht nach (1.79) die Ableitung des Ortsvektors nach der Zeit:

$$\frac{\mathbf{r}(t_{n+1}) - \mathbf{r}(t_n)}{\Delta t_N} \xrightarrow[N \to \infty \iff \Delta t_N \to 0]{} \left.\frac{d\mathbf{r}}{dt}\right|_{t=t_n}.$$

Aus der Summe wird im *Riemannschen Sinne* ein Integral. Wenn wir noch t_e durch t ersetzen, haben wir dann als Bogenlänge:

$$s(t) = \int_{t_a}^{t} \left| \frac{d\mathbf{r}(t')}{dt'} \right| dt'. \tag{1.90}$$

Ferner haben wir gezeigt, daß für **differentielle** Änderungen der Bogenlänge

$$\frac{ds}{dt} = \left|\frac{d\mathbf{r}(t)}{dt}\right| > 0 \tag{1.91}$$

gilt. Wir berechnen also mit der Bahnkurve $\mathbf{r} = \mathbf{r}(t)$ nach (1.90) die Bogenlänge $s(t)$. Dieses ist offensichtlich eine mit t monoton wachsende Funktion, die wir eindeutig nach t auflösen können. Dadurch erhalten wir dann die Parametrisierung der Raumkurve nach der Bogenlänge s:

$$\mathbf{r}(t) \to \mathbf{r}\big(t(s)\big) = \mathbf{r}(s). \tag{1.92}$$

Diese Darstellung bezeichnet man als die **natürliche Parametrisierung** der Raumkurve.

Beispiele:

a) Kreisbewegung

Wir setzen in (1.76) $\varphi = \omega t$ (*gleichförmige Kreisbewegung*) und erhalten dann als Bahnkurve:

$$\begin{aligned}
\mathbf{r}(t) &= R(\cos\omega t,\, 0,\, \sin\omega t) \\
\Longrightarrow \frac{d\mathbf{r}}{dt} &= R\omega(-\sin\omega t,\, 0,\, \cos\omega t) \\
\Longrightarrow \left|\frac{d\mathbf{r}}{dt}\right| &= R\omega \\
\Longrightarrow s(t) &= \int_0^t R\omega\, dt' = R\omega t \qquad (t_a = 0) \\
\Longrightarrow t(s) &= \frac{s}{R\omega}.
\end{aligned}$$

Daraus folgt die natürliche Darstellung der Kreisbewegung:

$$\mathbf{r}(s) = R\left(\cos\frac{s}{R},\, 0,\, \sin\frac{s}{R}\right). \tag{1.93}$$

Nach einem vollen Umlauf muß

$$\frac{s}{R} = 2\pi$$

sein. Das entspricht der Bogenlänge $s = 2\pi R$, also dem Umfang des Kreises.

b) Schraubenlinie

Wir berechnen aus (1.77):

$$\frac{d\mathbf{r}}{dt} = (-R\omega \sin \omega t,\ R\omega \cos \omega t,\ b)$$
$$\Longrightarrow \left|\frac{d\mathbf{r}}{dt}\right| = \sqrt{R^2\omega^2 + b^2}$$
$$\Longrightarrow s(t) = \sqrt{R^2\omega^2 + b^2}\ t$$
$$\Longrightarrow t(s) = \frac{s}{\sqrt{R^2\omega^2 + b^2}}.$$

Daraus folgt die natürliche Darstellung der Schraubenlinie:

$$\mathbf{r}(s) = \left(R\cos\frac{\omega s}{\sqrt{R^2\omega^2 + b^2}},\ R\sin\frac{\omega s}{\sqrt{R^2\omega^2 + b^2}},\ \frac{bs}{\sqrt{R^2\omega^2 + b^2}}\right). \quad (1.94)$$

1.2.4 Begleitendes Dreibein

Wir besprechen in diesem Abschnitt ein neues System von orthonormalen Basisvektoren, deren Richtungen in jedem Punkt der Raumkurve anders sein können. Sie sind also Funktionen der Bogenlänge s, wandern gewissermaßen mit dem Massenpunkt auf der Kurve mit. Deshalb spricht man vom **begleitenden Dreibein**, bestehend aus

$\hat{\mathbf{t}}$: Tangenteneinheitsvektor,
$\hat{\mathbf{n}}$: Normaleneinheitsvektor,
$\hat{\mathbf{b}}$: Binormaleneinheitsvektor.

Die drei Einheitsvektoren bilden ein orthonormiertes Rechtssystem, d.h.,

$$\hat{\mathbf{t}} = \hat{\mathbf{n}} \times \hat{\mathbf{b}} \quad \text{und zyklisch.} \quad (1.95)$$

Wir wissen, daß der Vektor $\dot{\mathbf{r}}(t) = \frac{d}{dt}\mathbf{r}(t)$ **tangential** zur Bahnkurve orientiert ist. Der **Tangenteneinheitsvektor** ist deshalb naheliegenderweise wie folgt definiert:

$$\hat{\mathbf{t}} = \frac{\frac{d\mathbf{r}}{dt}}{\left|\frac{d\mathbf{r}}{dt}\right|} = \frac{\frac{d\mathbf{r}}{dt}}{\frac{ds}{dt}}. \quad (1.96)$$

Auf der rechten Seite haben wir bereits (1.91) ausgenutzt. Wenn $\mathbf{r}$ nach der Bogenlänge s parametrisiert ist, $\mathbf{r} = \mathbf{r}(s)$, dann können wir in (1.96) die Kettenregel ausnutzen:

$$\hat{\mathbf{t}} = \frac{d\mathbf{r}(s)}{ds} = \hat{\mathbf{t}}(s). \quad (1.97)$$

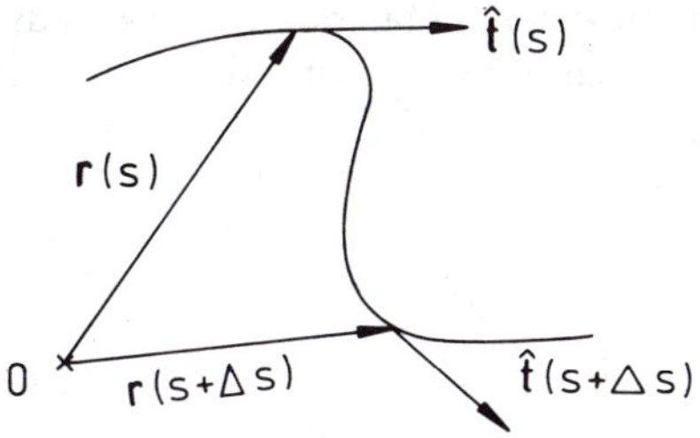

$\hat{\mathbf{t}}$ liegt also tangential zur Bahnkurve in Richtung wachsender Bogenlänge. $\hat{\mathbf{t}}(s)$ kann sich mit s in der Richtung ändern, was als Maß für die Krümmung der Bahn angesehen werden kann. Man definiert deshalb:

$$\kappa = \left| \frac{d\hat{\mathbf{t}}(s)}{ds} \right| \quad \textbf{Krümmung,}$$

$$\rho = \kappa^{-1} \quad \textbf{Krümmungsradius.} \tag{1.98}$$

Wenn die Richtung von $\hat{\mathbf{t}}(s)$ für alle s konstant ist, dann ist die Bahn offensichtlich eine Gerade. κ ist somit Null und $\rho = \infty$.

Da $\hat{\mathbf{t}}$ tangential zur Bahnkurve liegt, müssen die beiden anderen Einheitsvektoren in der Ebene senkrecht zur Tangente liegen. Wegen (1.88) wird der Vektor

$$\mathbf{N} = \frac{d\hat{\mathbf{t}}}{ds}$$

auf jeden Fall senkrecht auf $\hat{\mathbf{t}}$ stehen. Wenn wir ihn noch auf den Wert Eins normieren, so ergibt sich der

Normaleneinheitsvektor

$$\hat{\mathbf{n}} = \frac{\dfrac{d\hat{\mathbf{t}}(s)}{ds}}{\left|\dfrac{d\hat{\mathbf{t}}(s)}{ds}\right|} = \frac{1}{\kappa}\frac{d\hat{\mathbf{t}}(s)}{ds} = \hat{\mathbf{n}}(s). \tag{1.99}$$

Die von den Vektoren $\hat{\mathbf{n}}$ und $\hat{\mathbf{t}}$ aufgespannte Ebene heißt **Schmiegungsebene**. Zur vollständigen Charakterisierung der Bewegung im Raum benötigen wir noch einen dritten Einheitsvektor, nämlich den

Binormaleneinheitsvektor

$$\hat{\mathbf{b}}(s) = \hat{\mathbf{t}}(s) \times \hat{\mathbf{n}}(s). \tag{1.100}$$

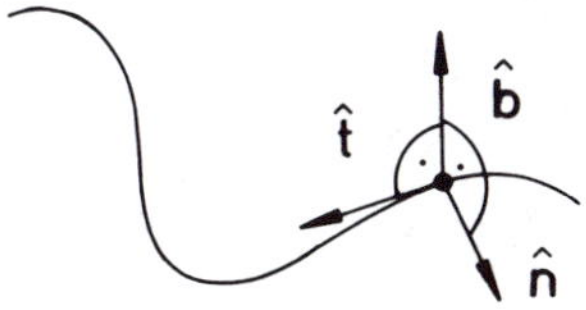

$\hat{\mathbf{b}}$ steht senkrecht auf der Schmiegungsebene. Erfolgt die Bewegung in einer **festen** Ebene, dann ist diese die Schmiegungsebene, die in einem solchen Fall von s unabhängig ist. Dann ist aber auch die Richtung von $\hat{\mathbf{b}}$ konstant, der Betrag ist es ohnehin, so daß allgemein gilt:

$\hat{\mathbf{b}} =$ const., falls Bewegung in einer **festen** Ebene.

Ändert sich jedoch $\hat{\mathbf{b}}$ mit s, so ist das offensichtlich ein Maß dafür, wie sich die Raumkurve aus der Schmiegungsebene herausschraubt. Es wird also auch hier die Ableitung nach s interessant sein:

$$\frac{d\hat{\mathbf{b}}}{ds} = \frac{d\hat{\mathbf{t}}}{ds} \times \hat{\mathbf{n}} + \hat{\mathbf{t}} \times \frac{d\hat{\mathbf{n}}}{ds} = \kappa \hat{\mathbf{n}} \times \hat{\mathbf{n}} + \hat{\mathbf{t}} \times \frac{d\hat{\mathbf{n}}}{ds}$$

$$\Longrightarrow \frac{d\hat{\mathbf{b}}}{ds} = \hat{\mathbf{t}} \times \frac{d\hat{\mathbf{n}}}{ds}. \tag{1.101}$$

Daraus können wir schließen:

$$\frac{d}{ds}\hat{\mathbf{b}} \perp \hat{\mathbf{t}}.$$

Ferner, weil $\hat{\mathbf{b}}$ ein Einheitsvektor ist,

$$\frac{d}{ds}\hat{\mathbf{b}} \perp \hat{\mathbf{b}},$$

so daß der folgende Ansatz vernünftig erscheint:

$$\frac{d}{ds}\hat{\mathbf{b}} = -\tau \hat{\mathbf{n}}. \tag{1.102}$$

Die Binormale dreht also senkrecht zu $\hat{\mathbf{t}}$ in die Richtung der Hauptnormalen $\hat{\mathbf{n}}$:

τ : **Torsion der Raumkurve**

$\sigma = 1/\tau$: **Torsionsradius.**

Uns fehlt jetzt noch die Änderung des Normaleneinheitsvektors $\hat{\mathbf{n}}$ mit der Bogenlänge s:

$$\hat{\mathbf{n}} = \hat{\mathbf{b}} \times \hat{\mathbf{t}} \Longrightarrow \frac{d\hat{\mathbf{n}}}{ds} = \frac{d\hat{\mathbf{b}}}{ds} \times \hat{\mathbf{t}} + \hat{\mathbf{b}} \times \frac{d\hat{\mathbf{t}}}{ds} = -\tau \hat{\mathbf{n}} \times \hat{\mathbf{t}} + \kappa \hat{\mathbf{b}} \times \hat{\mathbf{n}} = \tau \hat{\mathbf{b}} - \kappa \hat{\mathbf{t}}.$$

Die drei die Änderung des begleitenden Dreibeins mit der Bogenlänge s beschreibenden Beziehungen werden **Frenetsche Formeln** genannt:

$$\frac{d\hat{\mathbf{t}}}{ds} = \kappa \hat{\mathbf{n}},$$

$$\frac{d\hat{\mathbf{b}}}{ds} = -\tau \hat{\mathbf{n}},$$

$$\frac{d\hat{\mathbf{n}}}{ds} = \tau \hat{\mathbf{b}} - \kappa \hat{\mathbf{t}}. \tag{1.103}$$

Anwendungen:

a) Kreisbewegung

Mit der in (1.93) gefundenen *natürlichen* Darstellung der Raumkurve $\mathbf{r} = \mathbf{r}(s)$ läßt sich der **Tangenteneinheitsvektor** $\hat{\mathbf{t}}$ einfach berechnen:

$$\hat{\mathbf{t}} = \frac{d\mathbf{r}}{ds} = \left(-\sin\frac{s}{R},\, 0,\, \cos\frac{s}{R}\right). \tag{1.104}$$

Es handelt sich offenbar um einen Vektor der Länge 1. Nochmaliges Differenzieren nach s liefert die Krümmung κ:

$$\begin{aligned} \frac{d\hat{\mathbf{t}}}{ds} &= \frac{1}{R}\left(-\cos\frac{s}{R},\, 0,\, -\sin\frac{s}{R}\right) \\ \Longrightarrow \kappa &= \left|\frac{d\hat{\mathbf{t}}}{ds}\right| = \frac{1}{R}. \end{aligned} \tag{1.105}$$

Für den **Krümmungsradius** ρ haben wir also das für den Kreis selbstverständliche Ergebnis:

$$\rho = R. \tag{1.106}$$

Der **Normaleneinheitsvektor** $\hat{\mathbf{n}}$**:**

$$\hat{\mathbf{n}} = \rho\frac{d\hat{\mathbf{t}}}{ds} = \left(-\cos\frac{s}{R},\, 0,\, -\sin\frac{s}{R}\right) \tag{1.107}$$

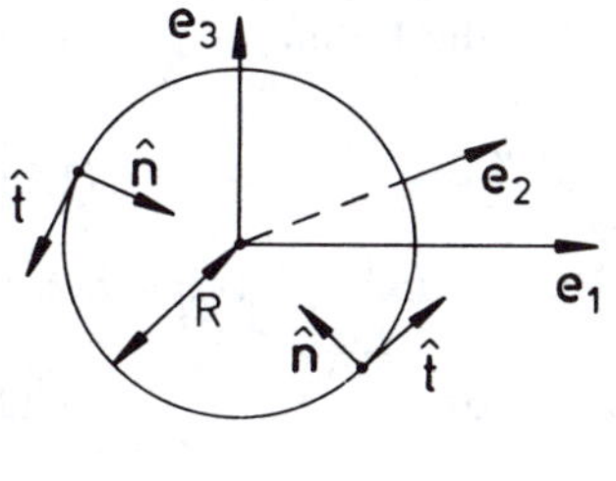

liegt in der xz-Ebene (Schmiegungsebene) und zeigt in Richtung Kreismittelpunkt. (Verifizieren Sie $\hat{\mathbf{n}} \cdot \hat{\mathbf{t}} = 0$!) Da die Bewegung in einer festen Ebene erfolgt, sollte der Binormaleneinheitsvektor $\hat{\mathbf{b}}(s)$ nach Richtung und Betrag konstant sein:

$$\begin{aligned} \hat{\mathbf{b}}(s) &= \mathbf{e}_1(t_2n_3 - t_3n_2) + \mathbf{e}_2(t_3n_1 - t_1n_3) + \mathbf{e}_3(t_1n_2 - t_2n_1) = \\ &= \mathbf{e}_1 \cdot 0 + \mathbf{e}_2\left(-\cos^2\frac{s}{R} - \sin^2\frac{s}{R}\right) + \mathbf{e}_3 \cdot 0. \end{aligned}$$

Dies ist in der Tat der Fall:

$$\hat{\mathbf{b}}(s) = (0,\ -1,\ 0). \tag{1.108}$$

Er zeigt in die negative y-Richtung.

b) Schraubenlinie

Nach (1.94) gilt für die Schraubenlinie, wenn wir noch die Abkürzung

$\Delta = 1/\sqrt{R^2\omega^2 + b^2}$ vereinbaren:

$$\hat{\mathbf{t}} = \frac{d\mathbf{r}}{ds} = \big(-R\omega\Delta\sin(\omega s\Delta),\ R\omega\Delta\cos(\omega s\Delta),\ b\Delta\big). \tag{1.109}$$

Für den Betrag von $\hat{\mathbf{t}}$ findet man:

$$|\hat{\mathbf{t}}| = \sqrt{(R^2\omega^2 + b^2)\Delta^2} = 1,$$

wie es ja auch sein muß.

$$\frac{d\hat{\mathbf{t}}}{ds} = [-R\omega^2\Delta^2\ \cos(\omega s\Delta),\ -R\omega^2\Delta^2\ \sin(\omega s\Delta),\ 0].$$

Die **Krümmung** κ ergibt sich daraus zu:

$$\kappa = \left|\frac{d\hat{\mathbf{t}}}{ds}\right| = R\omega^2\Delta^2 = \frac{R\omega^2}{R^2\omega^2 + b^2}. \tag{1.110}$$

Sie ist offensichtlich kleiner als die beim Kreis, was geometrisch unmittelbar einleuchtet, da die Streckung längs der Schraubenachse die Krümmung natürlich verkleinert.

$$\text{Krümmungsradius}:\ \rho = \frac{R^2\omega^2 + b^2}{R\omega^2} > R. \tag{1.111}$$

Der **Normaleneinheitsvektor** liegt in der xy-Ebene und zeigt ins Schraubeninnere:

$$\hat{\mathbf{n}} = (-\cos(\omega s\Delta),\ -\sin(\omega s\Delta),\ 0). \tag{1.112}$$

Der **Binormaleneinheitsvektor** ist nun eine Funktion der Bogenlänge s, da die Bewegung nicht mehr in einer festen Ebene erfolgt:

$$\begin{aligned}\hat{\mathbf{b}}(s) &= \mathbf{e}_1[+b\Delta\sin(\omega\, s\Delta)] + \mathbf{e}_2[-b\Delta\cos(\omega\, s\Delta)] + \\ &\quad + \mathbf{e}_3[R\omega\Delta\sin^2(\omega\, s\Delta) + R\omega\Delta\cos^2(\omega\, s\Delta)] \\ \Longrightarrow \hat{\mathbf{b}}(s) &= \Delta(b\sin(\omega\, s\Delta),\ -b\cos(\omega\, s\Delta),\ R\omega).\end{aligned} \tag{1.113}$$

Die Torsion τ der Raumkurve berechnen wir nach (1.102) durch Vergleich von

$$\frac{d\hat{\mathbf{b}}}{ds} = b\,\omega\Delta^2(\cos(\omega\, s\Delta),\, \sin(\omega\, s\Delta),\, 0)$$

mit $\hat{\mathbf{n}}$ zu

$$\tau = b\,\omega\,\Delta^2. \tag{1.114}$$

Der Torsionsradius

$$\sigma = \frac{1}{\tau} = \frac{R^2\omega^2 + b^2}{b\,\omega} \tag{1.115}$$

wird unendlich groß für $b \to 0$ (Kreisbewegung).

c) Geschwindigkeit und Beschleunigung eines Massenpunktes

Nach (1.86) ist die Geschwindigkeit $\mathbf{v}$ stets tangential zur Bahnkurve $\mathbf{r}(t)$ orientiert:

$$\begin{aligned} \mathbf{v}(t) &= \frac{d\mathbf{r}}{dt} = \frac{d\mathbf{r}}{ds}\frac{ds}{dt} = \frac{ds}{dt}\hat{\mathbf{t}} \\ \Longrightarrow |\mathbf{v}(\mathbf{t})| &= \frac{ds}{dt}. \end{aligned} \tag{1.116}$$

Nochmaliges Differenzieren nach der Zeit führt zur Beschleunigung $\mathbf{a}$:

$$\begin{aligned} \mathbf{a}(t) &= \frac{d^2\mathbf{r}}{dt^2} = \dot{v}\,\hat{\mathbf{t}} + v\frac{d\hat{\mathbf{t}}}{dt} = \dot{v}\,\hat{\mathbf{t}} + v\frac{d\hat{\mathbf{t}}}{ds}\frac{ds}{dt} \\ \Longrightarrow \mathbf{a}(t) &= \dot{v}\,\hat{\mathbf{t}} + \frac{v^2}{\rho}\hat{\mathbf{n}}. \end{aligned} \tag{1.117}$$

Der Beschleunigungsvektor liegt also stets in der Schmiegungsebene. Man unterscheidet:

$$a_t = \dot{v} \quad \textbf{(Tangentialbeschleunigung)} \tag{1.118}$$

und

$$a_n = \frac{v^2}{\rho} \quad \textbf{(Normal-, Zentripetalbeschleunigung)}. \tag{1.119}$$

Bei gekrümmten Bahnen ($\rho \neq \infty$, $\rho = \infty$: Gerade) liegt also selbst dann eine beschleunigte Bewegung vor, wenn sich der Geschwindigkeitsbetrag v nicht ändert ($\dot{v} = 0$).

1.2.5 Aufgaben

Aufgabe 1.2.1

Es seien $\mathbf{e}_1'$, $\mathbf{e}_2'$ zwei orthonormale Vektoren, die die x'-Achse und die y'-Achse definieren mögen. Ein Massenpunkt durchlaufe die Bahnkurve

$$\mathbf{r}(t) = \frac{1}{\sqrt{2}}(a_1 \cos \omega t + a_2 \sin \omega t)\, \mathbf{e}_1' + \frac{1}{\sqrt{2}}(-a_1 \cos \omega t + a_2 \sin \omega t)\, \mathbf{e}_2',$$

a_1, a_2, ω konstant und > 0.

1) Gehen Sie von $\mathbf{e}_1'$, $\mathbf{e}_2'$ zu einer neuen Basis $\mathbf{e}_1$, $\mathbf{e}_2$ über, d.h. zu neuen x- und y-Achsen, und zwar derart, daß die Darstellung der Bahnkurve besonders einfach wird. Wie lautet die Parameterdarstellung der Raumkurve im x, y-System mit ωt als Parameter?

2) Welche geometrische Form hat die Raumkurve?

3) Bestimmen Sie die Winkel

$$\varphi(t) = \sphericalangle(\mathbf{e}_1, \mathbf{r}(t)),$$
$$\psi(t) = \sphericalangle(\mathbf{e}_2, \mathbf{r}(t)).$$

4) Berechnen Sie die Beträge von $\mathbf{r}(t)$, $\mathbf{v}(t) = \dot{\mathbf{r}}(t)$, $\mathbf{a}(t) = \ddot{\mathbf{r}}(t)$. Welche Beziehung besteht zwischen $|\mathbf{r}(t)|$ und $|\mathbf{a}(t)|$?

5) Berechnen Sie $\dot{r}(t) = \frac{d}{dt}|\mathbf{r}(t)|$.

6) Bestimmen Sie die Winkel

$$\alpha(t) = \sphericalangle(\mathbf{r}(t), \mathbf{v}(t)),$$
$$\beta(t) = \sphericalangle(\mathbf{v}(t), \mathbf{a}(t)),$$
$$\gamma(t) = \sphericalangle(\mathbf{r}(t), \mathbf{a}(t)).$$

Aufgabe 1.2.2

1) Bestimmen Sie eine Parameterdarstellung der Zykloide. Letztere wird von einem festen Punkt auf einem Kreis beschrieben, der auf einer Geraden abrollt.

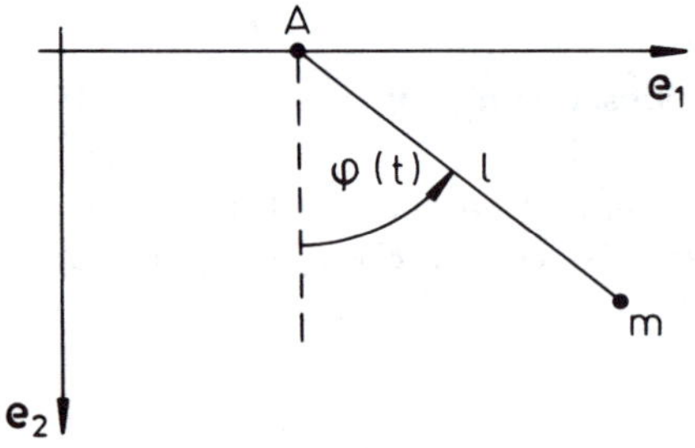

2) Wie lautet die Parameterdarstellung eines Massenpunktes, der an einem Faden mit zeitabhängigem Winkel $\varphi(t)$ pendelt, wobei sich gleichzeitig der Aufhänger A mit konstanter Geschwindigkeit v in $\mathbf{e}_1$-Richtung bewegt?

Aufgabe 1.2.3

Berechnen Sie für die Bahnkurve

$$\mathbf{r}(t) = e^{-\sin t}\mathbf{e}_1 + \frac{1}{\cot t}\mathbf{e}_2 + \ln(1+t^2)\mathbf{e}_3$$

die Ausdrücke:

$$1)\ |\mathbf{r}(t)|;\quad 2)\ \dot{\mathbf{r}}(t);\quad 3)\ |\dot{\mathbf{r}}(t)|;\quad 4)\ \ddot{\mathbf{r}}(t);\quad e)\ |\ddot{\mathbf{r}}(t)|$$

jeweils für die Zeit $t = 0$.

Aufgabe 1.2.4

Beweisen Sie die folgenden Differentiationsregeln für vektorwertige Funktionen $\mathbf{a}(t)$, $\mathbf{b}(t)$:

$$1)\ \frac{d}{dt}[(\mathbf{a}(t) \cdot \mathbf{b}(t)] = \dot{\mathbf{a}}(t) \cdot \mathbf{b}(t) + \mathbf{a}(t) \cdot \dot{\mathbf{b}}(t),$$

$$2)\ \frac{d}{dt}[\mathbf{a}(t) \times \mathbf{b}(t)] = \dot{\mathbf{a}}(t) \times \mathbf{b}(t) + \mathbf{a}(t) \times \dot{\mathbf{b}}(t),$$

$$3)\ \mathbf{a}(t)\frac{d\mathbf{a}(t)}{dt} = |\mathbf{a}(t)|\frac{d}{dt}|\mathbf{a}(t)|.$$

Aufgabe 1.2.5

Gegeben sei die Bahnkurve

$$\mathbf{r}(t) = \left(3\sin\frac{t}{t_0},\ 4\frac{t}{t_0},\ 3\cos\frac{t}{t_0}\right).$$

Berechnen Sie:

1) die Bogenlänge $s(t)$, wobei $s(t=0) = 0$ sein möge,
2) den Tangenteneinheitsvektor $\hat{\mathbf{t}}$,
3) die Krümmung κ und den Krümmungsradius ρ der Kurve,
4) den Normaleneinheitsvektor $\hat{\mathbf{n}}$,
5) das begleitende Dreibein $(\hat{\mathbf{t}}, \hat{\mathbf{n}}, \hat{\mathbf{b}})$ für $t = 5\pi t_0$,
6) die Torsion τ der Raumkurve.

Aufgabe 1.2.6

Drücken Sie auf möglichst einfache Weise

$$\frac{d\mathbf{r}}{ds} \cdot \left(\frac{d^2\mathbf{r}}{ds^2} \times \frac{d^3\mathbf{r}}{ds^3}\right)$$

durch die Krümmung κ und durch die Torsion τ der Raumkurve aus.

Aufgabe 1.2.7

Gegeben sei die Bahnkurve

$$\mathbf{r}(t) = \left(t, t^2, \left(\frac{2}{3}\right) t^3\right).$$

1) Bestimmen Sie die Bogenlänge $s(t)$, wobei $s(t=0)=0$.
2) Berechnen Sie den Tangenteneinheitsvektor $\hat{\mathbf{t}}$ als Funktion der Zeit t.
3) Geben Sie die Krümmung κ als Funktion von t an.
4) Bestimmen Sie das begleitende Dreibein als Funktion von t.
5) Geben Sie die Torsion τ als Funktion von t an.

Die Komponenten der Bahnkurve mögen Koeffizienten vom Betrag 1 aufweisen, die für korrekte Dimension sorgen.

1.3 Felder

Wir haben im letzten Abschnitt vektorwertige Funktionen, wie z.B. die Bahnkurve eines Teilchens, kennengelernt. Damit beschreiben wir den Weg des Teilchens durch den Raum. Wir wissen allerdings noch nicht, was dem Massenpunkt auf seiner Bahn "passiert", welche Situationen er antrifft. So könnte z.B. die Temperatur an verschiedenen Raumpunkten unterschiedlich sein; sie könnte damit die Bewegungsform beeinflussen. Es kann die elektrische Feldstärke ortsabhängig sein, was für die Bahn eines geladenen Teilchens von Bedeutung wäre. Zur Beschreibung physikalischer Phänomene ist es deshalb häufig notwendig, jedem Raumpunkt $\mathbf{r}$ den Wert $A(\mathbf{r})$ einer physikalischen Größe zuzuordnen. Das kann ein Skalar, ein Vektor, ein Tensor, ... sein, z.B. die Temperatur, die Massendichte, die Ladungsdichte als Skalare oder die Gravitationskraft, die elektrische Feldstärke, die Strömungsgeschwindigkeit einer Flüssigkeit als Vektoren oder der Spannungstensor als tensorielle Größe. Man spricht dann von einem skalaren, vektoriellen, tensoriellen Feld der physikalischen Größe A. Im allgemeinen werden diese zugeordneten Werte noch von der Zeit abhängig sein: $A = A(\mathbf{r}, t)$. Wir wollen unsere Betrachtungen hier jedoch auf zeitunabhängige, d.h. **statische**, Felder beschränken. Eine Orthonormalbasis sei vorgegeben.

1.3.1 Klassifikation der Felder

Definition: Ein **skalares Feld** ist die Menge von Zahlenwerten $\varphi(\mathbf{r}) = \varphi(x_1, x_2, x_3)$ einer physikalischen Größe φ, die jedem Punkt $\mathbf{r} = (x_1, x_2, x_3)$ eines interessierenden Raumbereichs zugeordnet sind:

$$M \subset \mathbb{R}_3 \xrightarrow{\varphi} N \subset \mathbb{R}_1.$$

Es handelt sich also um eine skalarwertige Funktion **dreier** unabhängiger Variablen. Der Definitionsbereich M ist durch die physikalische Problemstellung festgelegt.

$$\varphi(\mathbf{r}) = \beta r; \quad r = \sqrt{x_1^2 + x_2^2 + x_3^2}.$$

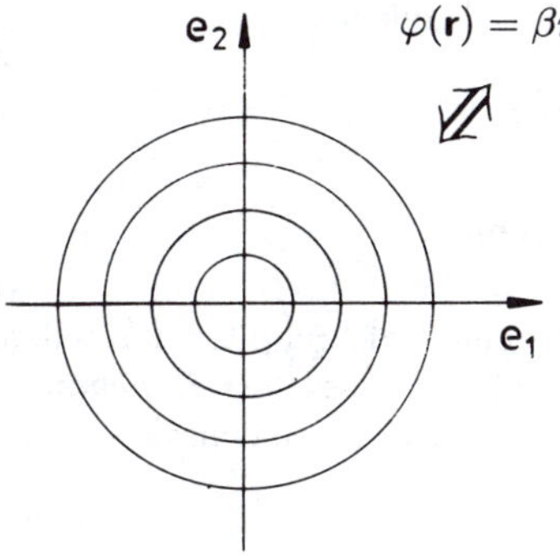

Graphisch stellt man solche Felder durch zweidimensionale Schnitte dar, in denen die Flächen $\varphi(\mathbf{r})$=const. als sogenannte **Höhenlinien** erscheinen. Der Abstand der Linien entspricht dabei gleichen Wertunterschieden der Konstanten.

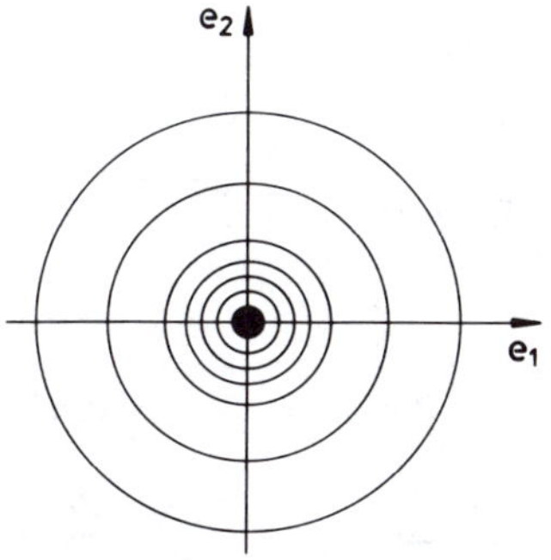

$$\Longleftrightarrow \quad \varphi(\mathbf{r}) = \frac{\alpha}{r} \quad \Longleftrightarrow$$

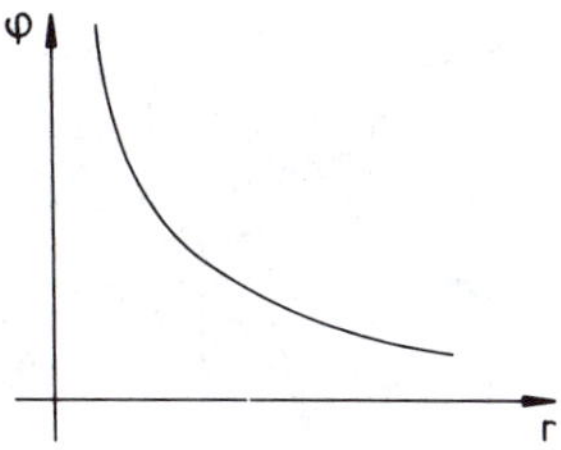

Es gibt noch andere Darstellungsmöglichkeiten. So kann man z.B. φ in Abhängigkeit **einer** besonders ausgesuchten Variablen auftragen und dabei die beiden anderen Variablen konstant halten.

Definition: Das **Vektorfeld** ist die Menge von durch Richtung und Betrag gekennzeichneten Vektoren,

$$\mathbf{a}(\mathbf{r}) = (a_1(x_1, x_2, x_3),\ a_2(x_1, x_2, x_3),\ a_3(x_1, x_2, x_3)),$$

die jedem Punkt $\mathbf{r} = (x_1, x_2, x_3)$ eines interessierenden Raumbereichs zugeordnet sind:

$$M \subset \mathbb{R}_3 \to N \subset \mathbb{R}_3.$$

Es handelt sich also um eine vektorwertige Funktion **dreier** unabhängiger Variablen.

Beispiele:

$$\mathbf{a}(\mathbf{r}) = \alpha\mathbf{r},$$

$$\mathbf{a}(\mathbf{r}) = \frac{q}{4\pi\epsilon_0}\frac{\mathbf{r}}{r^3} \quad \text{(elektrisches Feld einer Punktladung } q\text{)},$$

$$\mathbf{a}(\mathbf{r}) = \frac{\alpha}{\beta^2 + x_2^2 + x_3^2}\mathbf{e}_1; \quad \alpha, \beta = \text{ const.},$$

$$\mathbf{a}(\mathbf{r}) = \frac{1}{r}[\boldsymbol{\omega} \times \mathbf{r}]; \quad \boldsymbol{\omega} = \omega_0\mathbf{e}_3; \quad \omega_0 = \text{const.}$$

Graphisch lassen sich Vektorfelder durch zweidimensionale Schnitte darstellen, in denen die Flächen konstanter Feldstärke $|\mathbf{a}(\mathbf{r})|$ = const. als *Höhenlinien* erscheinen, an denen man das Feld lokal durch einen Vektorpfeil charakterisiert.

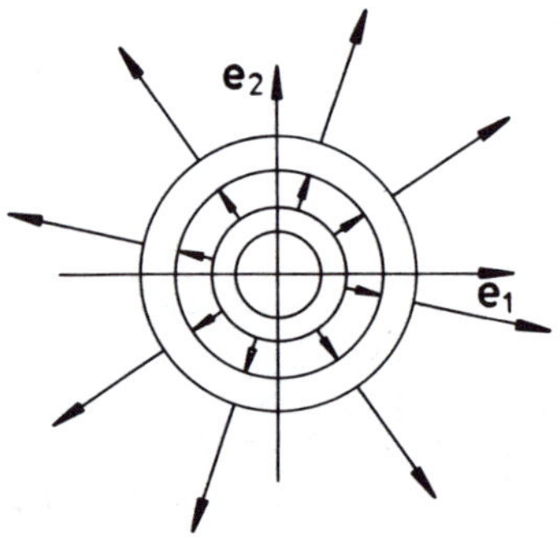

Beispiel:

$$\mathbf{a}(\mathbf{r}) = \alpha\mathbf{r} \quad (\alpha > 0).$$

Pfeillänge: $\alpha \cdot r$
Richtung: radial, senkrecht auf den Kreisen $|\mathbf{a}(\mathbf{r})| = \text{const.}$

Eine zweite, häufig verwendete Darstellungsmöglichkeit stellen **Feldlinien** dar, deren lokale Richtung die Feldrichtung angibt, deren Dichte proportional zur Feld**stärke** ist.

Wir wollen im folgenden die speziellen Eigenschaften der Felder untersuchen, wobei wegen der notwendigen Knappheit der Darstellung ausführliche Abhandlungen spezielleren Mathematikvorlesungen vorbehalten bleiben müssen.

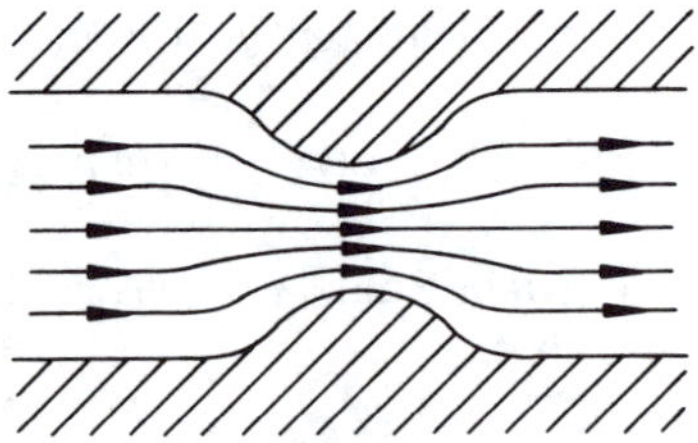

Geschwindigkeit einer strömenden Flüssigkeit

Magnetfeld der Erde

Da die Felder Funktionen von **mehreren** unabhängigen Variablen darstellen, sind Begriffe wie Stetigkeit, Ableitung und Integral sehr sorgfältig zu untersuchen.

Definition: 1) Ein skalares Feld $\varphi(\mathbf{r})$ heißt stetig in $\mathbf{r}_0$, wenn es zu jedem $\epsilon > 0$ ein $\delta(\mathbf{r}_0, \epsilon) > 0$ gibt, so daß für alle $\mathbf{r}$ mit $|\mathbf{r} - \mathbf{r}_0| < \delta$

$$|\varphi(\mathbf{r}) - \varphi(\mathbf{r}_0)| < \epsilon$$

gilt.

2) Das Feld φ heißt stetig in einem Raumbereich M, wenn es dort in **jedem** Punkt stetig ist.

3) Ein Vektorfeld $\mathbf{a}(\mathbf{r}) = (a_1(\mathbf{r}), a_2(\mathbf{r}), a_3(\mathbf{r}))$ heißt stetig in $\mathbf{r}_0$, wenn dieses für jede Komponente $a_i(\mathbf{r})$ im obigen Sinne gilt.

Etwas mehr Gedanken müssen wir uns zum Differenzieren von Feldern machen.

1.3.2 Partielle Ableitungen

Wir wollen uns nun dafür interessieren, wie sich ein Feld von Raumpunkt zu Raumpunkt ändert. Auskunft darüber wird uns die **Ableitung des Feldes nach dem Ort** erteilen. Wir erläutern diese *Operation* zunächst für ein skalares Feld. Verallgemeinerungen auf Vektorfelder werden dann nicht schwierig sein, indem man nämlich im wesentlichen nur fordert, daß die Kriterien, die wir für skalare Funktionen ableiten, von **jeder** Komponentenfunktion erfüllt werden. Wenn wir zunächst vereinbaren, die **Änderung des Feldes** φ längs eines Weges

parallel zu einer Koordinatenachse

zu verfolgen, so ist das Feld auf diesem Weg streng genommen nur von **einer** echten Variablen abhängig, da die beiden anderen ja konstant gehalten werden. Man kann dann nach dieser effektiv einzigen Variablen wie gewohnt differenzieren,

$$\lim_{\Delta x_1 \to 0} \frac{\varphi(x_1 + \Delta x_1, x_2, x_3) - \varphi(x_1, x_2, x_3)}{\Delta x_1} \equiv \left(\frac{\partial \varphi}{\partial x_1}\right)_{x_2, x_3}, \qquad (1.120)$$

und spricht von einer **partiellen Ableitung von φ nach x_1**.

$$\left(\text{Schreibweisen:} \left(\frac{\partial \varphi}{\partial x_1}\right)_{x_2,x_3} \Longleftrightarrow \frac{\partial \varphi}{\partial x_1} \Longleftrightarrow \partial_{x_1}\varphi \Longleftrightarrow \partial_1 \varphi \Longleftrightarrow \varphi_{x_1}\right).$$

Während des Differentiationsprozesses sind die anderen Variablen strikt konstant zu halten. Das Resultat ist wieder ein skalares Feld, das von den drei Variablen x_1, x_2, x_3 abhängt. Die partiellen Ableitungen nach den beiden anderen Variablen sind natürlich ganz analog definiert:

$$\lim_{\Delta x_2 \to 0} \frac{\varphi(x_1, x_2 + \Delta x_2, x_3) - \varphi(x_1, x_2, x_3)}{\Delta x_2} = \left(\frac{\partial \varphi}{\partial x_2}\right)_{x_1,x_3} = \partial_2 \varphi, \qquad (1.121)$$

$$\lim_{\Delta x_3 \to 0} \frac{\varphi(x_1, x_2, x_3 + \Delta x_3) - \varphi(x_1, x_2, x_3)}{\Delta x_3} = \left(\frac{\partial \varphi}{\partial x_3}\right)_{x_1,x_2} = \partial_3 \varphi. \qquad (1.122)$$

Beispiele:

$$\varphi = x_1 x_2^5 + x_3 \Longrightarrow \partial_1 \varphi = x_2^5;\ \partial_2 \varphi = 5 x_1 x_2^4;\ \partial_3 \varphi = 1,$$
$$\varphi = x_3 \ln x_1 \Longrightarrow \partial_1 \varphi = \frac{x_3}{x_1};\ \partial_2 \varphi = 0;\ \partial_3 \varphi = \ln x_1,$$
$$\varphi = r = \sqrt{x_1^2 + x_2^2 + x_3^2} \Longrightarrow \partial_1 \varphi = \frac{x_1}{r};\ \partial_2 \varphi = \frac{x_2}{r};\ \partial_3 \varphi = \frac{x_3}{r}.$$

Vektorfelder leitet man partiell ab, indem man jede Komponentenfunktion partiell ableitet.

Beispiele:

$$\begin{aligned} \mathbf{a}(\mathbf{r}) &= \alpha \mathbf{r} = \alpha(x_1, x_2, x_3) \\ \Longrightarrow \partial_1 \mathbf{a} &= \alpha(1,0,0) = \alpha \mathbf{e}_1, \\ \partial_2 \mathbf{a} &= \alpha(0,1,0) = \alpha \mathbf{e}_2, \\ \partial_3 \mathbf{a} &= \alpha(0,0,1) = \alpha \mathbf{e}_3. \end{aligned}$$

$$\mathbf{a}(\mathbf{r}) = \alpha \frac{\mathbf{r}}{r^3} \quad \text{(z.B. elektrisches Feld)}$$

$$\begin{aligned} \Longrightarrow \partial_1 a_1(\mathbf{r}) &= \partial_1 \left(\alpha \frac{x_1}{r^3}\right) = \alpha \left(\frac{1}{r^3} - \frac{3x_1}{r^4} \frac{x_1}{r}\right) = \frac{\alpha}{r^5}\left(r^2 - 3x_1^2\right), \\ \partial_1 a_2(\mathbf{r}) &= \partial_1 \left(\alpha \frac{x_2}{r^3}\right) = -3\alpha \frac{x_2 x_1}{r^5}, \\ \partial_1 a_3(\mathbf{r}) &= \partial_1 \left(\alpha \frac{x_3}{r^3}\right) = -3\alpha \frac{x_3 x_1}{r^5}. \end{aligned}$$

Damit gilt insgesamt:

$$\partial_1 \mathbf{a}(\mathbf{r}) = \frac{\alpha}{r^5}(r^2 - 3x_1^2,\ -3x_1x_2,\ -3x_1x_3).$$

Die anderen beiden partiellen Ableitungen rechne man zur Übung.

Der Definition (1.120) der partiellen Ableitung zufolge gelten für diese praktisch dieselben *Differentiationsregeln* wie für die skalaren oder vektoriellen Funktionen **einer** Variablen:

$$\partial_i(\varphi_1 + \varphi_2) = \partial_i\varphi_1 + \partial_i\varphi_2, \tag{1.123}$$

$$\partial_i(\mathbf{a} \cdot \mathbf{b}) = (\partial_i\mathbf{a}) \cdot \mathbf{b} + \mathbf{a} \cdot (\partial_i\mathbf{b}), \tag{1.124}$$

$$\partial_i(\mathbf{a} \times \mathbf{b}) = (\partial_i\mathbf{a}) \times \mathbf{b} + \mathbf{a} \times (\partial_i\mathbf{b}). \tag{1.125}$$

Da die partielle Ableitung eines Feldes wieder ein Feld ist, lassen sich **mehrfache Ableitungen** rekursiv definieren:

$$\frac{\partial^2\varphi}{\partial x_i^2} = \frac{\partial}{\partial x_i}\left(\frac{\partial\varphi}{\partial x_i}\right), \tag{1.126}$$

$$\frac{\partial^n\varphi}{\partial x_i^n} = \frac{\partial}{\partial x_i}\left(\frac{\partial^{n-1}\varphi}{\partial x_i^{n-1}}\right) = \frac{\partial}{\partial x_i}\left[\frac{\partial}{\partial x_i}\left(\frac{\partial^{n-2}\varphi}{\partial x_i^{n-2}}\right)\right]. \tag{1.127}$$

Auch **gemischte Ableitungen** machen Sinn:

$$\frac{\partial^2\varphi}{\partial x_i \partial x_j} = \frac{\partial}{\partial x_i}\left(\frac{\partial\varphi}{\partial x_j}\right). \tag{1.128}$$

Dabei ist im allgemeinen auf die Reihenfolge der Differentiationen zu achten. Es wird von *rechts nach links abgearbeitet.* Wenn das Feld jedoch stetige partielle Ableitungen bis mindestens zur 2. Ordnung hat, dann kann man die Vertauschbarkeit der Differentiationen beweisen:

$$\frac{\partial^2\varphi}{\partial x_i \partial x_j} = \frac{\partial^2\varphi}{\partial x_j \partial x_i}. \tag{1.129}$$

Den expliziten Beweis dieser Aussage bringt die Mathematik-Vorlesung.

Beispiele:

$$\varphi = x_1^5 + x_2^3 x_3 \Longrightarrow \frac{\partial\varphi}{\partial x_1} = 5x_1^4; \quad \frac{\partial^2\varphi}{\partial x_1^2} = 20x_1^3; \quad \ldots$$

$$\frac{\partial\varphi}{\partial x_2} = 3x_2^2 x_3; \quad \frac{\partial\varphi}{\partial x_3} = x_2^3;$$

$$\frac{\partial^2\varphi}{\partial x_1\,\partial x_2} = 0 = \frac{\partial^2\varphi}{\partial x_2\,\partial x_1};$$

$$\frac{\partial^2\varphi}{\partial x_2\,\partial x_3} = 3x_2^2 = \frac{\partial^2\varphi}{\partial x_3\,\partial x_2} \quad \text{usw.}$$

Was wir bisher im Zusammenhang mit partiellen Ableitungen gelernt haben, ließ sich ziemlich direkt von den uns vertrauten Differentiationsregeln skalarer Funktionen **einer** Variablen übernehmen. Etwas anders wird es nun bei der **Kettenregel**, die wir in der Form

$$\frac{df[x(t)]}{dt} = \frac{df}{dx} \cdot \frac{dx}{dt} \tag{1.130}$$

kennen. Bei mehreren Veränderlichen ändert sich nichts, wenn diese von **verschiedenen** Parametern abhängen:

$$\varphi[x_1(t_1),\, x_2(t_2),\, x_3(t_3)] \Longrightarrow \frac{d\varphi}{dt_1} = \frac{\partial \varphi}{\partial x_1} \frac{dx_1}{dt_1}. \tag{1.131}$$

Interessant wird es nun, wenn die Komponenten alle von demselben Parameter abhängen. In Abhängigkeit von t ändern sich dann nämlich alle Variablen gleichzeitig:

$$\varphi[\mathbf{r}(t)] = \varphi[x_1(t),\, x_2(t),\, x_3(t)].$$

Wir setzen

$$\Delta x_i = x_i(t + \Delta t) - x_i(t)$$

und berechnen damit den folgenden Differenzenquotienten D:

$$D = \frac{\varphi[x_1(t+\Delta t),\, x_2(t+\Delta t),\, x_3(t+\Delta t)] - \varphi[x_1(t),\, x_2(t),\, x_3(t)]}{\Delta t}.$$

Wir werden später den Grenzwert von D für den Übergang $\Delta t \to 0$ als **Ableitung von φ nach t** interpretieren. Dazu formen wir D zunächst noch etwas um:

$$\begin{aligned}
D = {} & \frac{1}{\Delta t}[\varphi(x_1 + \Delta x_1, x_2 + \Delta x_2, x_3 + \Delta x_3) - \varphi(x_1, x_2 + \Delta x_2, x_3 + \Delta x_3) + \\
& + \varphi(x_1, x_2 + \Delta x_2, x_3 + \Delta x_3) - \varphi(x_1, x_2, x_3 + \Delta x_3) + \\
& + \varphi(x_1, x_2, x_3 + \Delta x_3) - \varphi(x_1, x_2, x_3)] = \\
= {} & \frac{1}{\Delta x_1}[\varphi(x_1 + \Delta x_1, x_2 + \Delta x_2, x_3 + \Delta x_3) - \\
& - \varphi(x_1, x_2 + \Delta x_2, x_3 + \Delta x_3)]\frac{\Delta x_1}{\Delta t} + \\
& + \frac{1}{\Delta x_2}[\varphi(x_1, x_2 + \Delta x_2, x_3 + \Delta x_3) - \varphi(x_1, x_2, x_3 + \Delta x_3)]\frac{\Delta x_2}{\Delta t} + \\
& + \frac{1}{\Delta x_3}[\varphi(x_1, x_2, x_3 + \Delta x_3) - \varphi(x_1, x_2, x_3)]\frac{\Delta x_3}{\Delta t}.
\end{aligned}$$

Wir lassen nun $\Delta t \to 0$ streben und können aus der Stetigkeit der Funktionen $x_i(t)$ $\Delta x_i \xrightarrow[\Delta t \to 0]{} 0$ folgern. Setzen wir dann noch Stetigkeit für die ersten partiellen Ableitungen von φ voraus, so gilt offensichtlich:

$$\lim_{\Delta t \to 0} D = \frac{\partial \varphi}{\partial x_1}\frac{dx_1}{dt} + \frac{\partial \varphi}{\partial x_2}\frac{dx_2}{dt} + \frac{\partial \varphi}{\partial x_3}\frac{dx_3}{dt}.$$

Man bezeichnet den Limes als die **totale Ableitung von φ nach t**:

$$\frac{d\varphi}{dt} = \sum_{i=1}^{3} \frac{\partial \varphi}{\partial x_i}\frac{dx_i}{dt} \qquad (1.132)$$

und nennt

$$d\varphi = \sum_{i=1}^{3} \frac{\partial \varphi}{\partial x_i} dx_i \qquad (1.133)$$

das **totale Differential der Funktion φ**.

1.3.3 Gradient

Mit Hilfe der partiellen Ableitung haben wir die Möglichkeit herauszufinden, wie sich ein Feld beim Fortschreiten längs einer Koordinatenachse ändert. Wir wollen nun untersuchen, wie sich ein **skalares** Feld längs einer beliebigen Richtung $\mathbf{e}$ im Raum ändert, d.h. uns interessiert die Größe

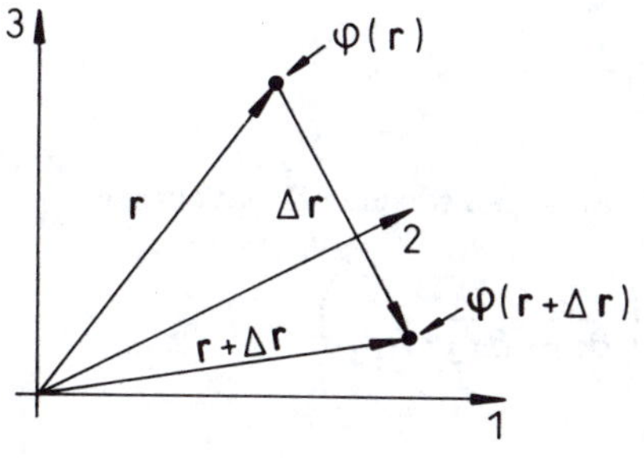

$$\Delta\varphi = \varphi(\mathbf{r} + \Delta\mathbf{r}) - \varphi(\mathbf{r}),$$
$$\Delta\mathbf{r} = (\Delta x_1, \Delta x_2, \Delta x_3) \uparrow\uparrow \mathbf{e}. \qquad (1.134)$$

Läge $\Delta\mathbf{r}$ z.B. parallel zur 1-Achse, so würde bei *hinreichend kleinen* Änderungen $\Delta\mathbf{r} = \Delta x_1 \mathbf{e}_1$ gelten:

$$\Delta\varphi = \frac{\partial \varphi}{\partial x_1}\Delta x_1 \qquad [\varphi(\mathbf{r} + \Delta\mathbf{r}) = \varphi(x_1 + \Delta x_1, x_2, x_3)].$$

Diese Voraussetzung ist zwar nicht erfüllt. Es ist allerdings möglich, sie durch Drehung des Achsenkreuzes zu realisieren. Das physikalische Feld φ ändert sich dabei natürlich nicht. Wir führen die Drehung so durch, daß die *neue* 1-Achse mit $\mathbf{e}$ zusammenfällt. Dann gilt aber:

$$\Delta\varphi = \frac{\partial\varphi}{\partial\bar{x}_1}\Delta\bar{x}_1. \tag{1.135}$$

Wir können $\Delta\mathbf{r}$ nun wie folgt im *alten* und im *neuen* Koordinatensystem darstellen:

$$\Delta\mathbf{r} = \Delta\bar{x}_1\bar{\mathbf{e}}_1 = \Delta x_1\mathbf{e}_1 + \Delta x_2\mathbf{e}_2 + \Delta x_3\mathbf{e}_3. \tag{1.136}$$

Daraus folgt insbesondere durch skalare Multiplikation mit $\mathbf{e}_i$:

$$\Delta x_i = \Delta\bar{x}_1(\bar{\mathbf{e}}_1 \cdot \mathbf{e}_i), \tag{1.137}$$

so daß wir für *hinreichend kleine* Verschiebungen längs der $\overline{x}_1$-Achse schreiben können:

$$\frac{dx_i}{d\bar{x}_1} = \bar{\mathbf{e}}_1 \cdot \mathbf{e}_i. \tag{1.138}$$

Dies nutzen wir zusammen mit (1.137) und der Kettenregel in (1.135) aus:

$$\Delta\varphi = \sum_{j=1}^{3}\frac{\partial\varphi}{\partial x_j}\frac{dx_j}{d\bar{x}_1}\Delta\bar{x}_1 = \sum_{j=1}^{3}\frac{\partial\varphi}{\partial x_j}(\bar{\mathbf{e}}_1 \cdot \mathbf{e}_j)\Delta\bar{x}_1.$$

Die Feldänderung in einer beliebigen Raumrichtung setzt sich also additiv aus den entsprechenden Änderungen in den drei Koordinatenrichtungen zusammen:

$$\Delta\varphi = \sum_{j=1}^{3}\frac{\partial\varphi}{\partial x_j}\Delta x_j. \tag{1.139}$$

Das Resultat hat die Gestalt eines Skalarproduktes zwischen den Vektoren

$$(\Delta x_1, \Delta x_2, \Delta x_3) \quad \text{und} \quad \left(\frac{\partial\varphi}{\partial x_1}, \frac{\partial\varphi}{\partial x_2}, \frac{\partial\varphi}{\partial x_3}\right).$$

Dies führt uns zu der folgenden **Definition**:

Einem stetig differenzierbaren **skalaren** Feld $\varphi(\mathbf{r})$ wird ein **vektorielles** Feld, das sogenannte **Gradientenfeld**, zugeordnet:

$$\operatorname{grad}\varphi = \left(\frac{\partial\varphi}{\partial x_1}, \frac{\partial\varphi}{\partial x_2}, \frac{\partial\varphi}{\partial x_3}\right). \tag{1.140}$$

Als **Gradient von** φ bezeichnet man also den Vektor, dessen i-te Komponente die partielle Ableitung von φ nach x_i darstellt.

Definition: Der Vektor-Differentialoperator

$$\nabla \equiv \left(\frac{\partial}{\partial x_1}, \frac{\partial}{\partial x_2}, \frac{\partial}{\partial x_3}\right) = \mathbf{e}_1 \frac{\partial}{\partial x_1} + \mathbf{e}_2 \frac{\partial}{\partial x_2} + \mathbf{e}_3 \frac{\partial}{\partial x_3} \tag{1.141}$$

heißt **Nabla-Operator**.

Er wirkt auf alle Funktionen, die **rechts** von ihm stehen. Mit ihm kann man schreiben:

$$\text{grad } \varphi = \nabla \varphi, \tag{1.142}$$

und für die Feldänderung $\Delta\varphi$ in (1.139) gilt nun:

$$\Delta\varphi = \text{grad } \varphi \cdot \Delta\mathbf{r} = \nabla\varphi \bullet \Delta\mathbf{r}. \tag{1.143}$$

Zur Interpretation des Gradientenvektors betrachten wir speziell eine Richtung, in der sich φ **nicht** ändert:

$$0 = \text{grad } \varphi \cdot \Delta\mathbf{r} \iff \text{grad } \varphi \perp \Delta\mathbf{r}.$$

Der Gradientenvektor grad $\varphi = \nabla\varphi$ steht also senkrecht auf den Flächen φ=const. Sein Betrag |grad φ| ist ein Maß für die Stärke der φ-Änderung, wenn man senkrecht zu den Flächen φ =const. fortschreitet.

Man beweist mit Hilfe der Rechenregeln (1.123) und (1.124) für partielle Differentiationen die folgenden **Regeln für die Gradientenbildung**:

$$\text{grad } (\varphi_1 + \varphi_2) = \text{grad } \varphi_1 + \text{grad } \varphi_2, \tag{1.144}$$

$$\text{grad } (\varphi_1 \varphi_2) = \varphi_2 \,\text{grad } \varphi_1 + \varphi_1 \,\text{grad } \varphi_2. \tag{1.145}$$

Wir wollen das Gelernte an einigen **Beispielen** üben:

1) grad $(\mathbf{a} \bullet \mathbf{r}) = ?$ ($\mathbf{a}$: konstanter Vektor)

$$\mathbf{a} \bullet \mathbf{r} = \sum_{j=1}^{3} a_j x_j \implies \frac{\partial(\mathbf{a} \bullet \mathbf{r})}{\partial x_i} = a_i \implies \text{grad}\,(\mathbf{a} \bullet \mathbf{r}) = \mathbf{a}. \tag{1.146}$$

2) grad $r = ?$ $\left(r = \sqrt{x_1^2 + x_2^2 + x_3^2}\right)$

$$\frac{\partial r}{\partial x_i} = \frac{x_i}{r} \implies \text{grad } r = \frac{\mathbf{r}}{r} = \mathbf{e}_r \tag{1.147}$$

3) grad $1/r^2 = ?$

$$\frac{\partial}{\partial x_i}\frac{1}{r^2} = \left(\frac{d}{dr}\frac{1}{r^2}\right)\frac{\partial r}{\partial x_i} = -\frac{2}{r^3}\frac{x_i}{r} \implies \operatorname{grad}\frac{1}{r^2} = -\frac{2}{r^3}\mathbf{e}_r. \tag{1.148}$$

4) grad $f(r) = ?$

$$\frac{\partial}{\partial x_i}f(r) = \left(\frac{df}{dr}\right)\frac{\partial r}{\partial x_i} = f'(r)\frac{x_i}{r} \implies \operatorname{grad} f(r) = f'(r)\,\mathbf{e}_r. \tag{1.149}$$

2), 3) sind spezielle Beispiele für $f(r)$.

1.3.4 Divergenz und Rotation

Der im letzten Abschnitt eingeführte *Gradient* ist nur für skalare Felder φ definiert. Das Gradientenfeld grad $\varphi = \nabla\varphi$ ist dann allerdings ein Vektor. Kann man den Nabla-Operator ∇, der in (1.141) formal als Vektor-Differentialoperator eingeführt wurde, auch auf Vektoren anwenden? Die Antwort ist ja. Es gibt sogar zwei Anwendungsmöglichkeiten, ähnlich wie bei der multiplikativen Verknüpfung zweier *normaler* Vektoren, eine im Sinne eines Skalarproduktes, die andere im Sinne eines Vektorproduktes.

Definition: $\mathbf{a}(\mathbf{r}) \equiv (a_1(\mathbf{r}), a_2(\mathbf{r}), a_3(\mathbf{r}))$ sei ein stetig differenzierbares Vektorfeld.

Dann nennt man

$$\sum_{j=1}^{3}\frac{\partial a_j}{\partial x_j} \equiv \operatorname{div}\mathbf{a}(\mathbf{r}) \equiv \nabla\cdot\mathbf{a}(\mathbf{r}) \tag{1.150}$$

die **Divergenz** (das *Quellenfeld)* von $\mathbf{a}(\mathbf{r})$.

Dem **Vektor**feld $\mathbf{a}(\mathbf{r})$ wird also ein **skalares** Feld div $\mathbf{a}$ zugeordnet. Die *anschauliche* Interpretation von div $\mathbf{a}$ als das *Quellenfeld* von $\mathbf{a}$ wird an späteren Anwendungsbeispielen aus der Physik verständlich werden.

Beweisen Sie als Übung die folgenden **Rechenregeln**:

$$\operatorname{div}(\mathbf{a}+\mathbf{b}) = \operatorname{div}\mathbf{a} + \operatorname{div}\mathbf{b}, \tag{1.151}$$

$$\operatorname{div}(\gamma\,\mathbf{a}) = \gamma\operatorname{div}\mathbf{a}; \quad \gamma\in\mathbb{R}, \tag{1.152}$$

$$\operatorname{div}(\varphi\,\mathbf{a}) = \varphi\operatorname{div}\mathbf{a} + \mathbf{a}\cdot\operatorname{grad}\varphi \tag{1.153}$$

(φ: skalares Feld; $\mathbf{a}$: vektorielles Feld).

Mit Hilfe der Divergenz führen wir einen weiteren wichtigen Operator ein:

Definition: Divergenz eines Gradientenfeldes:

$$\text{div grad } \varphi = \sum_{j=1}^{3} \frac{\partial^2 \varphi}{\partial x_j^2} \equiv \Delta\varphi,$$

wobei

$$\Delta \equiv \frac{\partial^2}{\partial x_1^2} + \frac{\partial^2}{\partial x_2^2} + \frac{\partial^2}{\partial x_3^2} \tag{1.154}$$

der **Laplace-Operator** genannt wird.

Beispiele:

1) $\boldsymbol{\alpha}$: konstanter Vektor $\Longrightarrow$ div $\boldsymbol{\alpha} = 0$. (1.155)

2) div $\mathbf{r} = \sum\limits_{j=1}^{3} \frac{\partial x_j}{\partial x_j} = 3$. (1.156)

3) $\boldsymbol{\alpha}$: konstanter Vektor

$$\begin{aligned} \text{div}\,(\mathbf{r} \times \boldsymbol{\alpha}) &= \sum_{k=1}^{3} \frac{\partial}{\partial x_k} (\mathbf{r} \times \boldsymbol{\alpha})_k = \sum_{i,j,k} \frac{\partial}{\partial x_k} \left(\epsilon_{ijk} x_i \alpha_j\right) = \\ &= \sum_{i,j,k} \epsilon_{ijk} \delta_{ik} \alpha_j = \sum_{i,j} \epsilon_{iji} \alpha_j = 0. \end{aligned} \tag{1.157}$$

Man sagt, das Feld $(\mathbf{r} \times \boldsymbol{\alpha})$ sei quellenfrei.

Die *vektorielle* Anwendung des Nabla-Operators auf ein Vektorfeld führt zu der folgenden Definition:

Definition: $\mathbf{a}(\mathbf{r}) \equiv [a_1(\mathbf{r}), a_2(\mathbf{r}), a_3(\mathbf{r})]$ sei ein stetig differenzierbares Vektorfeld.

Dann heißt

$$\text{rot } \mathbf{a} = \left(\frac{\partial a_3}{\partial x_2} - \frac{\partial a_2}{\partial x_3}\right) \mathbf{e}_1 + \left(\frac{\partial a_1}{\partial x_3} - \frac{\partial a_3}{\partial x_1}\right) \mathbf{e}_2 + \left(\frac{\partial a_2}{\partial x_1} - \frac{\partial a_1}{\partial x_2}\right) \mathbf{e}_3$$

die **Rotation** (das *Wirbelfeld)* von $\mathbf{a}(\mathbf{r})$.

Man schreibt kurz:

$$\text{rot } \mathbf{a} \equiv \nabla \times \mathbf{a} = \sum_{i,j,k} \epsilon_{ijk} \left(\frac{\partial}{\partial x_i} a_j\right) \mathbf{e}_k. \tag{1.158}$$

Dem Vektorfeld **a**(**r**) wird durch diese Operation wieder ein Vektorfeld zugeordnet. Die *anschauliche* Interpretation von rot **a** als *Wirbelfeld* von **a** wird im Zusammenhang mit späteren Anwendungsbeispielen deutlich werden.

Die folgenden Eigenschaften und Rechenregeln lassen sich ziemlich direkt aus der Definition der Rotation ableiten:

1) $\text{rot}\,(\mathbf{a}+\mathbf{b}) = \text{rot}\;\mathbf{a} + \text{rot}\;\mathbf{b}.$ (1.159)

2) $\text{rot}\,(\alpha\mathbf{a}) = \alpha\;\text{rot}\;\mathbf{a}; \quad \alpha \in \mathbb{R}.$ (1.160)

3) $\text{rot}\,(\varphi\mathbf{a}) = \varphi\;\text{rot}\;\mathbf{a} + (\text{grad}\;\varphi) \times \mathbf{a}$ (1.161)

(φ: skalares Feld; Beweis als Übung!).

4) $\text{rot}\;(\text{grad}\;\varphi) = 0$ (φ zweimal stetig differenzierbar). (1.162)

Das ist die für spätere Anwendungen wichtige Aussage, daß **Gradientenfelder stets wirbelfrei** sind! Wir zeigen die Richtigkeit dieser Aussage für die 1-Komponente:

$$(\text{rot grad}\;\varphi)_1 = \frac{\partial}{\partial x_2}\,(\text{grad}\;\varphi)_3 - \frac{\partial}{\partial x_3}\,(\text{grad}\;\varphi)_2 = \frac{\partial^2\varphi}{\partial x_2\,\partial x_3} - \frac{\partial^2\varphi}{\partial x_3\,\partial x_2} = 0$$

[nach (1.129)].

Dasselbe kann man für die anderen Komponeten zeigen.

5) $\text{div}\;(\text{rot}\;\mathbf{a}) = 0$ (**a**: zweimal stetig differenzierbar). (1.163)

Wirbelfelder sind stets quellenfrei!

Beweis:

$$\begin{aligned}
\text{div}\;(\text{rot}\;\mathbf{a}) &= \sum_{j=1}^{3}\frac{\partial}{\partial x_j}\,(\text{rot}\;\mathbf{a})_j = \sum_j \frac{\partial}{\partial x_j}\sum_{l,m}\epsilon_{lmj}\frac{\partial\,a_m}{\partial x_l} = \\
&= \sum_m\sum_{l,j}\epsilon_{lmj}\frac{\partial^2\,a_m}{\partial x_j\,\partial x_l} = \\
&= \sum_m \frac{1}{2}\left(\sum_{l,j}\epsilon_{lmj}\frac{\partial^2\,a_m}{\partial x_j\,\partial x_l} + \sum_{j,l}\epsilon_{jml}\frac{\partial^2\,a_m}{\partial x_l\,\partial x_j}\right) = \\
&\overset{(1.129)}{=} \frac{1}{2}\sum_m\sum_{j,l}\underbrace{(\epsilon_{lmj}+\epsilon_{jml})}_{(=0\text{ warum?})}\frac{\partial^2 a_m}{\partial x_j\,\partial x_l} = 0.
\end{aligned}$$

6) $\text{rot}\,[f(r)\mathbf{r}] = 0.$ (1.164)

$f(r)$ sei dabei irgendeine skalarwertige Funktion, die nur von $r = |\mathbf{r}|$ abhängt. Den Beweis dieser wichtigen Beziehung führen wir in einer Übungsaufgabe.

7) $\text{rot}\,(\text{rot}\,\mathbf{a}) = \text{grad}\,(\text{div}\,\mathbf{a}) - \Delta\mathbf{a}.$ (1.165)

Diese Beziehung ist komponentenweise zu verifizieren (Beweis als Übung!).

1.3.5 Aufgaben

Aufgabe 1.3.1

Gegeben seien die folgenden Vektorfelder:

a) $\mathbf{a}(\mathbf{r}) = \frac{1}{r}\,[\boldsymbol{\omega} \times \mathbf{r}]; \quad \boldsymbol{\omega} = \omega_0 \mathbf{e}_3; \quad \omega_0 = \text{const.},$

b) $\mathbf{a}(\mathbf{r}) = \alpha\mathbf{r}; \quad \alpha < 0,$

c) $\mathbf{a}(\mathbf{r}) = \alpha(x_1 + x_2)\,\mathbf{e}_1 + \alpha(x_2 - x_1)\,\mathbf{e}_2; \quad \alpha > 0,$

d) $\mathbf{a}(\mathbf{r}) = \frac{\alpha}{x_2^2 + x_3^2 + \beta^2}\,\mathbf{e}_1; \quad \alpha,\, \beta > 0.$

1) Zeichnen Sie die Feldlinienbilder für Schnitte senkrecht zur x_3-Achse ($x_3 = 0$).

2) Berechnen Sie die partiellen Ableitungen der Felder.

3) Berechnen Sie $\text{div}\,\mathbf{a}(\mathbf{r})$ und $\text{rot}\,\mathbf{a}(\mathbf{r})$.

Aufgabe 1.3.2

Man kann in guter Näherung das skalare elektrostatische Potential einer Punktladung in einem Plasma ("Gas" aus geladenen Teilchen) durch den Ansatz

$$\varphi(\mathbf{r}) = \frac{q}{4\pi\epsilon_0}\,\frac{e^{-\alpha r}}{r}$$

beschreiben.

1) Bestimmen Sie die partiellen Ableitungen von φ und geben Sie $\text{grad}\,\varphi$ an.

2) Berechnen Sie $\Delta\varphi$, wobei

$$\Delta = \frac{\partial^2}{\partial x_1^2} + \frac{\partial^2}{\partial x_2^2} + \frac{\partial^2}{\partial x_3^2} \quad \textit{(Laplace-Operator)}.$$

Aufgabe 1.3.3

Einen länglichen Atomkern kann man durch ein Rotationsellipsoid (*Zigarre*) beschreiben:

$$\frac{x_1^2}{a^2} + \frac{x_2^2}{a^2} + \frac{x_3^2}{b^2} = 1.$$

1) Wie lautet der nach außen zeigende, auf 1 normierte Flächennormalenvektor $\mathbf{n}$?

2) Berechnen und zeichnen Sie $\mathbf{n}$ in den Punkten

a) $(a/\sqrt{2},\ a/\sqrt{2},\ 0,)$,

b) $(a/\sqrt{3},\ a/\sqrt{3},\ b/\sqrt{3})$,

c) $(-a/2,\ a/\sqrt{2},\ -b/2)$,

d) $(0,\ 0,\ b)$,

e) $(0,\ -a,\ 0)$.

Aufgabe 1.3.4

1) Gegeben seien die skalaren Felder

$$\varphi_1 = \cos(\boldsymbol{\alpha} \cdot \mathbf{r}); \quad \varphi_2 = e^{-\gamma r^2} \; (\boldsymbol{\alpha} = \textbf{const.}, \gamma = \text{const.}).$$

Berechnen Sie die Gradientenfelder grad φ_i und deren Quellen

$$\text{div grad } \varphi_i = \Delta\varphi_i.$$

2) Berechnen Sie die Divergenz des Einheitsvektors $\mathbf{e}_r = r^{-1}\mathbf{r}$.

3) Unter welchen Bedingungen ist das Vektorfeld $\mathbf{a}(\mathbf{r}) = f(r)\mathbf{r}$ quellenfrei?

4) Berechnen Sie die Divergenz des Vektorfeldes $\mathbf{a}(\mathbf{r}) = \text{grad } \varphi_1 \times \text{grad } \varphi_2$ (φ_1, φ_2: zweimal stetig differenzierbare skalare Felder).

5) φ sei ein skalares Feld, $\mathbf{a}$ ein Vektorfeld. Beweisen Sie:

$$\text{div}(\varphi\mathbf{a}) = \varphi \,\text{div } \mathbf{a} + \mathbf{a} \cdot \text{grad } \varphi.$$

Aufgabe 1.3.5

1) Zeigen Sie: rot $[f(r)\mathbf{r}] = 0$.

2) φ sei ein skalares Feld, $\mathbf{a}$ ein Vektorfeld.
Beweisen Sie: rot $(\varphi\mathbf{a}) = \varphi \,\text{rot } \mathbf{a} + (\text{grad } \varphi) \times \mathbf{a}$.

3) Verifizieren Sie: rot (rot $\mathbf{a}$) = grad (div $\mathbf{a}$) - $\Delta\mathbf{a}$.
Die Komponenten von $\mathbf{a}$ seien zweimal stetig differenzierbar.

4) Was ergibt: rot $\left(\frac{1}{2}\boldsymbol{\alpha} \times \mathbf{r}\right)$, wenn $\boldsymbol{\alpha}$ ein konstanter Vektor ist?

1.4 Matrizen und Determinanten

Wichtige Hilfsmittel für den Mathematiker sind Matrizen und Determinanten, mit denen sich viele Aussagen und Formulierungen elegant, kompakt und übersichtlich schreiben lassen. Das korrekte Umgehen mit Matrizen und Determinanten ist deshalb auch für den angehenden theoretischen Physiker so schnell wie möglich zu erlernen. Wir wollen hier die wichtigsten Sätze und Definitionen für Matrizen und Determinanten zusammenstellen und ihre Nützlichkeit an einfachen Anwendungen demonstrieren.

1.4.1 Matrizen

Definition: Ein rechteckiges Zahlenschema ($a_{ij} \in \mathbb{R}$) der Art

$$A \equiv \begin{pmatrix} a_{11} & \dots & a_{1n} \\ \vdots & & \vdots \\ a_{m1} & \dots & a_{mn} \end{pmatrix} \equiv (a_{ij})_{\substack{i=1,\dots,m \\ j=1,\dots,n}} \tag{1.166}$$

heißt $(m \times n)$-Matrix, bestehend aus m **Zeilen** $(i = 1, 2, \dots, m)$ und n **Spalten** $(j = 1, 2, \dots, n)$. Ist $m = n$, so spricht man von einer **quadratischen Matrix**.

Definition: Zwei Matrizen $A = (a_{ij}),\ B = (b_{ij})$ sind gleich, falls

$$a_{ij} = b_{ij}, \qquad \forall\, i, j \tag{1.167}$$

gilt. Insbesondere müssen A und B von demselben $(m \times n)$-Typ sein.

Im folgenden werden spezielle Matrizen definiert:

1) Unter einer **Nullmatrix** versteht man eine Matrix, deren Elemente sämtlich Null sind.

2) Eine **symmetrische Matrix** ist eine $(n \times n)$-Matrix, für deren Elemente

$$a_{ij} = a_{ji}, \qquad \forall\, i, j \tag{1.168}$$

gilt. Sie ist symmetrisch gegenüber Spiegelung an der Hauptdiagonalen.

Beispiel:

$$A = \begin{pmatrix} 1 & 5 & -1 \\ 5 & 2 & 4 \\ -1 & 4 & 3 \end{pmatrix}.$$

3) Eine **Diagonalmatrix** hat nur auf der Hauptdiagonalen von Null verschiedene Elemente:

$$d_{ij} = d_i \cdot \delta_{ij} \quad \forall_{ij} \iff \begin{pmatrix} d_1 & & & \\ & d_2 & & 0 \\ & 0 & \ddots & \\ & & & d_n \end{pmatrix} . \tag{1.169}$$

4) Die **Einheitsmatrix** E ist eine spezielle Diagonalmatrix mit

$$\mathrm{E}_{ij} = \delta_{ij} \iff \begin{pmatrix} 1 & & & & \\ & 1 & & & 0 \\ & & \ddots & & \\ & & & \ddots & \\ & 0 & & & \\ & & & & 1 \end{pmatrix} . \tag{1.170}$$

5) Zu einer gegebenen $(m \times n)$-Matrix $A = (a_{ij})$ ergibt sich die zugehörige **transponierte Matrix** A^T durch Vertauschen von Zeilen und Spalten:

$$A^T = \left(a_{ij}^T = a_{ji}\right) = \begin{pmatrix} a_{11} & a_{21} & \dots & a_{m1} \\ \vdots & \vdots & & \vdots \\ a_{1n} & a_{2n} & \dots & a_{mn} \end{pmatrix} . \tag{1.171}$$

A^T ist eine $(n \times m)$-Matrix.

6) Spaltenvektor: $(n \times 1)$-Matrix.

7) Zeilenvektor: $(1 \times n)$-Matrix.

Man kann die Zeilen (Spalten) einer Matrix als Zeilen-(Spalten-)**Vektoren** interpretieren. Die Maximalzahl linear unabhängiger Zeilenvektoren (Spaltenvektoren) einer Matrix heißt ihr **Zeilenrang (Spaltenrang)**. Da man ganz allgemein zeigen kann, daß Zeilenrang und Spaltenrang stets gleich sind, spricht man vom **Rang einer Matrix**.

Beispiel:

$$A = \begin{pmatrix} 3 & 0 & 1 \\ 4 & 1 & 2 \end{pmatrix} .$$

Der Zeilenrang ist 2, da die Zeilenvektoren (3, 0, 1) und (4, 1, 2) zueinander nicht proportional und damit linear unabhängig sind. Die Spaltenvektoren $\begin{pmatrix} 0 \\ 1 \end{pmatrix}$ und $\begin{pmatrix} 1 \\ 2 \end{pmatrix}$ sind ebenfalls linear unabhängig, dagegen nicht $\begin{pmatrix} 3 \\ 4 \end{pmatrix}$, denn: $\begin{pmatrix} 3 \\ 4 \end{pmatrix} = 3\begin{pmatrix} 1 \\ 2 \end{pmatrix} - 2\begin{pmatrix} 0 \\ 1 \end{pmatrix}$. Der Spaltenrang ist also auch 2.

1.4.2 Rechenregeln für Matrizen

Wir legen zunächst fest, was wir unter der Summe zweier Matrizen verstehen wollen:

Definition: $A = (a_{ij})$, $B = (b_{ij})$ seien zwei $(m \times n)$-Matrizen. Unter der **Summe** $C = A + B = (c_{ij})$ versteht man die Matrix mit den Elementen

$$c_{ij} = a_{ij} + b_{ij}, \quad \forall i, j. \tag{1.172}$$

C ist wieder eine $(m \times n)$-Matrix.

Beispiel:

$$A = \begin{pmatrix} 6 & 3 & 0 \\ 1 & 4 & 5 \end{pmatrix}$$

$$\Longrightarrow \quad C = A + B = \begin{pmatrix} 7 & 6 & 5 \\ 3 & 8 & 11 \end{pmatrix}.$$

$$B = \begin{pmatrix} 1 & 3 & 5 \\ 2 & 4 & 6 \end{pmatrix}$$

Die so definierte Addition ist ersichtlich kommutativ und assoziativ.

Als nächstes erklären wir die Multiplikation mit einer reellen Zahl:

Definition: $A = (a_{ij})$ sei eine $(m \times n)$-Matrix. Dann versteht man unter λA $(\lambda \in \mathbb{R})$ die $(m \times n)$-Matrix

$$\lambda A = (\lambda a_{ij}). \tag{1.173}$$

Es wird also **jedes** Matrixelement mit λ multipliziert.

Beispiel:

$$3 \begin{pmatrix} 5 & -3 & 1 \\ 0 & 2 & -1 \end{pmatrix} = \begin{pmatrix} 15 & -9 & 3 \\ 0 & 6 & -3 \end{pmatrix}.$$

Von Vektoren, die ja spezielle $(n \times 1)$- bzw. $(1 \times n)$-Matrizen darstellen, weiß man, daß sie sich z.B. in Form des Skalarproduktes multiplikativ miteinander verknüpfen lassen. Das wird für Matrizen entsprechend verallgemeinert.

Definition: $A = (a_{ij})$ sei eine $(m \times n)$-Matrix, $B = (b_{ij})$ eine $(n \times r)$-Matrix (Spaltenzahl von A = Zeilenzahl von B). Dann versteht man unter der **Produkt**matrix

$$C = A \cdot B = (c_{ij})$$

eine $(m \times r)$-Matrix mit den Elementen

$$c_{ij} = \sum_{k=1}^{n} a_{ik} b_{kj}. \tag{1.174}$$

Das Element c_{ij} der Produktmatrix ist also gerade das Skalarprodukt aus dem i-ten Zeilenvektor von A und dem j-ten Spaltenvektor von B.

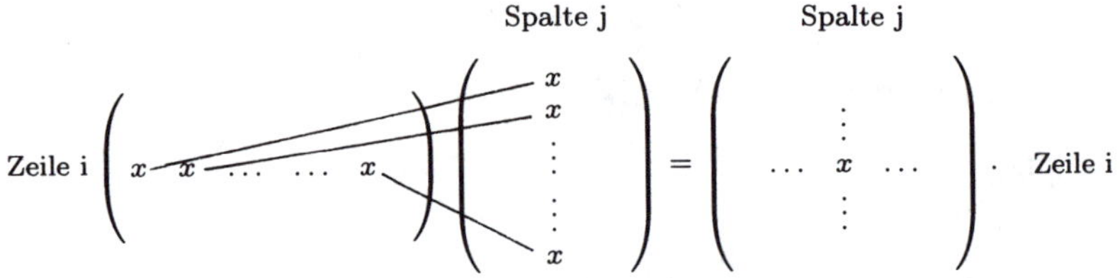

Es ist unmittelbar klar, daß diese Definition das Skalarprodukt zweier Vektoren enthält. Wichtig ist, daß $A \cdot B$ nur dann erklärt ist, wenn die Spaltenzahl von A mit der Zeilenzahl von B übereinstimmt.

Beispiel:

$$A = \begin{pmatrix} 1 & 3 & 1 \\ 4 & 5 & 6 \end{pmatrix}$$

$$\Longrightarrow A \cdot B = \begin{pmatrix} 15 & -2 & 5 \\ 25 & -1 & 22 \end{pmatrix}.$$

$$B = \begin{pmatrix} 0 & 1 & 4 \\ 5 & -1 & 0 \\ 0 & 0 & 1 \end{pmatrix}$$

Die Matrizenmultiplikation ist in der Regel nicht kommutativ:

$$A \cdot B \neq B \cdot A \qquad \text{(i.a.)}. \tag{1.175}$$

Für $m \neq r$ ist dies unmittelbar klar, da dann $B \cdot A$ nicht erklärt wäre. Für $m = r$ wäre $A \cdot B$ eine $(m \times m)$-Matrix, $B \cdot A$ eine $(n \times n)$-Matrix. Kommutativität käme also nur für $m = r = n$ in Frage, d.h. für quadratische Matrizen. Aber selbst dann ist das Produkt in der Regel nicht kommutativ, wie das folgende Beispiel zeigt:

$$A = \begin{pmatrix} 1 & 3 \\ 4 & 5 \end{pmatrix}, \quad B = \begin{pmatrix} 0 & 1 \\ 2 & 1 \end{pmatrix}$$

$$\Longrightarrow A \cdot B = \begin{pmatrix} 6 & 4 \\ 10 & 9 \end{pmatrix}; \quad B \cdot A = \begin{pmatrix} 4 & 5 \\ 6 & 11 \end{pmatrix}$$

$$\Longrightarrow A \cdot B \neq B \cdot A.$$

Wir wollen nun im nächsten Abschnitt eine erste wichtige Anwendung der Matrix-Schreibweise kennenlernen.

1.4.3 Koordinatentransformationen (Drehungen)

Σ, $\overline{\Sigma}$ seien zwei Koordinatensysteme, repräsentiert durch die orthonormalen Basisvektoren

$$\mathbf{e}_1, \mathbf{e}_2, \mathbf{e}_3 \quad \text{bzw. } \bar{\mathbf{e}}_1, \bar{\mathbf{e}}_2, \bar{\mathbf{e}}_3.$$

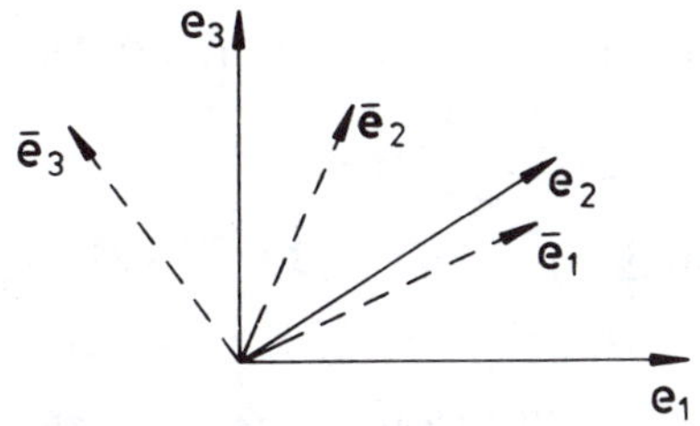

Translationen sind relativ uninteressant. Wir nehmen deshalb an, daß die Koordinatenursprünge von Σ und $\overline{\Sigma}$ zusammenfallen. Man betrachte nun einen beliebig ausgewählten Ortsvektor **r**:

$$\mathbf{r} = (x_1, x_2, x_3) \text{ in } \Sigma \qquad [\mathbf{r}\ (\Sigma)]$$
$$\mathbf{r} = (\bar{x}_1, \bar{x}_2, \bar{x}_3) \text{ in } \overline{\Sigma} \qquad [\mathbf{r}\ (\overline{\Sigma})]\,.$$

Wir nehmen einmal an, die Elemente x_i in Σ seien bekannt und die Elemente $\bar{x}_j$ in $\overline{\Sigma}$ seien zu bestimmen. **r** selbst ist nach Richtung und Betrag natürlich unabhängig vom Koordinatensystem. Deshalb muß gelten:

$$\sum_{j=1}^{3} x_j \mathbf{e}_j = \sum_{j=1}^{3} \bar{x}_j \bar{\mathbf{e}}_j. \tag{1.176}$$

Für die Basisvektoren $\bar{\mathbf{e}}_j$ gilt in Σ:

$$\bar{\mathbf{e}}_j = \sum_k d_{jk} \mathbf{e}_k. \tag{1.177}$$

Die Entwicklungskoeffizienten d_{jk} bestimmen wir durch skalare Multiplikation dieser Gleichung mit $\mathbf{e}_m$:

$$d_{jm} = \bar{\mathbf{e}}_j \cdot \mathbf{e}_m = \cos\varphi_{jm}. \tag{1.178}$$

φ_{jm} ist der Winkel, den die j-te Achse in $\overline{\Sigma}$ mit der m-ten Achse in Σ bildet. Die Gesamtheit der reellen Zahlen d_{jm} definiert die (3×3)-**Drehmatrix** D:

$$D = (d_{ij} = \cos\varphi_{ij}) = \begin{pmatrix} d_{11} & d_{12} & d_{13} \\ d_{21} & d_{22} & d_{23} \\ d_{31} & d_{32} & d_{33} \end{pmatrix}. \tag{1.179}$$

Einige wichtige Eigenschaften der Drehmatrix sind unmittelbar ableitbar, und zwar aus der Orthonormiertheit der Basisvektoren $\bar{\mathbf{e}}_j$:

$$\bar{\mathbf{e}}_i \cdot \bar{\mathbf{e}}_j = \delta_{ij} = \sum_{k,m} d_{ik} d_{jm} (\mathbf{e}_k \cdot \mathbf{e}_m) = \sum_m d_{im} d_{jm}.$$

Dies entspricht dem Skalarprodukt zweier Zeilenvektoren der Drehmatrix D. Die Zeilen von D sind also offensichtlich **orthonormiert**:

$$\sum_m d_{im} d_{jm} = \sum_m \cos\varphi_{im} \cos\varphi_{jm} = \delta_{ij}. \qquad (1.180)$$

Um zu weiteren Aussagen über D zu kommen, multiplizieren wir (1.176) skalar mit dem Basisvektor $\bar{\mathbf{e}}_i$:

$$\bar{x}_i = \sum_{j=1}^{3} x_j (\mathbf{e}_j \cdot \bar{\mathbf{e}}_i) = \sum_{j=1}^{3} \cos\varphi_{ij} x_j\,; \quad i = 1, 2, 3. \qquad (1.181)$$

In Matrixschreibweise lautet dieses lineare Gleichungssystem:

$$\begin{pmatrix} \bar{x}_1 \\ \bar{x}_2 \\ \bar{x}_3 \end{pmatrix} = \begin{pmatrix} d_{11} & d_{12} & d_{13} \\ d_{21} & d_{22} & d_{23} \\ d_{31} & d_{32} & d_{33} \end{pmatrix} \begin{pmatrix} x_1 \\ x_2 \\ x_3 \end{pmatrix} \Longleftrightarrow \mathbf{r}\left(\overline{\Sigma}\right) = D \cdot \mathbf{r}\left(\Sigma\right). \qquad (1.182)$$

Man überzeuge sich komponentenweise von der Richtigkeit dieser Beziehung. D beschreibt also offensichtlich die Drehung $\Sigma \to \overline{\Sigma}$.

Wir führen über

$$D^{-1} D = D D^{-1} = \mathrm{E} \qquad (1.183)$$

die zu D **inverse Matrix** D^{-1} ein und wenden diese auf (1.182) an.

$$D^{-1}\,\mathbf{r}(\overline{\Sigma}) = D^{-1} D\,\mathbf{r}(\Sigma) = \mathrm{E}\,\mathbf{r}(\Sigma) \;=\; \mathbf{r}(\Sigma)$$

$$D^{-1} \begin{pmatrix} \bar{x}_1 \\ \bar{x}_2 \\ \bar{x}_3 \end{pmatrix} = D^{-1} D \begin{pmatrix} x_1 \\ x_2 \\ x_3 \end{pmatrix} = \mathrm{E} \begin{pmatrix} x_1 \\ x_2 \\ x_3 \end{pmatrix} = \begin{pmatrix} x_1 \\ x_2 \\ x_3 \end{pmatrix}. \qquad (1.184)$$

Sie beschreibt offenbar das Zurückdrehen von $\overline{\Sigma}$ nach Σ. Die Elemente von D^{-1} verschaffen wir uns, indem wir (1.176) nun mit $\mathbf{e}_i$ skalar multiplizieren:

$$x_i = \sum_{j=1}^{3} \bar{x}_j (\bar{\mathbf{e}}_j \cdot \mathbf{e}_i) = \sum_{j=1}^{3} \cos\varphi_{ji}\, \bar{x}_j; \quad i = 1, 2, 3, \qquad (1.185)$$

$$\begin{pmatrix} x_1 \\ x_2 \\ x_3 \end{pmatrix} = \begin{pmatrix} d_{11} & d_{21} & d_{31} \\ d_{12} & d_{22} & d_{32} \\ d_{13} & d_{23} & d_{33} \end{pmatrix} \begin{pmatrix} \bar{x}_1 \\ \bar{x}_2 \\ \bar{x}_3 \end{pmatrix} \iff \mathbf{r}(\Sigma) = D^{-1}\,\mathbf{r}(\overline{\Sigma}). \qquad (1.186)$$

D^{-1} ergibt sich also aus D durch Vertauschung von Zeilen und Spalten und ist damit nach (1.171) die zu D transponierte Matrix

$$D^{-1} = D^T = \left(\left(d^{-1}\right)_{ij} = d_{ji}\right). \qquad (1.187)$$

Aus (1.183) folgen dann die Beziehungen:

$$\begin{aligned} \delta_{ij} &= \sum_m d_{im}(d^{-1})_{mj} = \sum_m d_{im} d_{jm}, \\ \delta_{ij} &= \sum_m (d^{-1})_{im} d_{mj} = \sum_m d_{mi} d_{mj}. \end{aligned} \qquad (1.188)$$

Die erste Gleichung ist mit (1.180) identisch und drückt die schon bekannte Orthonormalität der Zeilen der Drehmatrix aus. Die zweite Gleichung besagt, daß auch die **Spalten orthonormal** sind.

Spezielle Beispiele:

1) Drehung in der Ebene

Wir beginnen mit einer rein geometrischen Überlegung:

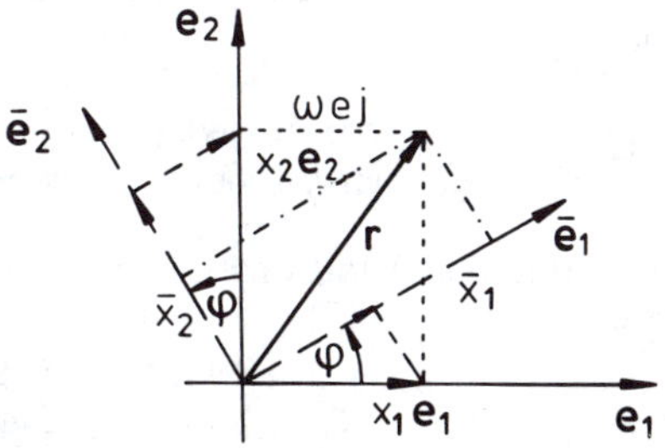

$$\begin{aligned} x_1\mathbf{e}_1 &= x_1 \cos\varphi\, \bar{\mathbf{e}}_1 - x_1 \sin\varphi\, \bar{\mathbf{e}}_2, \\ x_2\mathbf{e}_2 &= x_2 \cos\varphi\, \bar{\mathbf{e}}_2 + x_2 \sin\varphi\, \bar{\mathbf{e}}_1. \end{aligned}$$

Daraus folgt:

$$\begin{aligned} \mathbf{r} = x_1\mathbf{e}_1 + x_2\mathbf{e}_2 &= (x_1 \cos\varphi + x_2 \sin\varphi)\, \bar{\mathbf{e}}_1 + (x_2 \cos\varphi - x_1 \sin\varphi)\, \bar{\mathbf{e}}_2 \stackrel{!}{=} \\ &\stackrel{!}{=} \bar{x}_1 \bar{\mathbf{e}}_1 + \bar{x}_2 \bar{\mathbf{e}}_2. \end{aligned}$$

Der Vergleich liefert:

$$\begin{aligned} \bar{x}_1 &= x_1 \cos\varphi + x_2 \sin\varphi, \\ \bar{x}_2 &= x_2 \cos\varphi - x_1 \sin\varphi. \end{aligned} \qquad (1.189)$$

Welches Ergebnis hätten wir mit Hilfe der Drehmatrix gewonnen?

$$\begin{aligned} &\cos\varphi_{11} = \bar{\mathbf{e}}_1 \cdot \mathbf{e}_1 = \cos\varphi; & &\cos\varphi_{12} = \bar{\mathbf{e}}_1 \cdot \mathbf{e}_2 = \cos(\pi/2 - \varphi); \\ &\cos\varphi_{21} = \bar{\mathbf{e}}_2 \cdot \mathbf{e}_1 = \cos(\pi/2 + \varphi); & &\cos\varphi_{22} = \bar{\mathbf{e}}_2 \cdot \mathbf{e}_2 = \cos\varphi. \end{aligned}$$

Damit hat die Drehmatrix D die folgende Gestalt:

$$D = \begin{pmatrix} \cos\varphi & \sin\varphi \\ -\sin\varphi & \cos\varphi \end{pmatrix}. \tag{1.190}$$

Die Orthonormalität der Zeilen und Spalten ist offensichtlich. $D^{-1} = D^T$ entspricht natürlich einer Drehung um den Winkel $(-\varphi)$:

$$\begin{pmatrix} \bar{x}_1 \\ \bar{x}_2 \end{pmatrix} = D \begin{pmatrix} x_1 \\ x_2 \end{pmatrix} = \begin{pmatrix} x_1 \cos\varphi + x_2 \sin\varphi \\ -x_1 \sin\varphi + x_2 \cos\varphi \end{pmatrix}.$$

Dieses Ergebnis ist mit (1.189) identisch.

2) Mehrfache Drehung in der Ebene

Wir führen hintereinander zwei Drehungen um die Winkel φ_1, φ_2 aus:

$$D_i = \begin{pmatrix} \cos\varphi_i & \sin\varphi_i \\ -\sin\varphi_i & \cos\varphi_i \end{pmatrix}; \qquad i = 1, 2,$$

$$\begin{pmatrix} \bar{x}_1 \\ \bar{x}_2 \end{pmatrix} = D_2 \left[D_1 \begin{pmatrix} x_1 \\ x_2 \end{pmatrix} \right] = (D_2 \cdot D_1) \begin{pmatrix} x_1 \\ x_2 \end{pmatrix}.$$

Die Gesamtdrehung wird durch die Produktmatrix $D_2 \cdot D_1$ vermittelt. Für diese gilt:

$$D_2 \cdot D_1 = \begin{pmatrix} \cos\varphi_2 \cos\varphi_1 - \sin\varphi_2 \sin\varphi_1 & \cos\varphi_2 \sin\varphi_1 + \sin\varphi_2 \cos\varphi_1 \\ -\sin\varphi_2 \cos\varphi_1 - \cos\varphi_2 \sin\varphi_1 & -\sin\varphi_2 \sin\varphi_1 + \cos\varphi_2 \cos\varphi_1 \end{pmatrix}.$$

Mit Hilfe der Additionstheoreme

$$\cos(x + y) = \cos x \cos y - \sin x \sin y,$$
$$\sin(x + y) = \sin x \cos y + \cos x \sin y$$

können wir $D_2 \cdot D_1$ in die Form

$$D_2 \cdot D_1 = \begin{pmatrix} \cos(\varphi_1 + \varphi_2) & \sin(\varphi_1 + \varphi_2) \\ -\sin(\varphi_1 + \varphi_2) & \cos(\varphi_1 + \varphi_2) \end{pmatrix} = D_1 \cdot D_2 \tag{1.191}$$

bringen, die unserer Erwartung entspricht.

3) Drehung im Raum um 3-Achse

Die Drehung um die 3-Achse (z-Achse) bedeutet, daß die φ_{ij} für $i, j = 1, 2$ wie im Beispiel (1) zu wählen sind. Die 3-Achse bleibt fest, d.h. $\bar{\mathbf{e}}_3 = \mathbf{e}_3$:

$$\varphi_{33} = 0; \quad \varphi_{31} = \varphi_{13} = \varphi_{23} = \varphi_{32} = \pi/2.$$

Damit ergibt sich als Drehmatrix:

$$D = \begin{pmatrix} \cos\varphi & \sin\varphi & 0 \\ -\sin\varphi & \cos\varphi & 0 \\ 0 & 0 & 1 \end{pmatrix}. \tag{1.192}$$

Wir haben bereits eine Anzahl von typischen Eigenschaften der Drehmatrix zusammengetragen. Nehmen wir nun einmal an, ein VONS $\{\mathbf{e}_i\}$ und eine beliebige Matrix D seien vorgegeben. Welche Bedingungen muß D erfüllen, um eine Drehung zu beschreiben? Zunächst muß die Orthonormalität der Zeilen (1.180) und der Spalten (1.188) gegeben sein. Das reicht allerdings noch nicht ganz aus, da wir ja noch fordern müssen, daß auch das neue Koordinatensystem ein Rechtssystem darstellt, d.h. mit

$$\mathbf{e}_1 \cdot (\mathbf{e}_2 \times \mathbf{e}_3) = 1$$

sollte auch

$$\bar{\mathbf{e}}_1 \cdot (\bar{\mathbf{e}}_2 \times \bar{\mathbf{e}}_3) = 1 \tag{1.193}$$

gelten. Dieses kann man mit Hilfe der **Determinante** von D überprüfen, die gleich $+1$ sein muß. Dies führt uns zu einem neuen Begriff, der im nächsten Abschnitt erläutert werden soll.

1.4.4 Determinanten

Definition: Sei

$$A = (a_{ij}) = \begin{pmatrix} a_{11} & \dots & a_{1n} \\ \vdots & & \vdots \\ a_{n1} & \dots & a_{nn} \end{pmatrix}$$

eine $(n \times n)$-Matrix. Dann definiert man als **Determinante** von A die folgende Zahl:

$$\det A = \begin{vmatrix} a_{11} & \dots & a_{1n} \\ \vdots & & \vdots \\ a_{n1} & \dots & a_{nn} \end{vmatrix} = \sum_P (\operatorname{sign} P)\, a_{1p(1)} \cdot a_{2p(2)} \cdot \ldots a_{np(n)}. \tag{1.194}$$

Dabei ist die Zahlenfolge

$$[p(1), \dots, p(n)] \equiv P(1, 2, \dots, n)$$

eine spezielle **Permutation** der *natürlichen* Folge

$$(1, 2, \dots, n).$$

Summiert wird über alle denkbaren Permutationen P. Der Ausdruck in (1.194) besteht demnach aus $n!$ Summanden ($n! = 1 \cdot 2 \cdot 3 \ldots \cdot n$; lies: *$n$-Fakultät*). Jeder Summand enthält offensichtlich genau **ein** Element aus jeder Zeile und **ein** Element aus jeder Spalte der Matrix A:

$$\operatorname{sign} P : \textit{Vorzeichen der Permutation } P.$$

Jede Permutation läßt sich sukzessive durch paarweise Vertauschungen benachbarter Elemente (*Transposition*) realisieren. Das Vorzeichen der Permutation ist positiv, wenn die Zahl der Transpositionen, die notwendig ist, um die betreffende permutierte Zahlenfolge zu erreichen, gerade ist. Andernfalls ist es negativ.

Beispiel:

$$P(123) = (231)$$

realisierbar durch **zwei** Transpositionen:

$$(123) \rightarrow (213) \rightarrow (231)$$

$$\Longrightarrow \operatorname{sign} P = +1.$$

Die allgemeine Definition (1.194) der Determinante erscheint recht kompliziert. Wir wollen uns deshalb einmal anschauen, wie man explizit $\det A$ ausrechnen kann.

$$n = 1: \quad \det A = |a_{11}| = a_{11}. \tag{1.195}$$

$$n = 2: \quad \det A = \begin{vmatrix} a_{11} & a_{12} \\ a_{21} & a_{22} \end{vmatrix} = \operatorname{sign}(12)\, a_{11}a_{22} + \operatorname{sign}(21)\, a_{12}a_{21} =$$

$$= a_{11}a_{22} - a_{12}a_{21}. \tag{1.196}$$

Schema (Merkregel):

$$\begin{vmatrix} a_{11} & a_{12} \\ a_{21} & a_{22} \end{vmatrix}.$$

Verbindungslinien symbolisieren die Produkte der auftretenden Summanden, durchgezogene mit positivem, gestrichelte mit negativem Vorzeichen.

$n = 3:$

$$\det A = \begin{vmatrix} a_{11} & a_{12} & a_{13} \\ a_{21} & a_{22} & a_{23} \\ a_{31} & a_{32} & a_{33} \end{vmatrix}.$$

Es gibt 3! = 6 Summanden:

P	sign P
123	+1
132	−1
213	−1
231	+1
312	+1
321	−1

Dies bedeutet:

$$\det A = a_{11}(a_{22}\,a_{33} - a_{23}\,a_{32}) - a_{12}(a_{21}\,a_{33} - a_{23}\,a_{31}) + \\ + a_{13}(a_{21}\,a_{32} - a_{22}\,a_{31}).$$

Mit (1.196) können wir dies auch wie folgt beschreiben:

$$\det A = a_{11}\begin{vmatrix} a_{22} & a_{23} \\ a_{32} & a_{33} \end{vmatrix} - a_{12}\begin{vmatrix} a_{21} & a_{23} \\ a_{31} & a_{33} \end{vmatrix} + a_{13}\begin{vmatrix} a_{21} & a_{22} \\ a_{31} & a_{32} \end{vmatrix}. \tag{1.197}$$

Dies nennt man eine *Entwicklung nach der ersten Zeile* (s. (1.199)).

Schema (*Sarrus-Regel*):

$$\begin{vmatrix} a_{11} & a_{12} & a_{13} \\ a_{21} & a_{22} & a_{23} \\ a_{31} & a_{32} & a_{33} \end{vmatrix} \iff \begin{array}{cccccc} a_{11} & a_{12} & a_{13} & a_{11} & a_{12} & \\ a_{21} & a_{22} & a_{23} & a_{21} & a_{22} & \\ a_{31} & a_{32} & a_{33} & a_{31} & a_{32} & \\ (-) & (-) & (-) & (+) & (+) & (+) \end{array}. \tag{1.198}$$

Für $n \geq 4$ wird die Darstellung gleich sehr viel komplizierter. Die Mehrzahl der Anwendungen in der Theoretischen Physik kommt jedoch glücklicherweise mit $n \leq 3$ aus. Ansonsten hilft der sogenannte **Entwicklungssatz**, den wir hier ohne Beweis angeben:

Satz: Entwicklung nach einer Zeile:

$$\det A = a_{i1}U_{i1} + a_{i2}U_{i2} + \ldots + a_{in}U_{in} = \sum_{j=1}^{n} a_{ij}U_{ij} \tag{1.199}$$

($U_{ij} = (-1)^{i+j}A_{ij}$: *algebraisches Komplement* zu a_{ij},
A_{ij}: **Unterdeterminante** = Determinante der $((n-1)\times(n-1))$-Matrix, die aus A durch Streichen der i-ten Zeile und j-ten Spalte entsteht).

Die Berechnung der $(n \times n)$- Determinante wird durch die Entwicklungsvorschrift auf die von $((n-1) \times (n-1))$-Determinanten zurückgeführt. Auf diese läßt sich wiederum der Entwicklungssatz anwenden und damit die Dimension der Determinante weiter reduzieren. Nach $(n-2)$-facher Entwicklung tritt (1.196) in Kraft. Die konkrete Auswertung wird umso einfacher, je mehr Nullen die Entwicklungszeile enthält. Bisweilen läßt sich mit einer der folgenden Rechenregeln für äquivalente Umformungen der Determinante die Zahl der Nullen in einer Zeile erhöhen.

1.4.5 Rechenregeln für Determinanten

Eine Reihe von wichtigen Eigenschaften der Determinante läßt sich ziemlich direkt an der Definition (1.194) ablesen:

1) Multiplikation einer Zeile oder Spalte mit einer Zahl α

$$\begin{vmatrix} a_{11} & \dots & a_{1n} \\ \vdots & & \vdots \\ \alpha a_{i1} & \dots & \alpha a_{in} \\ \vdots & & \vdots \\ a_{n1} & \dots & a_{nn} \end{vmatrix} = \alpha \begin{vmatrix} a_{11} & \dots & a_{1n} \\ \vdots & & \vdots \\ a_{i1} & \dots & a_{in} \\ \vdots & & \vdots \\ a_{n1} & \dots & a_{nn} \end{vmatrix} . \tag{1.200}$$

Der Beweis ist nach (1.194) unmittelbar klar, da jeder der $n!$ Summanden in $\det A$ genau **ein** Element aus jeder Zeile bzw. Spalte von A enthält. Insbesondere gilt:

$$\det(\alpha A) = \alpha^n \det A. \tag{1.201}$$

2) Ebenfalls direkt aus der Definition (1.194) folgt für die Addition bezüglich einer Zeile oder Spalte:

$$\begin{vmatrix} a_{11}+b_{11} & \dots & a_{1n}+b_{1n} \\ a_{21} & \dots & a_{2n} \\ \vdots & & \vdots \\ a_{n1} & \dots & a_{nn} \end{vmatrix} = \begin{vmatrix} a_{11} & \dots & a_{1n} \\ a_{21} & \dots & a_{2n} \\ \vdots & & \vdots \\ a_{n1} & \dots & a_{nn} \end{vmatrix} + \begin{vmatrix} b_{11} & \dots & b_{1n} \\ a_{21} & \dots & a_{2n} \\ \vdots & & \vdots \\ a_{n1} & \dots & a_{nn} \end{vmatrix} . \tag{1.202}$$

3) Die Vertauschung zweier benachbarter Zeilen (Spalten) ändert das Vorzeichen der Determinante. Zum Beweis machen Sie sich klar, daß sich sign P dabei umkehrt, da sich die Zahl der für P benötigten Transpositionen um 1 ändert.

4) Sind zwei Zeilen (Spalten) der Matrix A gleich, so ist $\det A = 0$. Das ist leicht einzusehen, da die Vertauschung dieser beiden Zeilen (Spalten) die Matrix A nicht ändert, nach (3) aber das Vorzeichen von $\det A$ umdreht.

5)

$$\det A = \det A^T. \tag{1.203}$$

Der Beweis sei zur Übung empfohlen. Er benutzt wiederum direkt die Definition (1.194). Die Aussage (1.203) hat die wichtige Konsequenz, daß man eine Determinante offensichtlich nicht nur nach einer Zeile, sondern auch nach einer Spalte entwickeln kann. Mit (1.199) gilt auch:

$$\det A = \sum_{i=1}^{n} a_{ij} U_{ij}. \tag{1.204}$$

6) Addiert man zu einer Zeile (Spalte) die mit einer Zahl α multiplizierten Glieder einer anderen Zeile (Spalte), so ändert sich die Determinante nicht:

$$\begin{vmatrix} \vdots & & \vdots \\ a_{i1} + \alpha a_{j1} & \dots & a_{in} + \alpha a_{jn} \\ \vdots & & \vdots \\ a_{j1} & \dots & a_{jn} \\ \vdots & & \vdots \end{vmatrix} = \begin{vmatrix} \vdots & & \vdots \\ a_{i1} & \dots & a_{in} \\ \vdots & & \vdots \\ a_{j1} & \dots & a_{jn} \\ \vdots & & \vdots \end{vmatrix} + \alpha \underbrace{\begin{vmatrix} \vdots & & \vdots \\ a_{j1} & \dots & a_{jn} \\ \vdots & & \vdots \\ a_{j1} & \dots & a_{jn} \\ \vdots & & \vdots \end{vmatrix}}_{=0}. \tag{1.205}$$

7) Multiplikationstheorem (ohne Beweis!):

$$\det(A \cdot B) = \det A \cdot \det B. \tag{1.206}$$

8)

$$\det \mathrm{E} = 1. \tag{1.207}$$

9) Multipliziert man die Elemente einer Zeile (Spalte) mit den algebraischen Komplementen U_{ij} einer **anderen** Zeile (Spalte) und summiert diese Produkte auf, so ergibt sich Null:

$$\begin{aligned} &\sum_{k=1}^{n} a_{ik} U_{jk} = 0 \qquad \text{(Zeilen)}, \\ &\sum_{k=1}^{n} a_{ki} U_{kj} = 0 \qquad \text{(Spalten)}. \end{aligned} \tag{1.208}$$

Beweis:

B sei eine $(n \times n)$-Matrix, die bis auf die j-te Zeile mit A identisch sein möge. In der j-ten Zeile von B steht noch einmal die i-te Zeile. Wegen Punkt 4) ist dann:

$$\det B = 0.$$

Man entwickle B gemäß (1.199) nach der j-ten Zeile:

$$0 = \det B = \sum_k b_{jk} U_{jk} = \sum_k a_{ik} U_{jk}\,; \quad \text{q.e.d.}$$

1.4.6 Spezielle Anwendungen

1.4.6.1 Inverse Matrix

Definition: $A = (a_{ij})$ sei eine $(n \times n)$-Matrix. Dann bezeichnet man als **inverse Matrix**

$$A^{-1} = \left((a^{-1})_{ij}\right)$$

diejenige $(n \times n)$-Matrix, für die gilt:

$$A^{-1} A = A\, A^{-1} = \mathrm{E}. \tag{1.209}$$

Satz: A^{-1} existiert genau dann, wenn $\det A \neq 0$ ist. Es gilt:

$$(a^{-1})_{ij} = \frac{U_{ji}}{\det A}. \tag{1.210}$$

(Beachten Sie die Anordnung der Indizes!)

Beweis: $\hat{A} = (\alpha_{ij} = U_{ji})$ sei eine $(n \times n)$-Matrix.

Mit den Entwicklungssätzen (1.199) und (1.204) finden wir:

$$\det A = \sum_j a_{ij} U_{ij} = \sum_j a_{ij} \alpha_{ji} = (A \cdot \hat{A})_{ii},$$

$$\det A = \sum_i a_{ij} U_{ij} = \sum_i \alpha_{ji} a_{ij} = (\hat{A} \cdot A)_{jj}.$$

Die Diagonalelemente der Produktmatrizen $A \cdot \hat{A}$ und $\hat{A} \cdot A$ sind also sämtlich gleich $\det A$. Was ist mit den Nichtdiagonalelementen? Mit (1.208) findet man:

$$(A \cdot \hat{A})_{ij} = \sum_k a_{ik} \alpha_{kj} = \sum_k a_{ik} U_{jk} = 0 \quad \text{für}\, i \neq j.$$

Es folgt, daß $A \cdot \hat{A}$ und $\hat{A} \cdot A$ Diagonalmatrizen sind mit

$$A \cdot \hat{A} = \hat{A} \cdot A = \det A \cdot \mathrm{E}.$$

Mit $\det A \neq 0$ folgt durch Vergleich mit (1.209) die Behauptung:

$$\frac{\hat{A}}{\det A} = A^{-1} \Longleftrightarrow \frac{U_{ji}}{\det A} = (a^{-1})_{ij}.$$

1.4.6.2 Vektorprodukt

Das Vektorprodukt läßt sich in sehr einprägsamer Form als Determinante schreiben. Nach (1.68) gilt:

$$\begin{aligned}
\mathbf{a} \times \mathbf{b} &= \sum_{i,j,k} \epsilon_{ijk} a_i b_j \mathbf{e}_k = \\
&= \mathbf{e}_1(a_2 b_3 - a_3 b_2) + \mathbf{e}_2(a_3 b_1 - a_1 b_3) + \mathbf{e}_3(a_1 b_2 - a_2 b_1) = \\
&= \mathbf{e}_1 \begin{vmatrix} a_2 & a_3 \\ b_2 & b_3 \end{vmatrix} - \mathbf{e}_2 \begin{vmatrix} a_1 & a_3 \\ b_1 & b_3 \end{vmatrix} + \mathbf{e}_3 \begin{vmatrix} a_1 & a_2 \\ b_1 & b_2 \end{vmatrix}.
\end{aligned}$$

Dies läßt sich als (3×3)-Determinante angeben:

$$\mathbf{a} \times \mathbf{b} = \begin{vmatrix} \mathbf{e}_1 & \mathbf{e}_2 & \mathbf{e}_3 \\ a_1 & a_2 & a_3 \\ b_1 & b_2 & b_3 \end{vmatrix}. \tag{1.211}$$

1.4.6.3 Rotation

Auch dieser Vektordifferentialoperator läßt sich formal als Determinante schreiben:

$$\operatorname{rot} \mathbf{a} = \nabla \times \mathbf{a} \equiv \begin{vmatrix} \mathbf{e}_1 & \mathbf{e}_2 & \mathbf{e}_3 \\ \partial_1 & \partial_2 & \partial_3 \\ a_1 & a_2 & a_3 \end{vmatrix}. \tag{1.212}$$

1.4.6.4 Spatprodukt

$$\mathbf{a} \cdot (\mathbf{b} \times \mathbf{c}) \equiv \begin{vmatrix} a_1 & a_2 & a_3 \\ b_1 & b_2 & b_3 \\ c_1 & c_2 & c_3 \end{vmatrix}. \tag{1.213}$$

Die Richtigkeit dieser Darstellung erkennt man an (1.211) oder durch direktes Ausrechnen. Eine zyklische Vertauschung der Vektoren im Spatprodukt bedeutet jeweils zwei Zeilenvertauschungen in der Determinante, ändert also den Wert derselben nicht.

Speziell für die orthonormierten Basisvektoren $\mathbf{e}_i$ gilt:

$$\mathbf{e}_1 \cdot (\mathbf{e}_2 \times \mathbf{e}_3) \equiv \begin{vmatrix} 1 & 0 & 0 \\ 0 & 1 & 0 \\ 0 & 0 & 1 \end{vmatrix} = 1. \tag{1.214}$$

1.4.6.5 Drehmatrix

Wir erinnern uns an die Frage, die im Zusammenhang mit (1.193) gestellt wurde. Wann ist eine beliebige Matrix D bei einem vorgegebenen VONS $\{\mathbf{e}_i\}$ eine Drehmatrix? Zunächst muß sie die Orthonormalitätsrelationen (1.180) und (1.188) erfüllen:

$$\sum_m d_{im} d_{jm} = \delta_{ij},$$

$$\sum_m d_{mi} d_{mj} = \delta_{ij}.$$

Das aus $\{\mathbf{e}_i\}$ durch Drehung entstehende *neue* Basissystem $\{\bar{e}_j\}$ soll aber außerdem wieder ein Rechtssystem sein, d.h., es soll (1.214) auch für die $\bar{e}_j$ gelten. Das ist durch die Bedingungen (1.180) und (1.188) noch nicht gewährleistet. Ersetzt man nämlich in der Matrix D in der i-ten Zeile die d_{ij} durch $(-d_{ij})$, so ändert sich an den Orthonormalitätsrelationen nichts. Nach (1.177) geht aber $\bar{\mathbf{e}}_i$ in $(-\bar{\mathbf{e}}_i)$ über. Dadurch wird aus dem Rechts- ein Linkssystem. Nun gilt mit (1.177):

$$\bar{\mathbf{e}}_1 \cdot (\bar{\mathbf{e}}_2 \times \bar{\mathbf{e}}_3) = \sum_{m,n,p} d_{1m} d_{2n} d_{3p}\, \mathbf{e}_m \cdot (\mathbf{e}_n \times \mathbf{e}_p) =$$

$$= \sum_{m,n,p} \epsilon_{mnp} d_{1m} d_{2n} d_{3p} = \det D. \tag{1.215}$$

Neben der Orthonormiertheit von Zeilen und Spalten muß eine Drehmatrix also auch noch

$$\det D = 1 \tag{1.216}$$

erfüllen.

1.4.6.6 Lineare Gleichungssysteme

Als viertes wichtiges Anwendungsgebiet für Determinanten diskutieren wir schließlich noch Lösungen und Lösbarkeitsbedingungen für lineare Gleichungssysteme. Wir fragen uns, unter welchen Bedingungen ein System von n Gleichungen für n Unbekannte $x_1, \ldots, x_n$ der folgenden Form

$$\begin{array}{ccccccccc} a_{11}x_1 & + & a_{12}x_2 & + & \ldots & + & a_{1n}x_n & = & b_1 \\ \vdots & & \vdots & & & & \vdots & & \vdots \\ a_{n1}x_1 & + & a_{n2}x_2 & + & \ldots & + & a_{nn}x_n & = & b_n \end{array} \tag{1.217}$$

eine eindeutig bestimmte Lösung besitzt. Die Koeffizienten a_{ij} seien sämtlich reell. Sie bilden die sogenannte **Koeffizientenmatrix** A:

$$A \equiv \begin{pmatrix} a_{11} & a_{12} & \dots & a_{1n} \\ a_{21} & a_{22} & \dots & a_{2n} \\ \vdots & \vdots & & \vdots \\ a_{n1} & a_{n2} & \dots & a_{nn} \end{pmatrix}. \qquad (1.218)$$

Falls nur eines der b_i in (1.217) ungleich Null ist, spricht man von einem **inhomogenen** Gleichungssystem. Sind alle $b_i = 0$, so handelt es sich um ein **homogenes** Gleichungssystem.

Wir multiplizieren nun jede der n-Gleichungen in (1.217) mit dem entsprechenden algebraischen Komplement U_{ik}, wobei k fest sein möge und i der jeweilige Zeilenindex ist:

$$\begin{array}{ccccccccccc} [a_{11}x_1 & + & a_{12}x_2 & + & \dots & + & a_{1n}x_n] & U_{1k} & = & b_1 U_{1k} \\ \vdots & & \vdots & & & & \vdots & \vdots & & \vdots \\ [a_{n1}x_1 & + & a_{n2}x_2 & + & \dots & + & a_{nn}x_n] & U_{nk} & = & b_n U_{nk}. \end{array}$$

Wir summieren dann alle Gleichungen auf:

$$\sum_{j=1}^{n} \left(\sum_{i=1}^{n} a_{ij} U_{ik} \right) x_j = \sum_{j=1}^{n} b_j U_{jk}.$$

Der Ausdruck in der Klammer ist nach (1.208) für $j \neq k$ Null, so daß lediglich

$$\sum_{i=1}^{n} a_{ik} U_{ik} x_k = \sum_{j=1}^{n} b_j U_{jk}$$

bleibt. Links steht nach (1.204) $\det A$, entwickelt nach der k-ten Spalte:

$$\det A \cdot x_k = \sum_{j=1}^{n} b_j U_{jk}. \qquad (1.219)$$

Wir definieren eine neue Matrix:

A_k: Matrix wie A, lediglich die k-te Spalte ist durch den Spaltenvektor

$$\begin{pmatrix} b_1 \\ \vdots \\ b_n \end{pmatrix}$$

ersetzt.

Dann steht aber auf der rechten Seite von (1.219) $\det A_k$, entwickelt nach der k-ten Spalte:

$$x_k \det A = \det A_k. \tag{1.220}$$

Damit folgt die

Cramersche Regel.

Das lineare Gleichungssystem (1.217) besitzt genau dann eine eindeutige Lösung, wenn

$$\det A \neq 0$$

ist. Diese Lösung lautet dann:

$$x_k = \frac{\det A_k}{\det A} \qquad k = 1, 2, \ldots, n. \tag{1.221}$$

Beispiel:

$$\begin{array}{rcrcrl} x_1 & + & x_2 & + & x_3 & = 2, \\ 3x_1 & + & 2x_2 & + & x_3 & = 4, \\ 5x_1 & - & 3x_2 & + & x_3 & = 0 \end{array}$$

$\Longrightarrow$

$$A = \begin{pmatrix} 1 & 1 & 1 \\ 3 & 2 & 1 \\ 5 & -3 & 1 \end{pmatrix} \Longrightarrow \det A = -12,$$

$$A_1 = \begin{pmatrix} 2 & 1 & 1 \\ 4 & 2 & 1 \\ 0 & -3 & 1 \end{pmatrix} \Longrightarrow \det A_1 = -6,$$

$$A_2 = \begin{pmatrix} 1 & 2 & 1 \\ 3 & 4 & 1 \\ 5 & 0 & 1 \end{pmatrix} \Longrightarrow \det A_2 = -12,$$

$$A_3 = \begin{pmatrix} 1 & 1 & 2 \\ 3 & 2 & 4 \\ 5 & -3 & 0 \end{pmatrix} \Longrightarrow \det A_3 = -6.$$

Nach der Cramerschen Regel ist das Gleichungssystem also eindeutig lösbar, da $\det A \neq 0$ ist, und die Lösung lautet:

$$x_1 = \frac{1}{2}; \quad x_2 = 1; \quad x_3 = \frac{1}{2}.$$

Wir betrachten nun als Beispiel **homogene** Gleichungssysteme, d.h., wir nehmen an, die b_i in (1.217) seien sämtlich Null. Dann ist aber auch $\det A_k \equiv 0$, so daß nach (1.220)

$$x_k \det A = 0 \tag{1.222}$$

sein muß. Falls $\det A \neq 0$, hat das homogene Gleichungssystem nur die triviale *Nullösung*, die natürlich immer existiert:

$$x_1 = x_2 = \ldots = x_n = 0. \tag{1.223}$$

Nichttriviale Lösungen eines homogenen Gleichungssystems kann es also nur bei

$$\det A = 0 \tag{1.224}$$

geben. Dies bedeutet aber, daß dann nicht alle Zeilen bzw. Spalten linear unabhängig sein können. Für den Rang der Matrix A muß deshalb gelten:

$$\text{Rang}\, A = m < n. \tag{1.225}$$

Wir nehmen an, daß die ersten m Gleichungen in (1.217) linear unabhängig sind. (Ist das nicht gegeben, sortieren wir um!) Dann können wir für diese Gleichungen schreiben:

$$\begin{array}{ccccccc} a_{11}x_1 & +\ldots+ & a_{1m}x_m & = & -(a_{1m+1}x_{m+1} & +\ldots+ & a_{1n}x_n) \\ \vdots & & \vdots & & \vdots & & \vdots \\ a_{m1}x_1 & +\ldots+ & a_{mm}x_m & = & -(a_{mm+1}x_{m+1} & +\ldots+ & a_{mn}x_n)\,. \end{array} \tag{1.226}$$

Für die $(m \times m)$-Koeffizientenmatrix A',

$$A' = \begin{pmatrix} a_{11} & \ldots & a_{1m} \\ \vdots & & \vdots \\ a_{m1} & \ldots & a_{mm} \end{pmatrix}, \tag{1.227}$$

können wir nun

$$\det A' \neq 0$$

annehmen, so daß die Cramersche Regel (1.221) anwendbar wird. Die Matrix A_k weist dann als k-ten Spaltenvektor

$$\begin{pmatrix} -\sum\limits_{j=m+1}^{n} & a_{1j}x_j \\ \vdots & \vdots \\ -\sum\limits_{j=m+1}^{n} & a_{mj}x_j \end{pmatrix} \tag{1.228}$$

auf. Die Lösung hängt damit noch von den frei wählbaren Parametern $x_{m+1}, \ldots, x_n$ ab.

Beispiel:

$$\begin{array}{llll} x_1 & +4x_2 & -x_3 & =0, \\ 2x_1 & -3x_2 & +x_3 & =0, \\ 4x_1 & +16x_2 & -4x_3 & =0; \end{array} \qquad A=\begin{pmatrix} 1 & 4 & -1 \\ 2 & -3 & 1 \\ 4 & 16 & -4 \end{pmatrix}.$$

Es ist offensichtlich

$$\det A = 0.$$

Die beiden ersten Zeilen sind linear unabhängig:

$$\begin{array}{lll} x_1 & +4x_2 & =x_3 \\ 2x_1 & -3x_2 & =-x_3 \end{array} \quad \Longrightarrow \quad \det A' = -11.$$

Mit

$$\det A_1 = \begin{vmatrix} x_3 & 4 \\ -x_3 & -3 \end{vmatrix} = x_3,$$

$$\det A_2 = \begin{vmatrix} 1 & x_3 \\ 2 & -x_3 \end{vmatrix} = -3x_3$$

folgt

$$x_1 = -\frac{x_3}{11}; \quad x_2 = \frac{3}{11}x_3,$$

wobei x_3 frei wählbar bleibt.

1.4.7 Aufgaben

Aufgabe 1.4.1

Bilden Sie aus den Matrizen

$$A=\begin{pmatrix} 0 & 1 & 2 \\ 3 & 0 & 4 \\ 0 & 0 & 5 \end{pmatrix}, \quad B=\begin{pmatrix} 1 & 0 & 0 \\ 1 & 1 & 0 \\ 0 & 0 & 1 \end{pmatrix}$$

die Produktmatrizen $A \cdot B$, $B \cdot A$.

Aufgabe 1.4.2

Berechnen Sie die folgenden Determinanten:

$$1) \begin{vmatrix} 4 & 3 & 2 \\ 1 & 0 & -1 \\ 5 & 2 & 2 \end{vmatrix}, \quad 2) \begin{vmatrix} 1 & 6 & 8 & 7 \\ -2 & 3 & 11 & 5 \\ 5 & 0 & 6 & 7 \\ -1 & 9 & 19 & 12 \end{vmatrix}, \quad 3) \begin{vmatrix} 4 & 3 & 0 & 1 \\ 6 & 7 & 8 & -1 \\ 0 & 1 & 0 & 7 \\ 3 & -4 & 0 & 6 \end{vmatrix}.$$

Aufgabe 1.4.3

Die Matrix A sei gegeben durch

$$A = \begin{pmatrix} a & b & c & d \\ -b & a & -d & c \\ -c & d & a & -b \\ -d & -c & b & a \end{pmatrix}.$$

Zeigen Sie, daß

$$\det A = (a^2 + b^2 + c^2 + d^2)^2.$$

Hinweis: Multiplizieren Sie A mit der transponierten Matrix A^T.

Aufgabe 1.4.4

Untersuchen Sie die folgenden Gleichungssysteme auf Lösbarkeit und geben Sie, falls möglich, die Lösung an.

$$\begin{aligned} 1)\quad 2x_1 + x_2 + 5x_3 &= -21, \\ x_1 + 5x_2 + 2x_3 &= 19, \\ 5x_1 + 2x_2 + x_3 &= 2. \end{aligned}$$

$$\begin{aligned} 2)\quad x_1 - x_2 + 3x_3 &= 4, \\ 9x_1 + 3x_2 - 12x_3 &= -3, \\ 3x_1 + x_2 - 4x_3 &= -1. \end{aligned}$$

$$\begin{aligned} 3)\quad x_1 + x_2 - x_3 &= 0, \\ -x_1 + 3x_2 + x_3 &= 0, \\ x_2 + x_3 &= 0. \end{aligned}$$

$$\begin{aligned} 4)\quad 2x_1 - 3x_2 + x_3 &= 0, \\ 4x_1 + 4x_2 - x_3 &= 0, \\ x_1 - \tfrac{3}{2}x_2 + \tfrac{1}{2}x_3 &= 0. \end{aligned}$$

Aufgabe 1.4.5

Gegeben sei die Matrix A:

$$A = \begin{pmatrix} -\frac{1}{2}\sqrt{2} & 0 & -\frac{1}{2}\sqrt{2} \\ 0 & 1 & 0 \\ \frac{1}{2}\sqrt{2} & 0 & -\frac{1}{2}\sqrt{2} \end{pmatrix}.$$

1) Vermittelt A eine Drehung? Wenn ja, welche?

2) Wie lauten die Vektoren

$$\mathbf{a} = (0, -2, 1), \quad \mathbf{b} = (3, 5, -4)$$

nach der Drehung? Berechnen Sie das Skalarprodukt $\mathbf{a} \cdot \mathbf{b}$ vor und nach der Drehung.

Aufgabe 1.4.6

Beweisen Sie:

1) Bei einer Drehung bleibt die Länge eines Vektors unverändert.

2) Für die Elemente d_{ij} der Drehmatrix gelten die Relationen

$$d_{ij} = U_{ij}, \quad i,j = 1,2,3,$$

wobei U_{ij} : algebraisches Komplement zu d_{ij}.

1.5 Koordinatensysteme

1.5.1 Wechsel der Variablen, Funktionaldeterminante

Wir haben für die bisherigen Überlegungen direkt oder zumindest indirekt ein kartesisches Koordinatensystem vorausgesetzt. Wir werden in späteren Anwendungen jedoch in der Regel solche Koordinaten verwenden, die dem Problem aufgrund dessen Symmetrie am besten angepaßt sind. Das werden dann nicht notwendig kartesische Koordinaten sein. Wir müssen uns im folgenden überlegen, welchen Gesetzmäßigkeiten der Übergang von einem Koordinatensatz zum anderen unterliegt.

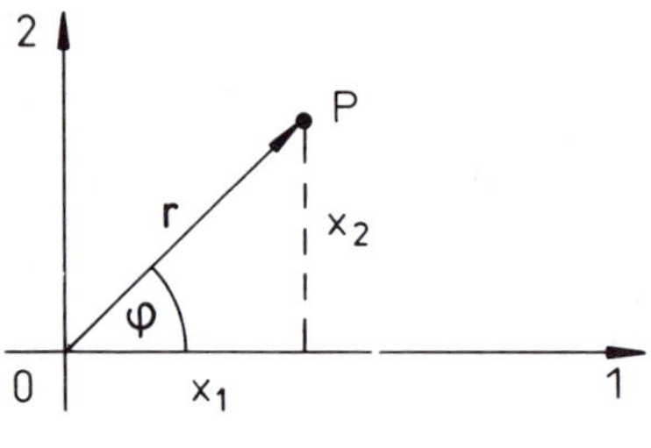

Betrachten wir als einführendes Beispiel die **ebenen Polarkoordinaten**, mit denen man *fast immer* genauso gut wie mit den kartesischen Koordinaten x_1, x_2 die Lage eines Punktes P in der Ebene definieren kann. Im Bild sind r der Abstand zwischen P und dem Koordinatenursprung 0 und φ der Winkel zwischen der Verbindungslinie $\overline{OP}$ und der 1-Achse.

Die Abbildung

$$(r, \varphi) \Longrightarrow (x_1, x_2)$$

wird durch die *Transformationsformeln*

$$\begin{aligned} x_1 &= r\cos\varphi = x_1(r,\varphi), \\ x_2 &= r\sin\varphi = x_2(r,\varphi) \end{aligned} \tag{1.229}$$

beschrieben. Man spricht von einer zweidimensionalen **Punkttransformation**, die die r, φ-Ebene *Punkt für Punkt* auf die x_1, x_2-Ebene abbildet.

Wir müssen sinnvollerweise von den *neuen* Koordinaten r, φ fordern, daß durch sie **jeder** Punkt der Ebene beschreibbar ist. Das ist offensichtlich der Fall. Es sollte aber auch so sein, daß jeder Punkt $P \mathrel{\widehat{=}} (x_1, x_2)$ der Ebene eindeutig einem bestimmten (r, φ)-Paar zugeordnet ist. Hierbei gibt es allerdings Schwierigkeiten mit ($x_1 = 0$, $x_2 = 0$), da **alle** Paare $(0, \varphi)$ auf $(0, 0)$ abgebildet werden. Die Abbildung (1.229) ist für $r = 0$ nicht eindeutig umkehrbar, dagegen wohl für $r \neq 0$:

$$r = \sqrt{x_1^2 + x_2^2},$$
$$\varphi = \arctan \frac{x_2}{x_1}. \tag{1.230}$$

Die trigonometrische Funktion Arcustangens beschränken wir dabei auf den Zweig, der die Werte $0 \leq \varphi \leq 2\pi$ liefert. Die Transformation (1.229) ist also **fast immer** umkehrbar.

Betrachten wir nun einmal eine **allgemeine Variablentransformation in einem d-dimensionen Raum**:

$$x_i = x_i(y_1, \dots, y_d); \quad i = 1, \dots, d. \tag{1.231}$$

Wir fordern wie in dem einführenden Beispiel:

1) **Jeder** Punkt des Raumes ist durch die *verallgemeinerten* Koordinaten y_i darstellbar.

2) Die Transformation soll **fast immer lokal umkehrbar** sein.

Darin bedeutet:

a) **Lokal umkehrbar**: Zu einem beliebigen Punkt P gibt es eine Umgebung $U(P)$, in der die Abbildung eindeutig ist, d.h., zu jedem d-Tupel $(x_1, \dots, x_d)$ gehört **genau ein** d-Tupel $(y_1, \dots, y_d)$.

b) **Fast immer**: Die Bedingung der lokalen Umkehrbarkeit darf höchstens in Bereichen niedrigerer Dimension $d' < d$ verletzt sein. Die Transformation zwischen kartesischen Koordinaten und ebenen Polarkoordinaten ist, wie wir gesehen haben, *fast immer lokal umkehrbar*, nur auf der eindimensionalen Mannigfaltigkeit $\{r = 0;\ 0 \leq \varphi \leq 2\pi\}$ nicht.

Wie stellt man nun die lokale Umkehrbarkeit fest? P sei ein beliebiger, aber fest gewählter Punkt des d-dimensionalen Raumes mit den Koordinaten

$$(x_1, \dots, x_d) \quad \text{bzw.} \quad (y_1, \dots, y_d).$$

Eine (differentiell kleine) Umgebung von P wird dann überdeckt von:

$$(y_1 + dy_1, \dots, y_d + dy_d).$$

Für die zugehörigen Koordinaten x_i wird somit gelten:

$$dx_i = x_i(y_1 + dy_1, \dots, y_d + dy_d) - x_i(y_1, \dots, y_d); \quad i = 1, \dots, d.$$

Da die Koordinaten von P fest sein sollen, bedeutet die Forderung nach eineindeutiger Zuordnung, daß die differentiellen Änderungen dy_i in eineindeutigem Zusammenhang mit den differentiellen Änderungen dx_i stehen. Für letztere gilt nach (1.133):

$$dx_i = \sum_{j=1}^{d} \frac{\partial x_i}{\partial y_j} dy_j \bigg|_P ; \quad i = 1, \ldots, d. \tag{1.232}$$

Mit der sogenannten **Funktionalmatrix**

$$F^{(xy)} = \begin{pmatrix} \frac{\partial x_1}{\partial y_1} & \cdots & \frac{\partial x_1}{\partial y_d} \\ \vdots & & \vdots \\ \frac{\partial x_d}{\partial y_1} & \cdots & \frac{\partial x_d}{\partial y_d} \end{pmatrix} ; \quad F_{ij}^{(xy)} = \frac{\partial x_i}{\partial y_j}, \tag{1.233}$$

die natürlich von den Koordinaten des gewählten Aufpunktes P abhängt, können wir (1.232) auch in Matrixform schreiben:

$$\begin{pmatrix} dx_1 \\ \vdots \\ dx_d \end{pmatrix} = F_P^{(xy)} \begin{pmatrix} dy_1 \\ \vdots \\ dy_d \end{pmatrix} . \tag{1.234}$$

Eine Umkehrung ist genau dann möglich, wenn die Inverse $\left(F_P^{(xy)}\right)^{-1}$ existiert. Nach (1.210) bedeutet dies aber, daß die sogenannte

Funktionaldeterminante

$$\det F^{(xy)} = \frac{\partial(x_1, \ldots, x_d)}{\partial(y_1, \ldots, y_d)} = \begin{vmatrix} \frac{\partial x_1}{\partial y_1} & \cdots & \frac{\partial x_1}{\partial y_d} \\ \vdots & & \vdots \\ \frac{\partial x_d}{\partial y_1} & \cdots & \frac{\partial x_d}{\partial y_d} \end{vmatrix} \tag{1.235}$$

ungleich Null sein muß. Wir formulieren diesen Sachverhalt noch einmal als

Satz: Die Variablentransformation

$$x_i = x_i(y_1, \ldots, y_d); \quad i = 1, 2, \ldots, d$$

mit stetig partiell differenzierbaren Funktionen x_i ist in der Umgebung eines Punktes P genau dann eineindeutig, d.h. nach den y_i auflösbar, wenn dort

$$\frac{\partial(x_1, \ldots, x_d)}{\partial(y_1, \ldots, y_d)} \bigg|_P \neq 0 \tag{1.236}$$

gilt.

Als Beispiel betrachten wir ebene Polarkoordinaten für $d = 2$:

$$\frac{\partial x_1}{\partial r} = \cos\varphi, \quad \frac{\partial x_1}{\partial \varphi} = -r\sin\varphi,$$

$$\frac{\partial x_2}{\partial r} = \sin\varphi, \quad \frac{\partial x_2}{\partial \varphi} = r\cos\varphi$$

$$\Longrightarrow \frac{\partial(x_1, x_2)}{\partial(r, \varphi)} = \begin{vmatrix} \cos\varphi & -r\sin\varphi \\ \sin\varphi & r\cos\varphi \end{vmatrix} = r.$$

Die Abbildung ist also überall, außer in $r = 0$, lokal umkehrbar.

Wichtig und leicht beweisbar ist auch der folgende

Satz:

$$\begin{matrix} x_i = x_i(y_1, \dots, y_d) \\ y_i = y_i(z_1, \dots, z_d) \end{matrix}; \qquad i = 1, \dots, d$$

seien zwei stetig partiell differenzierbare Transformationen. Dann gilt für die zusammengesetzte Transformation:

$$x_i = x_i\left[y_1(z_1, \dots, z_d), \dots, y_d(z_1, \dots, z_d)\right],$$

$$\frac{\partial(x_1, \dots, x_d)}{\partial(z_1, \dots, z_d)} = \frac{\partial(x_1, \dots, x_d)}{\partial(y_1, \dots, y_d)} \cdot \frac{\partial(y_1, \dots, y_d)}{\partial(z_1, \dots, z_d)}. \qquad (1.237)$$

Der **Beweis** benutzt die **Kettenregel**:

$$\frac{\partial x_i}{\partial z_j} = \sum_{k=1}^{d} \frac{\partial x_i}{\partial y_k} \frac{\partial y_k}{\partial z_j} \Longleftrightarrow F^{(x,z)} = F^{(x,y)} \cdot F^{(y,z)}.$$

Mit dem Multiplikationstheorem (1.206) folgt dann unmittelbar die Behauptung:

$$\det F^{(x,z)} = \det F^{(x,y)} \det F^{(y,z)}.$$

Insbesondere folgt aus diesem Satz für $z_i = x_i$:

$$\frac{\partial(y_1, \dots, y_d)}{\partial(x_1, \dots, x_d)} = \frac{1}{\dfrac{\partial(x_1, \dots, x_d)}{\partial(y_1, \dots, y_d)}}. \qquad (1.238)$$

Dies bedeutet:

Wenn $\frac{\partial(x_1, \dots, x_d)}{\partial(y_1, \dots y_d)} \neq 0$ ist, dann ist auch $\frac{\partial(y_1, \dots, y_d)}{\partial(x_1, \dots, x_d)} \neq 0$. Dieses wiederum entspricht der fast selbstverständlichen Aussage, daß mit

$$x_i = x_i(y_1, \dots, y_d); \quad i = 1, 2, \dots, d$$

auch

$$y_j = y_j(x_1, \dots, x_d); \quad j = 1, 2, \dots, d$$

eine eindeutig umkehrbare Transformation darstellt.

Für die Fälle $d = 2$ und $d = 3$, die uns natürlich am meisten interessieren, hat die Funktionaldeterminante eine recht anschauliche, geometrische Bedeutung. Für $d = 2$ gibt sie an, wie sich bei der Transformation ein Flächenelement, für $d = 3$ ein Volumenelement ändert. Dies wollen wir für $d = 3$ etwas genauer untersuchen. Dazu führen wir zunächst den Begriff der *Koordinatenlinie* ein.

Definition: Setzt man in allen Transformationsformeln

$$\mathbf{x} = \mathbf{x}(y_1, \dots, y_d)$$

$(d-1)$ der d Koordinaten y_i konstant, d.h. $y_i = \text{const.}$ für $i \neq j$, so ergibt sich eine durch y_j parametrisierte Raumkurve, die man die y_j-**Koordinatenlinie** nennt.

Beispiele für $d = 2$:

a) Kartesische Koordinaten:

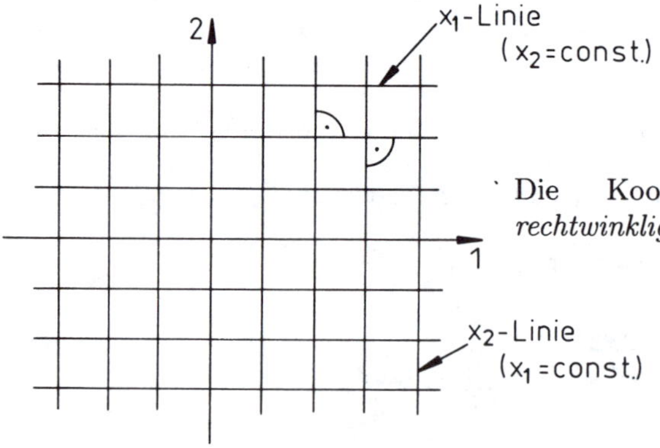

Die Koordinatenlinien bilden ein *rechtwinkliges, geradliniges* Netz.

b) Ebene Polarkoordinaten:

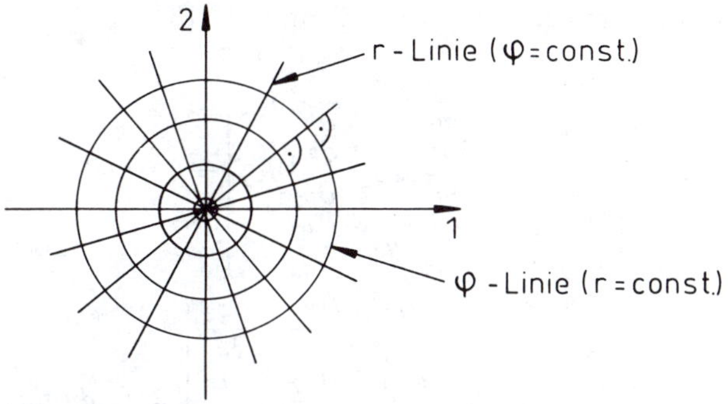

Die Linien φ = const. sind wieder Geraden, die Linien r = const. sind jedoch Kreise. Man spricht deshalb von **krummlinigen Koordinaten**. Man erkennt aber, daß das Netzwerk der Koordinatenlinien lokal noch rechtwinklig ist **(krummlinig-orthogonal)**.

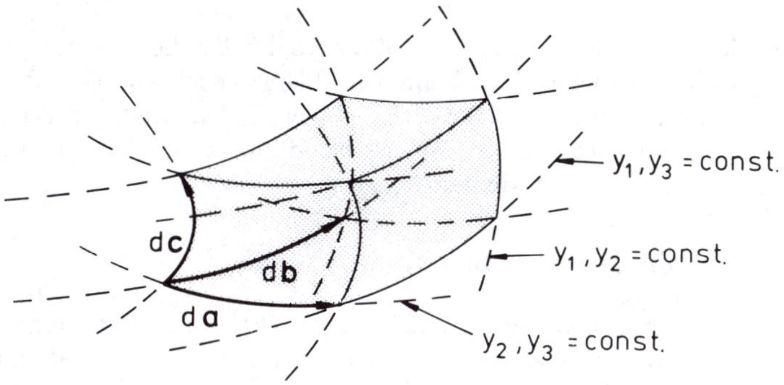

Wir betrachten nun ein differentiell kleines Volumenelement dV im dreidimensionalen Raum, das von solchen krummlinigen Koordinatenlinien begrenzt wird. Für hinreichend kleine Kanten kann man das Volumen durch ein Parallelepiped annähern, begrenzt durch die Vektoren

$$d\mathbf{a} \equiv \left(\frac{\partial x_1}{\partial y_1}dy_1, \frac{\partial x_2}{\partial y_1}dy_1, \frac{\partial x_3}{\partial y_1}dy_1\right) \equiv \frac{\partial \mathbf{r}}{\partial y_1}dy_1,$$

$$d\mathbf{b} \equiv \left(\frac{\partial x_1}{\partial y_2}dy_2, \frac{\partial x_2}{\partial y_2}dy_2, \frac{\partial x_3}{\partial y_2}dy_2\right) \equiv \frac{\partial \mathbf{r}}{\partial y_2}dy_2,$$

$$d\mathbf{c} \equiv \left(\frac{\partial x_1}{\partial y_3}dy_3, \frac{\partial x_2}{\partial y_3}dy_3, \frac{\partial x_3}{\partial y_3}dy_3\right) \equiv \frac{\partial \mathbf{r}}{\partial y_3}dy_3.$$

Das Volumen dV des Parallelepipeds ist dann durch das Spatprodukt aus $d\mathbf{a}$, $d\mathbf{b}$, $d\mathbf{c}$ gegeben. Für dieses gilt mit (1.213):

$$dV = \begin{vmatrix} \frac{\partial x_1}{\partial y_1} dy_1 & \frac{\partial x_2}{\partial y_1} dy_1 & \frac{\partial x_3}{\partial y_1} dy_1 \\ \frac{\partial x_1}{\partial y_2} dy_2 & \frac{\partial x_2}{\partial y_2} dy_2 & \frac{\partial x_3}{\partial y_2} dy_2 \\ \frac{\partial x_1}{\partial y_3} dy_3 & \frac{\partial x_2}{\partial y_3} dy_3 & \frac{\partial x_3}{\partial y_3} dy_3 \end{vmatrix} =$$

$$\stackrel{(1.200)}{=} dy_1 dy_2 dy_3 \begin{vmatrix} \frac{\partial x_1}{\partial y_1} & \frac{\partial x_2}{\partial y_1} & \frac{\partial x_3}{\partial y_1} \\ \frac{\partial x_1}{\partial y_2} & \frac{\partial x_2}{\partial y_2} & \frac{\partial x_3}{\partial y_2} \\ \frac{\partial x_1}{\partial y_3} & \frac{\partial x_2}{\partial y_3} & \frac{\partial x_3}{\partial y_3} \end{vmatrix} = dy_1 dy_2 dy_3 \begin{vmatrix} \frac{\partial x_1}{\partial y_1} & \frac{\partial x_1}{\partial y_2} & \frac{\partial x_1}{\partial y_3} \\ \frac{\partial x_2}{\partial y_1} & \frac{\partial x_2}{\partial y_2} & \frac{\partial x_2}{\partial y_3} \\ \frac{\partial x_3}{\partial y_1} & \frac{\partial x_3}{\partial y_2} & \frac{\partial x_3}{\partial y_3} \end{vmatrix} =$$

$$\stackrel{(1.203)}{=} \frac{\partial(x_1, x_2, x_3)}{\partial(y_1, y_2, y_3)} dy_1\, dy_2\, dy_3 = dx_1\, dx_2\, dx_3 . \tag{1.239}$$

Die Funktionaldeterminante beschreibt also in der Tat die Änderung in der Darstellung des Volumenelementes beim Variablenwechsel. Die Beziehung (1.239) ist natürlich nicht nur für $d = 3$ richtig, sondern gilt in analoger Verallgemeinerung für alle Dimensionen d. Sie ist insbesondere bei der Variablensubstitution in Mehrfachintegralen von Bedeutung.

1.5.2 Krummlinige Koordinaten

Wir wollen untersuchen, durch welche Basisvektoren krummlinige Koordinatensysteme zu beschreiben sind. Starten wir zunächst einmal mit den uns vertrauten kartesischen Koordinaten,

$$x_1,\ x_2,\ x_3,$$

beschrieben durch das VONS:

$$\mathbf{e}_1 = \begin{pmatrix} 1 \\ 0 \\ 0 \end{pmatrix}; \quad \mathbf{e}_2 = \begin{pmatrix} 0 \\ 1 \\ 0 \end{pmatrix}; \quad \mathbf{e}_3 = \begin{pmatrix} 0 \\ 0 \\ 1 \end{pmatrix}. \tag{1.240}$$

Für den Ortsvektor $\mathbf{r}$ gilt dann:

$$\mathbf{r} = \sum_{j=1}^{3} x_j \mathbf{e}_j .$$

Daraus folgt für das Differential:

$$d\mathbf{r} = \sum_{j=1}^{3} dx_j \mathbf{e}_j = \sum_{j=1}^{3} \frac{\partial \mathbf{r}}{\partial x_j} dx_j.$$

Dies bedeutet:

$$\mathbf{e}_j = \frac{\partial \mathbf{r}}{\partial x_j}, \tag{1.241}$$

was offensichtlich mit (1.240) übereinstimmt. $\mathbf{e}_j$ ist der Tangenteneinheitsvektor an die x_j-Koordinatenlinie.

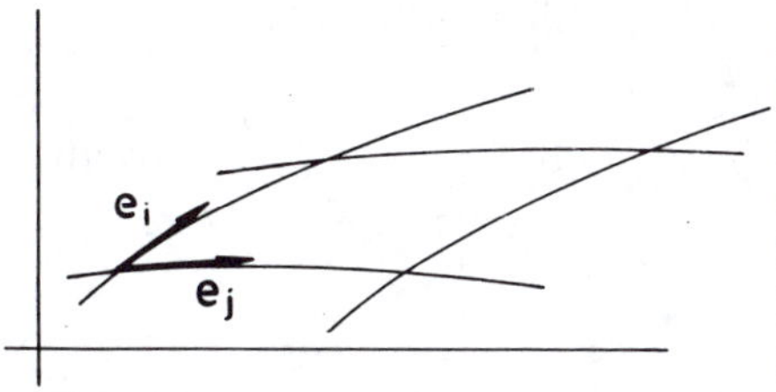

Dies verallgemeinern wir nun auf krummlinige Koordinaten y_1, y_2, y_3: Die **Basisvektoren** werden so definiert, daß sie **tangential zu den Koordinatenlinien** orientiert sind. Der Vektor $\partial \mathbf{r}/\partial y_i$ liegt offensichtlich tangential zur y_i-Koordinatenlinie, wird aber in der Regel nicht auf 1 normiert sein. Mit

$$b_{y_i} = \left| \frac{\partial \mathbf{r}}{\partial y_i} \right| \tag{1.242}$$

erhält man dann als Einheitsvektor

$$\mathbf{e}_{y_i} = b_{y_i}^{-1} \frac{\partial \mathbf{r}}{\partial y_i}. \tag{1.243}$$

Diese Einheitsvektoren werden, anders als die kartesischen Basisvektoren (1.241), im allgemeinen **kein** raumfestes orthonormales Dreibein bilden, sondern als sogenanntes **lokales Dreibein** ortsabhängig sein.

Beispiel: Ebene Polarkoordinaten:

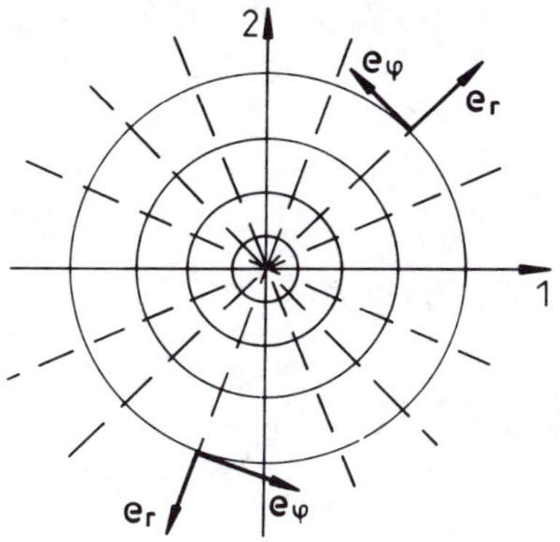

$$\frac{\partial \mathbf{r}}{\partial \varphi} = (-r \sin\varphi,\ r\cos\varphi),$$

$$b_\varphi = \left| \frac{\partial \mathbf{r}}{\partial \varphi} \right| = r,$$

$$\frac{\partial \mathbf{r}}{\partial r} = (\cos\varphi,\ \sin\varphi),$$

$$b_r = \left| \frac{\partial \mathbf{r}}{\partial r} \right| = 1.$$

Dies ergibt als Basisvektoren:

$$\mathbf{e}_\varphi = (-\sin\varphi, \cos\varphi); \qquad \mathbf{e}_r = (\cos\varphi, \sin\varphi). \tag{1.244}$$

Diese Basisvektoren sind offensichtlich orthonormal. Man spricht allgemein von

krummlinig-orthogonalen

Basisvektoren, falls

$$\mathbf{e}_{y_i} \cdot \mathbf{e}_{y_j} = \delta_{ij} \tag{1.245}$$

erfüllt ist.

Für das Differential des Ortsvektors **r** gilt in krummlinigen Koordinaten:

$$d\mathbf{r} = \sum_{j=1}^{3} \frac{\partial \mathbf{r}}{\partial y_j} dy_j = \sum_{j=1}^{3} b_{y_j} dy_j \mathbf{e}_{y_j}. \tag{1.246}$$

Beispiel: Ebene Polarkoordinaten:

$$d\mathbf{r} = dr\,\mathbf{e}_r + r\,d\varphi\,\mathbf{e}_\varphi. \tag{1.247}$$

Wir wollen zum Schluß noch die in Abschnitt (1.3.3) eingeführten **Vektor-Differentialoperatoren** für krummlinige Koordinaten formulieren:

a) Gradient

Für die y_i-Komponente des Gradienten eines skalaren, hinreichend oft partiell differenzierbaren Feldes φ gilt:

$$\begin{aligned}\operatorname{grad}_{y_i}\varphi &= \mathbf{e}_{y_i} \cdot \operatorname{grad}\varphi = b_{y_i}^{-1} \frac{\partial \mathbf{r}}{\partial y_i} \cdot \operatorname{grad}\varphi = \\ &= b_{y_i}^{-1}\left(\frac{\partial x_1}{\partial y_i}\frac{\partial \varphi}{\partial x_1} + \frac{\partial x_2}{\partial y_i}\frac{\partial \varphi}{\partial x_2} + \frac{\partial x_3}{\partial y_i}\frac{\partial \varphi}{\partial x_3}\right).\end{aligned}$$

Mit der Kettenregel (1.132) folgt:

$$\operatorname{grad}_{y_i}\varphi = b_{y_i}^{-1}\frac{\partial \varphi}{\partial y_i}. \tag{1.248}$$

Der in (1.141) eingeführte **Nabla-Operator** lautet damit:

$$\nabla = \left(b_{y_1}^{-1}\frac{\partial}{\partial y_1}, b_{y_2}^{-1}\frac{\partial}{\partial y_2}, b_{y_3}^{-1}\frac{\partial}{\partial y_3}\right) = \sum_{j=1}^{3} \mathbf{e}_{y_j} b_{y_j}^{-1}\frac{\partial}{\partial y_j}. \tag{1.249}$$

b) Divergenz

$$\mathbf{a} = \sum_{i=1}^{3} a_{y_i} \mathbf{e}_{y_i}$$

sei ein hinreichend oft partiell differenzierbares Vektorfeld. Dann gilt:

$$\operatorname{div} \mathbf{a} = \frac{1}{b_{y_1} b_{y_2} b_{y_3}} \left[\frac{\partial}{\partial y_1} (b_{y_2} b_{y_3} a_{y_1}) + \frac{\partial}{\partial y_2} (b_{y_3} b_{y_1} a_{y_2}) + \frac{\partial}{\partial y_3} (b_{y_1} b_{y_2} a_{y_3}) \right]. \tag{1.250}$$

Beweis:

Mit (1.249) folgt zunächst:

$$\begin{aligned} \operatorname{div} \mathbf{a} = \nabla \cdot \mathbf{a} &= \sum_{i,j} \left(\mathbf{e}_{y_i} b_{y_i}^{-1} \frac{\partial}{\partial y_i} \right) \cdot \left(a_{y_j} \mathbf{e}_{y_j} \right) = \\ &= \sum_i \frac{1}{b_{y_i}} \frac{\partial a_{y_i}}{\partial y_i} + \sum_{i,j} \frac{a_{y_j}}{b_{y_i}} \mathbf{e}_{y_i} \cdot \frac{\partial \mathbf{e}_{y_j}}{\partial y_i}. \end{aligned} \tag{1.251}$$

Wir nutzen

$$\frac{\partial^2 \mathbf{r}}{\partial y_i \partial y_j} = \frac{\partial^2 \mathbf{r}}{\partial y_j \partial y_i}$$

aus und folgern daraus mit (1.243):

$$\begin{aligned} & \frac{\partial}{\partial y_i} \left(b_{y_j} \mathbf{e}_{y_j} \right) = \frac{\partial}{\partial y_j} \left(b_{y_i} \mathbf{e}_{y_i} \right) \\ \iff & b_{y_j} \frac{\partial}{\partial y_i} \mathbf{e}_{y_j} + \frac{\partial b_{y_j}}{\partial y_i} \mathbf{e}_{y_j} = b_{y_i} \frac{\partial \mathbf{e}_{y_i}}{\partial y_j} + \frac{\partial b_{y_i}}{\partial y_j} \mathbf{e}_{y_i}. \end{aligned}$$

Diesen Ausdruck multiplizieren wir skalar mit $\mathbf{e}_{y_i}$:

$$\begin{aligned} b_{y_j} \mathbf{e}_{y_i} \cdot \frac{\partial}{\partial y_i} \mathbf{e}_{y_j} + \delta_{ij} \frac{\partial b_{y_j}}{\partial y_i} &= b_{y_i} \mathbf{e}_{y_i} \cdot \frac{\partial \mathbf{e}_{y_i}}{\partial y_j} + \frac{\partial b_{y_i}}{\partial y_j}, \\ \mathbf{e}_{y_i} \cdot \frac{\partial \mathbf{e}_{y_i}}{\partial y_j} &= \frac{1}{2} \frac{\partial}{\partial y_j} \left(\mathbf{e}_{y_i}^2 \right) = 0. \end{aligned}$$

Damit gilt:

$$b_{y_j} \mathbf{e}_{y_i} \cdot \frac{\partial}{\partial y_i} \mathbf{e}_{y_j} = \frac{\partial b_{y_i}}{\partial y_j} - \delta_{ij} \frac{\partial b_{y_j}}{\partial y_i} = \begin{cases} 0 & \text{für } i = j, \\ \dfrac{\partial b_{y_i}}{\partial y_j} & \text{für } i \neq j. \end{cases}$$

Diese Erkenntnis benutzen wir nun in (1.251):

$$\operatorname{div}\mathbf{a} = \sum_i b_{y_i}^{-1}\frac{\partial a_{y_i}}{\partial y_i} + \sum_{i,j}^{i\neq j}\frac{a_{y_j}}{b_{y_i}b_{y_j}}\frac{\partial b_{y_i}}{\partial y_j} = \sum_i b_{y_i}^{-1}\left(\frac{\partial a_{y_i}}{\partial y_i} + \sum_j^{\neq i}\frac{a_{y_i}}{b_{y_j}}\frac{\partial b_{y_j}}{\partial y_i}\right) =$$

$$= \frac{1}{b_{y_1}b_{y_2}b_{y_3}}\left[\frac{\partial}{\partial y_1}\left(a_{y_1}b_{y_2}b_{y_3}\right) + \ldots\right]; \quad \text{q.e.d.}$$

Wir haben im zweiten Schritt die Indizes i und j in der Doppelsumme miteinander vertauscht.

c) Rotation

Analog zur Herleitung der Divergenz erhält man als Ausdruck für die Rotation:

$$\operatorname{rot}\mathbf{a} = \frac{1}{b_{y_1}b_{y_2}b_{y_3}}\begin{vmatrix} b_{y_1}\mathbf{e}_{y_1} & b_{y_2}\mathbf{e}_{y_2} & b_{y_3}\mathbf{e}_{y_3} \\ \frac{\partial}{\partial y_1} & \frac{\partial}{\partial y_2} & \frac{\partial}{\partial y_3} \\ b_{y_1}a_{y_1} & b_{y_2}a_{y_2} & b_{y_3}a_{y_3} \end{vmatrix}. \tag{1.252}$$

1.5.3 Zylinderkoordinaten

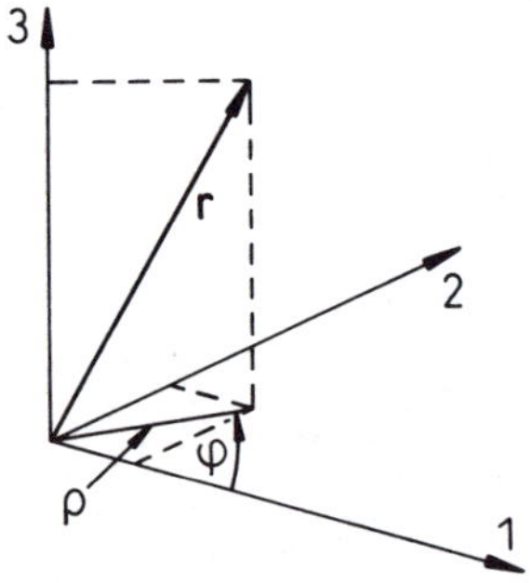

Zylinderkoordinaten (ρ, φ, z) sind Polarkoordinaten (ρ, φ), die für den dreidimensionalen Raum durch eine Höhenkoordinate (z) ergänzt werden. Man verwendet sie zweckmäßig bei Problemstellungen, die eine Drehsymmetrie um eine feste Achse besitzen. Letztere erklärt man dann zur x_3-Achse.

Transformationsformeln:

$$\begin{aligned} x_1 &= \rho\cos\varphi, \\ x_2 &= \rho\sin\varphi, \\ x_3 &= z. \end{aligned} \tag{1.253}$$

Funktionaldeterminante:

$$\frac{\partial(x_1, x_2, x_3)}{\partial(\rho, \varphi, z)} = \begin{vmatrix} \cos\varphi & -\rho\sin\varphi & 0 \\ \sin\varphi & \rho\cos\varphi & 0 \\ 0 & 0 & 1 \end{vmatrix} = \rho. \tag{1.254}$$

Die Abbildung ist also außer für $\rho = 0$ eindeutig umkehrbar.

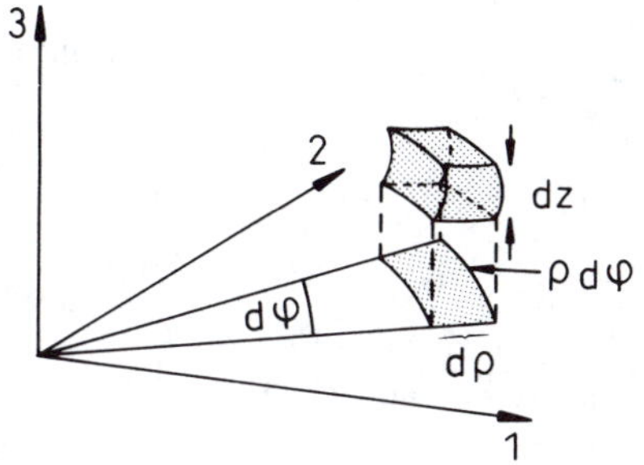

Volumenelement (entspricht dem Volumenzuwachs bei infinitesimalen Änderungen der Koordinaten):

Aus dem Bild erkennt man:

$$dV = \rho \, d\rho \, d\varphi \, dz. \tag{1.255}$$

Dies folgt aber auch aus der allgemeinen Beziehung (1.239):

$$dV = \frac{\partial(x_1, x_2, x_3)}{\partial(\rho, \varphi, z)} d\rho \, d\varphi \, dz. \tag{1.256}$$

Koordinatenlinien $\left[\hat{=} \mathbf{r} = \mathbf{r}(y_i : y_j = \text{const. für } j \neq i)\right]$:

ρ-Linie: Von der z-Achse ausgehender, radialer Strahl in der x_1, x_2- Ebene.

φ-Linie: In der x_1, x_2-Ebene liegender Kreis mit Mittelpunkt auf der z-Achse.

z-Linie: Zur x_3-Achse parallele Gerade.

Einheitsvektoren:

$$\begin{aligned}
\frac{\partial \mathbf{r}}{\partial \rho} &= (\cos\varphi, \, \sin\varphi, \, 0) \Longrightarrow b_\rho = 1, \\
\frac{\partial \mathbf{r}}{\partial \varphi} &= (-\rho \sin\varphi, \, \rho\cos\varphi, \, 0) \Longrightarrow b_\varphi = \rho, \\
\frac{\partial \mathbf{r}}{\partial z} &= (0, \, 0, \, 1) \Longrightarrow b_z = 1.
\end{aligned} \tag{1.257}$$

Dies ergibt die Einheitsvektoren:

$$\begin{aligned}
\mathbf{e}_\rho &= (\cos\varphi, \, \sin\varphi, \, 0), \\
\mathbf{e}_\varphi &= (-\sin\varphi, \, \cos\varphi, \, 0), \\
\mathbf{e}_z &= (0, \, 0, \, 1).
\end{aligned} \tag{1.258}$$

Diese sind krummlinig-orthogonal und tangential zur jeweiligen Koordinatenlinie orientiert. Für das Differential des Ortsvektors $d\mathbf{r}$ gilt gemäß (1.246) in Zylinderkoordinaten:

$$d\mathbf{r} = d\rho\, \mathbf{e}_\rho + \rho\, d\varphi\, \mathbf{e}_\varphi + dz\, \mathbf{e}_z. \tag{1.259}$$

Gradient:

Mit (1.249) folgt sofort:

$$\nabla \equiv \left(\frac{\partial}{\partial\rho}, \frac{1}{\rho}\frac{\partial}{\partial\varphi}, \frac{\partial}{\partial z}\right) = \mathbf{e}_\rho \frac{\partial}{\partial\rho} + \mathbf{e}_\varphi \frac{1}{\rho}\frac{\partial}{\partial\varphi} + \mathbf{e}_z \frac{\partial}{\partial z}. \tag{1.260}$$

Divergenz und Rotation sind mit (1.257) unmittelbar an (1.250) und (1.252) ablesbar.

1.5.4 Kugelkoordinaten

Für Probleme mit Radialsymmetrie eignen sich insbesondere Kugelkoordinaten, die man auch *räumliche Polarkoordinaten* nennt.

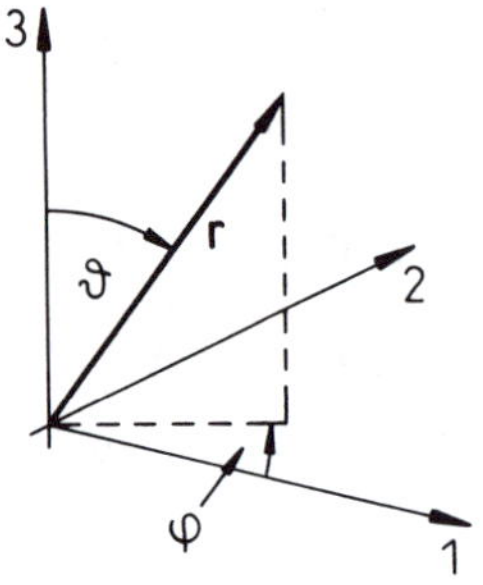

r: Länge des Ortsvektors,

ϑ: $\sphericalangle(\mathbf{r}$, x_3-Achse) mit $0 \le \vartheta \le \pi$ (*Polarwinkel*),

φ: $\sphericalangle$ (Projektion von $\mathbf{r}$ auf x_1, x_2-Ebene, x_1-Achse) mit $0 \le \varphi \le 2\pi$ (*Azimut*).

Transformationsformeln:

$$\begin{aligned} x_1 &= r \sin\vartheta \cos\varphi, \\ x_2 &= r \sin\vartheta \sin\varphi, \\ x_3 &= r \cos\vartheta. \end{aligned} \tag{1.261}$$

Funktionaldeterminante:

$$\begin{aligned} \frac{\partial(x_1, x_2, x_3)}{\partial(r, \vartheta, \varphi)} &= \begin{vmatrix} \sin\vartheta\cos\varphi & r\cos\vartheta\cos\varphi & -r\sin\vartheta\sin\varphi \\ \sin\vartheta\sin\varphi & r\cos\vartheta\sin\varphi & r\sin\vartheta\cos\varphi \\ \cos\vartheta & -r\sin\vartheta & 0 \end{vmatrix} = \\ &= r^2\cos^2\vartheta\sin\vartheta\cos^2\varphi + r^2\sin^3\vartheta\sin^2\varphi + \\ &\quad + r^2\sin\vartheta\cos^2\vartheta\sin^2\varphi + r^2\sin^3\vartheta\cos^2\varphi = \\ &= r^2\sin\vartheta. \end{aligned} \tag{1.262}$$

Die Abbildung ist also außer für $r = 0$ und $\vartheta = 0, \pi$ eindeutig umkehrbar.

Volumenelement:

$$dV = \frac{\partial(x_1, x_2, x_3)}{\partial(r, \vartheta, \varphi)}\, dr\, d\vartheta\, d\varphi = r^2 \sin\vartheta\, dr\, d\vartheta\, d\varphi. \tag{1.263}$$

Man veranschauliche sich dieses Ergebnis geometrisch!

Als Anwendungsbeispiel wollen wir das Volumen einer Kugel mit dem Radius R ausrechnen. Dazu haben wir alle Volumenelemente dV innerhalb der Kugel im *Riemannschen Sinne* aufzusummieren.

$$V = \int\limits_{\text{Kugel}} dV = \int\limits_0^R \int\limits_0^\pi \int\limits_0^{2\pi} r^2\, dr\, \sin\vartheta\, d\vartheta\, d\varphi = \varphi\, \big|_0^{2\pi} \cdot (-\cos\vartheta)\, \big|_0^\pi \cdot \frac{r^3}{3}\bigg|_0^R = \frac{4\pi}{3} R^3.$$

Koordinatenlinien:

r-Linie: Vom Koordinatenursprung ausgehender Strahl.

φ-Linie: Zur x_1, x_2-Ebene paralleler Kreis mit Mittelpunkt auf x_3-Achse.

ϑ-Linie: Halbkreis mit Zentrum im Koordinatenursprung, berandet durch die x_3-Achse.

Einheitsvektoren:

$$\begin{aligned}
\frac{\partial \mathbf{r}}{\partial r} &= (\sin\vartheta\cos\varphi,\ \sin\vartheta\sin\varphi,\ \cos\vartheta) \Longrightarrow b_r = 1,\\
\frac{\partial \mathbf{r}}{\partial \vartheta} &= r(\cos\vartheta\cos\varphi,\ \cos\vartheta\sin\varphi,\ -\sin\vartheta) \Longrightarrow b_\vartheta = r,\\
\frac{\partial \mathbf{r}}{\partial \varphi} &= r(-\sin\vartheta\sin\varphi,\ \sin\vartheta\cos\varphi,\ 0) \Longrightarrow b_\varphi = r\sin\vartheta.
\end{aligned} \tag{1.264}$$

Dies ergibt die Einheitsvektoren:

$$\begin{aligned}
\mathbf{e}_r &= (\sin\vartheta\cos\varphi,\ \sin\vartheta\sin\varphi,\ \cos\vartheta),\\
\mathbf{e}_\vartheta &= (\cos\vartheta\cos\varphi,\ \cos\vartheta\sin\varphi,\ -\sin\vartheta),\\
\mathbf{e}_\varphi &= (-\sin\varphi,\ \cos\varphi,\ 0).
\end{aligned} \tag{1.265}$$

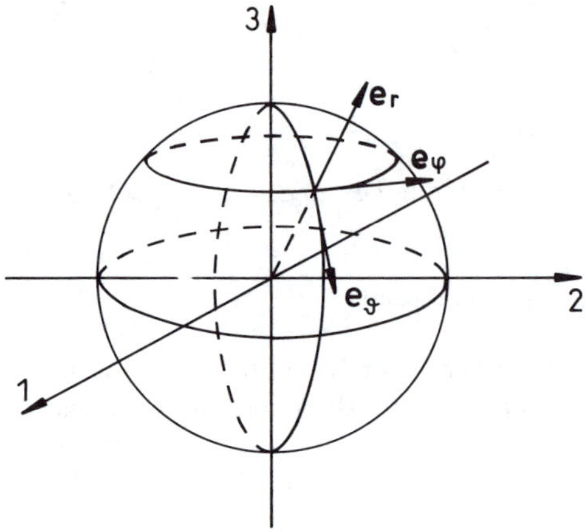

Nach Konstruktion liegen diese Basisvektoren tangential zu den Koordinatenlinien. Sie sind offensichtlich krummlinig-orthogonal. Für das Differential $d\mathbf{r}$ des Ortsvektors finden wir mit (1.246) und (1.258):

$$d\mathbf{r} = dr\,\mathbf{e}_r + r\,d\vartheta\,\mathbf{e}_\vartheta + r\sin\vartheta\,d\varphi\,\mathbf{e}_\varphi. \tag{1.266}$$

Nabla-Operator bzw. Gradient:

$$\nabla \equiv \left(\frac{\partial}{\partial r}, \frac{1}{r}\frac{\partial}{\partial\vartheta}, \frac{1}{r\sin\vartheta}\frac{\partial}{\partial\varphi}\right) \equiv \mathbf{e}_r\frac{\partial}{\partial r} + \mathbf{e}_\vartheta\frac{1}{r}\frac{\partial}{\partial\vartheta} + \mathbf{e}_\varphi\frac{1}{r\sin\vartheta}\frac{\partial}{\partial\varphi}. \tag{1.267}$$

Divergenz und Rotation sind mit (1.264) unmittelbar an (1.250) bzw. (1.252) ablesbar.

1.5.5 Aufgaben

Aufgabe 1.5.1

1) Zeigen Sie, daß für die Variablentransformation

$$x_i = x_i(y_1, y_2); \quad i = 1, 2$$

gilt:

$$\frac{\partial(x_1, x_2)}{\partial(y_1, y_2)} = \frac{\partial(x_2, x_1)}{\partial(y_2, y_1)} = -\frac{\partial(x_1, x_2)}{\partial(y_2, y_1)}.$$

2) Berechnen Sie die folgenden Funktionaldeterminaten:

$$\frac{\partial(x_1, x_2)}{\partial(x_1, x_2)} \quad \text{und} \quad \frac{\partial(x_1, y_2)}{\partial(y_1, y_2)}.$$

Aufgabe 1.5.2

Leiten Sie für

$$
\begin{aligned}
x &= x(y, z),\\
y &= y(x, z),\\
z &= z(x, y)
\end{aligned}
$$

die folgenden Beziehungen ab:

$$\left(\frac{\partial x}{\partial y}\right)_z = \left[\left(\frac{\partial y}{\partial x}\right)_z\right]^{-1} \quad \text{und} \quad \left(\frac{\partial x}{\partial y}\right)_z \left(\frac{\partial y}{\partial z}\right)_x \left(\frac{\partial z}{\partial x}\right)_y = -1.$$

Aufgabe 1.5.3

x_1, x_2, x_3 seien kartesische Koordinaten. Parabolische Zylinderkoordinaten (u, v, z) genügen den Transformationsformeln:

$$
\begin{aligned}
x_1 &= \tfrac{1}{2}(u^2 - v^2),\\
x_2 &= u\,v,\\
x_3 &= z.
\end{aligned}
$$

1) Berechnen Sie die Funktionaldeterminante

$$\frac{\partial(x_1, x_2, x_3)}{\partial(u, v, z)}.$$

2) Wie transformiert sich das Volumenelement $dV = dx_1 dx_2 dx_3$?

3) Bestimmen Sie die Einheitsvektoren

$$\mathbf{e}_u,\ \mathbf{e}_v,\ \mathbf{e}_z!$$

Veranschaulichen Sie sich die Koordinatenlinien.

4) Geben Sie das Differential $d\mathbf{r}$ des Ortsvektors und den Nabla-Operator ∇ in parabolischen Zylinderkoordinaten an.

Aufgabe 1.5.4

Ein Punkt habe die kartesischen Koordinaten P: (3, 3). Was sind seine ebenen Polarkoordinaten?

Aufgabe 1.5.5

Wie lautet die Gleichung für den Kreis mit dem Radius R in kartesischen Koordinaten und in Polarkoordinaten?

Aufgabe 1.5.6

Stellen Sie das Vektorfeld

$$\mathbf{a} = x_3\mathbf{e}_1 + 2x_1\mathbf{e}_2 + x_2\mathbf{e}_3$$

in Zylinderkoordinaten und in Kugelkoordinaten dar!

1.6 Kontrollfragen

Zu Kapitel 1.1

1) Durch welche Bestimmungsstücke ist ein Vektor definiert?
2) Welcher Vektor hat keine definierte Richtung?
3) Welche *multiplikativen* Verknüpfungen gibt es für Vektoren?
4) Formulieren Sie die Schwarzsche Ungleichung! Skizzieren Sie den Beweis!
5) Was ist ein linearer Vektorraum? Wann nennt man diesen unitär?
6) Was ist die anschauliche Bedeutung des Betrages eines Vektorproduktes? Wie bestimmt man dessen Richtung?
7) Was unterscheidet einen polaren von einem axialen Vektor?
8) Was ist ein Pseudoskalar?
9) Formulieren Sie den Kosinus- und den Sinussatz!
10) Welche geometrische Bedeutung hat das Spatprodukt?
11) Was versteht man unter dem Entwicklungssatz?
12) Wie ist die Basis eines linearen Vektorraumes definiert?
13) Was versteht man unter einem Richtungskosinus?
14) Geben Sie die Komponentendarstellung des Skalarproduktes zweier Vektoren an!
15) Wie lauten die Komponentendarstellungen des Vektorproduktes, des Spatproduktes und des Entwicklungssatzes?

Zu Kapitel 1.2

1) Was ist eine Raumkurve? Wie ist die Bahnkurve eines Massenpunktes definiert?
2) Wie *parametrisiert* man eine Raumkurve?

3) Was versteht man unter einer vektorwertigen Funktion?

4) Parametrisieren Sie die ebene Kreisbewegung und die Schraubenlinie!

5) Definieren Sie die Stetigkeit von Bahnkurven!

6) Wie ist die Ableitung einer vektorwertigen Funktion definiert?

7) Was versteht man unter der Bogenlänge einer Raumkurve?

8) Was ist die *natürliche Parametrisierung* einer Raumkurve?

9) Welches sind die Einheitsvektoren des *begleitenden Dreibeins*?

10) Erläutern Sie die Begriffe Krümmung, Krümmungsradius, Schmiegungsebene, Torsion, Torsionsradius!

11) Formulieren Sie die Frenetschen Formeln!

12) Welche Raumkurve hat, bei gleichem Radius in der xy-Ebene, die geringere Krümmung: der Kreis oder die Schraubenlinie?

13) Welchen Torsionsradius besitzt die Kreisbewegung?

14) Welche Richtung hat der Normaleneinheitsvektor der Schraubenlinie?

15) Was versteht man unter der Tangential- und der Normalbeschleunigung eines Massenpunktes?

Zu Kapitel 1.3

1) Was ist ein skalares Feld, was ein Vektorfeld? Geben Sie Beispiele an!

2) Erläutern Sie den Begriff *Höhenlinie*! Was ist eine *Feldlinie*?

3) Definieren Sie die Stetigkeit von Feldern!

4) Was versteht man unter der partiellen Ableitung eines skalaren Feldes nach einer Raumkoordinate?

5) Geben Sie die *totale Ableitung* eines skalaren Feldes nach einer Raumkoordinate an!

6) Was ist ein Gradientenfeld? Welche Richtung hat der Gradientenvektor?

7) Definieren Sie die Divergenz und die Rotation eines Vektorfeldes!

8) Wie ist der Laplace-Operator definiert?

9) Wann nennt man ein Vektorfeld quellenfrei, wann wirbelfrei?

10) Was kann man allgemein über die Rotation von Gradientenfeldern, was über die Divergenz von Wirbelfeldern aussagen?

Zu Kapitel 1.4

1) Was ist eine Matrix?

2) Was versteht man speziell unter einer Nullmatrix, einer Diagonalmatrix. der Einheitsmatrix, einer symmetrischen Matrix, einer transponierten Matrix?

3) Wie ist der Rang einer Matrix definiert?

4) Erklären Sie die Summe zweier Matrizen, die Multiplikation einer Matrix mit einer reellen Zahl, das Produkt zweier Matrizen!

5) Ist die Matrixmultiplikation kommutativ?

6) Wie ist die Drehmatrix definiert?

7) Zeigen Sie, daß Spalten und Zeilen der Drehmatrix orthonormiert sind!

8) Wie hängt die transponierte mit der inversen Drehmatrix zusammen?

9) Wie lautet speziell die Drehmatrix für eine Drehung um den Winkel φ in der Ebene?

10) Welche Bedingungen muß eine Drehmatrix erfüllen?

11) Wie ist die Determinante einer quadratischen Matrix definiert?

12) Wozu dient die Sarrus-Regel?

13) Was versteht man unter dem algebraischen Komplement zu einem bestimmten Matrixelement?

14) Wie entwickelt man eine Matrix nach einer Zeile?

15) Begründen Sie, warum man zu einer Zeile (Spalte) einer Determinanten die mit einer beliebigen reellen Zahl α multiplizierten Glieder einer anderen Zeile (Spalte) addieren darf, ohne den Wert der Determinante zu ändern.

16) Wann existiert zu einer Matrix die inverse Matrix? Wie berechnet man die Elemente der inversen Matrix?

17) Schreiben Sie das Vektorprodukt zweier Vektoren, die Rotation eines Vektors, das Spatprodukt dreier nicht-komplanarer Vektoren jeweils als Determinante!

18) Wann ist ein lineares, inhomogenes Gleichungssystem eindeutig lösbar? Wie lautet die Cramersche Regel?

19) Wann hat ein homogenes Gleichungssystem nicht-triviale Lösungen?

Zu Kapitel 1.5

1) Welche allgemeinen Bedingungen müssen an eine Variablentransformation gestellt werden?

2) Was versteht man unter einer Funktionaldeterminanten?

3) Was ist eine Koordinatenlinie?

4) Wann nennt man Koordinaten krummlinig-orthogonal?

5) Wie berechnet sich das Volumenelement $dV = dx_1\, dx_2\, dx_3$ nach der Variablentransformation $(x_1, x_2, x_3) \to (y_1, y_2, y_3)$ in den neuen Variablen y_1, y_2, y_3?

6) Wie sind die Basisvektoren krummliniger Koordinatensysteme relativ zu den Koordinatenlinien orientiert? Wie berechnet man solche Basisvektoren?

7) Wie lautet der Nabla-Operator allgemein in krummlinigen Koordinaten?

8) Wie lauten die Transformationsformeln zwischen kartesischen und Zylinder- (Kugel-) Koordinaten?

9) Geben Sie das Volumenelement dV in Zylinder- (Kugel-)Koordinaten an!

10) Charakterisieren Sie die Koordinatenlinien für Zylinder- und Kugel-Koordinaten!

2 MECHANIK DES FREIEN MASSENPUNKTES

Typisch für die Mechanik ist der Begriff des *Massenpunktes.* Wie wir bereits früher definiert haben, versteht man unter einem **Massenpunkt** einen physikalischen Körper mit einer Masse m, aber mit allseitig vernachlässigbarer Ausdehnung. Man beachte, daß es sich dabei nicht notwendig um einen *kleinen Körper* handeln muß. Der Begriff des Massenpunktes wird vielmehr eingesetzt bei Problemstellungen, bei denen es ausreicht, einen irgendwie ausgezeichneten Punkt (z.B. den Schwerpunkt) des makroskopischen Körpers zu beobachten, ohne die Bewegung der anderen Punkte des Körpers zu berücksichtigen. So kann man selbst die gesamte Erdkugel als Massenpunkt ansehen, wenn nur die Bahn der Erde um die Sonne diskutiert werden soll, nicht jedoch, wenn man sich für das Entstehen der Gezeiten interessiert.

Wir bezeichnen einen Massenpunkt als **frei**, wenn er den einwirkenden Kräften **ohne** einschränkende **Zwangsbedingungen** folgen kann.

2.1 Kinematik

Die Kinematik stellt die mathematischen und physikalischen Begriffe zusammen, um die Bewegung eines Massenpunktes zu beschreiben, ohne zunächst nach der Ursache für diese Bewegung zu fragen. Die entscheidenden Vorleistungen dazu wurden in Kapitel 1 erbracht. Wir können uns deshalb hier auf eine wiederholende Zusammenfassung beschränken.

2.1.1 Geschwindigkeit und Beschleunigung

Die Bewegung des Massenpunktes ist charakterisiert durch:

$$\begin{aligned} \text{Ortsvektor}: &\quad \mathbf{r}(t), \\ \text{Geschwindigkeitsvektor}: &\quad \mathbf{v}(t) = \dot{\mathbf{r}}(t), \\ \text{Beschleunigungsvektor}: &\quad \mathbf{a}(t) = \ddot{\mathbf{r}}(t). \end{aligned}$$

Höhere Zeitableitungen interessieren in der Mechanik nicht; oft existieren sie auch gar nicht, da die Beschleunigung in vielen Fällen keine stetige Zeitfunktion darstellt.

Diese für die Mechanik **typische Aufgabenstellung** besteht nun darin, aus einer vorgegebenen Beschleunigung $\mathbf{a}(t) = \ddot{\mathbf{r}}(t)$ die Bahnkurve $\mathbf{r}(t)$ zu berechnen. Dazu muß man $\mathbf{a}(t)$ offensichtlich zweimal zeitlich integrieren. Bei jeder Integration erscheint eine Integrationskonstante, die unbestimmt bleibt, wenn wir nicht zusätzlich zu $\mathbf{a}(t)$ noch zwei **Anfangsbedingungen** vorgeben. Nehmen wir an, wir kennen die Geschwindigkeit und den Ort des Teilchens zu einem bestimmten Zeitpunkt t_0. Es seien also

$$\mathbf{a}(t) \text{ für alle } t,\ \mathbf{v}(t_0),\ \mathbf{r}(t_0)$$

bekannt. Dann ergibt sich für die Geschwindigkeit des Teilchens

$$\mathbf{v}(t) = \mathbf{v}(t_0) + \int_{t_0}^{t} dt' \mathbf{a}(t') \tag{2.1}$$

und für den Ortsvektor:

$$\mathbf{r}(t) = \mathbf{r}(t_0) + \mathbf{v}(t_0)(t - t_0) + \int_{t_0}^{t} \Big[\int_{t_0}^{t'} dt'' \mathbf{a}(t'') \Big] dt'. \tag{2.2}$$

Bevor wir diese Beziehungen an einfachen Beispielen untersuchen, wollen wir die Kenngrößen $\mathbf{r}(t)$, $\mathbf{v}(t)$, $\mathbf{a}(t)$ des Massenpunktes in verschiedenen Koordinatensystemen formulieren:

a) Kartesische Koordinaten

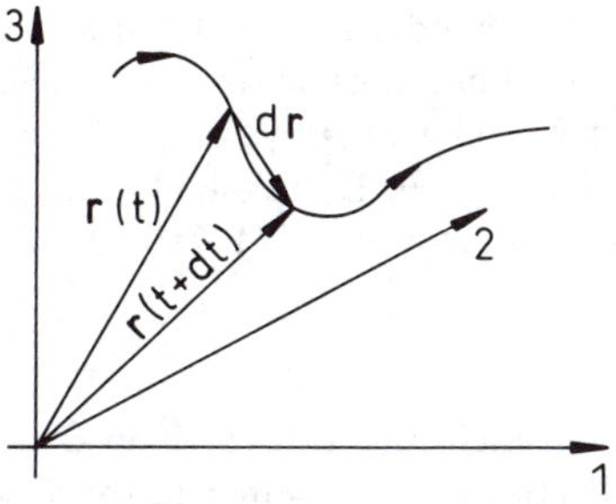

Die Bahnkurve wird durch die drei zeitabhängigen Komponentenfunktionen $x_1(t)$, $x_2(t)$, $x_3(t)$ beschrieben:

$$\mathbf{r}(t) = (x_1(t), x_2(t), x_3(t)) = \\ = \sum_{j=1}^{3} x_j(t)\mathbf{e}_j. \tag{2.3}$$

Die Basisvektoren sind zeitunabhängig und raumfest. Die **Geschwindigkeit**

$$\mathbf{v}(t) = \sum_{j=1}^{3} \dot{x}_j(t)\mathbf{e}_j \tag{2.4}$$

ist ein Vektor, der tangential zur Bahnkurve orientiert ist. Sie gibt Auskunft über den in der Zeit dt vom Massenpunkt zurückgelegten Weg. Beim Vergleich mit dem Experiment hat man jedoch zu beachten, daß eine Messung immer in einem endlichen Zeitintervall erfolgt, so daß der mathematische Limes in (2.4) eigentlich eine Fiktion ist, der nur durch Extrapolation immer feiner werdender Messungen *erahnt* werden kann.

Die zeitliche Änderung der Geschwindigkeit

$$\mathbf{a}(t) = \sum_{j=1}^{3} \ddot{x}_j(t)\mathbf{e}_j \tag{2.5}$$

wird **Beschleunigung** genannt.

b) Natürliche Koordinaten

Das in Kap. (1.2.4) diskutierte **begleitende Dreibein** stellt ein der Bahnkurve angepaßtes Koordinatensystem dar. Wir hatten gefunden [(1.116) und (1.117)]:

$$\mathbf{v}(t) = v\,\hat{\mathbf{t}}\,; \quad v = \frac{ds}{dt}; \tag{2.6}$$

$$\mathbf{a}(t) = \dot{v}\,\hat{\mathbf{t}} + \frac{v^2}{\rho}\hat{\mathbf{n}}. \tag{2.7}$$

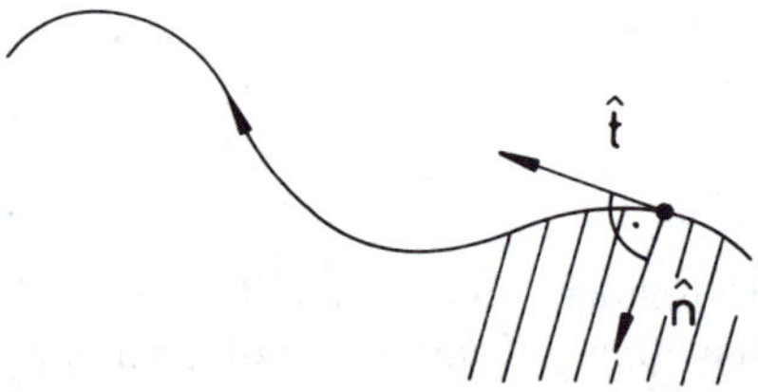

$\hat{\mathbf{t}}$ ist der Tangenteneinheitsvektor, s die Bogenlänge, ρ der Krümmungsradius und $\hat{\mathbf{n}}$ der Normaleneinheitsvektor. $\hat{\mathbf{t}}$ liegt tangential zur Bahnkurve, $\hat{\mathbf{n}}$ beschreibt die Richtungsänderung von $\hat{\mathbf{t}}$ mit s (1.99). Der Beschleunigungsvektor liegt stets in der von $\hat{\mathbf{n}}$ und $\hat{\mathbf{t}}$ aufgespannten **Schmiegungsebene** und ist zerlegt in einen Anteil, der von der Betragsänderung, und in einen, der von der Richtungsänderung der Geschwindigkeit herrührt.

c) Ebene Polarkoordinaten

Diese in Kap. (1.5) häufig als Anwendungsbeispiele betrachtete Koordinaten sind natürlich nur dann verwendbar, wenn die Bewegung in einer festen Ebene erfolgt. Die Basisvektoren $\mathbf{e}_\varphi$, $\mathbf{e}_r$ sind in (1.244) angegeben. Für den **Ortsvektor** gilt:

$$\mathbf{r}(t) = r(t)\mathbf{e}_r. \tag{2.8}$$

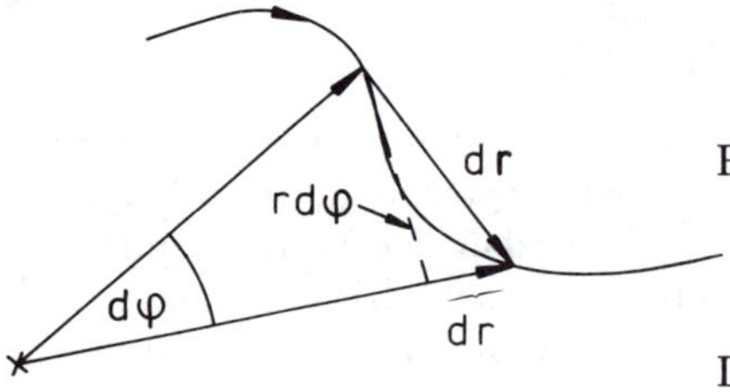

Für das Differential $d\mathbf{r}$ gilt nach (1.247):

$$d\mathbf{r} = dr\,\mathbf{e}_r + r\,d\varphi\,\mathbf{e}_\varphi.$$

Daraus folgt für die Geschwindigkeit:

$$\mathbf{v}(t) = \dot{r}\ \mathbf{e}_r + r\ \dot{\varphi}\ \mathbf{e}_\varphi. \tag{2.9}$$

Man kann auch (2.8) direkt differenzieren:

$$\mathbf{v}(t) = \dot{r}\ \mathbf{e}_r + r\ \dot{\mathbf{e}}_r\ . \tag{2.10}$$

Der Vergleich liefert die Zeitableitung von $\mathbf{e}_r$:

$$\dot{\mathbf{e}}_r = \dot{\varphi}\ \mathbf{e}_\varphi. \tag{2.11}$$

Nach (1.88) steht die Zeitableitung des Einheitsvektors $\mathbf{e}_\varphi$ senkrecht auf $\mathbf{e}_\varphi$ und damit parallel oder antiparallel zu $\mathbf{e}_r$:

$$\dot{\mathbf{e}}_\varphi = \alpha\, \mathbf{e}_r.$$

Wegen $\mathbf{e}_r \cdot \mathbf{e}_\varphi = 0$ ist $\dot{\mathbf{e}}_r \cdot \mathbf{e}_\varphi = -\mathbf{e}_r \cdot \dot{\mathbf{e}}_\varphi$ und damit

$$\alpha = \mathbf{e}_r \cdot \dot{\mathbf{e}}_\varphi = -\dot{\mathbf{e}}_r \cdot \mathbf{e}_\varphi = -\dot{\varphi}\ \mathbf{e}_\varphi \cdot \mathbf{e}_\varphi = -\dot{\varphi}\ .$$

Es gilt also:

$$\dot{\mathbf{e}}_\varphi = -\dot{\varphi}\ \mathbf{e}_r. \tag{2.12}$$

Damit finden wir durch Ableitung nach der Zeit in (2.9) den folgenden Ausdruck für die **Beschleunigung**:

$$\begin{aligned} \mathbf{a}(t) &= a_r \mathbf{e}_r + a_\varphi \mathbf{e}_\varphi, \\ a_r &= \ddot{r} - r\ \dot{\varphi}^2, \\ a_\varphi &= r\ \ddot{\varphi} + 2\ \dot{r}\dot{\varphi}\ . \end{aligned} \tag{2.13}$$

d) Zylinderkoordinaten

Diese wurden ausgiebig in Kap. (1.5.3) besprochen. Für den **Ortsvektor** gilt hier:

$$\mathbf{r}(t) = \rho\, \mathbf{e}_\rho + z\, \mathbf{e}_z. \tag{2.14}$$

Für das Differential gilt nach (1.259):

$$d\mathbf{r} = d\rho\, \mathbf{e}_\rho + \rho\, d\varphi\, \mathbf{e}_\varphi + dz\, \mathbf{e}_z. \tag{2.15}$$

Dies ergibt die **Geschwindigkeit**

$$\mathbf{v}(t) = \dot{\rho}\ \mathbf{e}_\rho + \rho\ \dot{\varphi}\ \mathbf{e}_\varphi + \dot{z}\ \mathbf{e}_z. \tag{2.16}$$

$\mathbf{e}_z$ ist nach Richtung und Betrag konstant, d.h. $\dot{\mathbf{e}}_z = \mathbf{0}$. Die beiden anderen Einheitsvektoren können sich aber mit der Zeit ändern. Die Ableitung von (2.14) liefert:

$$\dot{\mathbf{r}}(t) = \dot{\rho}\ \mathbf{e}_\rho + \rho\ \dot{\mathbf{e}}_\rho + \dot{z}\ \mathbf{e}_z.$$

Der Vergleich mit (2.16) liefert:

$$\dot{\mathbf{e}}_\rho = \dot{\varphi}\ \mathbf{e}_\varphi. \tag{2.17}$$

$\dot{\mathbf{e}}_\varphi$ ist senkrecht zu $\mathbf{e}_\varphi$:

$$\dot{\mathbf{e}}_\varphi = \alpha \mathbf{e}_\rho + \beta \mathbf{e}_z.$$

Wegen

$$\mathbf{e}_\varphi \cdot \mathbf{e}_\rho = 0 \implies \dot{\mathbf{e}}_\varphi \cdot \mathbf{e}_\rho = -\mathbf{e}_\varphi \cdot \dot{\mathbf{e}}_\rho,$$
$$\mathbf{e}_\varphi \cdot \mathbf{e}_z = 0 \implies \dot{\mathbf{e}}_\varphi \cdot \mathbf{e}_z = -\dot{\mathbf{e}}_z \cdot \mathbf{e}_\varphi = 0$$

folgt zunächst $\beta = 0$ und außerdem:

$$\alpha = \mathbf{e}_\rho \cdot \dot{\mathbf{e}}_\varphi = -\dot{\mathbf{e}}_\rho \cdot \mathbf{e}_\varphi = -\ \dot{\varphi}\ .$$

Dies ergibt für die zeitliche Änderung des Basisvektors $\mathbf{e}_\varphi$:

$$\dot{\mathbf{e}}_\varphi = -\ \dot{\varphi}\ \mathbf{e}_\rho. \tag{2.18}$$

Damit bedeutet es keine Schwierigkeit mehr, durch Zeitableitung von (2.16) die **Beschleunigung** in Zylinderkoordinaten anzugeben:

$$\begin{aligned}
\mathbf{a}(t) &= a_\rho\, \mathbf{e}_\rho + a_\varphi\, \mathbf{e}_\varphi + a_z\, \mathbf{e}_z, \\
a_\rho &= \ddot{\rho} - \rho\ \dot{\varphi}^2, \\
a_\varphi &= \rho\ \ddot{\varphi} + 2\ \dot{\rho}\, \dot{\varphi}, \\
a_z &= \ddot{z}\ .
\end{aligned} \tag{2.19}$$

e) Kugelkoordinaten

Diese wurden in Kap. (1.5.4) eingeführt. Der **Ortsvektor** lautet jetzt:

$$\mathbf{r}(t) = r\, \mathbf{e}_r. \tag{2.20}$$

Mit dem in (1.266) abgeleiteten Differential

$$d\mathbf{r} = dr\, \mathbf{e}_r + r d\vartheta\, \mathbf{e}_\vartheta + r \sin\vartheta\, d\varphi\, \mathbf{e}_\varphi$$

folgt unmittelbar für die **Geschwindigkeit**

$$\mathbf{v}(t) = \dot{r}\ \mathbf{e}_r + r\ \dot{\vartheta}\ \mathbf{e}_\vartheta + r \sin\vartheta\ \dot{\varphi}\ \mathbf{e}_\varphi. \tag{2.21}$$

Recht umfangreich gestaltet sich die Berechnung der Beschleunigung. Zunächst leiten wir (2.20) nach der Zeit ab,

$$\dot{\mathbf{r}}(t) = \dot{r}\ \mathbf{e}_r + r\ \dot{\mathbf{e}}_r,$$

und vergleichen mit (2.21):

$$\dot{\mathbf{e}}_r = \dot{\vartheta}\ \mathbf{e}_\vartheta + \sin\vartheta\ \dot{\varphi}\ \mathbf{e}_\varphi. \tag{2.22}$$

Wir benötigen noch die Zeitableitungen der beiden anderen Basisvektoren. Da es sich um Einheitsvektoren handelt, sind $\dot{\mathbf{e}}_\vartheta$ und $\dot{\mathbf{e}}_\varphi$ orthogonal zu $\mathbf{e}_\vartheta$ bzw. $\mathbf{e}_\varphi$:

$$\begin{aligned}\dot{\mathbf{e}}_\vartheta &= \alpha\,\mathbf{e}_\varphi + \beta\mathbf{e}_r,\\ \dot{\mathbf{e}}_\varphi &= \gamma\,\mathbf{e}_\vartheta + \delta\mathbf{e}_r.\end{aligned}$$

Ferner gilt:

$$\begin{aligned}0 &= \mathbf{e}_\vartheta \cdot \mathbf{e}_r = \mathbf{e}_\vartheta \cdot \mathbf{e}_\varphi = \mathbf{e}_\varphi \cdot \mathbf{e}_r\\ &\Longrightarrow \dot{\mathbf{e}}_\vartheta \cdot \mathbf{e}_r = -\mathbf{e}_\vartheta \cdot \dot{\mathbf{e}}_r\ .\end{aligned}$$

Daraus folgt:

$$\begin{aligned}\beta &= \dot{\mathbf{e}}_\vartheta \cdot \mathbf{e}_r = -\mathbf{e}_\vartheta \cdot \dot{\mathbf{e}}_r = -\dot{\vartheta},\\ \alpha &= \dot{\mathbf{e}}_\vartheta \cdot \mathbf{e}_\varphi = -\mathbf{e}_\vartheta \cdot \dot{\mathbf{e}}_\varphi = -\gamma,\\ \delta &= \dot{\mathbf{e}}_\varphi \cdot \mathbf{e}_r = -\mathbf{e}_\varphi \cdot \dot{\mathbf{e}}_r = -\sin\vartheta\ \dot{\varphi}\ .\end{aligned}$$

Dies ergibt als Zwischenergebnis:

$$\begin{aligned}\dot{\mathbf{e}}_\vartheta &= \alpha\mathbf{e}_\varphi - \dot{\vartheta}\ \mathbf{e}_r,\\ \dot{\mathbf{e}}_\varphi &= -\alpha\,\mathbf{e}_\vartheta - \sin\vartheta\ \dot{\varphi}\ \mathbf{e}_r.\end{aligned}$$

Wir benötigen offensichtlich noch eine weitere Bestimmungsgleichung. $\mathbf{e}_\varphi$ hat in kartesischen Koordinaten eine verschwindende x_3-Komponente (1.265). Das gilt natürlich auch für $\dot{\mathbf{e}}_\varphi$. Wir können also mit (1.265) schlußfolgern:

$$0 = -\alpha(-\sin\vartheta) - \sin\vartheta\ \dot{\varphi}\cos\vartheta \Longrightarrow \alpha = \dot{\varphi}\cos\vartheta.$$

Dies ergibt schließlich:

$$\dot{\mathbf{e}}_\vartheta = \dot{\varphi}\cos\vartheta\,\mathbf{e}_\varphi - \dot{\vartheta}\ \mathbf{e}_r, \tag{2.23}$$

$$\dot{\mathbf{e}}_\varphi = -\dot{\varphi}\cos\vartheta\,\mathbf{e}_\vartheta - \sin\vartheta\ \dot{\varphi}\ \mathbf{e}_r. \tag{2.24}$$

Durch nochmaliges Differenzieren in (2.21) finden wir nun die **Beschleunigung** in Kugelkoordinaten:

$$\mathbf{a}(t) = a_r\mathbf{e}_r + a_\vartheta\mathbf{e}_\vartheta + a_\varphi\mathbf{e}_\varphi, \tag{2.25}$$

$$\begin{aligned}a_r &= \ddot{r} - r\ \dot{\vartheta}^2 - r\sin^2\vartheta\ \dot{\varphi}^2,\\ a_\vartheta &= r\ \ddot{\vartheta} + 2\ \dot{r}\dot{\vartheta} - r\sin\vartheta\cos\vartheta\ \dot{\varphi}^2,\\ a_\varphi &= r\sin\vartheta\ \ddot{\varphi} + 2\sin\vartheta\ \dot{r}\ \dot{\varphi} + 2r\cos\vartheta\ \dot{\vartheta}\,\dot{\varphi}\ .\end{aligned}$$

2.1.2 Einfache Beispiele

a) Massenpunkt auf einer Geraden

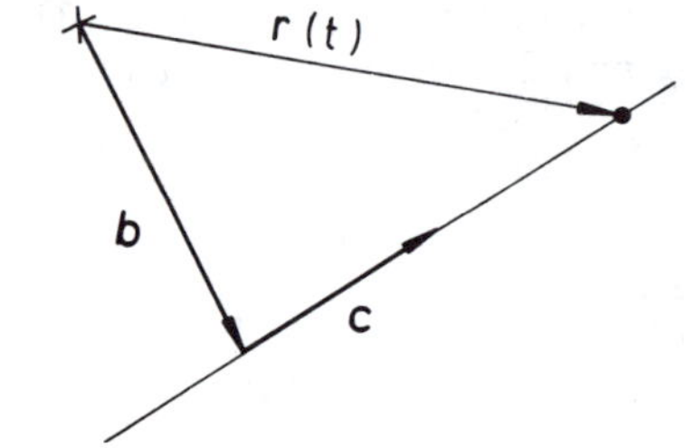

Wir können die Bewegung beschreiben, ohne auf ein spezielles Koordinatensystem Bezug zu nehmen. **c** sei ein Vektor in Richtung der Bewegung, **b** ein Vektor senkrecht dazu. Für den Ortsvektor des Massenpunktes gilt dann:

$$\mathbf{r}(t) = \mathbf{b} + \alpha(t)\mathbf{c}. \tag{2.26}$$

Daraus ergeben sich durch die entsprechenden Zeitableitungen Geschwindigkeit und Beschleunigung zu:

$$\mathbf{v}(t) = \dot{\alpha}\,(t)\,\mathbf{c}; \quad \mathbf{a}(t) = \ddot{\alpha}\,(t)\,\mathbf{c}. \tag{2.27}$$

b) Gleichförmig geradlinige Bewegung

Damit ist die denkbar einfachste Bewegungsform gemeint, nämlich die ohne Beschleunigung:

$$\mathbf{a}(t) = 0; \quad \mathbf{v}(t) = \mathbf{v}_0 \quad \text{für alle } t.$$

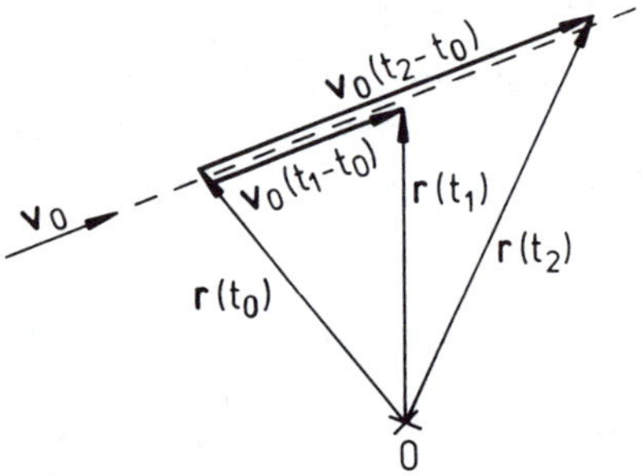

In (2.2) verschwindet dann der dritte Summand:

$$\mathbf{r}(t) = \mathbf{r}(t_0) + \mathbf{v}_0(t - t_0). \tag{2.28}$$

Dies stimmt formal mit (2.26) überein. Die Bewegung erfolgt also **geradlinig** in Richtung des konstanten Geschwindigkeitsvektors $\mathbf{v}_0$. Man nennt sie **gleichförmig**, da in gleichen Zeitintervallen gleiche Wegstrecken zurückgelegt werden.

c) Gleichmäßig beschleunigte Bewegung

Wir nehmen nun eine konstante Beschleunigung

$$\mathbf{a}(t) = \mathbf{a}_0 \tag{2.29}$$

an. In (2.2) bedeutet dies:

$$\int_{t_0}^{t}\left[\int_{t_0}^{t'} dt''\mathbf{a}(t'')\right]dt' = \int_{t_0}^{t}\left[\mathbf{a}_0(t'-t_0)\right]dt' =$$
$$= \mathbf{a}_0\left(\frac{t^2}{2}-\frac{t_0^2}{2}\right) - \mathbf{a}_0 t_0(t-t_0) =$$
$$= \frac{1}{2}\mathbf{a}_0(t-t_0)^2.$$

Wir erhalten damit als Bahnkurve:

$$\mathbf{r}(t) = \mathbf{r}(t_0) + \mathbf{v}(t_0)(t-t_0) + \frac{1}{2}\mathbf{a}_0(t-t_0)^2. \tag{2.30}$$

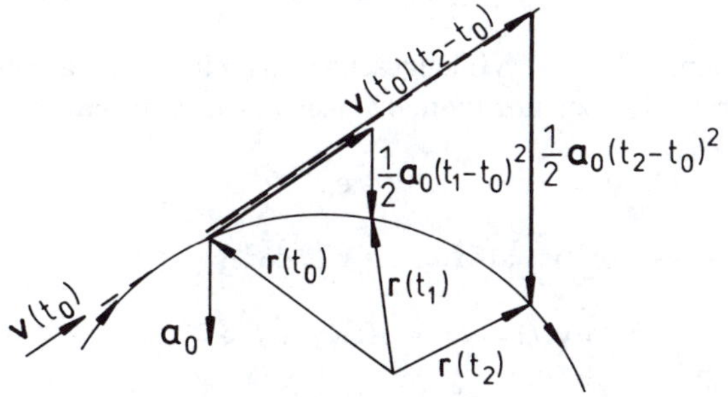

Die Geschwindigkeit des Massenpunktes nimmt linear mit der Zeit zu:

$$\mathbf{v}(t) = \mathbf{v}(t_0) + \mathbf{a}_0(t-t_0). \tag{2.31}$$

Die Bahnkurve ergibt sich aus einer Superposition einer geradlinig gleichförmigen Bewegung in Richtung der Anfangsgeschwindigkeit $\mathbf{v}(t_0)$ und einer geradlinig beschleunigten Bewegung in Richtung $\mathbf{a}_0$.

d) Kreisbewegung

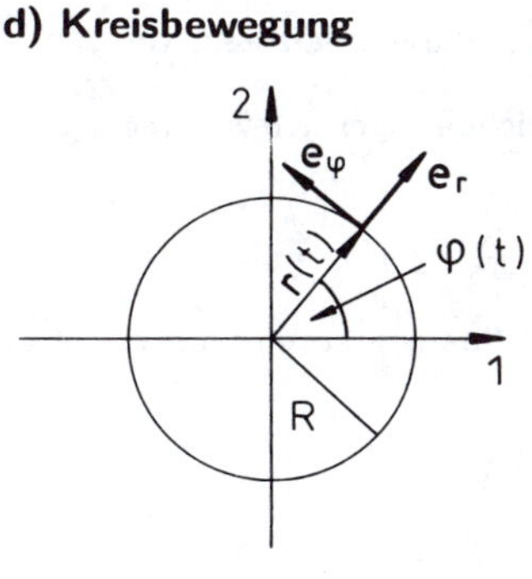

Diese haben wir bereits in Kap. (1.2.4) für die natürlichen Koordinaten ausführlich diskutiert. Andere naheliegenden Koordinaten sind ebene Polarkoordinaten. Da der Radius des Kreises konstant ist, folgt mit (2.9) und (2.13):

$$\mathbf{r}(t) = R\,\mathbf{e}_r, \quad \mathbf{v}(t) = R\,\dot{\varphi}\,\mathbf{e}_\varphi, \tag{2.32}$$

$$\mathbf{a}(t) = a_r\,\mathbf{e}_r + a_\varphi\,\mathbf{e}_\varphi, \quad a_r = -R\,\dot{\varphi}^2, \quad a_\varphi = R\,\ddot{\varphi}\,. \tag{2.33}$$

$\dot{\varphi}(t)$ bezeichnet die Winkeländerung pro Zeiteinheit. Man definiert deshalb:

$$\omega = \dot{\varphi} \qquad \textbf{Winkelgeschwindigkeit}. \tag{2.34}$$

Damit gilt auch:

$$v = R\,\omega \qquad \text{(Geschwindigkeitsbetrag)}, \tag{2.35}$$

$$a_r = -R\,\omega^2 \qquad \text{(Zentripetalbeschleunigung)}, \tag{2.36}$$

$$a_\varphi = R\,\dot{\omega} \qquad \text{(Tangentialbeschleunigung)} \tag{2.37}$$

(vgl. mit (1.118) und (1.119)). Spezialfall:

$$\omega = \text{const.} \iff \textbf{gleichförmige}\ \text{Kreisbewegung}. \tag{2.38}$$

Bisweilen ist es sinnvoll, der Winkelgeschwindigkeit einen (**axialen**) Vektor in Richtung der Drehachse zuzuordnen. Das ist in unserem Fall die 3-Achse:

$$\boldsymbol{\omega} = \omega\,\mathbf{e}_3. \tag{2.39}$$

Der Betrag dieses Vektors ist also ω. Es gilt dann:

$$\mathbf{v}(t) = \boldsymbol{\omega} \times \mathbf{r}(t) = \omega\,R\,\mathbf{e}_\varphi. \tag{2.40}$$

2.1.3 Aufgaben

Aufgabe 2.1.1

Ein Massenpunkt bewege sich auf einer Kreisbahn mit der konstanten Geschwindigkeit $v = 50$ cm/s. Dabei ändert der Geschwindigkeitsvektor $\mathbf{v}$ in 2 s seine Richtung um 60°.

1) Berechnen Sie die Geschwindigkeitsänderung $|\Delta\mathbf{v}|$ in diesem Zeitraum von 2 s.

2) Wie groß ist die Zentripetalbeschleunigung der gleichförmigen Kreisbewegung?

Aufgabe 2.1.2

1) Ein Körper rotiere um eine Achse durch den Koordinatenursprung mit der Winkelgeschwindigkeit

$$\boldsymbol{\omega} = (-1,\, 2,\, 1).$$

Welche Geschwindigkeit hat der Punkt P des Körpers mit dem Ortsvektor

$$\mathbf{r}_P = (2,\, 0,\, 1)?$$

2) Wie würde sich seine Geschwindigkeit ändern, falls die Drehachse parallel in der Weise verschoben wird, daß der auf ihr liegende Nullpunkt nach $\mathbf{a} = (1,\, 1,\, 1)$ kommt?

Aufgabe 2.1.3

Betrachten Sie die Bewegungsgleichung

$$\ddot{\mathbf{r}} = -\mathbf{g}$$

eines Teilchens im Erdfeld nahe der Erdoberfläche. Die x_3-Achse eines kartesischen Koordinatensystems weise vertikal nach oben, d.h., $\mathbf{g} = (0,\, 0,\, g)$.

1) Wie lautet die Lösung der Bewegungsgleichung, wenn das Teilchen zur Zeit $t = 0$ im Koordinatenursprung mit der Anfangsgeschwindigkeit

$$\mathbf{v}_0 = \left(v_{0_1},\, v_{0_2},\, v_{0_3}\right)$$

startet?

2) Zeigen Sie, daß die Bewegung in einer festen Ebene erfolgt. Welche Richtung hat die Flächennormale der Bahnebene?

3) Wählen Sie nun die Richtung der Anfangsgeschwindigkeit als $1'$-Achse eines neuen Koordinatensystems mit dem gleichen Ursprung, gegeben durch den Einheitsvektor $\mathbf{e}_1'$. Finden Sie einen zu $\mathbf{e}_1'$ orthogonalen Einheitsvektor $\mathbf{e}_2'$, der mit $\mathbf{e}_1'$ die Bahnebene aufspannt und die $2'$-Achse definiert.

4) $\mathbf{e}_3'$ ist so festzulegen, daß $\mathbf{e}_1'$, $\mathbf{e}_2'$, $\mathbf{e}_3'$ ein orthonormales Rechtssystem darstellen.

2.2. Grundgesetze der Dynamik

Wir haben uns bisher darauf beschränkt, die Bewegung eines Massenpunktes zu **beschreiben**, ohne nach der **Ursache** seiner Bewegung zu fragen. Letzteres soll ab jetzt im Mittelpunkt unserer Betrachtungen stehen. Ziel ist es, Verfahren zu entwickeln, mit denen man bei bekannter Ursache die Bewegung des Massenpunktes berechnen kann.

Beginnen wir mit ein paar allgemeinen Bemerkungen zu den Aufgaben und Möglichkeiten einer jeden physikalischen Theorie, mit besonderer Blickrichtung auf die Klassische Mechanik. Wie jede physikalische Theorie, so ist auch diese auf

Definitionen und **Sätzen**

aufgebaut. Die Definitionen teilt man zweckmäßig in **Basisdefinitionen** und **Folgedefinitionen** ein:

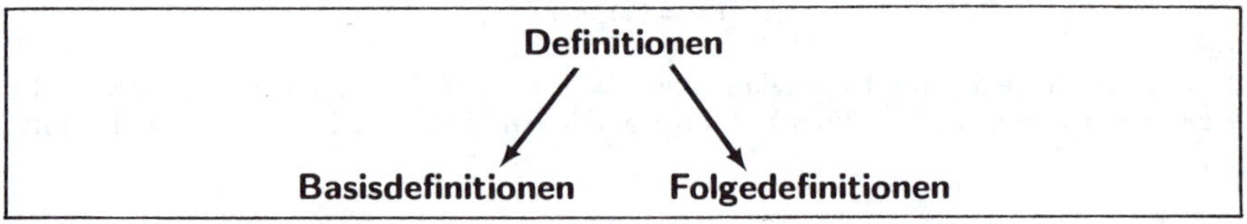

Zu den Basisdefinitionen zählen Begriffe wie Ort, Zeit, Masse, die im Rahmen der Theorie nicht weiter erläutert werden. Folgedefinitionen sind aus den Basisdefinitionen abgeleitete Begriffe wie Geschwindigkeit, Beschleunigung, Impuls,... Ganz entsprechend müssen wir auch die *Sätze* aufteilen:

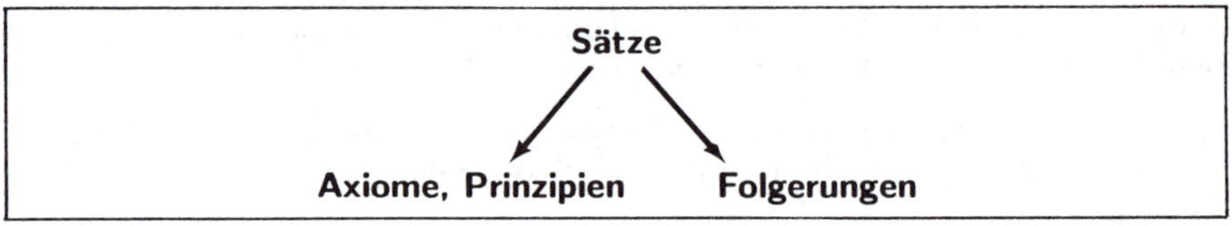

Bei den **Axiomen** handelt es sich um Grunderfahrungstatsachen, die mathematisch nicht beweisbar sind und innerhalb der Theorie nicht weiter begründet werden. Das sind im Rahmen der Klassischen Mechanik die **Newtonschen Axiome**. Unter den **Folgerungen** verstehen wir die eigentlichen Ergebnisse der Theorie. Sie resultieren mit Hilfe des mathematischen Beweises aus den Basisdefinitionen und Axiomen, die man zusammengefaßt die **Postulate** der Theorie nennt.

Der *höchste Richter* einer jeden physikalischen Theorie ist das Experiment. Der Wert einer Theorie wird gemessen am Grad der Übereinstimmung ihrer Folgerungen mit den Erscheinungsformen der Natur. Man weiß heute, daß die Klassische Mechanik nicht jede Bewegung und Erscheinungsform der unbelebten Natur korrekt beschreibt. Insbesondere im atomaren und subatomaren Bereich werden Modifikationen notwendig. Man kann die Klassische Mechanik aber als einen in sich widerspruchsfreien Grenzfall einer umfassenden Theorie auffassen.

2.2.1 Newtonsche Axiome

Bei der Formulierung der Grundgesetze der Dynamik befinden wir uns in einem herben Dilemma; wir haben gleichzeitig **zwei neue Begriffe** einzuführen, nämlich

Kraft und **Masse**.

Der physikalische Begriff der Kraft läßt sich nur indirekt durch seine Wirkungen definieren. Wollen wir den **Bewegungszustand oder die Gestalt eines Körpers** z.B. durch Einsatz unserer Muskeln **ändern**, so bedarf es einer Anstrengung, die um so größer ist, je größer die zeitliche Geschwindigkeitsänderung (Beschleunigung) oder je stärker die Deformation sein soll. Diese Anstrengung heißt **Kraft**. Sie ist als unmittelbare Sinnesempfindung nicht näher zu definieren. Durch die Richtung, in der wir unsere Muskeln wirken lassen, ist auch die Richtung der Geschwindigkeitsänderung oder die Richtung der Deformation festgelegt. Daraus folgt:

Kraft ist eine vektorielle Größe.

Nun beobachten wir überall in unserer Umgebung Änderungen in den Bewegungszuständen gewisser Körper, ohne daß unsere Muskeln direkten Einfluß hätten. Ihre Ursache sehen wir ebenfalls in **Kräften**, welche in gleicher Weise wie unsere Muskeln auf die Körper einwirken. Die Erforschung der Natur solcher Kräfte stellt eine zentrale Aufgabe der Physik dar.

Nun ist die schlichte Aussage:

$$\textit{Kraft} = \textit{Ursache der Bewegung}$$

in dieser Form sicher nicht allgemeingültig und durch Gegenbeispiele schnell widerlegbar. Eine Scheibe, die auf einer Eisfläche gleitet, bewegt sich auch ohne Krafteinwirkung mit nahezu konstanter Geschwindigkeit. Ein an sich ruhender Körper bewegt sich, wenn ich ihn aus einem fahrenden Zug heraus beobachte, d.h., der Bewegungszustand hängt auch vom gewählten Koordinatensystem ab. Um diesen Sachverhalt genauer untersuchen zu können, definieren wir zunächst den

kräftefreien Körper:

Ein Körper, der **jeder** *äußeren Einwirkung entzogen ist.*

In dieser Definition steckt eine recht gewagte, wenn auch plausible Extrapolation unserer Erfahrung. Den restlos isolierten Körper gibt es nicht.

Axiom 1 (lex prima, Galileisches Trägheitsgesetz):

> *Es gibt Koordinatensysteme, in denen ein kräftefreier Körper (Massenpunkt) im Zustand der Ruhe oder der geradlinig gleichförmigen Bewegung verharrt. Solche Systeme sollen* **Inertialsysteme** *heißen.*

Newtons ursprüngliche Formulierung ist weniger einschränkend:

> *Jeder Körper verharrt im Zustand der Ruhe oder der gleichförmigen Bewegung, wenn er nicht durch einwirkende Kräfte gezwungen wird, seinen Zustand zu ändern.*

Als nächstes müssen wir uns fragen, wie sich Körper in diesen so ausgezeichneten Inertialsystemen unter dem Einfluß von Kräften verhalten. Auch hier müssen wir unsere tägliche Erfahrung zu Hilfe nehmen. Wir beobachten, daß für dieselbe Beschleunigung verschiedener Körper gleichen Volumens unterschiedliche Kraftanstrengungen notwendig sind. Ein Holzblock läßt sich leichter bewegen als ein gleich großer Eisenblock. Die Wirkung der Kraft ist also offensichtlich auch von einer Materialeigenschaft des zu bewegenden Körpers abhängig. Diese setzt, wie wir beobachten, einer Bewegungsänderung einen **Trägheitswiderstand** entgegen, der **nicht** von der Stärke der Kraft abhängt.

Postulat: Jeder Körper (jedes Teilchen) besitzt eine **skalare Eigenschaft**, gegeben durch eine positive reelle Zahl, die wir

träge Masse m_t

nennen.

Definition: Das Produkt aus träger Masse und Geschwindigkeit eines Teilchens heißt

$$\textbf{Impuls:} \qquad \mathbf{p} = m_t \, \mathbf{v}. \tag{2.41}$$

Damit formulieren wir nun

Axiom 2 (lex secunda, Bewegungsgesetz):

Die Änderung des Impulses ist der Einwirkung der bewegenden Kraft proportional und geschieht in Richtung der Kraft

$$\mathbf{F} = \dot{\mathbf{p}} = \frac{d}{dt}(m_t \, \mathbf{v}). \tag{2.42}$$

Es ist wichtig darauf hinzuweisen, daß dieses Axiom ausschließlich für die durch Axiom 1 definierten Inertialsysteme formuliert ist. Wir wollen einige interpretierende **Bemerkungen** anschließen:

1) Falls die Masse **nicht** zeitabhängig ist, dann, aber auch nur dann, gilt:

$$\mathbf{F} = m_t \, \ddot{\mathbf{r}} = m_t \, \mathbf{a}. \tag{2.43}$$

Diese Beziehung kann als **dynamische Grundgleichung** der Klassischen Mechanik aufgefaßt werden. Sie hat wie die meisten physikalischen Gesetze die Form einer Differentialgleichung, aus der man bei bekannter Kraft **F** durch fortgesetztes Integrieren $\big[(s.2.2)\big]$ letztlich die Bahnkurve $\mathbf{r}(t)$ erhält. Sie wird deshalb im Mittelpunkt der folgenden Betrachtungen stehen.

2) In der Definition (2.41) des Impulses wird die Masse m_t als konstant angesehen. In der **relativistischen Mechanik** bleibt diese Aussage nur dann richtig, wenn wir unter Masse die **Ruhemasse** m_0 verstehen. In der Impuls-Definition haben wir dann m_t als

$$m_t = \frac{m_0}{\sqrt{1 - v^2/c^2}} \tag{2.44}$$

zu interpretieren. v ist dabei die Teilchengeschwindigkeit und c die Lichtgeschwindigkeit des Vakuums, die für v eine absolute obere Grenze darstellt. In den meisten Fällen, die uns hier interessieren werden, ist jedoch $v \ll c$ und damit $m_t \approx m_0$.

3) Zeitliche Massenveränderungen kommen natürlich nicht nur in der relativistischen Mechanik vor. Beispiele sind

die Rakete, das Auto mit Verbrennungsmotor,...

4) In der ursprünglichen Newtonschen Formulierung ist nur von der Proportionalität zwischen $\mathbf{F}$ und $\dot{\mathbf{p}}$ die Rede. Da wir aber bisher weder die Kraft noch die Masse konkret haben definieren können, kann uns natürlich nichts daran hindern, das Gleichheitszeichen zu setzen.

5) Das Bewegungsgesetz (2.43) gestattet uns immerhin schon, das Verhältnis aus Kraft und Masse zu definieren:

$$\frac{\mathbf{F}}{m_t} = \mathbf{a}.$$

Die Beschleunigung auf der rechten Seite ist sowohl meßbar als auch wohldefiniert. Man beachte jedoch, daß (2.43) weder die Kraft noch die Masse wirklich definiert.

Bisher haben wir nur die Wirkung einer Kraft auf einen Massenpunkt (Körper) diskutiert, nicht jedoch die Rückwirkung derselben auf die Kraftquelle. Das wird nun formuliert im

Axiom 3 (lex tertia, Reaktionsprinzip, *actio = reactio*):

$\mathbf{F}_{12}$: *Kraft des Körpers 2 auf Körper 1,*

$\mathbf{F}_{21}$: *Kraft des Körpers 1 auf Körper 2.*

Dann gilt:

$$\mathbf{F}_{12} = -\mathbf{F}_{21}. \tag{2.45}$$

Beispiel:

Auflagedruck einer Kugel:

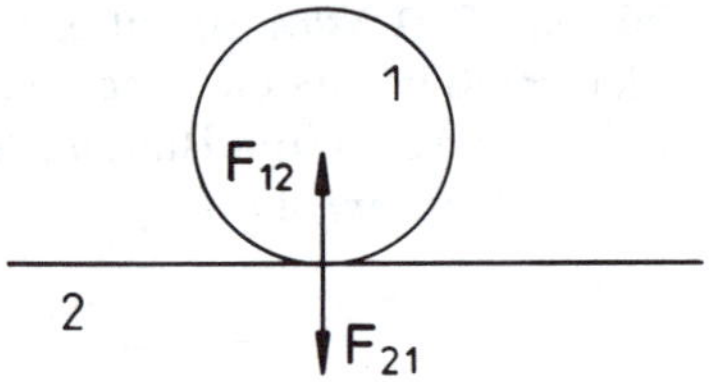

Dieses dritte Axiom läßt uns nun tatsächlich die träge Masse definieren. Kombinieren wir nämlich (2.43) mit (2.45), so gilt für zwei aufeinander Kräfte ausübende Massenpunkte, wenn alle anderen Einflüsse *ausgeschaltet* sind:

$$m_{t,1}\,\mathbf{a}_1 = -m_{t,2}\,\mathbf{a}_2. \tag{2.46}$$

In dieser Gleichung sind die Kräfte völlig eliminiert, so daß das Massenverhältnis durch Messung von Beschleunigungen festgelegt ist. **Realisierung:**

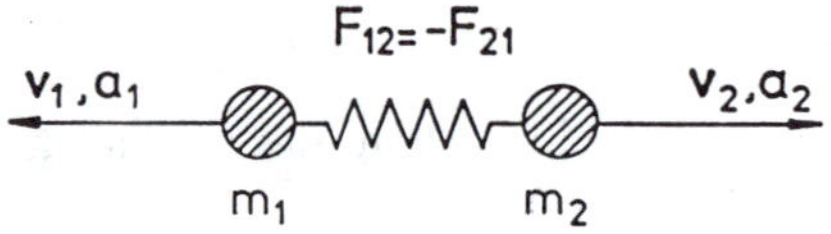

Wir lassen auf zwei Massenpunkte zwei entgegengesetzt gerichtete, aber gleich große Kräfte wirken, realisiert durch eine gespannte Feder, die zu einem bestimmten Zeitpunkt durchtrennt wird. Man beobachtet, daß das Verhältnis der Geschwindigkeiten v_1, v_2 bzw. Beschleunigungen a_1, a_2 unabhängig von der wirkenden Kraft $|\mathbf{F}_{12}|$ ist. Dies zeigt, daß die *Masse* wirklich eine Materialeigenschaft und unabhängig von der Stärke der einwirkenden Kraft ist. Wir können nun ein **Massennormal** einführen und haben damit die Messung der Masse eindeutig definiert. Wir können die Masse, genau genommen die *träge Masse*, zu den Basisdefinitionen zählen, wohingegen die Definition der Kraft dann nach (2.42) eine Folgedefinition darstellt.

SI-Einheit:

$$\begin{aligned} [m_t] &= 1\,\mathrm{kg}, \\ [\mathbf{F}] &= 1\,\mathrm{N}\ (= 1\,\mathrm{Newton}) = 1\,\mathrm{kg\,m\,s^{-2}}. \end{aligned}$$

Das letzte noch zu besprechende Axiom ist fast eine Selbstverständlichkeit, nachdem wir ja bereits früher die Kraft als eine vektorielle Größe identifiziert hatten:

Axiom 4 (Corollarium, Superpositionsprinzip)

Wirken auf einen Massenpunkt mehrere Kräfte $\mathbf{F}_1, \mathbf{F}_2, ..., \mathbf{F}_n$*, so addieren sich diese wie Vektoren zu einer* **Resultanten**

$$\mathbf{F} = \sum_{i=1}^{n} \mathbf{F}_i. \tag{2.47}$$

2.2.2 Kräfte

Wir haben am Anfang dieses Kapitels die Grundaufgabe einer jeden physikalischen Theorie, insbesondere der Klassischen Mechanik, darin erkannt, aus vorformulierten Postulaten (Basisdefinitionen, Axiome), *Folgerungen* abzuleiten. Die Axiome und die fundamentale Definition der Masse liegen nun vor. Das Bewegungsgesetz (2.42) bzw. (2.43) ist zur **dynamischen Grundgleichung** der Klassischen Mechanik geworden. Diese gilt es zu lösen. Bei vorgegebener Kraft $\mathbf{F}$ entspricht dies in aller Regel der Lösung einer **Differentialgleichung 2. Ordnung**.

Präziser als der Begriff der Kraft ist in diesem Zusammenhang eigentlich der des

$$\textbf{Kraftfeldes:} \qquad \mathbf{F} = \mathbf{F}(\mathbf{r}, \dot{\mathbf{r}}, t).$$

Jedem Punkt des Raumes wird eine im allgemeinen sogar zeitlich veränderliche, auf den Massenpunkt wirkende Kraft zugeordnet, die zusätzlich auch noch von der Geschwindigkeit des Teilchens abhängen kann. Abhängigkeiten von der Beschleunigung $\ddot{\mathbf{r}}$ treten nicht auf.

Da die gesamte Materie aus elementaren Bausteinen (Molekülen, Atomen, Nukleonen, Elektronen,...) aufgebaut ist, läßt sich letztlich jede Kraft auf Wechselwirkungen zwischen diesen Bausteinen zurückführen. Dies im einzelnen durchzuführen, sprengt jedoch den Rahmen der Mechanik, die nur nach den **Wirkungen** der Kräfte, nicht nach den **Ursachen** derselben fragt. Man begnügt sich für den Kraftansatz mit mathematisch möglichst einfachen, empirisch gewonnenen

Modellvorstellungen,

von denen wir einige zusammenstellen wollen:

a) Gewichtskraft, Schwerkraft

Jeder Körper ist **schwer**. 1 m^3 Eisen ist **schwerer** als 1 cm^3 Eisen. In dieser Alltagserfahrung dokumentiert sich eine neue Materialgröße, die man

schwere Masse m_s

nennt. Sie manisfestiert sich in der **Schwerkraft**

$$\mathbf{F}_s = m_s \, \mathbf{g}, \tag{2.48}$$

die im **Schwerefeld** der Erde auf einen ruhenden Massenpunkt wirkt. **g** ist in der Nähe der Erdoberfläche ein nahezu konstanter Vektor, der stets *nach unten* in Richtung Erdmittelpunkt weist. Definiert man diese Richtung als negative x_3-Richtung eines kartesischen Koordinatensystems, so gilt:

$$\mathbf{g} = (0, 0, g); \quad g = 9.81 \, \mathrm{m\,s^{-2}} \; \textbf{Erdbeschleunigung.} \tag{2.49}$$

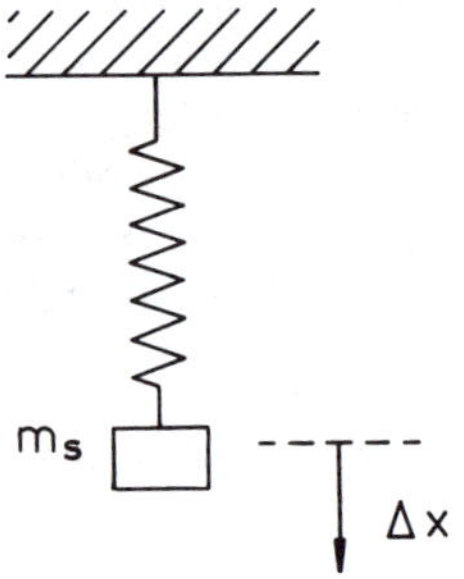

Die schwere Masse m_s, die sich bei homogenen Substanzen als zum Volumen proportional erweist, läßt sich aus der Gewichtskraft (2.48) z.B. mit einer Federwaage bestimmen. Die durch m_s bewirkte Auslenkung Δx der Feder wird normiert und damit die Einheit der schweren Masse festgelegt. — Als Massen-Normal wird ein Platin-Iridium-Klotz benutzt, der in einem Speziallabor in der Nähe von Paris aufbewahrt wird. Dabei entspricht 1 Kilogramm (1 kg) genau der Masse von 1 dm^3 Wasser bei 4 °C.

Als **Gewicht** eines Körpers bezeichnet man die Kraft $\mathbf{F}_s$ aus (2.48), die auf diesen an der Erdoberfläche wirkt. Hier erfährt die Masse von 1 kg die Gewichtskraft von 9,81 N.

Die *träge Masse* m_t war als *Trägheitswiderstand* eingeführt worden, den ein Körper einer Änderung seines Bewegungszustandes entgegenstellt. Wegen der unterschiedlichen experimentellen Situation ist deshalb die Identität

$$m_s = m_t = m \tag{2.51}$$

keine Selbstverständlichkeit. Es läßt sich jedoch experimentell zeigen, daß für **alle** Körper zumindest das Verhältnis m_s/m_t konstant ist, so daß in jedem Fall $m_s \sim m_t$ gilt. Man messe dazu die Beschleunigung eines Körpers der schweren Masse m_s beim freien Fall im Schwerefeld der Erde. Man findet, daß

$$a = \frac{m_s}{m_t} g \tag{2.52}$$

unabhängig von der Substanz ist, so daß

$$m_s \sim m_t \tag{2.53}$$

folgt.

Einsteins Äquivalenzprinzip

Die Meßsituationen für m_s und m_t sind prinzipiell gleichwertig. Deswegen gilt (2.51).

Dieses Prinzip bildet die Grundlage der **allgemeinen Relativitätstheorie**.

b) Zentralkräfte

Kräfte der Gestalt

$$\mathbf{F}(\mathbf{r}) = f(r, \dot{r}, t) \cdot \mathbf{r} = (f \cdot r)\, \mathbf{e}_r \tag{2.54}$$

sind in der Natur sehr häufig auftretende Krafttypen. Die Kraft wirkt radial von einem Zentrum bei $\mathbf{r} = \mathbf{0}$ nach außen ($f > 0$) oder auf das Zentrum hin ($f < 0$).

Beispiele:

1) Isotroper harmonischer Oszillator

$$f(r) = \text{const.} < 0. \tag{2.55}$$

2) Gravitationskraft, ausgeübt von Masse M im Koordinatenursprung auf Teilchen mit Masse m am Ort $\mathbf{r}$ (wegen (2.51) können wir jetzt die Indizes t und s weglassen):

$$f(r) = -\gamma \frac{mM}{r^3}. \tag{2.56}$$

3) Coulomb-Kraft, ausgeübt von einer Ladung q_1 im Koordinatenursprung auf eine Ladung q_2 bei $\mathbf{r}$:

$$f(r) = \frac{q_1 q_2}{4\pi\, \epsilon_0 r^3}. \tag{2.57}$$

Praktisch lassen sich letztlich alle klassischen Wechselwirkungen auf (2.56) und (2.57) zurückführen. Die Konstanten γ, ϵ_0, q_i erläutern wir später.

c) Lorentz-Kraft

Das ist die Kraft, die ein Teilchen mit der Ladung q im elektromagnetischen Feld erfährt:

$$\mathbf{F} = q\big[\mathbf{E}(\mathbf{r}, t) + \big(\mathbf{v} \times \mathbf{B}(\mathbf{r}, t)\big)\big] \tag{2.58}$$

($\mathbf{B}$: magnetische Induktion; $\mathbf{E}$: elektrische Feldstärke). Es handelt sich um eine von der Teilchengeschwindigkeit $\mathbf{v}$ abhängige Kraft, genau wie die

d) Reibungskraft

$$\mathbf{F} = -\alpha(v) \cdot \mathbf{v}. \tag{2.59}$$

Diese stellt einen in vieler Hinsicht komplizierten Krafttyp dar, für den es streng genommen bis heute keine abgeschlossene Theorie gibt. Gesichert ist, daß in guter Näherung die Abhängigkeit von $(-\mathbf{v})$ besteht. Die für den Koeffizienten α am häufigsten benutzten Ansätze sind:

$$\alpha(v) = \alpha = \text{const.} \quad \text{(Stokessche Reibung)}, \tag{2.60}$$

$$\alpha(v) = \alpha \cdot v \quad \text{(Newtonsche Reibung)}. \tag{2.61}$$

2.2.3 Inertialsysteme, Galilei-Transformation

Die Newtonschen Axiome handeln von der Bewegung physikalischer Körper. Bewegung ist aber ein relativer Begriff; die Bewegung eines Körpers kann nur relativ zu einem Bezugssystem definiert werden. Bei der Auswahl des Bezugssystems sind der Willkür aber kaum Grenzen gesetzt. Koordinatensysteme, die gegeneinander nur starr verschoben oder gedreht sind, sind für die Dynamik des Massenpunktes völlig gleichwertig. Es ändern sich zwar die Koordinaten der Bahnkurve $\mathbf{r}(t)$ (s. Kap. 1.4.3), nicht aber die geometrische Gestalt der Bahn und auch nicht der zeitliche Ablauf der Teilchenbewegung.

Letzteres wird aber möglich, wenn sich die verschiedenen Bezugssysteme relativ zueinander bewegen. Ein sich in einem Koordinatensystem geradlinig gleichförmig bewegender Massenpunkt erfährt z.B. in einem relativ dazu rotierenden Bezugssystem eine Beschleunigung. Die Newtonschen Axiome machen deshalb nur dann einen Sinn, wenn sie sich auf ein ganz bestimmtes Koordinatensystem beziehen oder zumindest auf eine ganz bestimmte Klasse von Koordinatensystemen.

Die natürlichen Systeme der Mechanik sind die durch Axiom 1 eingeführten **Inertialsysteme**, in denen sich ein kräftefreier Massenpunkt mit

$$\mathbf{v} = \text{const.}$$

auf einer Geraden bewegt. Diese offensichtlich ausgezeichneten Systeme wollen wir nun noch etwas genauer untersuchen. Wir studieren dazu die Kräfte, die auf einen Massenpunkt in zwei sich relativ zueinander bewegenden Koordinatensystemen wirken. Der Einfachheit halber wählen wir zwei kartesische Systeme. Der Beobachter möge sich jeweils im Koordinatenursprung befinden.

1. Aussage: Nicht alle Koordinatensysteme sind auch Inertialsysteme.

Das ist eine fast triviale Aussage. In einem relativ zu einem Inertialsystem rotierenden System vollzieht ein kräftefreier Massenpunkt eine beschleunigte Bewegung.

2. Aussage: Es gibt zumindest ein Inertialsystem (z.B. dasjenige, in dem die Fixsterne ruhen).

Hier verbirgt sich die Newtonsche Fiktion vom **absoluten Raum**. Diese Vorstellung geht in der speziellen Relativitätstheorie verloren. Wir brauchen hier jedoch den absoluten Raum gar nicht zu postulieren. Die 2. Aussage beinhaltet nur die unbestreitbare Tatsache, daß es Systeme gibt, in denen die Newton-Mechanik gültig ist.

Die Gesamtheit aller Inertialsysteme bestimmen wir aus der Untersuchung, welche Koordinatentransformation ein Inertialsystem in ein anderes überführt.

Σ, $\overline{\Sigma}$ seien zwei verschiedene Koordinatensysteme, wobei wir $\Sigma = \overline{\Sigma}$ für $t = 0$ annehmen wollen. Σ sei ein Inertialsystem. $\overline{\Sigma}$ ist genau dann ebenfalls ein Inertialsystem, wenn aus

$$m\,\ddot{\mathbf{r}} = 0 \text{ auch } m\,\ddot{\bar{\mathbf{r}}} = 0$$

folgt. Eine Rotation von $\overline{\Sigma}$ gegenüber Σ scheidet damit von vornherein aus, da diese immer automatisch eine Beschleunigung hervorruft, die mit der Richtungsänderung der Geschwindigkeit verknüpft ist. Wir können deshalb unsere Untersuchungen auf Systeme mit parallelen Achsen beschränken.

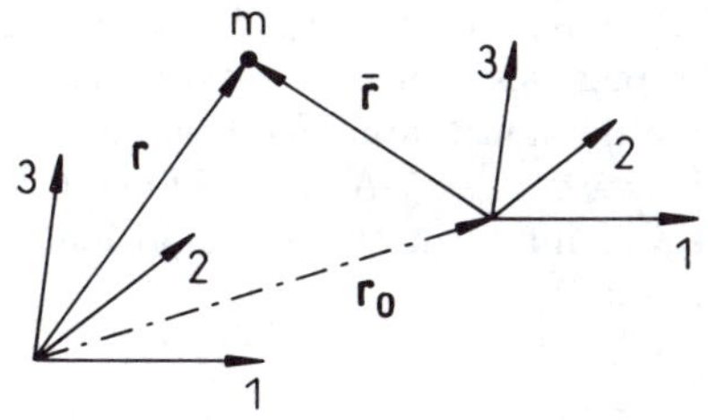

Der Massenpunkt m wird zur Zeit t durch den Ortsvektor

$$\mathbf{r}(t) = \mathbf{r}_0(t) + \bar{\mathbf{r}}(t)$$

beschrieben. Die Transformation ist vollständig durch $\mathbf{r}_0 = \mathbf{r}_0(t)$ charakterisiert. Für die Beschleunigung des Massenpunktes gilt:

$$\ddot{\mathbf{r}} = \ddot{\mathbf{r}}_0 + \ddot{\bar{\mathbf{r}}}\,.$$

$\overline{\Sigma}$ ist offenbar genau dann ebenfalls ein Inertialsystem, wenn

$$\ddot{\mathbf{r}}_0 = 0 \iff \mathbf{r}_0(t) = \mathbf{v}_0 t \qquad (2.62)$$

gilt. Diese Gleichung beschreibt eine **Galilei-Transformation**, die allgemeinste Transformation, die ein Inertialsystem in ein Inertialsystem transformiert:

$$\mathbf{r} = \mathbf{v}_0 t + \bar{\mathbf{r}}; \quad t = \bar{t}. \tag{2.63}$$

Wir haben hier noch explizit angegeben, daß die Zeit nicht mittransformiert wird. Dies beinhaltet die Annahme einer **absoluten Zeit**, eine Vorstellung, die ebenfalls in der speziellen Relativitätstheorie über Bord geworfen wird. Dort tritt an die Stelle der Galilei- die **Lorentz-Transformation**, die auch die Zeit verändert.

3. Aussage: Es gibt unendlich viele Inertialsysteme, die sich mit konstanten Geschwindigkeiten relativ zueinander bewegen.

In solchen Systemen gilt:

$$\bar{\mathbf{F}} = \mathbf{F} \Longleftrightarrow m\,\ddot{\bar{\mathbf{r}}} = m\,\ddot{\mathbf{r}}, \tag{2.64}$$

so daß nicht nur das erste, sondern auch das zweite Newtonsche Axiom von der Transformation unberührt bleibt. Man beachte aber, daß bei einer orts- und geschwindigkeitsabhängigen Kraft $\mathbf{F} = \mathbf{F}(\mathbf{r}, \dot{\mathbf{r}}, t)$ die Vektoren $\mathbf{r}$ und $\dot{\mathbf{r}}$ entsprechend mittransformiert werden müssen.

2.2.4 Rotierende Bezugssysteme, Scheinkräfte

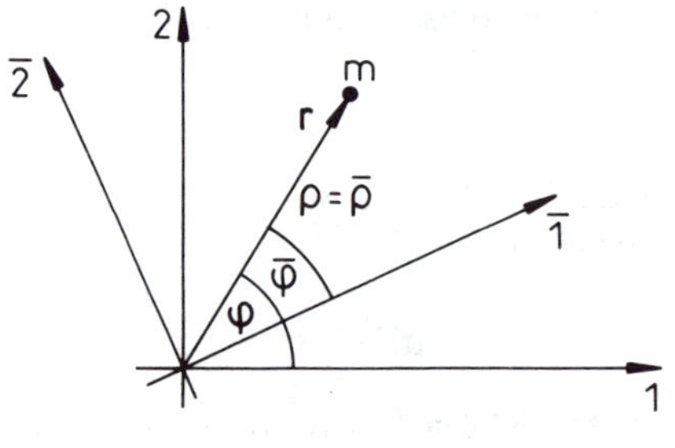

Wir wollen in diesem Abschnitt ein Beispiel für Nicht-Inertialsysteme diskutieren. Wir betrachten zwei Koordinatensysteme Σ, $\overline{\Sigma}$, deren Ursprünge der Einfachheit halber zusammenfallen sollen. Σ sei ein Inertialsystem; $\overline{\Sigma}$ rotiere relativ zu Σ mit der konstanten Winkelgeschwindigkeit ω um die x_3-Achse. Sinnvoll ist die Verwendung von Zylinderkoordinaten (Kap. (1.5.3)):

$$\Sigma: \ (\rho, \varphi, z); \quad \overline{\Sigma}: \ (\bar{\rho}, \bar{\varphi}, \bar{z}).$$

Offensichtlich gilt:

$$\rho = \bar{\rho}; \quad \varphi = \bar{\varphi} + \omega t; \quad z = \bar{z}. \tag{2.65}$$

Für die Kraftkomponenten gilt nach (2.19) im System Σ:

$$F_\rho = m(\ddot{\rho} - \rho\,\dot{\varphi}^2); \quad F_\varphi = m(\rho\,\ddot{\varphi} + 2\,\dot{\rho}\dot{\varphi}); \quad F_z = m\,\ddot{z}\,. \tag{2.66}$$

Wir wollen nun diese Kraftkomponenten auf das rotierende Koordinatensystem $\overline{\Sigma}$ umrechnen. Aus (2.65) folgt:

$$\dot{\rho} = \dot{\bar{\rho}}; \quad \dot{\varphi} = \dot{\bar{\varphi}} + \omega; \quad \dot{z} = \dot{\bar{z}},$$
$$\ddot{\rho} = \ddot{\bar{\rho}}; \quad \ddot{\varphi} = \ddot{\bar{\varphi}}; \quad \ddot{z} = \ddot{\bar{z}}\,.$$

Durch Einsetzen in (2.66) erhalten wir die Kraftgleichungen in $\overline{\Sigma}$:

$$m\left(\ddot{\bar{\rho}} - \bar{\rho}\,\dot{\bar{\varphi}}^2\right) = F_\rho + 2m\bar{\rho}\omega\,\dot{\bar{\varphi}} + m\omega^2\bar{\rho} = \bar{F}_\rho \tag{2.67}$$
$$m\left(\bar{\rho}\,\ddot{\bar{\varphi}} + 2\,\dot{\bar{\rho}}\dot{\bar{\varphi}}\right) = F_\varphi - 2m\omega\,\dot{\bar{\rho}} = \bar{F}_\varphi \tag{2.68}$$
$$m\,\ddot{\bar{z}} = \bar{F}_z. \tag{2.69}$$

Wäre $\overline{\Sigma}$ ein Inertialsystem, so müßte natürlich $F_\rho = \bar{F}_\rho$, $F_\varphi = \bar{F}_\varphi$, $F_z = \bar{F}_z$ gelten. Da $\overline{\Sigma}$ kein Inertialsystem darstellt, treten Zusatzkräfte auf, die man

Scheinkräfte

nennt, obwohl sie recht reale Auswirkungen haben. Sie heißen so, weil sie nur in Nicht-Inertialsystemen auftreten, weil sie dort gewissermaßen die Newton-Mechanik "in Ordnung bringen". Sie sorgen dafür, daß ein kräftefreier Massenpunkt im Nicht-Inertialsystem $\overline{\Sigma}$ eine solche *Scheinkraft* erfährt, daß er vom Inertialsystem Σ aus gesehen eine geradlinig gleichförmige Bewegung ausführt.

2.2.5 Beliebig beschleunigte Bezugssysteme

Wir betrachten zwei beliebig relativ zueinander beschleunigte Koordinatensysteme

$$\Sigma : (x_1, x_2, x_3); \quad (\mathbf{e}_1, \mathbf{e}_2, \mathbf{e}_3),$$
$$\overline{\Sigma} : (\bar{x}_1, \bar{x}_2, \bar{x}_3); \quad (\bar{\mathbf{e}}_1, \bar{\mathbf{e}}_2, \bar{\mathbf{e}}_3).$$

Bei Σ handele es sich um ein Inertialsystem. Die gesamte Relativbewegung kann man sich zusammengesetzt denken aus einer Bewegung des Ursprungs von $\overline{\Sigma}$ und einer Drehung der Achsen von $\overline{\Sigma}$ um diesen Ursprung, jeweils relativ zu Σ.

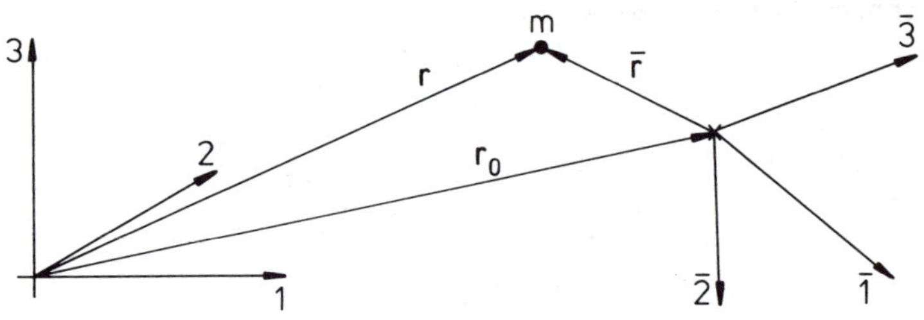

Es gilt für den Ortsvektor des Massenpunktes m:

$$\mathbf{r} = \mathbf{r}_0 + \bar{\mathbf{r}} = \mathbf{r}_0 + \sum_{j=1}^{3} \bar{x}_j \bar{\mathbf{e}}_j . \tag{2.70}$$

Daraus berechnen wir durch Zeitableitung die Geschwindigkeiten in den beiden Systemen:

$$\overline{\Sigma}: \quad \dot{\bar{\mathbf{r}}} = \sum_{j=1}^{3} \dot{\bar{x}}_j \ \bar{\mathbf{e}}_j . \tag{2.71}$$

Für den mitrotierenden Beobachter ändern sich die Achsen in $\overline{\Sigma}$ natürlich nicht, wohl aber für den Beobachter in Σ:

$$\Sigma: \quad \dot{\mathbf{r}} = \dot{\mathbf{r}}_0 + \sum_{j=1}^{3} \left(\dot{\bar{x}}_j \ \bar{\mathbf{e}}_j + \bar{x}_j \ \dot{\bar{\mathbf{e}}}_j \right) . \tag{2.72}$$

Die drei Terme auf der rechten Seite sind leicht interpretierbar:

$\dot{\mathbf{r}}_0$: Relativgeschwindigkeit der Koordinatenursprünge.

$\sum_j \dot{\bar{x}}_j \ \bar{\mathbf{e}}_j$: Geschwindigkeit des Massenpunktes in $\overline{\Sigma}$ (2.71).

$\sum_j \bar{x}_j \ \dot{\bar{\mathbf{e}}}_j$: Geschwindigkeit eines **starr** mit $\overline{\Sigma}$ mitrotierenden Punktes von Σ aus gesehen. Für einen solchen Punkt ändern sich die Achsenrichtungen, nicht jedoch die Komponenten $\bar{x}_j$.

Diesen letzten Term formen wir mit Hilfe der die Rotation von $\overline{\Sigma}$ um den Ursprung in $\overline{\Sigma}$ beschreibenden Winkelgeschwindigkeit $\boldsymbol{\omega}$ um. $\boldsymbol{\omega}$ hat die Richtung der momentanen Drehachse. Die Geschwindigkeit des starr mitrotierenden Punktes ist senkrecht zu $\bar{\mathbf{r}}$ und senkrecht zu $\boldsymbol{\omega}$. Für den Betrag gilt:

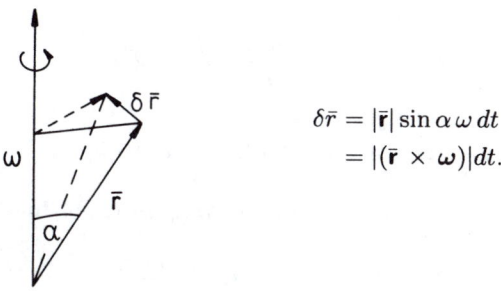

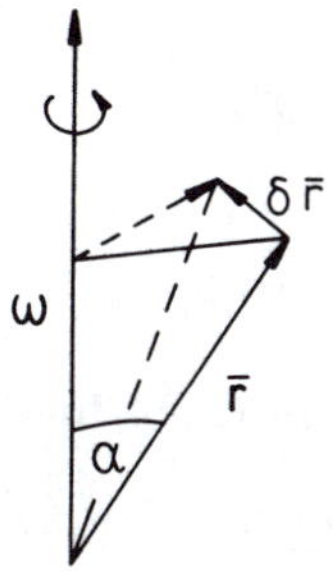

$$\delta\bar{r} = |\bar{\mathbf{r}}| \sin\alpha\,\omega\,dt$$
$$= |(\bar{\mathbf{r}} \times \boldsymbol{\omega})|dt.$$

Insgesamt gilt also:

$$\frac{\delta\bar{\mathbf{r}}}{dt} = \sum_{j=1}^{3} \bar{x}_j\,\dot{\bar{\mathbf{e}}}_j = \boldsymbol{\omega} \times \bar{\mathbf{r}}. \tag{2.73}$$

Dies setzen wir in (2.72) ein:

$$\dot{\mathbf{r}} = \dot{\mathbf{r}}_0 + \dot{\bar{\mathbf{r}}} + \boldsymbol{\omega} \times \bar{\mathbf{r}}. \tag{2.74}$$

Mit (2.70) liest sich das auch wie folgt:

$$\frac{d}{dt}(\mathbf{r} - \mathbf{r}_0) = \frac{d}{dt}\bar{\mathbf{r}} = \dot{\bar{\mathbf{r}}} + \boldsymbol{\omega} \times \bar{\mathbf{r}}. \tag{2.75}$$

Zeitablei-
tung von
Σ aus

Zeitablei-
tung in $\overline{\Sigma}$

Diese Gleichung liefert ganz allgemein eine Vorschrift dafür, wie man in einem Inertialsystem Σ einen Vektor zeitlich ableitet, der in einem rotierenden Koordinatensystem $\overline{\Sigma}$ dargestellt wird:

$$\frac{d}{dt} = \frac{\bar{d}}{dt} + \boldsymbol{\omega} \times . \tag{2.76}$$

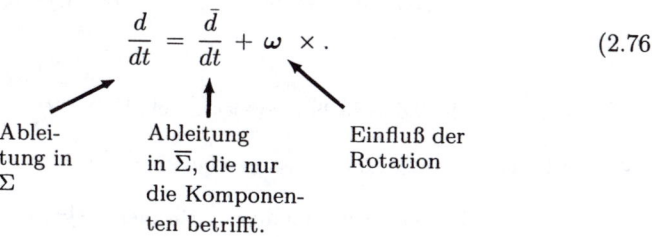

Ablei-
tung in
Σ

Ableitung
in $\overline{\Sigma}$, die nur
die Komponen-
ten betrifft.

Einfluß der
Rotation

Diese Vorschrift wenden wir gleich noch einmal auf (2.74) an:

$$\begin{aligned}
\frac{d}{dt}(\dot{\mathbf{r}} - \dot{\mathbf{r}}_0) &= \frac{d}{dt}\left(\mathring{\bar{\mathbf{r}}} + \boldsymbol{\omega} \times \bar{\mathbf{r}}\right) = \frac{d}{dt}\,\mathring{\bar{\mathbf{r}}} + \frac{d}{dt}(\boldsymbol{\omega} \times \bar{\mathbf{r}}) = \\
&= \mathring{\mathring{\bar{\mathbf{r}}}} + (\boldsymbol{\omega} \times \mathring{\bar{\mathbf{r}}}) + ((\dot{\boldsymbol{\omega}} \times \bar{\mathbf{r}}) + (\boldsymbol{\omega} \times \mathring{\bar{\mathbf{r}}})) + (\boldsymbol{\omega} \times (\boldsymbol{\omega} \times \bar{\mathbf{r}})) = \\
&= \mathring{\mathring{\bar{\mathbf{r}}}} + (\boldsymbol{\omega} \times (\boldsymbol{\omega} \times \bar{\mathbf{r}})) + 2(\boldsymbol{\omega} \times \mathring{\bar{\mathbf{r}}}) + (\dot{\boldsymbol{\omega}} \times \bar{\mathbf{r}}). \qquad (2.77)
\end{aligned}$$

Dies ergibt schließlich als **Bewegungsgleichung im Nicht-Inertialsystem $\bar{\Sigma}$:**

$$m\,\mathring{\mathring{\bar{\mathbf{r}}}} = \mathbf{F} - m\,\ddot{\mathbf{r}}_0 - m\boldsymbol{\omega} \times (\boldsymbol{\omega} \times \bar{\mathbf{r}}) - m(\dot{\boldsymbol{\omega}} \times \bar{\mathbf{r}}) - 2m\,(\boldsymbol{\omega} \times \mathring{\bar{\mathbf{r}}}), \qquad (2.78)$$

$$\bar{\mathbf{F}}_c = -2m(\boldsymbol{\omega} \times \mathring{\bar{\mathbf{r}}}): \quad \textbf{Coriolis-Kraft}, \qquad (2.79)$$

$$\bar{\mathbf{F}}_z = -m(\boldsymbol{\omega} \times (\boldsymbol{\omega} \times \bar{\mathbf{r}})): \quad \textbf{Zentrifugal-Kraft}. \qquad (2.80)$$

Diese recht komplizierten **Scheinkräfte**, die neben **F** auf der rechten Seite der Bewegungsgleichung (2.78) auftauchen, haben wiederum nichts anderes zu bedeuten, als daß durch sie die Bewegung eines kräftefreien Massenpunktes vom Nicht-Inertialsystem $\bar{\Sigma}$ aus gesehen gerade so kompliziert verläuft, daß sie vom Inertialsystem Σ aus geradlinig ist. Sie beruhen letztlich also auf der *Trägheit* des Teilchens und werden deshalb manchmal auch

Trägheitskräfte

genannt.

2.2.6 Aufgaben

Aufgabe 2.2.1

Σ und $\bar{\Sigma}$ seien zwei relativ zueinander bewegte kartesische Koordinatensysteme mit parallelen Achsen. Die Position eines Teilchens werde zu einer beliebigen Zeit t in Σ durch

$$\mathbf{r}(t) = (6\alpha_1 t^2 - 4\alpha_2 t)\,\mathbf{e}_1 - 3\alpha_3 t^3 \mathbf{e}_2 + 3\alpha_4 \mathbf{e}_3$$

und in $\bar{\Sigma}$ durch

$$\bar{\mathbf{r}}(t) = (6\alpha_1 t^2 + 3\alpha_2 t)\,\mathbf{e}_1 - (3\alpha_3 t^3 - 11\alpha_5)\,\mathbf{e}_2 + 4\alpha_6 t \mathbf{e}_3$$

beschrieben.

1) Mit welcher Geschwindigkeit bewegt sich $\bar{\Sigma}$ relativ zu Σ?

2) Welche Beschleunigung erfährt das Teilchen in Σ und $\bar{\Sigma}$?

3) Σ sei ein Inertialsystem. Ist dann auch $\bar{\Sigma}$ ein Inertialsystem?

Aufgabe 2.2.2

Obwohl Bewegungsgleichungen in Inertialsystemen einfacher sind, beschreibt man Bewegungen auf der Erde in der Regel in einem mit der Erde mitrotierenden Bezugssystem (Labor). Das ist strenggenommen wegen der Rotation der Erde dann kein Inertialsystem mehr.

Auf der Erdoberfläche werde in einem Punkt mit der geographischen Breite φ ein kartesisches Koordinatensystem $\overline{\Sigma}$ angebracht:

$\bar{x}_3$-Achse vertikal nach oben
$\bar{x}_2$-Achse nach Norden
$\bar{x}_1$-Achse nach Osten.

Für die Winkelgeschwindigkeit der Erde gilt:

$$|\boldsymbol{\omega}| = \frac{2\pi}{24} h^{-1} = 7.27 \cdot 10^{-5}\,\mathrm{s}^{-1}.$$

1) Wie lautet die Bewegungsgleichung eines Massenpunktes in diesem Koordinatensystem nahe der Erdoberfläche (vernachlässigen Sie Terme in ω^2)?

2) Berechnen Sie die Beschleunigung $\ddot{\mathbf{r}}_0$ des Koordinatenursprungs von $\overline{\Sigma}$ relativ zu einem im Erdmittelpunkt ruhenden Koordinatensystem Σ.

3) Wie groß ist die in $\overline{\Sigma}$ **gemessene** *wahre* Erdbeschleunigung $\hat{\mathbf{g}}$? Wie stellt sich die Erdoberfläche ein?

4) Wie hängt die Coriolis-Kraft von der geographischen Breite ab?

5) Legen Sie das Koordinatensystem $\overline{\Sigma}$ so, daß die $\bar{x}_3$-Achse senkrecht zur **realen** Erdoberfläche steht. Welche Bewegungsgleichungen sind dann für einen Massenpunkt nahe der Erdoberfläche zu lösen? Die Coriolis-Kraft kann in guter Näherung aus 4) übernommen werden, da $\mathbf{g}$ und $\hat{\mathbf{g}}$ nur einen kleinen Winkel miteinander bilden.

6) Ein zunächst ruhender Körper werde aus der Höhe H frei fallengelassen. Lösen Sie die Bewegungsgleichungen in 5) unter der Voraussetzung, daß $\dot{\bar{x}}_1$ und $\dot{\bar{x}}_2$ während der Fallzeit klein bleiben. Bestimmen Sie die von der Erdrotation bewirkte Ostabweichung!

2.3 Einfache Probleme der Dynamik

Die Grundaufgabe der Klassischen Mechanik besteht in der Berechnung des Bewegungsablaufes eines physikalischen Systems mit Hilfe des Newtonschen Bewegungsgesetzes (2.42) bzw. (2.43). Dabei muß die Kraft $\mathbf{F}$ bekannt sein. Die Lösung der Grundaufgabe geschieht in der Regel in drei Schritten:

1) Aufstellen der Bewegungsgleichung,

2) Lösung der Differentialgleichung mit Hilfe rein mathematischer Methoden,

3) Physikalische Interpretation der Lösung.

Bis auf Widerruf fassen wir in den folgenden Betrachtungen die Masse m als zeitunabhängige Materialkonstante auf, so daß wir das Bewegungsgesetz in der Form (2.43) verwenden dürfen.

Das einfachste Problem besteht natürlich in der **kräftefreien Bewegung**, dessen Resultat Axiom 1 entsprechen muß. Die Bewegungsgleichung hat die Gestalt

$$\mathbf{F} = m\,\ddot{\mathbf{r}} \equiv \mathbf{0}. \tag{2.81}$$

Genau genommen muß diese Gleichung für **jede** Komponente gesondert gelöst werden. Sie stellt deshalb eigentlich eine Kurzschreibweise für ein System von drei Gleichungen der Form

$$\begin{aligned} m\,\ddot{x}_1 &= 0, \\ m\,\ddot{x}_2 &= 0, \\ m\,\ddot{x}_3 &= 0 \end{aligned} \tag{2.82}$$

dar, wobei jede für sich eine sogenannte *lineare, homogene Differentialgleichung 2. Ordnung* ist. In einfachen Fällen wie dem vorliegenden ist es jedoch sinnvoll, gleich die kompaktere Darstellung (2.81) zu diskutieren, deren Lösung wir unmittelbar angeben können:

$$\mathbf{r}(t) = \mathbf{v}_0 t + \mathbf{r}_0. \tag{2.83}$$

Sie beschreibt einen ruhenden ($\mathbf{v}_0 = \mathbf{0}$) oder einen sich mit konstanter Geschwindigkeit $\mathbf{v}_0$ bewegenden Massenpunkt. Die Masse m geht nicht in die Lösung ein. Welche Bedeutung haben die beiden konstanten Vektoren $\mathbf{v}_0$ und $\mathbf{r}_0$? Die Buchstabenwahl macht es bereits deutlich:

$$\begin{aligned} \mathbf{v}_0 &= \dot{\mathbf{r}}\,(t=0): && \text{Geschwindigkeit zur Zeit } t = 0, \\ \mathbf{r}_0 &= \mathbf{r}\,(t=0): && \text{Teilchenort zur Zeit } t = 0. \end{aligned}$$

Die Bewegung des Massenpunktes ist vollkommen durch Angabe von Anfangslage $\mathbf{r}_0$ und Anfangsgeschwindigkeit $\mathbf{v}_0$ bestimmt. Da es sich dabei um Vektoren handelt, entspricht das der Vorgabe von 6 **Anfangsbedingungen**, je zwei für jede der drei Gleichungen in (2.82).

2.3.1 Bewegung im homogenen Schwerefeld

Gemäß unserem Programm haben wir also zunächst die Bewegungsgleichung aufzustellen. Nach (2.48) gilt zusammen mit (2.43), wenn wir noch die Gleichheit von träger und schwerer Masse ausnutzen:

$$\ddot{\mathbf{r}} = \mathbf{g}; \qquad \mathbf{g} = (0, 0, -g). \tag{2.84}$$

Die Masse kürzt sich heraus; im Schwerefeld werden also alle Körper gleich beschleunigt. Es handelt sich um eine

gleichmäßig beschleunigte Bewegung,

wie wir sie in Kap. (2.1.2) bereits diskutiert haben. Wir können die früheren Ergebnisse (2.30) und (2.31) unmittelbar übernehmen:

$$\mathbf{v}(t) = \mathbf{v}(t_0) + \mathbf{g} \cdot (t - t_0), \tag{2.85}$$

$$\mathbf{r}(t) = \mathbf{r}(t_0) + \mathbf{v}(t_0)(t - t_0) + \frac{1}{2}\mathbf{g} \cdot (t - t_0)^2. \tag{2.86}$$

Dies ist das rein mathematische Resultat, das wir physikalisch noch ein wenig interpretieren wollen:

Zunächst einmal stellen wir fest, daß die tatsächliche geometrische Gestalt der Bahnkurve stark von den Anfangsbedingungen $\mathbf{r}(t_0)$, $\mathbf{v}(t_0)$ abhängt. Wir demonstrieren dies an zwei **Spezialfällen**:

a) Freier Fall aus der Höhe h

Die Anfangsbedingungen lauten in diesem Fall ($t_0 = 0$):

$$\begin{aligned} \mathbf{r}(t = 0) &= (0, 0, h), \\ \mathbf{v}(t = 0) &= \mathbf{0}. \end{aligned} \tag{2.87}$$

Damit ergibt sich als Lösung:

$$x_1(t) = x_2(t) = 0; \quad \dot{x}_1(t) = \dot{x}_2(t) = 0.$$

Es handelt sich also um eine eindimensionale Bewegung:

$$x_3(t) = h - \frac{1}{2} g\, t^2; \quad \dot{x}_3(t) = -g\, t. \tag{2.88}$$

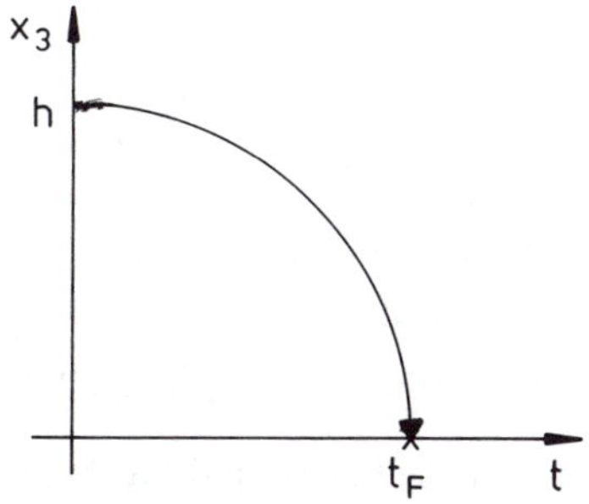

Als **Fallzeit** t_F bezeichnet man die Zeit, die der Körper braucht, um am Erdboden ($x_3 = 0$) anzukommen.

$$\begin{aligned} x_3(t_F) \overset{!}{=} 0 = h - \frac{1}{2} g\, t_F^2 \\ \Longrightarrow t_F = \sqrt{2h/g}. \end{aligned} \tag{2.89}$$

Für die Endgeschwindigkeit beim Aufprall gilt dann:

$$v_F = |\dot{x}_3(t_F)| = \sqrt{2hg}. \tag{2.90}$$

b) Senkrechter Wurf nach oben

Dies entspricht den Anfangsbedingungen ($t_0 = 0$):

$$\mathbf{r}(t=0) = \mathbf{0},$$
$$\mathbf{v}(t=0) = (0, 0, v_0). \tag{2.91}$$

Einsetzen in (2.85) und (2.86) ergibt zunächst:

$$x_1(t) = x_2(t) = 0; \quad \dot{x}_1(t) = \dot{x}_2(t) = 0.$$

Es handelt sich also wiederum um eine eindimensionale Bewegung:

$$x_3(t) = v_0 t - \frac{1}{2} g t^2; \quad \dot{x}_3(t) = v_0 - g t. \tag{2.92}$$

Wir schließen eine kurze Interpretation des Ergebnisses an: Die Geschwindigkeit des Wurfkörpers nimmt zunächst mit der Zeit ab. Sie wird Null, sobald er seine maximale Höhe erreicht hat.

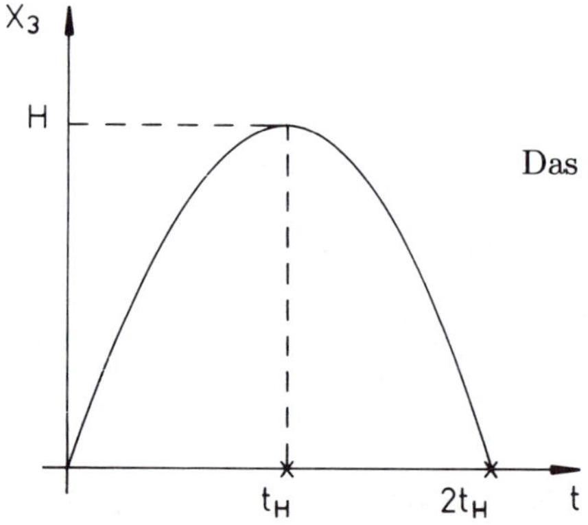

Das ist nach der Zeit t_H der Fall:

$$\dot{x}_3(t_H) \stackrel{!}{=} 0 = v_0 - g t_H$$
$$\Longrightarrow \quad t_H = \frac{v_0}{g}. \tag{2.93}$$

Nachher kehrt sich die Bewegungsrichtung um, $\dot{x}_3(t)$ wird negativ. Für die maximale Flughöhe gilt:

$$H = x_3(t_H) = \frac{v_0^2}{2g}. \tag{2.94}$$

Nach der Zeit $2t_H$ erreicht der Flugkörper wieder den Erdboden und hat beim Aufprall die Geschwindigkeit $-v_0$.

Für beliebige Anfangsbedingungen haben wir das allgemeine Ergebnis (2.85), (2.86), wie an diesen beiden Spezialfällen demonstriert, auszuwerten (**Wurfparabel**, s. Bild zum Beispiel c) in Kap. (2.1.2)). Man kann zeigen (Aufgabe (2.1.3)), daß die Bewegung dabei stets in einer festen, durch $\mathbf{v}(t = t_0)$ und $\mathbf{g}$ aufgespannten Ebene erfolgt.

Bis jetzt haben wir uns auf frühere Rechnungen und Resultate zurückziehen können. Wenn wir uns nun etwas komplizierteren Bewegungsproblemen zuwenden, so haben wir explizit eine lineare Differentialgleichung 2. Ordnung zu *integrieren.* Wir wollen uns deshalb zunächst in einem mathematischen Einschub kurz mit der allgemeinen Theorie linearer Differentialgleichungen auseinandersetzen.

2.3.2 Lineare Differentialgleichungen

Wir bezeichnen mit

$$x^{(n)}(t) = \frac{d^n}{dt^n} x(t) \tag{2.95}$$

die n-te Ableitung der Funktion $x(t)$. Eine Beziehung, die eine oder mehrere Ableitungen einer gesuchten Funktion enthält, wobei als höchste die n-te Ableitung auftritt,

$$f\left(x^{(n)}, x^{(n-1)}, \ldots, \dot{x}, x, t\right) = 0, \tag{2.96}$$

nennt man eine **Differentialgleichung n-ter Ordnung**. Ziel ist es, aus einer solchen Relation die **Lösungsfunktion** $x(t)$ zu bestimmen. Die dynamische Grundgleichung der Klassischen Mechanik (2.43) hat z.B. bei Verwendung von kartesischen Koordinaten eine solche Gestalt:

$$m\,\ddot{x}_i - F_i(\dot{x}_1, \dot{x}_2, \dot{x}_3, x_1, x_2, x_3, t) = 0, \quad i = 1, 2, 3. \tag{2.97}$$

Dies ist ein gekoppeltes System von drei Differentialgleichungen 2. Ordnung für die drei Funktionen $x_1(t), x_2(t), x_3(t)$.

Wir wollen uns hier jedoch zunächst auf eine Beziehung der Form (2.96) für **eine** Funktion $x(t)$ beschränken. Die zentrale Aussage formulieren wir in dem folgenden

Satz: Die **allgemeine** Lösung einer Differentialgleichung n-ter Ordnung (2.96) ist eine **Lösungsschar**

$$x = x(t\,|\gamma_1, \gamma_2, \ldots, \gamma_n),$$

die von n **unabhängigen** Parametern $\gamma_1, \gamma_2, \ldots, \gamma_n$ abhängt. – Jeder fest vorgegebene Satz von γ_i's führt dann zu einer **speziellen (auch partikulären)** Lösung.

Vergleichen Sie z.B. die Lösung (2.86) für die Bewegung im homogenen Schwerefeld mit diesem Satz. Es handelt sich um die Lösung einer Differentialgleichung 2. Ordnung. Für jede Komponentenlösung $x_i(t)$ gibt es zwei unabhängige Parameter $x_i(t_0)$ und $v_i(t_0)$. (2.86) stellt somit die **allgemeine** Lösung dar. **Spezielle** Lösungen fanden wir in den Beispielen a) und b) durch Fixierung der *Anfangswerte* in (2.87) bzw. (2.91).

Wichtig ist, daß auch die Umkehrung des obigen Satzes gültig ist.

Satz: Hängt die Lösung einer Differentialgleichung n-ter Ordnung (2.96) von n **unabhängigen** Parametern ab, so ist es die **allgemeine** Lösung.

Üblich, wenn auch keineswegs notwendig, ist es, die Parameter $\gamma_1, ..., \gamma_n$ mit den *Anfangswerten* $x(t_0)$, $\dot{x}\ (t_0), ..., x^{(n-1)}(t_0)$ zu identifizieren.

Der für uns wichtige Spezialfall ist die

lineare Differentialgleichung.

Als solche bezeichnet man eine Beziehung der Form (2.96), in die die Ableitungen $x^{(j)}$ lediglich linear eingehen:

$$\sum_{j=0}^{n} \alpha_j(t)\, x^{(j)}(t) = \beta(t), \tag{2.98}$$

wobei die Differentialgleichung mit $\beta(t) \equiv 0$ *homogen* und mit $\beta(t) \not\equiv 0$ *inhomogen* ist.

Wir betrachten zunächst die **homogenen, linearen Differentialgleichungen**. Für diese gilt das

Superpositionsprinzip:

Mit $x_1(t)$ und $x_2(t)$ ist auch $c_1x_1(t) + c_2x_2(t)$ bei beliebigen Koeffizienten c_1, c_2 Lösung der Differentialgleichung.

Wegen der Linearität der Differentialgleichung ist der Beweis klar.

Man kann ferner wie bei Vektoren eine **lineare Unabhängigkeit** von Lösungen definieren:

m Lösungsfunktionen $x_1(t), ..., x_m(t)$ heißen **linear unabhängig**, falls

$$\sum_{j=1}^{m} \alpha_j x_j(t) = 0 \tag{2.99}$$

nur für $\alpha_1 = \alpha_2 = \ ...\ = \alpha_m = 0$ zur Identität wird.

Sei nun m die Maximalzahl linear unabhängiger Lösungsfunktionen, dann läßt sich die **allgemeine** Lösung $x(t\,|\gamma_1, ..., \gamma_n)$ für **jede** feste Wahl der γ_i schreiben:

$$x(t\,|\gamma_1, ..., \gamma_n) = \sum_{j=1}^{m} \alpha_j x_j(t). \tag{2.100}$$

Wenn das nicht möglich wäre, dann wäre $x(t\,|..)$ selbst eine linear unabhängige Lösung und damit m nicht die Maximalzahl. Nun hängt die rechte Seite aber im Prinzip von m unabhängigen Parametern α_j ab. Dies bedeutet, daß m **nicht kleiner** als n sein darf, sonst wäre $x(t\,|..)$ nicht die allgemeine Lösung. Andererseits darf m aber auch **nicht größer** als n sein, da sonst $x(t\,|..)$ von mehr als n unabhängigen Parametern abhängen würde. Also ist $m = n$. Wir halten fest:

Die allgemeine Lösung der homogenen, linearen Differentialgleichung n-ter Ordnung läßt sich als Linearkombination von n linear unabhängigen Lösungsfunktionen schreiben.

Dies kann man auch als **Rezept** zur Lösung einer Differentialgleichung n-ter Ordnung auffassen. Hat man z.B. durch Erraten oder Probieren n linear unabhängige Lösungen gefunden, so stellt eine Linearkombination derselben die allgemeine Lösung dar.

Kommen wir nun zur **inhomogenen Differentialgleichung n-ter Ordnung.** Seien

$x(t\,|\gamma_1, ..., \gamma_n)$: allgemeine Lösung der zugehörigen homogenen Gleichung,

$x_0(t)$: spezielle Lösung der inhomogenen Gleichung,

dann ist

$$\bar{x}(t|\gamma_1, ..., \gamma_n) = x(t|\gamma_1, ..., \gamma_n) + x_0(t) \tag{2.101}$$

zunächst einmal überhaupt Lösung der inhomogenen Gleichung, wie man sich wegen der Linearität der Differentialgleichung unmittelbar klarmacht; zum anderen ist es aber auch gleich die allgemeine Lösung, da sie ja bereits von n unabhängigen Parametern abhängt. Daraus machen wir ein **Rezept** für die Lösung einer linearen, inhomogenen Differentialgleichung:

> *Suchen Sie die allgemeine Lösung der zugehörigen homogenen Differentialgleichung und* **eine** *spezielle Lösung der inhomogenen Gleichung. Nach (2.101) ist die Summe dann bereits die gesuchte allgemeine Lösung der inhomogenen Differentialgleichung.*

Dieses Rezept werden wir im folgenden immer wieder benutzen.

2.3.3 Bewegung im homogenen Schwerefeld mit Reibung

Jeder bewegte makroskopische Körper wird durch Wechselwirkung mit seiner Umgebung gebremst. Es treten also bei der Bewegung **Reibungskräfte** auf, die der Bewegung entgegengerichtet sind. Obwohl man bis heute nur sehr wenig von den eigentlichen Ursachen der Reibung versteht, weiß man doch, daß es sich um ein **makroskopisches Phänomen** handeln muß. Die Bewegungsgleichungen der Atom- und Kernphysik enthalten **keine** Reibungsterme.

a) Reibung in Gasen und Flüssigkeiten

In zähen Medien gilt in sehr guter Näherung der Ansatz (2.59):

$$\mathbf{F}_R = -\alpha(v)\mathbf{v}. \tag{2.102}$$

$\alpha(v)$ muß dabei empirisch bestimmt werden. Spezielle Formen sind die bereits in (2.60) und (2.61) genannten Ansätze:

1) Newtonsche Reibung

$$\mathbf{F}_R = -\alpha\, v\, \mathbf{v}. \tag{2.103}$$

Für die Brauchbarkeit dieses Ansatzes muß die Geschwindigkeit des sich bewegenden Körpers eine gewisse, vom *reibenden* Material abhängige Grenzgeschwindigkeit überschreiten (schnelle Geschosse, Bewegung in zähen Flüssigkeiten).

2) Stokessche Reibung

Sind die Relativgeschwindigkeiten in zähen Medien kleiner als die erwähnte Grenzgeschwindigkeit, so verwendet man den Ansatz:

$$\mathbf{F}_R = -\alpha\, \mathbf{v}. \tag{2.104}$$

b) Reibung zwischen Festkörpern

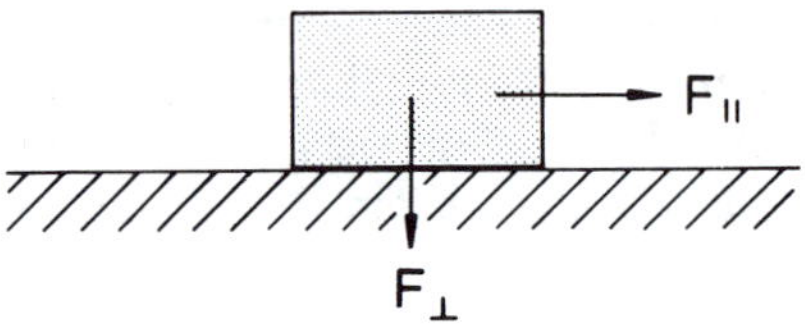

Ein fester Körper drückt mit der Kraft $\mathbf{F}_\perp$ auf die Unterlage. Für die Fortbewegung spielt nur die Tangentialkomponente $\mathbf{F}_\parallel$ der äußeren Kraft eine Rolle.

1) Gleitreibung

Man beobachtet, daß die Reibungskraft weitgehend von der Auflagefläche und von der Relativgeschwindigkeit unabhängig ist:

$$\mathbf{F}_R = -\mu_g\, F_\perp \frac{\mathbf{v}}{v}, \quad \text{falls } v > 0. \tag{2.105}$$

Man spricht auch von **Coulombscher Reibung**. μ_g ist der **Gleitreibungskoeffizient**.

2) Haftreibung

Für den Fall $v = 0$ tritt Haftreibung auf, die die Parallelkomponente $\mathbf{F}_\parallel$ der äußeren Kraft kompensiert:

$$\mathbf{F}_R = -\mathbf{F}_\parallel \ (v = 0). \tag{2.106}$$

Dies gilt natürlich nur so lange, wie die Zugkraft nicht eine gewisse obere Grenze überschreitet, die durch den **Haftreibungskoeffizienten** μ_H festgelegt wird:

$$F_{\|} < \mu_H F_{\perp}. \tag{2.107}$$

Das Experiment zeigt, daß generell $0 < \mu_g < \mu_H$ gilt.

Nach diesen Vorbemerkungen wollen wir nun die Bewegung eines Körpers, z.B. eines Fallschirms, im Schwerefeld der Erde und unter dem Einfluß von Reibung diskutieren. Wir können in guter Näherung von Stokesscher Reibung (2.103) ausgehen. Die Bewegungsgleichung lautet dann:

$$m\,\ddot{\mathbf{r}} = -m\,\mathbf{g} - \alpha\,\dot{\mathbf{r}}\,. \tag{2.108}$$

Dies ist eine inhomogene Differentialgleichung 2. Ordnung,

$$m\,\ddot{\mathbf{r}} + \alpha\,\dot{\mathbf{r}} = -m\,\mathbf{g},$$

mit der Inhomogenität $(-m\,\mathbf{g})$. Um die allgemeine Lösung dieser Gleichung zu finden, suchen wir zunächst die allgemeine Lösung der zugehörigen homogenen Gleichung

$$m\,\ddot{\mathbf{r}} + \alpha\,\dot{\mathbf{r}} = \mathbf{0}. \tag{2.109}$$

Genau genommen haben wir diese Gleichung für jede Komponente zu lösen:

$$m\,\ddot{x}_i + \alpha\,\dot{x}_i = 0; \quad i = 1,2,3. \tag{2.110}$$

Bei solchen Differentialgleichungen mit **konstanten** Koeffizienten ist der folgende Ansatz typisch und erfolgreich:

$$x_i = e^{\gamma t}.$$

Einsetzen liefert:

$$e^{\gamma t}(m\gamma^2 + \alpha\gamma) = 0 \Longleftrightarrow m\gamma^2 + \alpha\gamma = 0.$$

Diese Gleichung hat die Lösungen:

$$\gamma_1 = 0; \quad \gamma_2 = -\frac{\alpha}{m}.$$

Dies entspricht den beiden linear unabhängigen Lösungen der Gleichung (2.110):

$$x_i^{(1)}(t) = 1; \quad x_i^{(2)}(t) = e^{-(\alpha/m)t}.$$

Wie in Kap. (2.3.2) erläutert, stellt die Linearkombination dieser beiden Funktionen die allgemeine Lösung dar:

$$x_i^{(0)}(t) = a_i^{(1)} + a_i^{(2)} e^{-(\alpha/m)t}. \tag{2.111}$$

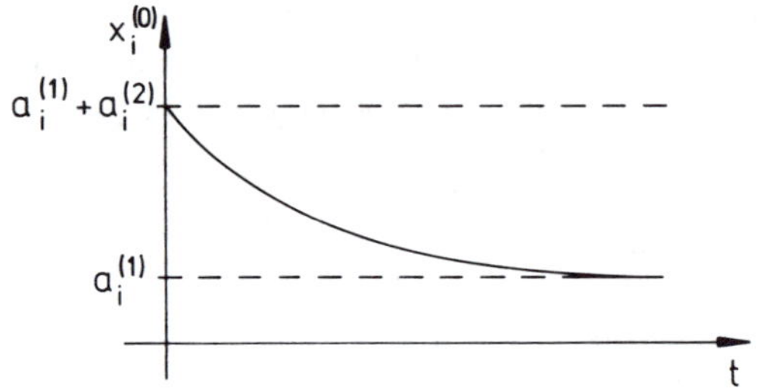

Dies entspricht der Bewegung unter dem **alleinigen** Einfluß der Reibung.

Für die allgemeine Lösung der inhomogenen Gleichung brauchen wir nur die x_3-Komponente zu untersuchen, da $\mathbf{g} = (0, 0, g)$. Für die anderen beiden Komponenten ist die Inhomogenität Null und damit (2.111) bereits die vollständige Lösung:

$$m\, \ddot{x}_3 + \alpha\, \dot{x}_3 = -mg. \tag{2.112}$$

Wir suchen nach einer **speziellen** Lösung, um diese dann mit der allgemeinen Lösung der homogenen Gleichung zu kombinieren. Diese gewinnen wir mit der folgenden Überlegung. Die Schwerkraft wird die Geschwindigkeit des Massenpunktes zunächst so lange erhöhen, bis die damit ebenfalls anwachsende Reibungskraft der Schwerkraft das Gleichgewicht hält:

$$\alpha\, \dot{x}_3^{(E)} = -mg \Longleftrightarrow \dot{x}_3^{(E)} = -\frac{m}{\alpha} g. \tag{2.113}$$

Sobald der Massenpunkt diese Geschwindigkeit erreicht hat, ergibt sich nach (2.108) eine kräftefreie Bewegung. Diese ergibt sich aber auch, wenn wir den Massenpunkt gleich mit der Anfangsgeschwindigkeit $\dot{x}_3^{(E)}$ loslassen. Er führt dann eine geradlinig gleichförmige Bewegung mit der konstanten Geschwindigkeit $\dot{x}_3^{(E)}$ aus. Damit haben wir aber bereits eine spezielle Lösung der inhomogenen Gleichung (2.112) gefunden:

$$x_3(t) = -\frac{m}{\alpha} g\, t. \tag{2.114}$$

Damit ergibt sich als allgemeine Lösung:

$$x_3(t) = a_3^{(1)} + a_3^{(2)} e^{-(\alpha/m)t} - \frac{m}{\alpha} g\, t. \tag{2.115}$$

Für die beiden anderen Komponenten bleibt (2.111):

$$x_2(t) = a_2^{(1)} + a_2^{(2)} e^{-(\alpha/m)t},$$
$$x_1(t) = a_1^{(1)} + a_1^{(2)} e^{-(\alpha/m)t}. \qquad (2.116)$$

Jede Komponentenlösung enthält zwei unabhängige Parameter. Für die Geschwindigkeiten gilt:

$$v_1(t) = -a_1^{(2)} \frac{\alpha}{m} e^{-(\alpha/m)t},$$
$$v_2(t) = -a_2^{(2)} \frac{\alpha}{m} e^{-(\alpha/m)t}, \qquad (2.117)$$
$$v_3(t) = -\left(a_3^{(2)} \frac{\alpha}{m} e^{-(\alpha/m)t} + \frac{m}{\alpha} g\right) \qquad (2.118)$$
$$\underset{t\to\infty}{\Longrightarrow} \quad -\frac{m}{\alpha} g.$$

Wählen wir als Anfangsbedingungen (senkrechter Fall):

$$\mathbf{r}(t=0) = (0,0,H), \quad \mathbf{v}(t=0) = (0,0,0),$$

so folgt zunächst

$$x_1(t) = x_2(t) \equiv 0. \qquad (2.119)$$

Es handelt sich also um eine lineare Bewegung.

$$H = a_3^{(1)} + a_3^{(2)},$$
$$0 = a_3^{(2)} \frac{\alpha}{m} + \frac{m}{\alpha} g \Longrightarrow a_3^{(2)} = -\frac{m^2}{\alpha^2} g,\ a_3^{(1)} = H + \frac{m^2}{\alpha^2} g.$$

Damit ergibt sich das konkrete Resultat:

$$v_3(t) = \frac{m}{\alpha} g \left(e^{-(\alpha/m)t} - 1\right), \qquad (2.120)$$
$$x_3(t) = H + \frac{m}{\alpha} g \left[\frac{m}{\alpha}\left(1 - e^{-(\alpha/m)t}\right) - t\right]. \qquad (2.121)$$

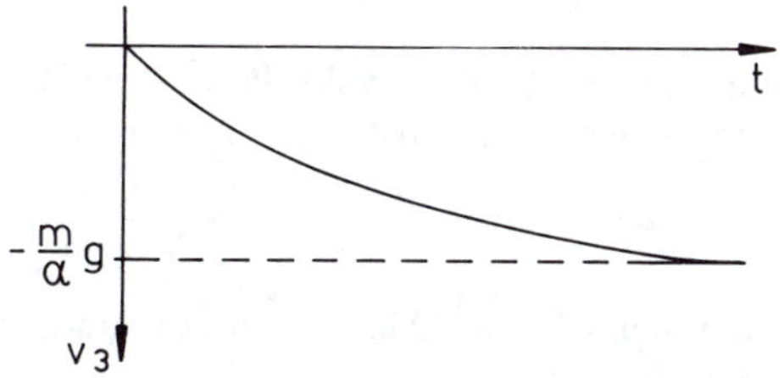

Für $t \to \infty$ strebt die Geschwindigkeit $v_3(t)$ dem Grenzwert $\dot{x}_3^{(E)}$ entgegen.

2.3.4 Fadenpendel

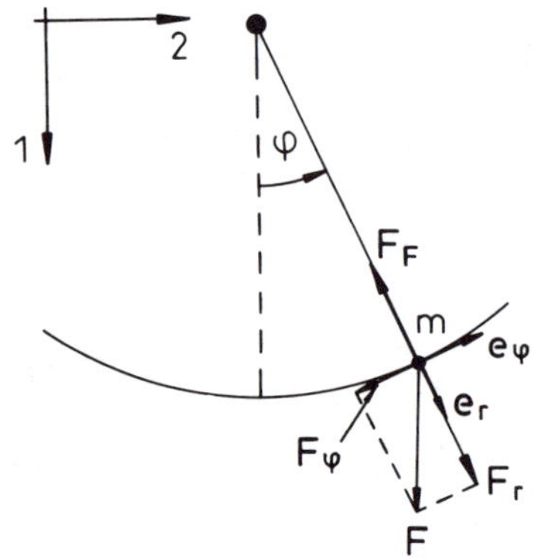

Als weiteres einfaches Problem der Dynamik wollen wir nun das Fadenpendel diskutieren, das manchmal auch **mathematisches Pendel** genannt wird, da es sich weitgehend um eine mathematische Abstraktion handelt. Man betrachtet die Bewegung eines Massenpunktes, der an einem **masselosen** Faden befestigt ist. Dieser habe die konstante Länge l, so daß der Massenpunkt eine ebene Bewegung auf einem Kreisbogen mit dem Radius l ausführt. Auf den Massenpunkt wirkt die Schwerkraft

$$\mathbf{F} = m_s \, \mathbf{g}; \quad \mathbf{g} = (g, 0, 0). \tag{2.122}$$

Das Fadenpendel eignet sich vortrefflich zur Demonstration der Äquivalenz von träger und schwerer Masse, so daß wir hier zunächst noch einmal zwischen beiden unterscheiden wollen.

Sinnvoll ist die Verwendung von ebenen Polarkoordinaten:

$$\begin{aligned} \mathbf{F} &= F_r \mathbf{e}_r + F_\varphi \mathbf{e}_\varphi, \\ F_r &= m_s \, g \cos\varphi, \\ F_\varphi &= -m_s \, g \sin\varphi. \end{aligned} \tag{2.123}$$

Ausführlich lautet die **Bewegungsgleichung** unter Benutzung von (2.13):

$$m_t \left[(\ddot{r} - r\,\dot{\varphi}^2)\,\mathbf{e}_r + (r\,\ddot{\varphi} + 2\,\dot{r}\dot{\varphi})\,\mathbf{e}_\varphi \right] = (F_r + F_F)\mathbf{e}_r + F_\varphi \mathbf{e}_\varphi.$$

Man nennt F_F die

Fadenspannung.

Es handelt sich um eine sogenannte **Zwangskraft**, die gewisse **Zwangsbedingungen** realisiert, hier den konstanten Abstand vom Drehpunkt:

$$r = l = \text{const.}; \quad \dot{r} = \ddot{r} = 0.$$

F_F verhindert also den freien Fall des Massenpunktes und sorgt in radialer Richtung für ein statisches Problem:

$$F_F = -m_s \, g \cos\varphi - m_t \, l \, \dot{\varphi}^2 \,. \tag{2.124}$$

Interessant ist deshalb lediglich die Bewegung in $\mathbf{e}_\varphi$-Richtung:

$$m_t\, l\, \ddot{\varphi} = -m_s\, g \sin\varphi \Longrightarrow \ddot{\varphi} + \frac{g}{l}\frac{m_s}{m_t} \sin\varphi = 0. \tag{2.125}$$

Die nicht-lineare Funktion von φ, die neben $\ddot{\varphi}$ auftritt, macht die Lösung etwas unhandlich. Die Rechnung führt auf sogenannte elliptische Integrale 1. Art.

Wir beschränken uns hier auf **kleine** Pendelausschläge, so daß wir

$$\sin\varphi \approx \varphi$$

setzen können. Die Bewegungsgleichung nimmt dann die Gestalt einer **Schwingungsgleichung** an:

$$\ddot{\varphi} + \frac{g}{l}\frac{m_s}{m_t}\varphi = 0. \tag{2.126}$$

Das ist wiederum eine homogene Differentialgleichung 2. Ordnung. $\varphi(t)$ muß eine Funktion sein, die sich nach zweimaligem Differenzieren bis aufs Vorzeichen reproduziert. Deshalb sind

$$\varphi_1(t) = \sin\omega t \quad \text{und} \quad \varphi_2(t) = \cos\omega t$$

zwei linear unabhängige Lösungen, falls man

$$\omega^2 = \frac{g}{l}\frac{m_s}{m_t}$$

wählt. Die allgemeine Lösung lautet dann:

$$\varphi(t) = A \sin\omega t + B \cos\omega t. \tag{2.127}$$

A und B lassen sich durch Anfangsbedingungen festlegen, z.B.

$$A = \frac{1}{\omega}\, \dot{\varphi}\,(t = 0),\; B = \varphi\,(t = 0).$$

Experimentell beobachtet man, daß die **Kreisfrequenz** ω unabhängig von der Masse des schwingenden Teilchens ist. Das ist wiederum nur durch $m_s \sim m_t$ erklärbar. Wir setzen deshalb wie in (2.51) $m_s = m_t$:

$$\textbf{Kreisfrequenz} \quad \omega = \sqrt{\frac{g}{l}}. \tag{2.128}$$

Als **Schwingungsdauer** τ bezeichnet man die Zeit für eine volle Schwingung; die Zeit also, nach der der Massenpunkt wieder seinen Ausgangspunkt annimmt:

$$\omega\tau = 2\pi \Longleftrightarrow \tau = 2\pi\sqrt{\frac{l}{g}}. \tag{2.129}$$

Dieses Resultat erlaubt eine recht genaue Bestimmung der Erdbeschleunigung g. Als **Frequenz** ν bezeichnet man die Zahl der vollen Schwingungen pro Sekunde:

$$\nu = \frac{1}{\tau} = \frac{1}{2\pi}\sqrt{\frac{g}{l}} = \frac{\omega}{2\pi}. \tag{2.130}$$

Die Lösung (2.127) entspricht der Überlagerung von zwei Schwingungen gleicher Frequenz mit unterschiedlichen **Amplituden** A und B. Dabei gibt die Amplitude die maximale Auslenkung aus der Ruhelage an. Statt (2.127) können wir auch schreiben:

$$\varphi(t) = \sqrt{A^2 + B^2}\left(\frac{A}{\sqrt{A^2 + B^2}}\sin\omega t + \frac{B}{\sqrt{A^2 + B^2}}\cos\omega t\right).$$

Wir definieren:

$$A_0 = \sqrt{A^2 + B^2}; \quad \cos\alpha = \frac{A}{\sqrt{A^2 + B^2}}; \quad \sin\alpha = \frac{B}{\sqrt{A^2 + B^2}}$$

und finden dann mit Hilfe des Additionstheorems:

$$\sin(x + y) = \sin x\cos y + \cos x\sin y$$

eine alternative Darstellung für die Lösung $\varphi(t)$:

$$\varphi(t) = A_0\sin(\omega t + \alpha). \tag{2.131}$$

Die Überlagerung der beiden Schwingungen in (2.127) ist also erneut eine Schwingung mit exakt derselben Frequenz und einer **Phasenverschiebung** α.

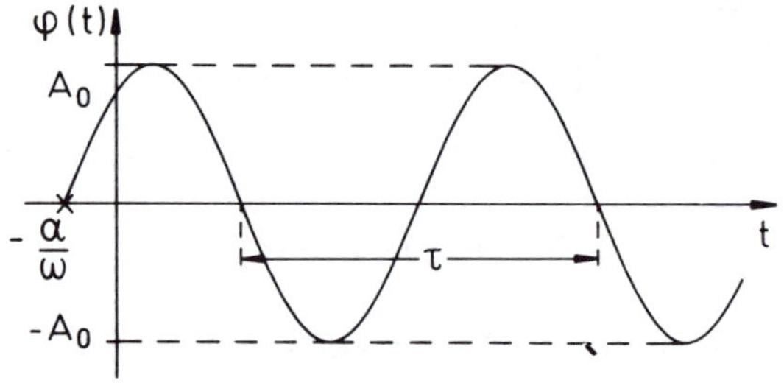

2.3.5 Komplexe Zahlen

Zur Lösung der Schwingungsgleichung (2.126) haben wir eine Funktion gesucht, die sich bei zweimaligem Differenzieren im wesentlichen reproduziert. Das ist bei den trigonometrischen Funktionen Sinus und Kosinus der Fall. Eine ähnliche Eigenschaft besitzt aber auch die in vielerlei Hinsicht *mathematisch handliche* Exponentialfunktion. Der Ansatz $e^{\alpha t}$ hätte jedoch auf die Bestimmungsgleichung

$$e^{\alpha t}\left(\alpha^2 + \frac{g}{l}\right) = 0; \quad e^{\alpha t} \neq 0$$

geführt, eine Gleichung, die für reelle α nicht lösbar ist. Sie ist allerdings lösbar, wenn man **komplexe Zahlen** zuläßt.

Durch Verwendung von komplexen Zahlen und Funktionen lassen sich in der Theoretischen Physik viele Sachverhalte mathematisch einfacher beschreiben. Natürlich sind alle meßbaren Größen, die sogenannten **Observablen**, in jedem Fall reell, so daß wir stets in der Lage sein müssen, reelle und komplexe Darstellungen in Beziehung zu setzen. Das soll in diesem Abschnitt geübt werden.

a) Imaginäre Zahlen

Charakteristisch für den neuen Zahlentyp der imaginären Zahlen ist, daß ihr Quadrat stets eine **negative** reelle Zahl ist.

Definition: Einheit der imaginären Zahlen

$$i^2 = -1 \Longleftrightarrow i = \sqrt{-1}. \tag{2.132}$$

Jede **imaginäre Zahl** läßt sich als

$$i \cdot y$$

mit reellem y schreiben.

Beispiele:

1) $\sqrt{-4} = \sqrt{-1} \cdot \sqrt{4} = \pm 2i$,

2) $i^3 = i \cdot i^2 = -i$,

3) $\alpha^2 + \frac{g}{l} = 0 \Longrightarrow \alpha_{1,2} = \pm i\sqrt{\frac{g}{l}}$.

b) Komplexe Zahlen

Definition: Die **komplexe Zahl** z ist die Summe aus einer reellen und einer imaginären Zahl:

$$z = x + iy, \tag{2.133}$$

wobei x: Realteil von z, y: Imaginärteil von z.

Man nennt

$$z^* = x - iy \tag{2.134}$$

die zu z **konjugiert komplexe Zahl**.

Eine komplexe Zahl ist nur dann Null, wenn Real- **und** Imaginärteil gleich Null sind. Die reellen und die imaginären Zahlen sind spezielle komplexe Zahlen, nämlich solche mit verschwindendem Imaginär- bzw. Realteil.

c) Rechenregeln

Bei der Aufstellung von Rechenregeln lassen wir uns von den entsprechenden Regeln der reellen Zahlen leiten, da diese ja als ganz spezielle komplexe Zahlen aufgefaßt werden können.

Man **addiert (subtrahiert)** zwei komplexe Zahlen,

$$z_1 = x_1 + iy_1; \quad z_2 = x_2 + iy_2,$$

indem man Real- und Imaginärteile getrennt addiert (subtrahiert):

$$z = z_1 \pm z_2 = (x_1 \pm x_2) + i(y_1 \pm y_2). \tag{2.135}$$

Das **Produkt** erhält man durch formales Ausmultiplizieren unter Berücksichtigung von (2.132):

$$z = z_1 z_2 = (x_1 x_2 - y_1 y_2) + i(x_1 y_2 + y_1 x_2). \tag{2.136}$$

Das Produkt ist offenbar nur dann Null, wenn einer der beiden Faktoren Null ist. Man kann deshalb auch den **Quotienten** zweier komplexer Zahlen einführen,

$$z = \frac{z_1}{z_2} = \frac{z_1 z_2^*}{z_2 z_2^*} = \frac{1}{x_2^2 + y_2^2}\left[(x_1 x_2 + y_1 y_2) + i(y_1 x_2 - x_1 y_2)\right], \tag{2.137}$$

wobei $z_2 \neq 0$ zu fordern ist.

d) Komplexe Zahlenebene

Man kann Real- und Imaginärteil einer komplexen Zahl als die beiden Komponenten eines zweidimensionalen Vektors auffassen:

$$z = x + iy = (x, y). \tag{2.138}$$

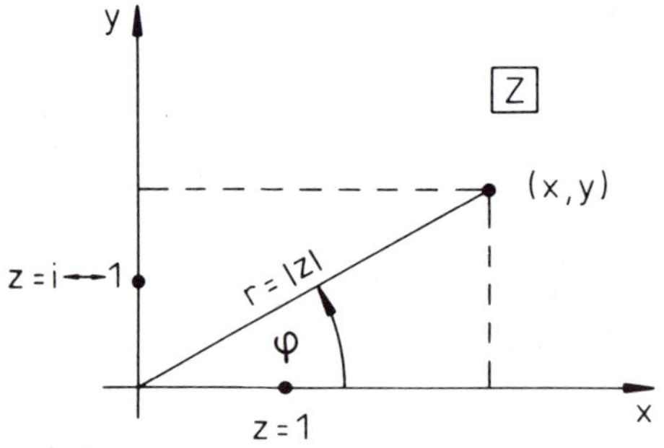

Der Realteil entspricht dann der Projektion auf die **reelle Achse**, der Imaginärteil der auf die **imaginäre Achse. Basisvektoren** dieser sogenannten **komplexen Zahlenebene** sind dann:

$$1 = (1, 0); \quad i = (0, 1). \tag{2.139}$$

Wie ganz normale zweidimensionale Vektoren kann man auch die komplexen Zahlen durch ebene Polarkoordinaten darstellen **(Polardarstellung)**:

$$\begin{aligned} x &= r\cos\varphi, & & z = r(\cos\varphi + i\sin\varphi), \\ & & \Longrightarrow & \\ y &= r\sin\varphi & & z^* = r(\cos\varphi - i\sin\varphi). \end{aligned} \tag{2.140}$$

z^* ergibt sich also aus z durch Spiegelung an der reellen Achse.

Man definiert:

Betrag von z:

$$|z| = r = \sqrt{x^2 + y^2}. \tag{2.141}$$

Argument von z:

$$\varphi = \arg(z) = \arctan\frac{y}{x}. \tag{2.142}$$

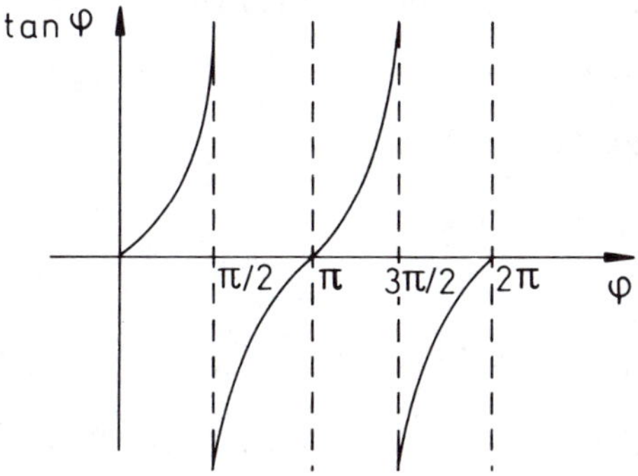

Für jeden Wert von $y/x = \tan\varphi$ zwischen $-\infty$ und $+\infty$ gibt es **zwei** φ-Werte zwischen 0 und 2π. Es muß derjenige φ-Wert angenommen werden, mit dem sich die Transformationsformeln (2.140) erfüllen lassen.

Für den Betrag gilt

$$|z| = \sqrt{z \cdot z^*}, \tag{2.143}$$

wie man leicht nachrechnet:

$$z \cdot z^* = (x + iy)(x - iy) = x^2 + y^2 + i(yx - xy) = x^2 + y^2 = |z|^2.$$

e) Exponentialform einer komplexen Zahl

Für die Exponentialfunktion e^x gilt die Reihenentwicklung

$$e^x = 1 + x + \frac{x^2}{2!} + \frac{x^3}{3!} + \ldots = \sum_{n=0}^{\infty} \frac{x^n}{n!}. \tag{2.144}$$

Entsprechende Entwicklungen kennt man auch für die trigonometrischen Funktionen Sinus und Kosinus:

$$\sin x = x - \frac{x^3}{3!} + \frac{x^5}{5!} - \ldots = \sum_{n=0}^{\infty} (-1)^n \frac{x^{2n+1}}{(2n+1)!} = \frac{1}{i} \sum_{n=0}^{\infty} \frac{(ix)^{2n+1}}{(2n+1)!}, \tag{2.145}$$

$$\cos x = 1 - \frac{x^2}{2!} + \frac{x^4}{4!} - \ldots = \sum_{n=0}^{\infty} (-1)^n \frac{x^{2n}}{(2n)!} = \sum_{n=0}^{\infty} \frac{(ix)^{2n}}{(2n)!}. \tag{2.146}$$

Man liest daran die sehr wichtige

Eulersche Formel

$$e^{i\varphi} = \cos\varphi + i \sin\varphi \tag{2.147}$$

ab, mit der sich nach (2.140) nun eine komplexe Zahl auch wie folgt darstellen läßt:

$$z = |z| e^{i\varphi}. \tag{2.148}$$

Da der Kosinus eine gerade, der Sinus eine ungerade Funktion von φ ist, gilt:

$$e^{-i\varphi} = \cos\varphi - i \sin\varphi \tag{2.149}$$

und damit für die konjugiert komplexe Zahl:

$$z^* = |z| e^{-i\varphi}. \tag{2.150}$$

Nützlich sind auch die Umkehrformeln:

$$\cos\varphi = \frac{1}{2}\left(e^{i\varphi} + e^{-i\varphi}\right); \quad \sin\varphi = \frac{1}{2i}\left(e^{i\varphi} - e^{-i\varphi}\right). \tag{2.151}$$

Wichtig: Jede komplexe Zahl ist als Funktion von φ periodisch mit der Periode 2π:

$$|z| e^{i\varphi} = |z| e^{i(\varphi + 2n\pi)}, \quad n = \pm 1, \pm 2, \ldots \tag{2.152}$$

f) Weitere Rechenregeln

Multiplikation [vgl. mit (2.136)]:

$$z = z_1 \cdot z_2 = |z_1| \cdot |z_2| \, e^{i(\varphi_1 + \varphi_2)}$$
$$\Longrightarrow |z| = |z_1| \cdot |z_2|; \quad \arg(z) = \varphi_1 + \varphi_2. \tag{2.153}$$

Division [vgl. mit (2.137)]:

$$z = \frac{z_1}{z_2} = \frac{|z_1|}{|z_2|} \, e^{i(\varphi_1 - \varphi_2)}$$
$$\Longrightarrow |z| = \frac{|z_1|}{|z_2|}; \quad \arg(z) = \varphi_1 - \varphi_2. \tag{2.154}$$

Potenzieren:

$$z = z_1^n = |z_1|^n \, e^{in\varphi_1}$$
$$\Longrightarrow |z| = |z_1|^n; \quad \arg(z) = n\varphi_1. \tag{2.155}$$

Wurzelziehen:

$$z = \sqrt[n]{z_1} = \sqrt[n]{|z_1|}\, e^{i\varphi/n}$$
$$\Longrightarrow |z| = \sqrt[n]{|z_1|}; \quad \arg(z) = \varphi/n. \tag{2.156}$$

Beispiele:

1) $\ln(-5) = \ln(5 \cdot e^{i\pi}) = \ln 5 + \ln e^{i\pi} = \ln 5 + i\pi.$

2)

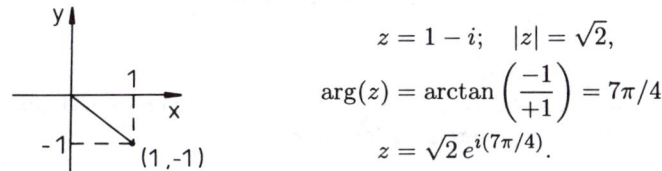

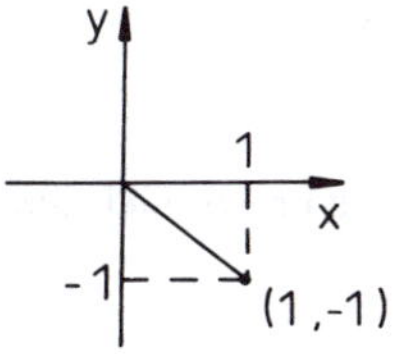

$$z = 1 - i; \quad |z| = \sqrt{2},$$
$$\arg(z) = \arctan\left(\frac{-1}{+1}\right) = 7\pi/4,$$
$$z = \sqrt{2}\, e^{i(7\pi/4)}.$$

3) $\sqrt{1-i} = 2^{1/4}\, e^{i(7\pi/8)}.$

4) $\ln(1+3i) = \ln\left(\sqrt{10}\, e^{i \arctan 3}\right) = \frac{1}{2} \ln 10 + i \arctan 3.$

5) $\dfrac{1}{i} = -i.$

6) $|e^{i\varphi}| = \left(\cos^2\varphi + \sin^2\varphi\right)^{1/2} = \sqrt{1} = 1.$

Die komplexen Zahlen $e^{i\varphi}$ liegen also in der komplexen Zahlenebene auf dem Einheitskreis um den Koordinatenursprung.

2.3.6 Linearer harmonischer Oszillator

Der harmonische Oszillator gehört zu den wichtigsten und am intensivsten untersuchten Modellsystemen der Theoretischen Physik. Sein Anwendungsbereich geht weit über das Gebiet der Klassischen Mechanik hinaus. Wir werden uns in der Elektrodynamik und insbesondere in der Quantentheorie immer wieder mit diesem Modell beschäftigen. Die Bedeutung dieses Modellsystems liegt vor allem darin, daß es zu den wenigen mathematisch streng behandelbaren Systemen gehört, an dem sich deshalb viele Gesetzmäßigkeiten der Theoretischen Physik demonstrieren lassen. Man versteht unter dem harmonischen Oszillator ein schwingungsfähiges System, das einer charakteristischen Bewegungsgleichung von demselben Typ wie Gleichung (2.126) für das Fadenpendel genügt.

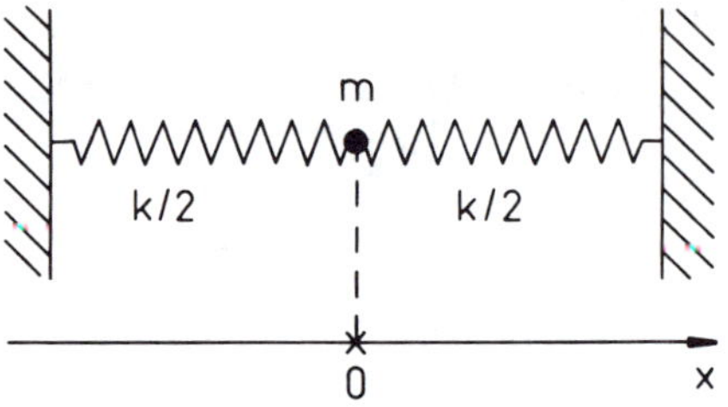

Um die grundsätzlichen Phänomene zu diskutieren, denken wir zunächst an eine elastische Feder, an der ein Massenpunkt m befestigt ist. Dieser erfährt bei kleinen Auslenkungen eine rücktreibende Kraft, die der Auslenkung $|x|$ proportional ist. Gemäß der skizzierten Anordnung sei die Schwerkraft eliminiert. Die Bewegung verläuft eindimensional längs der Federachse. Es gilt dann das Hookesche Gesetz:

$$F = -k\,x. \tag{2.157}$$

k ist die **Federkonstante**. Als Bewegungsgleichung ergibt sich dann die folgende lineare, homogene Differentialgleichung:

$$m\,\ddot{x} + kx = 0. \tag{2.158}$$

Sie ist von der Struktur her dieselbe Differentialgleichung wie (2.126) für das Fadenpendel. Aus Gründen, die später klar werden, heißt

$$\omega_0 = \sqrt{\frac{k}{m}} \tag{2.159}$$

Eigenfrequenz des harmonischen Oszillators. Immer dann, wenn ein physikalisches System einer Bewegungsgleichung vom Typ (2.158) unterliegt, sprechen wir von einem **linearen harmonischen Oszillator**.

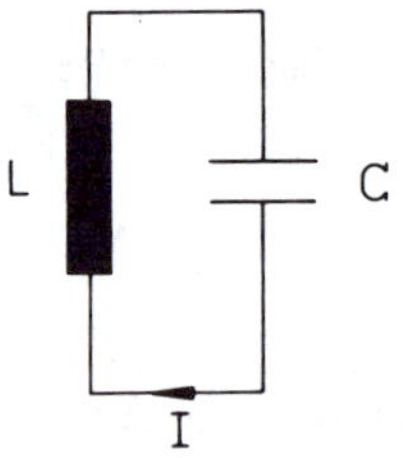

Eine interessante **nicht-mechanische** Realisierung des harmonischen Oszillators ist der elektrische Schwingkreis, bestehend aus einer Spule mit der Selbstinduktion L und einem Kondensator der Kapazität C. Der fließende Strom I genügt dann der Differentialgleichung

$$L\,\ddot{I} + \frac{1}{C}\,I = 0; \quad \omega_0^2 = \frac{1}{LC}. \tag{2.160}$$

Die Differentialgleichung (2.158) haben wir bereits im vorletzten Abschnitt gelöst [s. (2.127) und (2.131)]:

$$x(t) = A \sin \omega_0 t + B \cos \omega_0 t; \quad x(t) = A_0 \sin(\omega_0 t + \alpha). \tag{2.161}$$

Kennzeichnend für die **Harmonizität** des Oszillators ist die Unabhängigkeit der Frequenz ω_0 von der Amplitude der Schwingung. Diese muß also als reine Systemeigenschaft aufgefaßt werden.

Nachdem wir im letzten Abschnitt die komplexen Zahlen kennengelernt haben, wollen wir die Gleichung

$$\ddot{x} + \omega_0^2 x = 0$$

noch einmal mit dem Ansatz $e^{\alpha t}$ lösen. Man findet zunächst durch Einsetzen:

$$e^{\alpha t}(\alpha^2 + \omega_0^2) = 0 \Longleftrightarrow \alpha^2 = -\omega_0^2.$$

Dies ergibt für α zwei imaginäre Werte

$$\alpha_\pm = \pm i\omega_0$$

und damit die beiden linear unabhängigen Lösungen,

$$x_\pm(t) = e^{\pm i\omega_0 t},$$

aus denen wir die **allgemeine** Lösung konstruieren:

$$x(t) = A_+ \, e^{i\omega_0 t} + A_- \, e^{-i\omega_0 t}. \tag{2.162}$$

Bei der Interpretation dieser Lösungsform ist etwas Vorsicht geboten. $x(t)$ muß natürlich eine reelle Größe sein. Die Funktionen $e^{\pm i\omega_0 t}$ sind aber komplex. Wir müssen also bestimmte Bedingungen an die Größen $A_\pm$ stellen. Zunächst folgt mit (2.147):

$$x(t) = (A_+ + A_-) \cos \omega_0 t + i(A_+ - A_-) \sin \omega_0 t. \tag{2.163}$$

Wären die Größen $A_\pm$ reell, dann müßten wir notwendig $A_+ = A_-$ fordern. Dann wäre $x(t)$ aber nur von **einem** unabhängigen Parameter abhängig, wäre somit nicht die allgemeine Lösung. Also müssen wir annehmen, daß A_+ und A_- komplex sind. Dann sieht es aber so aus, als hätten wir insgesamt **vier** unabhängige Parameter. Daß dem nicht so ist, erkennt man, wenn man die Forderung, daß $x(t)$ reell ist, explizit ausnutzt:

$$x(t) = x^*(t) \Longleftrightarrow A_+ \, e^{i\omega_0 t} + A_- \, e^{-i\omega_0 t} = A_+^* \, e^{-i\omega_0 t} + A_-^* \, e^{i\omega_0 t}.$$

Wegen der linearen Unabhängigkeit von $e^{i\omega_0 t}$ und $e^{-i\omega_0 t}$ ist diese Gleichung nur durch $A_+ = A_-^*$ und $A_- = A_+^*$ zu erfüllen. A_+ und A_- sind also konjugiert komplex,

$$A_+ = A_-^* = a + ib,$$

so daß in der Tat nur **zwei** unabhängige Parameter a und b übrig bleiben. In (2.163) eingesetzt ergibt dies:

$$x(t) = 2a \cos \omega_0 t - 2b \sin \omega_0 t.$$

Die Lösungsform (2.162) ist also mit (2.161) äquivalent.

Als allgemeine Lösung einer homogenen linearen Differentialgleichung 2. Ordnung enthält (2.161) bzw. (2.162) noch zwei freie Parameter, die durch Anfangsbedingungen festzulegen sind. Wir diskutieren zwei unterschiedliche Situationen:

a) Der Oszillator sei zur Zeit $t = 0$ um $x = x_0$ ausgelenkt und werde dann losgelassen. Das entspricht den Anfangsbedingungen:

$$x(t = 0) = x_0; \quad \dot{x}\,(t = 0) = 0. \tag{2.164}$$

Dies setzen wir in (2.161) ein:

$$x_0 = B; \quad 0 = \omega_0 A \Longrightarrow A = 0.$$

Die **spezielle** Lösung lautet dann:

$$x(t) = x_0 \cos \omega_0 t. \tag{2.165}$$

Die Anfangsauslenkung wird zur Amplitude der Schwingung.

b) Der Oszillator werde aus der Ruhelage mit der Geschwindigkeit v_0 angestoßen:

$$x(0) = 0; \quad \dot{x}\,(0) = v_0. \tag{2.166}$$

Wir benutzen wieder (2.161):

$$B = 0; \quad v_0 = A\omega_0.$$

Wir erhalten damit eine weitere **spezielle** Lösung:

$$x(t) = \frac{v_0}{\omega_0} \sin \omega_0 t. \tag{2.167}$$

2.3.7 Freier gedämpfter linearer Oszillator

Jeder reale Oszillator wird irgendwann zur Ruhe kommen, weil Reibungskräfte nicht zu vermeiden sind. Wir wollen diese deshalb jetzt in unsere Betrachtungen einbeziehen, wobei wir uns allerdings auf den einfachsten Fall der Stokesschen Reibung beschränken wollen. Dann lautet die erweiterte Bewegungsgleichung (2.158):

$$m\,\ddot{x} = -kx - \alpha\,\dot{x}\,. \tag{2.168}$$

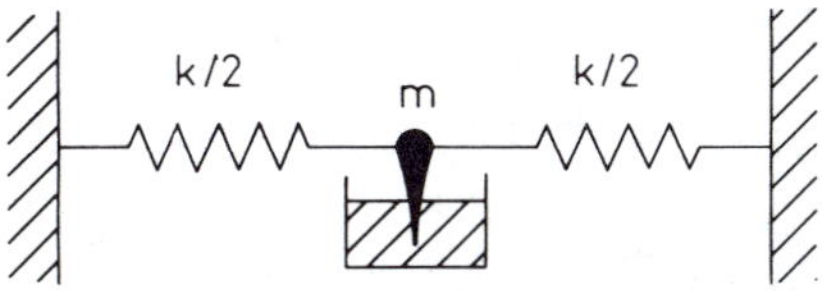

Man kann diese Situation durch eine in eine Flüssigkeit tauchende Zunge realisieren, die an der Masse m befestigt ist. Während der Reibungsterm in (2.168) eine gewisse Approximation darstellt, gibt es eine exakte nicht-mechanische Realisierung des gedämpften harmonischen Oszillators im elektrischen Schwingkreis. Die Summe der Einzelspannungen in dem skizzierten Kreis muß Null sein. Das liefert für den fließenden Strom die folgende Differentialgleichung:

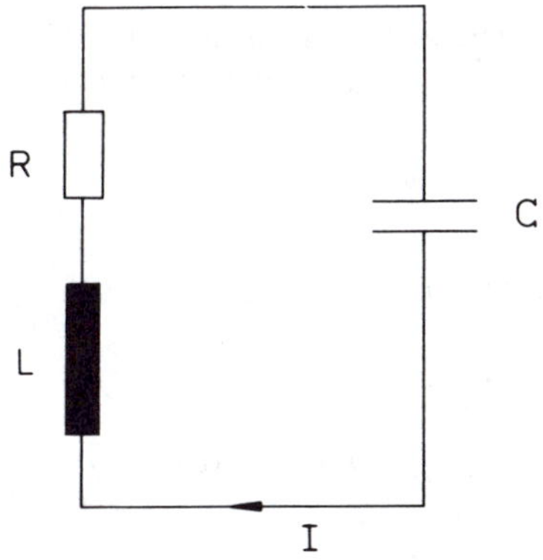

$$L\,\ddot{I} + R\,\dot{I} + \frac{1}{C}I = 0. \tag{2.169}$$

Der ohmsche Widerstand simuliert den Reibungsterm.

Nach Division durch m erhalten wir aus (2.168) die folgende homogene Differentialgleichung 2. Ordnung:

$$\ddot{x} + 2\beta\,\dot{x} + \omega_0^2 x = 0; \quad \beta = \frac{\alpha}{2m}. \tag{2.170}$$

Als Ansatz empfiehlt sich wieder eine Exponentialfunktion:

$$x(t) = e^{\lambda t}.$$

Es handelt sich dabei in der Tat genau dann um eine Lösung, wenn λ die folgende Gleichung erfüllt:

$$\lambda^2 + 2\beta\lambda + \omega_0^2 = 0.$$

Man findet daraus:

$$\lambda_{1,2} = -\beta \pm \sqrt{\beta^2 - \omega_0^2}. \tag{2.171}$$

Ist die Wurzel von Null verschieden, so haben wir zwei linear unabhängige Lösungen gefunden. Die allgemeine Lösung lautet deshalb:

$$x(t) = a_1\, e^{\lambda_1 t} + a_2\, e^{\lambda_2 t}. \tag{2.172}$$

Bei der Diskussion der Lösungen haben wir drei Fälle zu unterscheiden.

a) Schwache Dämpfung (Schwingfall)

Gemeint ist die Situation

$$\beta < \omega_0.$$

Dann ist die Wurzel in (2.171) rein imaginär:

$$\omega = \sqrt{\omega_0^2 - \beta^2} \iff \lambda_{1,2} = -\beta \pm i\omega. \tag{2.173}$$

Die allgemeine Lösung (2.172) schreibt sich damit:

$$x(t) = e^{-\beta t}\left(a_1\, e^{i\omega t} + a_2\, e^{-i\omega t}\right). \tag{2.174}$$

Ein Vergleich mit (2.162), der Lösung für die freie Schwingung, zeigt, daß es sich um eine Schwingung mit kleinerer Frequenz ($\omega < \omega_0$) und zeitlich exponentiell abklingender Amplitude handelt.

Mit den Anfangsbedingungen

$$x_0 = x(t = 0), \quad v_0 = \dot{x}\,(t = 0)$$

können wir (2.174) noch in eine andere Form bringen:

$$x_0 = a_1 + a_2, \quad v_0 = -\beta(a_1 + a_2) + i\omega(a_1 - a_2) = -\beta x_0 + i\omega(a_1 - a_2).$$

Dies bedeutet:

$$x(t) = e^{-\beta t}\left(x_0 \cos\omega t + \frac{v_0 + \beta x_0}{\omega}\sin\omega t\right). \tag{2.175}$$

Eine dritte Darstellung finden wir hieraus durch die folgenden Definitionen:

$$A = \frac{1}{\omega}\sqrt{x_0^2\,\omega^2 + (v_0 + \beta x_0)^2}, \tag{2.176}$$

$$\left.\begin{aligned} \sin\varphi &= \frac{x_0}{A} \\ \cos\varphi &= \frac{v_0 + \beta x_0}{\omega A} \end{aligned}\right\} \implies \varphi = \arctan\left(\frac{\omega x_0}{v_0 + \beta x_0}\right). \tag{2.177}$$

Damit bleibt dann

$$x(t) = Ae^{-\beta t}\sin(\omega t + \varphi). \tag{2.178}$$

Jetzt sind A und die Phasenverschiebung φ die freien Parameter der allgemeinen Lösung. Die **Amplitude** der Schwingung

$$A\,e^{-\beta t}$$

ist **exponentiell gedämpft**. Im strengen Sinn kann man deshalb auch nicht mehr von einer periodischen Bewegung reden, da ja die Ausgangssituation nicht mehr periodisch reproduziert wird. Begriffe wie Frequenz und Schwingungsdauer sind deshalb nicht eindeutig definiert. Periodisch sind lediglich die Nulldurchgänge im zeitlichen Abstand $\tau/2$, wobei

$$\tau = \frac{2\pi}{\omega} = \frac{2\pi}{\sqrt{\omega_0^2 - \beta^2}}. \tag{2.179}$$

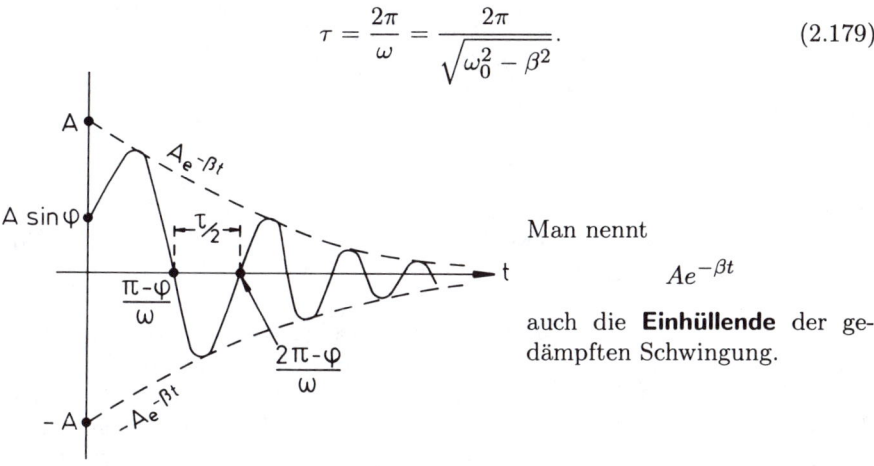

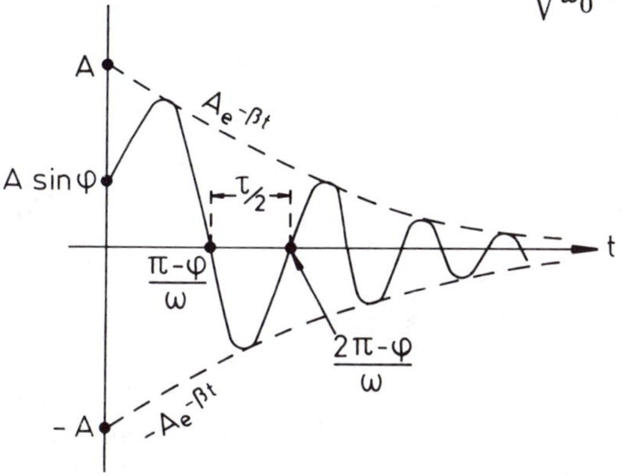

Man nennt

$$Ae^{-\beta t}$$

auch die **Einhüllende** der gedämpften Schwingung.

b) Kritische Dämpfung (aperiodischer Grenzfall)

Als solchen bezeichnet man den Grenzfall

$$\alpha^2 = 4\,k\,m; \qquad \beta^2 = \omega_0^2 \iff \omega = 0. \tag{2.180}$$

Jetzt verschwindet die Wurzel in (2.171), so daß man mit dem Ansatz $x(t) = e^{\lambda t}$ wegen

$$\lambda_{1,2} = -\beta$$

lediglich **eine** spezielle Lösung erhält. Daraus läßt sich noch nicht die allgemeine Lösung konstruieren. Wir benötigen noch eine zweite spezielle Lösung. Da hilft z.B. der folgende Trick. Wir vollziehen in der Lösung (2.175) den Grenzübergang $\omega \to 0$, wobei wir ausnutzen, daß nach (2.145) und (2.146) gilt:

$$\cos\omega t \xrightarrow[\omega \to 0]{} 1; \quad \sin\omega t \xrightarrow[\omega \to 0]{} \omega t.$$

Damit folgt

$$x(t) = e^{-\beta t}\left[x_0 + (v_0 + \beta\, x_0)t\right]. \tag{2.181}$$

Diese Lösung enthält die beiden unabhängigen Parameter x_0 und v_0. Sie erfüllt mit (2.180) die homogene Differentialgleichung (2.170) und ist somit die allgemeine Lösung.

Man kann das Ergebnis (2.181) etwas systematischer wie folgt gewinnen. Der Ansatz $x(t) = e^{\lambda t}$ liefert uns nur **eine** spezielle Lösung. Wir erweitern ihn deshalb zu

$$x(t) = \varphi(t)\, e^{-\beta t}. \tag{2.182}$$

Für die in (2.170) benötigten Ableitungen gilt damit:

$$\dot{x}(t) = (\dot{\varphi} - \beta\varphi)\, e^{-\beta t},$$
$$\ddot{x}(t) = (\ddot{\varphi} - 2\beta\,\dot{\varphi} + \beta^2\varphi)e^{-\beta t}.$$

Einsetzen in (2.170) führt mit $\omega_0^2 = \beta^2$ auf $\ddot{\varphi} \equiv 0$ und damit auf

$$\varphi(t) = a_1 + a_2 t$$

und insgesamt zu

$$x(t) = (a_1 + a_2 t)\, e^{-\beta t}. \tag{2.183}$$

Dies ist mit (2.181) identisch.

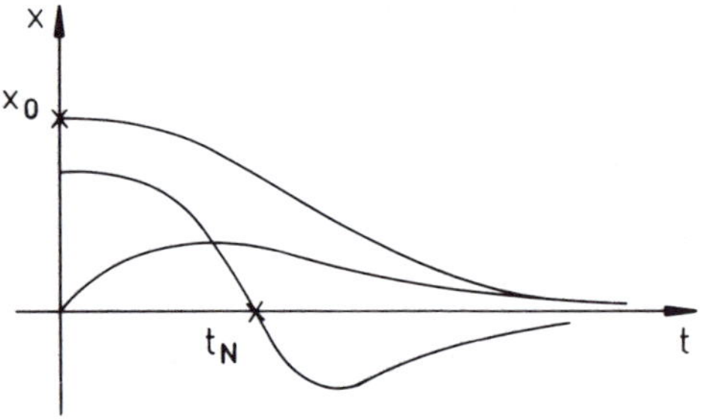

Der tatsächliche Kurvenverlauf hängt sehr stark von den Anfangsbedingungen ab. Es findet keine Schwingung mehr statt, lediglich ein Nulldurchgang ist noch möglich, falls die Anfangsbedingungen so gewählt werden, daß

$$t = t_N = -\frac{x_0}{v_0 + \beta x_0} \tag{2.184}$$

mit $t_N > 0$ realisiert werden kann.

c) Starke Dämpfung (Kriechfall)

Gemeint ist nun die Situation

$$\beta > \omega_0.$$

Nach (2.171) gibt es jetzt zwei **negativ-reelle** Lösungen für

$$\lambda_{1,2} = -\beta \pm \gamma; \quad 0 < \gamma = +\sqrt{\beta^2 - \omega_0^2} < \beta.$$

Die allgemeine Lösung lautet jetzt:

$$x(t) = e^{-\beta t}\left(a_1\, e^{\gamma t} + a_2\, e^{-\gamma t}\right). \tag{2.185}$$

Wegen $\lambda_2 < \lambda_1 < 0$ wird der zweite Summand wesentlich schneller gedämpft. Das System ist nicht schwingungsfähig. Es zeigt allerhöchstens noch einen Nulldurchgang. a_1 und a_2 sind wieder durch Anfangsbedingungen festgelegt:

$$\begin{aligned} a_1 &= \frac{1}{2}\left(x_0 + \frac{v_0 + \beta x_0}{\gamma}\right), \\ a_2 &= \frac{1}{2}\left(x_0 - \frac{v_0 + \beta x_0}{\gamma}\right). \end{aligned} \tag{2.186}$$

Ein Nulldurchgang erfolgt, falls

$$\frac{a_1}{a_2} = -e^{-2\gamma t} \iff t = -\frac{1}{2\gamma}\ln\left(-\frac{a_1}{a_2}\right)$$

erfüllt werden kann. Dies bedeutet, daß

$$\frac{a_1}{a_2} < 0 \quad \text{und} \quad \left|\frac{a_1}{a_2}\right| < 1$$

durch die Anfangsbedingungen realisiert sein muß. – Man kann sich klarmachen, daß im aperiodischen Grenzfall das System rascher gedämpft wird als im eigentlichen Kriechfall.

2.3.8 Gedämpfter linearer Oszillator unter dem Einfluß einer äußeren Kraft

Wegen der unvermeidlichen Reibung ist jeder Schwingungsvorgang exponentiell gedämpft, wenn nicht eine zusätzliche äußere Kraft wirkt. Letztere wollen wir nun in unsere Betrachtungen einbeziehen. Die Bewegungsgleichung (2.170) ist dann zu ersetzen durch

$$\ddot{x} + 2\beta\,\dot{x} + \omega_0^2\, x = \frac{1}{m}F(t). \tag{2.187}$$

Wir wählen dieselben Bezeichnungen wie im letzten Abschnitt und beschränken uns auf den wichtigen Spezialfall einer periodischen Kraft:

$$F(t) = f\cos\overline{\omega}t. \tag{2.188}$$

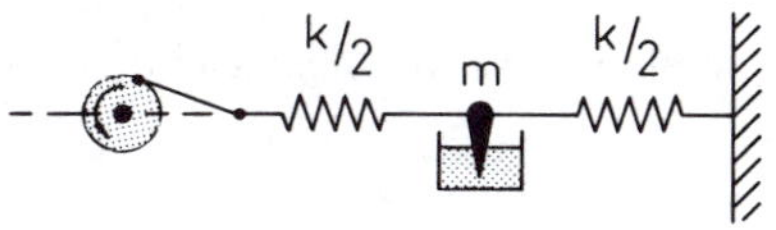

Man kann die periodische Kraft z.B. durch ein sich mit konstanter Winkelgeschwindigkeit drehendes Rad realisieren, wobei dieses über eine Pleuelstange mit dem schwingenden Körper verbunden sein soll.

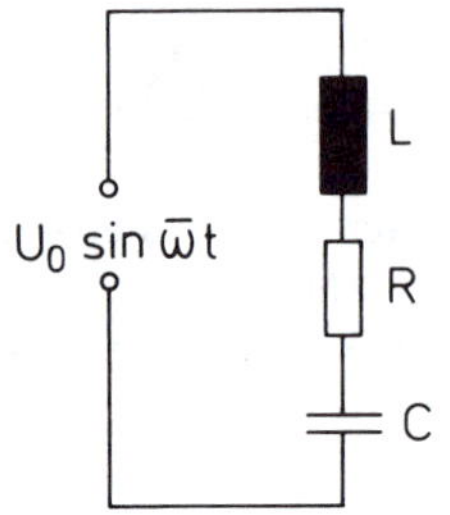

Auch hier gibt es wieder eine exakte, nicht-mechanische Realisierung durch den elektrischen Schwingkreis, wenn man an diesen eine periodische Wechselspannung $U_0 \sin \overline{\omega} t$ anlegt:

$$L \ddot{I} + R \dot{I} + \frac{1}{C} I = U_0 \overline{\omega} \cos \overline{\omega} t. \quad (2.189)$$

Die Eigenfrequenz des Schwingkreises ist offenbar

$$\omega_0^2 = \frac{1}{LC},$$

während die Dämpfungskonstante durch

$$\beta = \frac{R}{2L}$$

gegeben ist.

Wir suchen die allgemeine Lösung der inhomogenen Differentialgleichung 2. Ordnung (2.187). Die allgemeine Lösung der zugehörigen homogenen Gleichung kennen wir bereits aus dem letzten Abschnitt. Wir suchen also zunächst nach einer speziellen Lösung der inhomogenen Differentialgleichung. Das gelingt am einfachsten, wenn wir (2.187) zunächst in eine Differentialgleichung für komplexe Größen verwandeln:

$$\ddot{z} + 2\beta \dot{z} + \omega_0^2 z = \frac{f}{m} e^{i\overline{\omega} t}. \quad (2.190)$$

Natürlich sind physikalische Kräfte immer reell. Mit der Exponentialfunktion läßt sich jedoch besonders bequem rechnen. Man macht deshalb solche komplexen Ansätze, findet eine komplexe Lösung und nimmt deren Realteil dann als physikalisch relevantes Resultat. Wegen der Linearität der Differentialgleichung werden Real- und Imaginärteile nicht miteinander vermischt.

Nach einer gewissen *Einschwingzeit* wird der Oszillator im wesentlichen der erregenden Kraft $F(t)$ folgen. Ein naheliegender Lösungsansatz dürfte demnach

$$z(t) = A e^{i\overline{\omega} t}$$

sein. Einsetzen in (2.190) liefert in diesem Fall eine Bestimmungsgleichung für die *Amplitude* A:

$$\left[A(-\overline{\omega}^2 + 2i\beta \overline{\omega} + \omega_0^2) - \frac{f}{m} \right] e^{i\overline{\omega} t} = 0.$$

Für A muß also gelten:

$$A = -\frac{f}{m} \frac{1}{(\overline{\omega}^2 - \omega_0^2) - 2i\beta\,\overline{\omega}} = |A|\, e^{i\overline{\varphi}}. \tag{2.191}$$

A ist natürlich komplex:

$$A = -\frac{f}{m} \frac{(\overline{\omega}^2 - \omega_0^2) + 2i\beta\,\overline{\omega}}{(\overline{\omega}^2 - \omega_0^2)^2 + 4\beta^2\overline{\omega}^2}$$

mit dem Betrag

$$|A| = \frac{f/m}{\sqrt{(\overline{\omega}^2 - \omega_0^2)^2 + 4\beta^2\overline{\omega}^2}}. \tag{2.192}$$

Real- und Imaginärteil lassen sich dann wie folgt schreiben:

$$\begin{aligned} \operatorname{Re} A &= -\frac{m}{f}|A|^2(\overline{\omega}^2 - \omega_0^2), \\ \operatorname{Im} A &= -2\frac{m}{f}\beta|A|^2\overline{\omega}. \end{aligned} \tag{2.193}$$

Für $\overline{\varphi} = \arg(A)$ gilt somit:

$$\tan\overline{\varphi} = \frac{\operatorname{Im} A}{\operatorname{Re} A} = \frac{2\beta\,\overline{\omega}}{\overline{\omega}^2 - \omega_0^2}. \tag{2.194}$$

Da für positive $\overline{\omega}$ der Zähler $\operatorname{Im} A$ stets kleiner als Null ist, liegt $\overline{\varphi}$ immer zwischen $-\pi$ und 0.

Wir haben jetzt eine spezielle Lösung für (2.190) gefunden, nämlich:

$$z(t) = |A|\, e^{i(\overline{\omega}t + \overline{\varphi})}.$$

Physikalisch relevant ist nur der Realteil, der eine spezielle Lösung zu (2.187) darstellt:

$$x_0(t) = |A| \cos(\overline{\omega}t + \overline{\varphi}). \tag{2.195}$$

Damit ist das Problem im Prinzip gelöst, da wir ja die allgemeine Lösung der homogenen Gleichung kennen:

$$x_{\text{inh}}(t) = x_{\text{hom}}(t) + x_0(t). \tag{2.196}$$

Unabhängig davon, welcher der drei im letzten Abschnitt diskutierten Fälle (Schwingfall, aperiodischer Grenzfall, Kriechfall) realisiert ist, gibt die homogene Lösung auf jeden Fall eine exponentiell gedämpfte Bewegung wieder, die nach hinreichend langer Zeit ($t > 1/\beta$) kaum noch ins Gewicht fällt. Sie spielt nur während des sogenannten **Einschwingvorganges** eine Rolle. Man erfüllt mit ihr vorgegebene Anfangsbedingungen. Später schwingt der Massenpunkt m mit der Frequenz $\overline{\omega}$ der erregenden Kraft, die Bewegung wird dann von den Anfangsbedingungen unabhängig. Wir können die folgende Diskussion deshalb auf die spezielle Lösung $x_0(t)$ konzentrieren.

Die Amplitude $|A|$ der erzwungenen Schwingung ist proportional zur Amplitude f der erregenden Kraft und ansonsten im wesentlichen von den Systemeigenschaften (m, ω_0, β) sowie der Frequenz $\overline{\omega}$ abhängig. Ferner ist $|A|$ eine symmetrische Funktion von $\overline{\omega}$. Die Grenzwerte

$$\begin{aligned} |A|_{\overline{\omega}=0} &= \frac{f}{m\,\omega_0^2} = \frac{f}{k}, \\ |A|_{\overline{\omega}\to\infty} &\sim \frac{1}{\overline{\omega}^2} \longrightarrow 0 \end{aligned} \tag{2.197}$$

liest man unmittelbar an (2.192) ab.

Setzt man die Ableitung von $|A|$ nach $\overline{\omega}$ gleich Null, so ergibt sich eine Bestimmungsgleichung für die Extremwerte von $|A|$:

$$\overline{\omega}_1 = 0; \quad \overline{\omega}_\pm = \pm\sqrt{\omega_0^2 - 2\beta^2}. \tag{2.198}$$

Die Werte $\overline{\omega}_\pm$ haben eine gewisse formale Ähnlichkeit mit der Eigenfrequenz ω des gedämpften harmonischen Oszillators (2.173), sind mit dieser wegen des Faktors 2 vor β^2 jedoch **nicht** identisch. $\overline{\omega}_\pm$ sind natürlich nur so lange Frequenzen für $|A|$-Extremwerte, wie sie reell sind, also für $2\beta^2 < \omega_0^2$. Wenn die $\overline{\omega}_\pm$ reell sind, so liegen bei $\overline{\omega}_1$ ein Minimum und bei $\overline{\omega}_\pm$ Maxima vor. Sind dagegen die $\overline{\omega}_\pm$ imaginär, dann hat $|A|$ ein einziges Maximum bei $\overline{\omega}_1 = 0$.

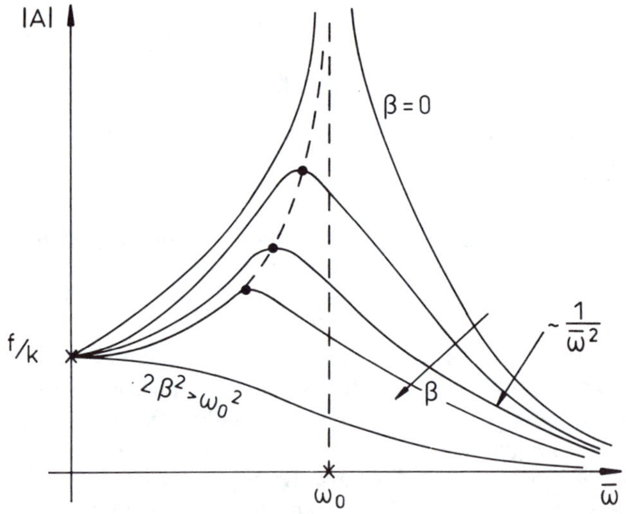

Das Erscheinen eines ausgeprägten Maximums der Amplitude nennt man

Resonanz.

Die **Resonanzfrequenz** $\sqrt{\omega_0^2 - 2\beta^2}$ rutscht mit wachsender Reibung zu kleineren Freqenzen. Im Spezialfall des ungedämpften Oszillators fällt sie mit der Eigenfrequenz ω_0 des Oszillators zusammen. Die Amplitude wird dann unendlich groß. Man spricht von **Resonanzkatastrophe**. Bei realen Systemen hat man jedoch zu beachten, daß in der Nähe der Resonanz die Amplitude so groß werden kann, daß die Voraussetzungen des harmonischen Oszillators nicht mehr erfüllt sind (z.B. *kleine* Pendelausschläge beim Fadenpendel).

Betrachten wir schließlich noch die Phasenverschiebung $\overline{\varphi}$ der Schwingungsamplitude $|A|$ relativ zur erregenden Kraft, von der wir in (2.193) und (2.194) bereits erkannten, daß stets

$$-\pi \leq \varphi \leq 0$$

gilt. Die Amplitude hinkt also hinter der Kraft her. Das Maximum der Auslenkung wird erst **nach** dem Maximum der Kraft erreicht. Für $\overline{\omega} = \omega_0$ ist unabhängig von β $\overline{\varphi}$ stets gleich $-\pi/2$. Beim ungedämpften Oszillator springt $\overline{\varphi}$ an der Stelle $\overline{\omega} = \omega_0$ unstetig von 0 auf $-\pi$. Mit $\beta \neq 0$ wird $\overline{\varphi}$ eine stetige Funktion von $\overline{\omega}$.

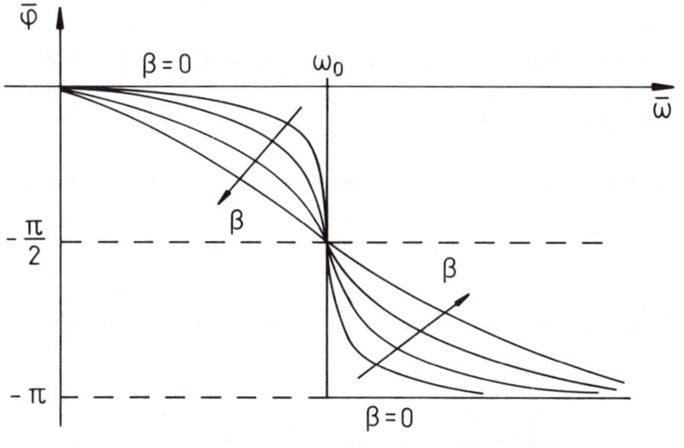

2.3.9 Beliebige eindimensionale, ortsabhängige Kraft

Wir wollen als letztes einfaches Problem der Dynamik den Fall einer an sich beliebigen, aber eindimensionalen und lediglich ortsabhängigen Kraft diskutieren:

$$F = F(x). \tag{2.199}$$

In einem solchen Fall läßt sich ein allgemeines Verfahren zur Lösung der Bewegungsgleichung

$$m\,\ddot{x} = F(x) \tag{2.200}$$

angeben, das letztlich das Problem auf sogenannte *Quadraturen*, d.h. auf das explizite Auswerten von wohldefinierten Integralen, reduziert. Dieses Verfahren führt auf zunächst rein mathematisch definierte Hilfsgrößen (z.B. Integrationskonstanten), die dann später fundamentale physikalische Bedeutung erlangen werden, wie Energie, Potential, Arbeit, Leistung, ...

Wir multiplizieren (2.200) mit $\dot{x}$:

$$m\,\ddot{x}\,\dot{x} = F(x)\,\dot{x}\,.$$

Dies kann man dann offensichtlich auch wie folgt schreiben:

$$\frac{d}{dt}\left(\frac{m}{2}\,\dot{x}^2\right) = -\frac{d}{dt}V(x), \qquad (2.201)$$

wenn man unter $V(x)$ das folgende unbestimmte Integral versteht:

$$V(x) = -\int^{x} F(x')dx'. \qquad (2.202)$$

$V(x)$ ist gewissermaßen die Stammfunktion der Kraft $F(x)$, ist also nur bis auf eine additive Konstante bestimmt. Das Minuszeichen ist Konvention; es hat keine tiefere physikalische Bedeutung.

(2.201) liefert bei der Integration eine neue Konstante, die wir E nennen wollen:

$$\frac{m}{2}\,\dot{x}^2 = E - V(x). \qquad (2.203)$$

Diese Gleichung läßt sich mit Hilfe einer sogenannten *Variablentrennung* weiter umformen:

$$dt = \frac{dx}{\sqrt{\frac{2}{m}(E - V(x))}}, \qquad t - t_0 = \int_{x_0}^{x} \frac{dx'}{\sqrt{\frac{2}{m}(E - V(x'))}}. \qquad (2.204)$$

Damit ist das Problem im Prinzip gelöst. Nach Auswertung des Integrals erhalten wir

$$t = t(x)$$

und nach Umkehrung

$$x = x(t).$$

Die beiden unabhängigen Parameter dieser Lösung sind dann t_0 und E. x_0 ist kein zusätzlicher freier Parameter.

Die Ausdrücke (2.202) bis (2.204) enthalten einige Terme, die eine tiefe physikalische Bedeutung besitzen. Eine solche Doppelrolle, nämlich einmal Hilfsgröße bei der Integration von Bewegungsgleichungen zu sein und gleichzeitig fundamentale physikalische Aussagen zu beinhalten, ist typisch für viele Begriffe der Physik.

1) Arbeit

Da ist zunächst der Integrand in (2.202). Es bedarf keiner weiteren Erläuterung, daß für die Bewegung eines Körpers in einem Kraftfeld eine *Anstrengung* vonnöten ist. Man sagt, es müsse *Arbeit geleistet* werden. Ein Maß dafür ist das Produkt aus Kraft und Weg. Man definiert deshalb

$$dW = -F\,dx \tag{2.205}$$

als (infinitesimale) **Arbeit**, die zur Verschiebung des Massenpunktes um die Strecke dx im Feld F aufgebracht werden muß. Auf einem endlichen Wegstück gilt:

$$W_{21} = -\int_{x_1}^{x_2} F(x)dx. \tag{2.206}$$

Wird ein Massenpunkt **gegen** eine Kraft bewegt, so wird an ihm von außen Arbeit verrichtet. Wir zählen diese dann positiv. Bei einer Verschiebung in Feldrichtung verrichtet der Massenpunkt selbst Arbeit, die wir als negativ definieren.

Beispiele:

a) Harmonischer Oszillator (Feder): $F = -kx$

$$\Longrightarrow \quad W_{21} = \frac{k}{2}\left(x_2^2 - x_1^2\right), \tag{2.207}$$

b) Schwerefeld: $F = -mg\,\mathbf{e}_x$

$$\Longrightarrow \quad W_{21} = mg(x_2 - x_1). \tag{2.208}$$

2) Potential, potentielle Energie

Läßt sich zu einer Kraft F wie in (2.202) eine Stammfunktion finden, so nennt man die Kraft **konservativ** und

$$V(x): \quad \textbf{Potential} \text{ der Kraft } F.$$

In dem hier betrachteten einfachen Spezialfall $F = F(x)$ läßt sich eine solche Stammfunktion immer finden. Das gilt bei geschwindigkeits- und zeitabhängigen Kraftfeldern nicht mehr. Wir werden im nächsten Abschnitt allgemeine Kriterien für die Existenz eines Potentials ableiten.

Wir müssen an dieser Stelle auf einen Definitionswirrwarr in der Literatur hinweisen, der die Begriffe **Potential** und **potentielle Energie** betrifft. Unter einem *Potential* versteht man im Rahmen der Klassischen Mechanik die auf Masseneinheit bezogene *potentielle Energie*. Die Unterscheidung erscheint nicht sehr tiefgründig, wir wollen sie deshalb hier nicht nachvollziehen. Man achte aber darauf, daß in manchen Lehrbüchern die beiden Begriffe nicht exakt dasselbe meinen.

Offensichtlich gilt:

$$W_{21} = [V(x_2) - V(x_1)] \,. \tag{2.209}$$

Hat ein Massenpunkt die **potentielle Energie** V, so ist er *potentiell* in der Lage, Arbeit zu leisten.

Beispiele:

a) Harmonischer Oszillator (Feder):

$$V(x) = k \int^{x} x' dx' = \frac{k}{2} x^2 + c, \tag{2.210}$$

b) Schwerefeld:

$$V(x) = mg \int^{x} dx' = mg\, x + c. \tag{2.211}$$

Potentiale sind nur bis auf additive Konstanten definiert. Eindeutig sind lediglich Potentialdifferenzen.

3) Kinetische Energie

In (2.201) und (2.203) taucht eine Größe auf, die nur für bewegte Massen ($\dot{x} \neq 0$) von Null verschieden ist. Man nennt sie kinetische Energie:

$$T = \frac{m}{2}\, \dot{x}^2 \,. \tag{2.212}$$

An (2.201) und (2.209) liest man ab, daß die Änderung ΔT der kinetischen Energie der Arbeit entspricht, die die äußere Kraft an dem Körper verrichtet:

$$\Delta T = -\Delta W. \tag{2.213}$$

T hat also die Dimension einer Arbeit.

4) Gesamtenergie

Die Integrationskonstante E stellt die Summe aus kinetischer und potentieller Energie dar:

$$E = T + V = \frac{m}{2}\,\dot{x}^2 + V(x). \tag{2.214}$$

Für konservative Kräfte wie das hier angenommene $F(x)$ gilt nach (2.201) der **Energieerhaltungssatz**:

$$\frac{dE}{dt} = 0 \Longleftrightarrow E = \text{const.} \tag{2.215}$$

Wie V ist natürlich auch E nur bis auf eine additive Konstante festgelegt.

5) Klassische Teilchenbahnen

Unsere sehr allgemeinen Überlegungen gestatten bereits weitreichende Schlußfolgerungen bezüglich der möglichen Teilchenbahnen. Da T nicht negativ ist, folgt aus (2.214):

$$\textit{klassisch erlaubter Bewegungsbereich: } E \geq V(x), \tag{2.216}$$

$$\textit{klassisch verbotener Bewegungsbereich: } E < V(x), \tag{2.217}$$

$$\textit{klassische Umkehrpunkte: } E = V(x). \tag{2.218}$$

Der Zusatz *klassisch* ist wichtig, da obige Aussagen in der Quantentheorie modifiziert werden müssen.

Beispiele:

a) Harmonischer Oszillator:

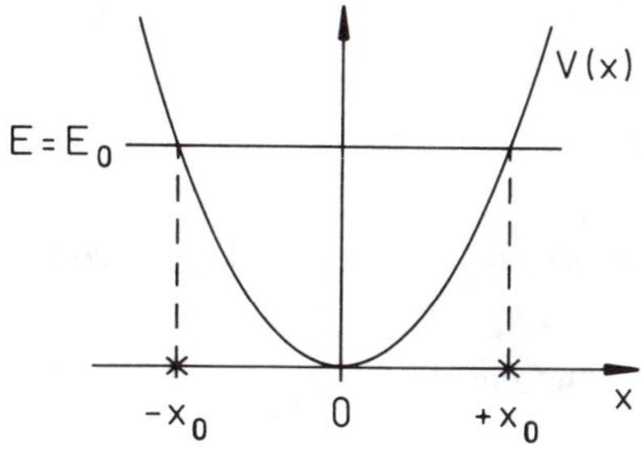

Wegen (2.216) ist eine oszillatorische Bewegung zwischen den beiden Umkehrpunkten $\pm x_0$ zu erwarten. Der Abstand zwischen $E = E_0$ und $V(x)$ ist ein Maß für die Geschwindigkeit des Massenpunktes. In den Umkehrpunkten ist die Geschwindigkeit des Teilchens Null. Die Bewegungsrichtung wird umgekehrt.

b) Allgemeiner Potentialverlauf:

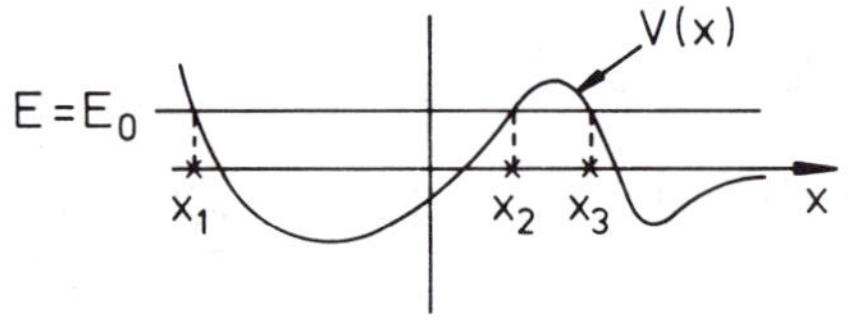

Für $x \leq x_1$ ist keine Bewegung möglich, auch nicht zwischen x_2 und x_3. Zwischen x_1 und x_2 ergibt sich eine oszillatorische Bewegung, wohingegen ein von $+\infty$ kommendes Teilchen bei x_3 reflektiert wird. Mögliche **Ruhelagen** für das Teilchen sind Stellen, an denen keine Kraft ausgeübt wird. Das sind offenbar die Extremalstellen des Potentials V:

$$F = 0 = -\frac{dV}{dx} \iff V \text{ extremal.}$$

Handelt es sich um ein Maximum, so befindet sich das Teilchen in einem **labilen** Gleichgewicht. Die kleinste Ortsveränderung wird es den **Potentialwall** hinunterlaufen lassen. Handelt es sich um ein Minimum, so befindet sich das Teilchen in einem **stabilen** Gleichgewicht.

Abschließend noch ein Wort zur **Dimension**, die für T, W, V und E dieselbe ist:

$$[E] = \text{kg}\,\text{m}^2\,\text{s}^{-2} = \text{Joule.} \tag{2.219}$$

2.3.10 Aufgaben

Aufgabe 2.3.1

Zwei Steine werden mit gleicher Anfangsgeschwindigkeit v_0, aber im zeitlichen Abstand t_0, im Schwerefeld der Erde senkrecht nach oben geworfen.

1) Stellen Sie die Bewegungsgleichungen auf und integrieren Sie diese!

2) Nach welcher Zeit treffen sich die beiden Steine?

3) Wie groß sind dann ihre Geschwindigkeiten?

Aufgabe 2.3.2

Über einen Faden der Länge L seien zwei Massen m_1 und m_2 miteinander verbunden ($m_1 < m_2$).

1) Wie lauten die Bewegungsgleichungen für m_1 und m_2?

2) Berechnen Sie die Beschleunigungen der beiden Massen als Funktion von m_1 und m_2.

3) Wie groß ist die Fadenspannung?

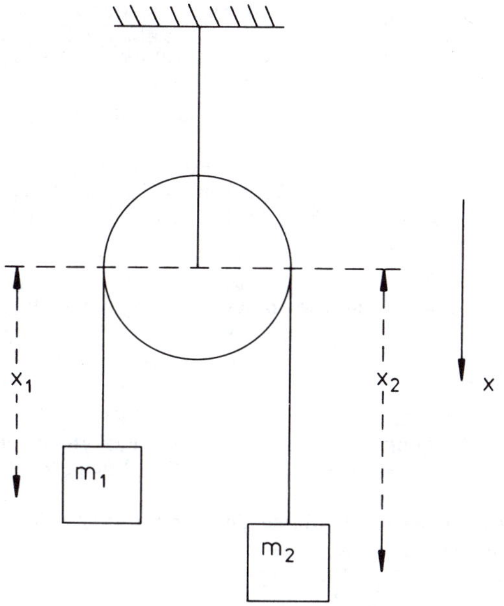

Aufgabe 2.3.3

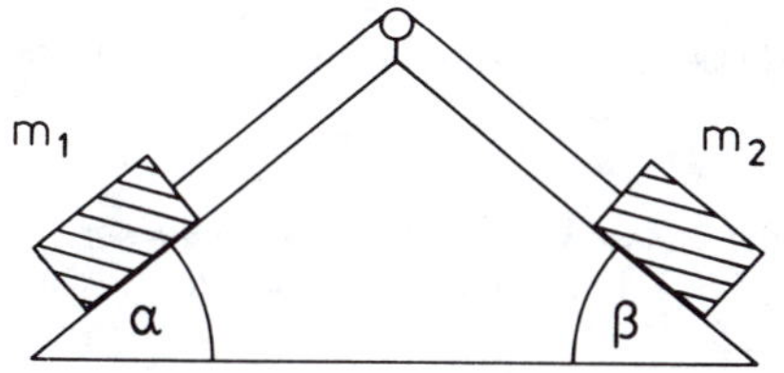

Zwei Massen m_1 und m_2 ($m_2 > m_1$) können sich im Schwerefeld der Erde auf um die Winkel α und β gegen die Horizontale geneigten Ebenen reibungslos bewegen. Sie sind durch einen Faden konstanter Länge L miteinander verbunden und führen damit eindimensionale Bewegungen aus.

1) Stellen Sie die Bewegungsgleichungen für die beiden Massen m_1 und m_2 auf.

2) Drücken Sie die Beschleunigungen durch m_1, m_2, α, β und g aus.

3) Berechnen Sie die Fadenspannung S.

4) Unter welcher Bedingung befinden sich die Massen in Ruhe (bzw. in gleichförmig geradliniger Bewegung)?

Aufgabe 2.3.4

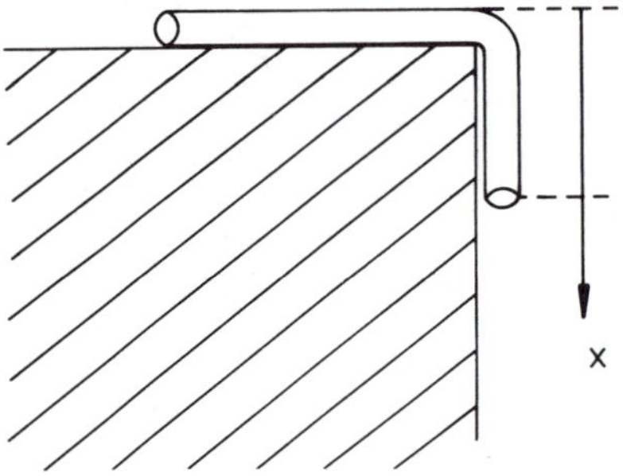

Ein Seil, Masse m und Länge l, rutscht über eine Kante ab. Die Reibung des aufliegenden Stückes soll vernachlässigt werden.

1) Wie lautet die Bewegungsgleichung?

2) Wie lautet die Lösung für den Fall, daß zur Zeit $t = 0$ das Seil losgelassen wird, wobei das Stück x_0 herabhängt?

3) Wie groß ist die Geschwindigkeit, wenn das Seilende gerade über die Kante rutscht?

Aufgabe 2.3.5

Eine schiefe Ebene, Neigungswinkel α, liegt austariert auf einer Waage. Auf ihr befindet sich, irgendwie befestigt, eine Masse m. Die Waage zeigt ihr Gewicht an.

1) Die Befestigung wird gelöst, die Masse gleitet reibungslos die schiefe Ebene hinab. Ändert sich die Anzeige der Waage?

2) Wie ändert sich die Anpreßkraft?

Aufgabe 2.3.6

Diskutieren Sie den vertikalen Wurf einer Masse m im Gravitationsfeld der Erde ($\mathbf{F} = -\gamma \frac{mM}{r^3}\mathbf{r}$).

1) Die Anfangsgeschwindigkeit beim Abwurf der Masse von der Erdoberfläche sei v_0. Gesucht ist die Geschwindigkeit v der Masse als Funktion ihres Abstandes z vom Erdmittelpunkt.

2) Wie groß muß v_0 mindestens sein, damit die Masse den Schwerebereich der Erde verläßt?

Aufgabe 2.3.7

Testen Sie durch folgende Rechenaufgaben Ihre Fähigkeiten, mit komplexen Zahlen umzugehen.

1) Berechnen Sie

$$(-i)^3, \; i^{15}, \; \sqrt{4(-25)}, \; \ln(1+i), \; e^{i(\pi/3)}, \; e^{i(\pi/2)}.$$

2) Berechnen Sie das Produkt $z = z_1 z_2$:

$$a)\ z_1 = 1 + i; \quad z_2 = 1 - i,$$
$$b)\ z_1 = 3 - 2i; \quad z_2 = 5 + 4i.$$

3) Zeichnen Sie in der komplexen Zahlenebene die Punkte z_i und z_i^* ein:

$$z_1 = -1 - i, \quad z_2 = -3 + 1/2i, \quad z_3 = 3 + 2i, \quad z_4 = 3/2i.$$

4) Suchen Sie die Polardarstellung der folgenden komplexen Zellen:

$$z_1 = i - 1, \quad z_2 = -(1 + i), \quad z_3 = e^{3+2i}, \quad z_4 = \frac{1}{2}\sqrt{3} + \frac{i}{2}, \quad z_5 = -i.$$

5) Bestimmen Sie Real- und Imaginärteil der folgenden komplexen Zahlen:

$$z_1 = e^{1/2+\pi i}, \quad z_2 = e^{-1-i(3/2\pi)}; \quad z_3 = e^{3-i}.$$

6) $z(t)$ sei eine lineare Zeitfunktion:

$$a)\ z(t) = -t + i\,2\pi t,$$
$$b)\ z(t) = 2t - i\,3/2t.$$

Wie lautet der Realteil von $e^{z(t)}$ und dessen Periode?

Aufgabe 2.3.8

Bestimmen Sie die allgemeine Lösung der folgenden inhomogenen Differentialgleichung:

$$1)\ 7\,\ddot{x} - 4\,\dot{x} - 3x = 6,$$
$$2)\ \ddot{z} - 10\,\dot{z} + 9z = 9t.$$

Aufgabe 2.3.9

Versuchen Sie, für die folgenden inhomogenen Differentialgleichungen jeweils eine spezielle Lösung *gezielt* zu erraten:

$$1)\ \ddot{y} + \dot{y} + y = 2t + 3,$$
$$2)\ 4\,\ddot{y} + 2\,\dot{y} + 3y = -2t + 5.$$

Aufgabe 2.3.10

Lösen Sie die Differentialgleichung:

$$\ddot{z} + 4z = 0$$

mit den Randbedingungen:

$$1)\ z(0) = 0; \quad z(\pi/4) = 1,$$
$$2)\ z(\pi/2) = -1; \quad \dot{z}\,(\pi/2) = 1.$$

Aufgabe 2.3.11

Ein Körper der Masse m bewege sich im Schwerefeld der Erde unter dem Einfluß Newtonscher Reibung.

1) Wie lautet seine Bewegungsgleichung? Man beschränke diese auf die vertikale Bewegung.

2) Bei welcher Anfangsgeschwindigkeit würde sich eine geradlinig gleichförmige Bewegung ergeben?

3) Berechnen Sie die Zeitabhängigkeit der Geschwindigkeit, wenn der Körper zur Zeit $t = 0$ mit der Geschwindigkeit $v(t = 0) = 0$ zu fallen beginnt.

4) Berechnen Sie die Fallstrecke als Funktion der Zeit, wenn der Körper zur Zeit $t = 0$ in der Höhe H losgelassen wird. Diskutieren Sie auch den Grenzfall $\alpha \to 0$.

Aufgabe 2.3.12

Ein Körper der Masse m unterliege der Schwerkraft und Stokesscher Reibung.

1) Wie lautet seine Bewegungsgleichung? Um welchen Typ Differentialgleichung handelt es sich?

2) Bestimmen Sie die **allgemeine** Lösung der Differentialgleichung.

3) Der Körper werde zur Zeit $t = 0$ vom Erdboden aus unter dem Neigungswinkel $\gamma = 45°$ gegen die Erdoberfläche mit der Geschwindigkeit $\sqrt{2}\,v_0$ abgeschossen. Wie lauten die Anfangsbedingungen?

4) Berechnen Sie mit den Anfangsbedingungen aus Punkt c) die Bahnkurve $\mathbf{r} = \mathbf{r}(t)$.

5) Bestimmen Sie die maximale Flughöhe des Geschosses. Nach welcher Zeit wird diese erreicht?

Aufgabe 2.3.13

Wir diskutieren die allgemeine Lösung

$$x(t) = A \cos \omega_0 t + B \sin \omega_0 t \quad (A,\ B \text{ bekannt})$$

des linearen harmonischen Oszillators

$$\ddot{x} + \omega_0^2 x = 0.$$

1) Zu welcher Zeit t_1 erreicht der Oszillator seinen Maximalausschlag x_{max}? Wie groß ist $x_{\max}$? Welchen Wert hat die Beschleunigung zur Zeit t_1?

2) Zu welcher Zeit t_2 erreicht der Oszillator seine Maximalgeschwindigkeit $\dot{x}_{max}$? Wie groß ist $\dot{x}_{max}$? Wie groß ist die Auslenkung zur Zeit t_2? Welche einfache Beziehung besteht zwischen x_{max} und $\dot{x}_{max}$?

3) Zu welcher Zeit t_3 erfährt der Oszillator die maximale Beschleunigung $\ddot{x}_{max}$? Wie groß ist diese? Welche Werte haben Auslenkung und Geschwindigkeit zur Zeit t_3?

Aufgabe 2.3.14

Ein Teilchen der Masse m und der Ladung q bewegt sich unter dem Einfluß einer zeitlich und räumlich konstanten magnetischen Induktion $\mathbf{B}$.

1) Wie lautet seine Bewegungsgleichung?

2) Zeigen Sie, daß $|\ \dot{r}\ |$ konstant ist.

3) Zeigen Sie, daß der Winkel zwischen $\dot{\mathbf{r}}$ und $\mathbf{B}$ konstant ist.

4) Ermitteln Sie durch eine erste Integration eine Beziehung zwischen $\mathbf{r}$ und $\dot{\mathbf{r}}$. Benutzen Sie die Anfangsbedingungen $\mathbf{r}(t=0) = \mathbf{r}_0$ und $\dot{\mathbf{r}}\ (t=0) = \mathbf{v}_0$.

5) Was kann über die zum Feld parallele Komponente $\dot{\mathbf{r}}_{\|}$ und die zum Feld senkrechte Komponente $\dot{\mathbf{r}}_{\perp}$ der Geschwindigkeit $\dot{\mathbf{r}}$ ausgesagt werden?

6) $\varphi(t)$ sei der Winkel, den $\dot{\mathbf{r}}_{\perp}$ mit der $\mathbf{e}_1$-Achse einschließt. Zeigen Sie

$$\varphi(t) = -\omega t + \alpha; \quad \omega = \frac{qB}{m}; \quad \alpha = \text{const.}$$

7) Über die Richtungen von $\mathbf{e}_1$ und $\mathbf{e}_2$ kann noch verfügt werden. Wählen Sie

$$\mathbf{e}_2 \uparrow\uparrow \mathbf{v}_{0\perp} = (\mathbf{e}_3 \times (\mathbf{v}_0 \times \mathbf{e}_3)) \quad \text{(s. Aufgabe (1.1.7))}.$$

Überlegen Sie, daß dann

$$\mathbf{e}_1 \uparrow\uparrow (\mathbf{v}_0 \times \mathbf{e}_3) \quad \text{und } \alpha = \pi/2$$

sein müssen. Geben Sie damit die vollständige Lösung für $\dot{r}\ (t)$ an.

8) Ermitteln Sie durch nochmaliges Integrieren $\mathbf{r}(t)$.

9) Unter welchen Bedingungen bewegt sich das Teilchen auf einer Kreisbahn senkrecht zum Feld $\mathbf{B}$? Drücken Sie den Radius R durch den Betrag der Anfangsgeschwindigkeit $\mathbf{v}_0$ aus.

10) Welche geometrische Form hat die allgemeine Lösung?

2.4 Fundamentale Begriffe und Sätze

Wir wollen in diesem Abschnitt einige fundamentale Begriffe der Physik wie

Arbeit, Leistung, Energie, Drehimpuls, Drehmoment, ...

genauer untersuchen, die wir zum Teil bereits im letzten Abschnitt für den Spezialfall $\mathbf{F} = F(x)\mathbf{e}_x$ eingeführt haben. Für diese gelten unter gewissen Bedingungen **Erhaltungssätze**, die über die Bewegungsform des Teilchens Aussagen machen und auch die Integration von Bewegungsgleichungen erleichtern können.

2.4.1 Arbeit, Leistung, Energie

Beginnen wir mit dem Begriff der **Arbeit**, der für beliebige Kraftfelder

$$\mathbf{F} = \mathbf{F}(\mathbf{r}, \dot{\mathbf{r}}, t)$$

in Analogie zu (2.205) verallgemeinert werden muß. Für eine infinitesimale Verschiebung $d\mathbf{r}$ wird die Arbeit

$$\delta W = -\mathbf{F} \cdot d\mathbf{r} \tag{2.220}$$

aufzuwenden sein. Die Vorzeichenkonvention ist dieselbe wie im Anschluß an (2.206) erläutert. Das Symbol "δ" ist bewußt so gewählt, da es sich bei diesem Ausdruck nicht notwendig um ein totales Differential handeln muß, wie wir noch sehen werden. Es kennzeichnet hier lediglich eine infinitesimal kleine Größe.

Für endliche Wegstrecken gilt:

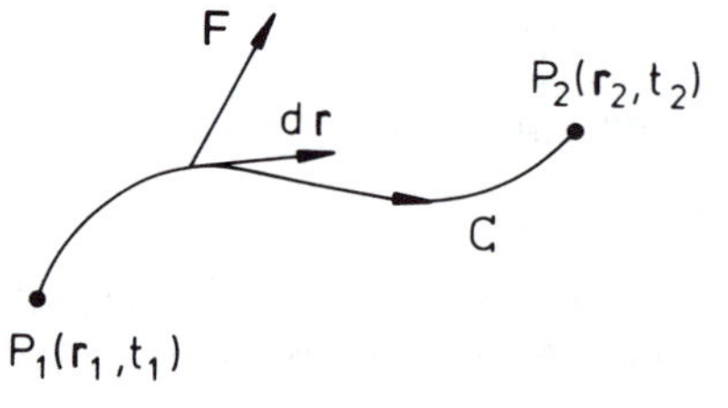

$$W_{21} = -\int_{P_1 \atop (C)}^{P_2} \mathbf{F}(\mathbf{r}, \dot{\mathbf{r}}, t) \cdot d\mathbf{r}. \tag{2.221}$$

Diese Größe hängt im allgemeinen ab von:

1) Kraftfeld $\mathbf{F}$,
2) Endpunkten P_1, P_2,
3) Weg C,
4) zeitlichem Bewegungsablauf.

Falls $\mathbf{F} = \mathbf{F}(\mathbf{r})$ ist, entfällt natürlich 4), d.h., dann hängt W_{21} nur von der Beschaffenheit des Weges ab, nicht mehr von dem zeitlichen Ablauf der Bewegung des Massenpunktes längs der Bahnkurve. – Die Integrationsvorschrift in (2.221) stellt ein sogenanntes **Kurvenintegral** dar. Man wertet solche, auch **Linienintegrale** genannte Ausdrücke aus, indem man sie auf irgendeine Weise auf gewöhnliche Riemann-Integrale zurückführt. Dies gelingt mit der in Kap. (1.2.1) eingeführten Parametrisierung der Raumkurve C. Der Paramter α kann, muß aber nicht, die Zeit t sein:

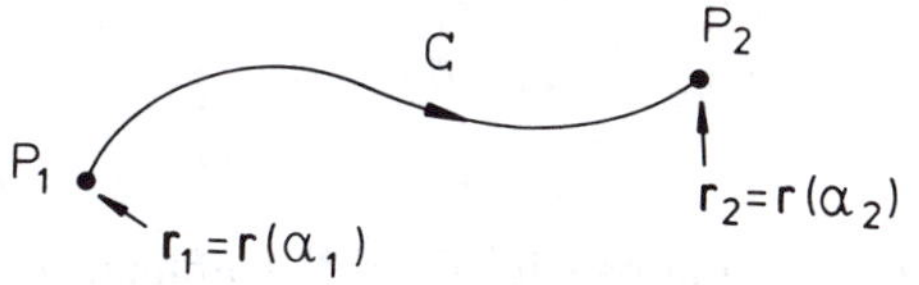

$$C: \ \mathbf{r} = \mathbf{r}(\alpha); \quad \alpha_1 \leq \alpha \leq \alpha_2;$$

$$d\mathbf{r} = \frac{d\mathbf{r}(\alpha)}{d\alpha} d\alpha.$$

Damit läßt sich (2.221) auch wie folgt schreiben:

$$W_{21} = -\int_{\alpha_1}^{\alpha_2} \mathbf{F}(\mathbf{r}, \dot{\mathbf{r}}, t) \cdot \frac{d\mathbf{r}(\alpha)}{d\alpha} d\alpha. \tag{2.222}$$

Die Beschaffenheit des Weges C manifestiert sich in dem Term $\frac{d}{d\alpha}\mathbf{r}(\alpha)$. Wir wollen, um mit solchen Kurvenintegralen vertraut zu werden, zunächst ein übendes **Beispiel** einschieben:

Wir betrachten das Vektorfeld

$$\mathbf{F} = \left(2x_1^2 - 3x_2, \ 4x_2x_3, \ 3x_1^2x_3\right) \tag{2.223}$$

und berechnen die Arbeit längs zweier verschiedener Wege C_1 und C_2:

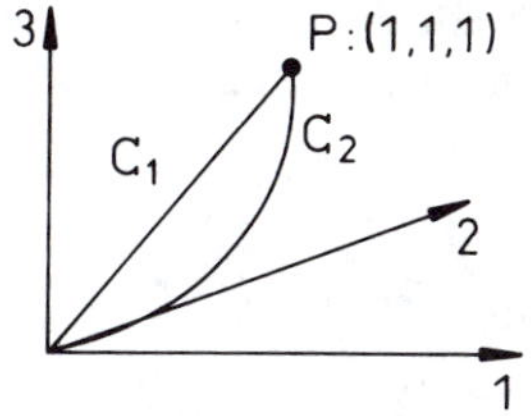

C_1 : Gerade: $\mathbf{r}(\alpha) = (\alpha, \alpha, \alpha); \quad 0 \leq \alpha \leq 1,$

C_2 : $\mathbf{r}(\alpha) = (\alpha, \alpha^2, \alpha^3); \quad 0 \leq \alpha \leq 1.$

Wir benötigen zunächst

$$\frac{d\mathbf{r}}{d\alpha} = \begin{cases} (1,1,1) & : C_1 \\ (1,2\alpha,3\alpha^2) & : C_2, \end{cases}$$

$$\Longrightarrow \mathbf{F} = \begin{cases} (2\alpha^2 - 3\alpha, 4\alpha^2, 3\alpha^3) & : C_1 \\ (2\alpha^2 - 3\alpha^2, 4\alpha^5, 3\alpha^5) & : C_2, \end{cases}$$

$$\Longrightarrow \mathbf{F} \cdot \frac{d\mathbf{r}}{d\alpha} = \begin{cases} 3\alpha^3 + 6\alpha^2 - 3\alpha & : C_1 \\ 9\alpha^7 + 8\alpha^6 - \alpha^2 & : C_2. \end{cases}$$

Damit können wir nun die auf den beiden Wegen geleisteten Arbeiten berechnen:

$$W_{C_1} = -\int_0^1 (3\alpha^3 + 6\alpha^2 - 3\alpha)\, d\alpha = -5/4,$$

$$W_{C_2} = -\int_0^1 (9\alpha^7 + 8\alpha^6 - \alpha^2)\, d\alpha = -325/168.$$

In diesem Beispiel ist also die Arbeit vom Weg abhängig. Diese Wegabhängigkeit ist ein wichtiger Punkt, auf den wir im nächsten Abschnitt noch ausführlich zurückkommen werden.

Mit (2.222) definieren wir nun als nächsten wichtigen Begriff den der **Leistung** P, und zwar als Arbeit pro Zeit:

$$P = \frac{dW}{dt} = -\frac{d}{dt}\int_{t_0}^{t} \mathbf{F}\big(\mathbf{r}(t'), \dot{\mathbf{r}}\,(t'), t'\big) \cdot \dot{\mathbf{r}}\,(t')\, dt' \tag{2.224}$$

$$\Longrightarrow P = -\mathbf{F}\big(\mathbf{r}(t), \dot{\mathbf{r}}\,(t), t\big) \cdot \dot{\mathbf{r}}\,(t).$$

Die **Dimension** ist entsprechend (2.219):

$$[\mathrm{P}] = \mathrm{Joule/s} = \mathrm{Watt}. \tag{2.225}$$

Die Leistung P ist natürlich für **alle** Typen von Kraftfeldern vom zeitlichen Ablauf der Bewegung abhängig. Auf P stoßen wir, wenn wir die Newtonsche Bewegungsgleichung skalar mit der Geschwindigkeit multiplizieren:

$$m\; \ddot{\mathbf{r}} \cdot \dot{\mathbf{r}} = \mathbf{F} \cdot \dot{\mathbf{r}}\,.$$

Auf der linken Seite erkennen wir die Zeitableitung der

kinetischen Energie

$$T = \frac{m}{2}\,\dot{\mathbf{r}}^2, \tag{2.226}$$

die wir bereits in (2.212) für die eindimensionale Bewegung eingeführt haben:

$$\frac{d}{dt}T = \frac{d}{dt}\frac{m}{2}\,\dot{\mathbf{r}}^2 = \mathbf{F}\cdot\dot{\mathbf{r}} = -P. \tag{2.227}$$

Der Vergleich mit (2.224) ergibt dann nach Integration von t_1 bis $t_2 > t_1$:

$$W_{21} = T_1 - T_2 = \frac{m}{2}\left[\dot{\mathbf{r}}^2\,(t_1) - \dot{\mathbf{r}}^2\,(t_2)\right]. \tag{2.228}$$

Die Arbeit, die an dem Massenpunkt längs seines Weges geleistet wird, dient also dazu, seinen Bewegungszustand zu ändern.

Bei der eindimensionalen Bewegung war es stets möglich, in der zu (2.227) analogen Gleichung (2.201) die rechte Seite der Gleichung als Zeitableitung einer reinen Ortsfunktion zu interpretieren. Das ist bei dreidimensionalen Bewegungen und **beliebiger** Kraft nun **nicht notwendig** der Fall. Kräfte, bei denen dieses jedoch zutrifft, heißen **konservativ**:

$$\frac{d}{dt}V(\mathbf{r}) = -\mathbf{F}\cdot\dot{\mathbf{r}}\,. \tag{2.229}$$

Man nennt $V(r)$ dann das **Potential der Kraft F** oder die **potentielle Energie**. Wir werden im nächsten Abschnitt untersuchen, wie man unterscheiden kann, ob eine Kraft konservativ ist oder nicht. Eine nicht-konservative Kraft ist z.B. die Reibung.

Wir zerlegen die auf den Massenpunkt wirkenden Kräfte in konservative und nicht-konservative, wobei letztere auch **dissipativ** genannt werden:

$$\mathbf{F} = \mathbf{F}_{\text{kons}} + \mathbf{F}_{\text{diss}}.$$

$\mathbf{F}_{\text{kons}}$ hat ein Potential $V(\mathbf{r})$. Das setzen wir nun in (2.227) ein:

$$\frac{d}{dt}\left[T + V(\mathbf{r})\right] = \mathbf{F}_{\text{diss}}\cdot\dot{\mathbf{r}}\,. \tag{2.230}$$

Man definiert wieder als

Energie des Massenpunktes

$$E = \frac{m}{2}\,\dot{\mathbf{r}}^2 + V(\mathbf{r}). \tag{2.231}$$

(2.230) ist dann der **Energiesatz**:

Die zeitliche Änderung der Energie ist gleich der Leistung der dissipativen Kräfte.

Sind alle Kräfte konservativ, so gilt der

Energieerhaltungssatz

$$\frac{m}{2}\,\dot{\mathbf{r}}^2 + V(\mathbf{r}) = E = \text{const.} \tag{2.232}$$

Man beachte, daß mit Energie hier stets mechanische Energie gemeint ist. Dissipative Kräfte führen diese in andere Energieformen, z.B. Wärme, über. Die Energie als solche bleibt stets konstant.

2.4.2 Potential

Wir wollen nun untersuchen, wann eine Kraft konservativ ist und wann nicht. Dazu führen wir die Zeitableitung in (2.229) explizit aus:

$$\begin{aligned}\frac{d}{dt}V(x_1, x_2, x_3) &= \frac{\partial V}{\partial x_1}\frac{dx_1}{dt} + \frac{\partial V}{\partial x_2}\frac{dx_2}{dt} + \frac{\partial V}{\partial x_3}\frac{dx_3}{dt} = \\ &= \dot{\mathbf{r}} \cdot \operatorname{grad} V.\end{aligned}$$

Damit erhalten wir, falls $\mathbf{F}$ konservativ ist:

$$\dot{\mathbf{r}} \cdot \operatorname{grad} V = -\mathbf{F} \cdot \dot{\mathbf{r}}\,. \tag{2.233}$$

Wir schließen daraus, daß eine Kraft dann **konservativ** ist, wenn sie sich als Gradient eines skalaren Potentials schreiben läßt. Dies bedeutet, daß $\mathbf{F}$ insbesondere weder von $\dot{\mathbf{r}}$ noch von t abhängen darf:

$$\mathbf{F} = \mathbf{F}(\mathbf{r}) = -\operatorname{grad} V(\mathbf{r}). \tag{2.234}$$

Das Minuszeichen ist Konvention. Wir setzen voraus, daß das Potential V stetige partielle Ableitungen bis mindestens zur 2. Ordnung besitzt. Dann sind nach (1.129) die zweiten partiellen Ableitungen von V vertauschbar:

$$\frac{\partial^2 V}{\partial x_i \partial x_j} = \frac{\partial^2 V}{\partial x_j \partial x_i}; \qquad i, j = 1, 2, 3.$$

Dies bedeutet nach (2.234):

$$\frac{\partial F_i}{\partial x_j} = \frac{\partial F_j}{\partial x_i}; \qquad i, j = 1, 2, 3.$$

Wenn man diese Gleichung mit (1.158) vergleicht, erkennt man, daß eine **konservative Kraft F**

$$\text{rot}\,\mathbf{F} = 0 \tag{2.235}$$

erfüllen muß (vgl. (1.162)). Man kann zeigen, daß diese Bedingung nicht nur notwendig, sondern auch hinreichend ist:

Eine Kraft **F** *hat genau dann ein Potential, wenn rot* **F** *verschwindet.*

Wir können schließlich noch ein drittes, integrales Kriterium für eine konservative Kraft angeben. Mit (1.133) gilt für das totale Differential der skalaren Funktion V:

$$dV = \text{grad}\,V \cdot d\mathbf{r}.$$

Bezeichnen wir mit $\oint$ das Kurvenintegral über einen geschlossenen Weg, so folgt:

$$\oint \text{grad}\,V \cdot d\mathbf{r} = \oint dV = V_{\text{Ende}} - V_{\text{Anfang}} = 0.$$

Dies bedeutet aber mit (2.234):

$$\oint \mathbf{F} \cdot d\mathbf{r} = 0 \Longleftrightarrow \mathbf{F} \text{ konservativ.} \tag{2.236}$$

Eine konservative Kraft leistet auf einem geschlossenen Weg keine Arbeit.

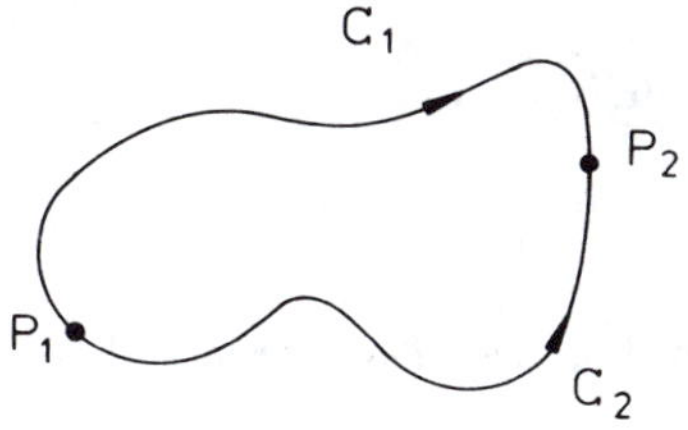

Man kann nun einen geschlossenen Weg auch dadurch konstruieren, daß man zwei verschiedene Wege C_1 und C_2, die zwei Punkte P_1, P_2 miteinander verbinden, kombiniert:

$$0 = \int_{C_1} \mathbf{F} \cdot d\mathbf{r} + \int_{-C_2} \mathbf{F} \cdot d\mathbf{r} = \int_{C_1} \mathbf{F} \cdot d\mathbf{r} - \int_{C_2} \mathbf{F} \cdot d\mathbf{r}$$

$$\Longrightarrow \int_{C_1} \mathbf{F} \cdot d\mathbf{r} = \int_{C_2} \mathbf{F} \cdot d\mathbf{r}. \tag{2.237}$$

Ein Kraftfeld **F** *ist genau dann konservativ, wenn die Arbeit beim Verschieben des Massenpunktes zwischen zwei Raumpunkten wegunabhängig ist.*

Das als Beispiel gerechnete Kraftfeld (2.223) ist aus diesem Grunde **nicht** konservativ.

Will man das Potential einer Kraft berechnen, so überprüfe man zunächst, ob rot $\mathbf{F} = 0$ erfüllt ist. Wenn ja, dann kann man die Wegunabhängigkeit ausnutzen, um nach

$$V(P) = \int_{P_0}^{P} dV = -\int_{P_0}^{P} \mathbf{F} \cdot d\mathbf{r} \tag{2.238}$$

das Potential im Punkt P über einen *rechnerisch günstigen* Weg zu berechnen. Dieses ist nur bis auf eine additive Konstante bestimmt. Man setzt deshalb willkürlich das Potential in einem ausgewählten Bezugspunkt P_0 gleich Null. Das ist häufig der unendlich ferne Punkt. Das Potential $V(P)$ entspricht dann der Arbeit, um den Massenpunkt vom Bezugspunkt P_0 nach P zu befördern.

Beispiele:

a) Linearer harmonischer Oszillator

Wie in Kap. (2.3.9) ausführlich erläutert, besitzen die Kräfte $F = F(x)$ eindimensionaler Bewegungen immer ein Potential. Das Potential für den Oszillator haben wir bereits in (2.210) angegeben:

$$V(x) = \frac{k}{2}x^2 + c.$$

Hier vereinbart man im allgemeinen, $V(x = 0) = 0$, also $c = 0$, zu setzen.

b) Linearer harmonischer Oszillator mit Reibung

Für die Gesamtkraft gilt nach (2.168):

$$F = -kx - \alpha\,\dot{x}\,.$$

Sie ist wegen der $\dot{x}$-Abhängigkeit **nicht** konservativ. Der Energiesatz (2.230) lautet in diesem Fall:

$$\frac{d}{dt}\left(\frac{m}{2}\,\dot{x}^2 + \frac{k}{2}x^2\right) = -\alpha\,\dot{x}^2\,. \tag{2.239}$$

Die Energie nimmt wegen der Reibung ständig ab.

c) Räumlich isotroper harmonischer Oszillator

Dieser ist definiert durch die Kraft

$$\mathbf{F}(\mathbf{r}) = -k\mathbf{r}. \tag{2.240}$$

Man überzeugt sich unmittelbar (s. (1.164)), daß

$$\text{rot}\,\mathbf{F} = 0$$

ist. Die Kraft besitzt also ein Potential, das wir nach (2.238) berechnen:

$$V(\mathbf{r}) = -\int_0^{\mathbf{r}} \mathbf{F} \cdot d\mathbf{r}' = k \int_0^{\mathbf{r}=(x,y,z)} (x'dx' + y'dy' + z'dz') =$$

$$= k\int_0^x x'dx' + k\int_0^y y'dy' + k\int_0^z z'dz' = \frac{k}{2}(x^2 + y^2 + z^2).$$

Dies bedeutet:

$$V(\mathbf{r}) = \frac{k}{2}\mathbf{r}^2. \qquad (2.241)$$

2.4.3 Drehimpuls, Drehmoment

Multiplizieren wir die dynamische Grundgleichung vektoriell mit $\mathbf{r}$,

$$m\,(\mathbf{r} \times \ddot{\mathbf{r}}) = (\mathbf{r} \times \mathbf{F}), \qquad (2.242)$$

so erscheint auf der linken Seite die Zeitableitung einer wichtigen physikalischen Größe:

$$\mathbf{L} = m\,(\mathbf{r} \times \dot{\mathbf{r}}) = (\mathbf{r} \times \mathbf{p}) \qquad \textbf{Drehimpuls}. \qquad (2.243)$$

Da Ort $\mathbf{r}$ und Impuls $\mathbf{p}$ polare Vektoren sind, ist $\mathbf{L}$ ein axialer Vektor, der senkrecht auf der von $\mathbf{r}$ und $\mathbf{p}$ aufgespannten Ebene steht. Mit der weiteren Definition:

$$\mathbf{M} = (\mathbf{r} \times \mathbf{F}) \qquad \textbf{Drehmoment} \qquad (2.244)$$

folgt dann aus (2.242):

$$\frac{d}{dt}\mathbf{L} = \mathbf{M}. \qquad (2.245)$$

Diese Gleichung drückt den **Drehimpulssatz** aus:

Die zeitliche Änderung des Drehimpulses entspricht dem Drehmoment.

Ist das Drehmoment identisch Null, so wird aus diesem Satz der **Drehimpulserhaltungssatz**:

$$\mathbf{M} = 0 \Longleftrightarrow \frac{d}{dt}\mathbf{L} = 0; \quad \mathbf{L} = \text{const}. \qquad (2.246)$$

Es gibt zwei Möglichkeiten für $\mathbf{M} = \mathbf{0}$:

$$\mathbf{M} = \mathbf{0}: \quad \begin{aligned} &1)\ \mathbf{F} \equiv \mathbf{0} \quad &&\text{(trivialer Fall)},\\ &2)\ \mathbf{F} \uparrow\uparrow \mathbf{r} \quad &&\text{(Zentralfeld)}. \end{aligned} \qquad (2.247)$$

Fall 1) ist mit der geradlinig gleichförmigen Bewegung des Massenpunktes identisch:

$$\dot{\mathbf{r}} = \mathbf{v} = \text{const.}$$

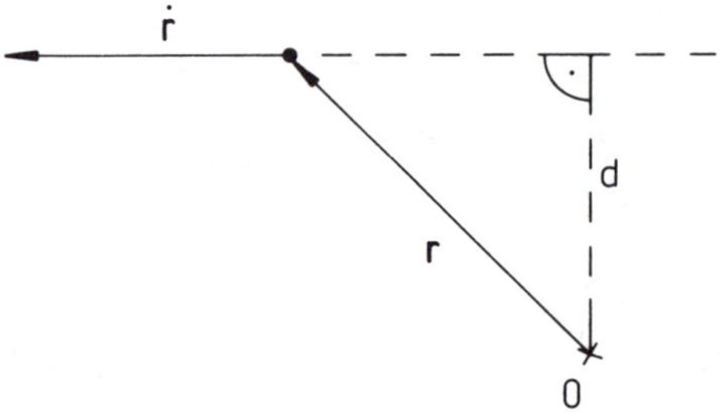

Es erstaunt zunächst, daß eine geradlinig gleichförmige Bewegung überhaupt einen, wenn auch konstanten, Drehimpuls besitzen soll.

In dem skizzierten Beispiel steht $\mathbf{L}$ senkrecht auf der Papierebene und hat den Betrag $m\,v\,d$. Nur wenn der Bezugspunkt auf der Geraden liegt, verschwindet $\mathbf{L}$. Daran erkennt man, daß der Drehimpuls $\mathbf{L}$ keine reine Teilcheneigenschaft ist, sondern auch von der Wahl des Bezugspunktes abhängt.

Verschiebt man den Koordinatenursprung um den konstanten Vektor $\mathbf{a}$,

$$\mathbf{r}' = \mathbf{r} + \mathbf{a}; \quad \dot{\mathbf{r}}' = \dot{\mathbf{r}} \Longrightarrow \mathbf{p}' = \mathbf{p},$$

so folgt für den Drehimpuls:

$$\mathbf{L}' = (\mathbf{r}' \times \mathbf{p}') = (\mathbf{r} \times \mathbf{p}) + (\mathbf{a} \times \mathbf{p}) = \mathbf{L} + (\mathbf{a} \times \mathbf{p}). \qquad (2.248)$$

Mit $\mathbf{L}$ ist also $\mathbf{L}'$ nur dann konstant, wenn gleichzeitig auch Impulserhaltung $\mathbf{p} = \text{const.}$ gilt. Ferner folgt aus $\mathbf{L} = \mathbf{0}$ in der Regel **nicht** $\mathbf{L}' = \mathbf{0}$.

Die zweite Möglichkeit für $\mathbf{M} = \mathbf{0}$ in (2.247) wollen wir in einem gesonderten Abschnitt diskutieren.

2.4.4 Zentralkräfte

Einen Krafttyp der Form

$$\mathbf{F} = f(\mathbf{r}, \dot{\mathbf{r}}, t)\,\mathbf{e}_r \qquad (2.249)$$

nennt man eine **Zentralkraft**. Die Kraft ist also längs der vom Kraftzentrum (Ursprung) ausgehenden radialen Strahlen gerichtet. Für solche Kräfte ist nach (2.246) der Drehimpuls $\mathbf{L}$, bezogen auf das Kraftzentrum, konstant.

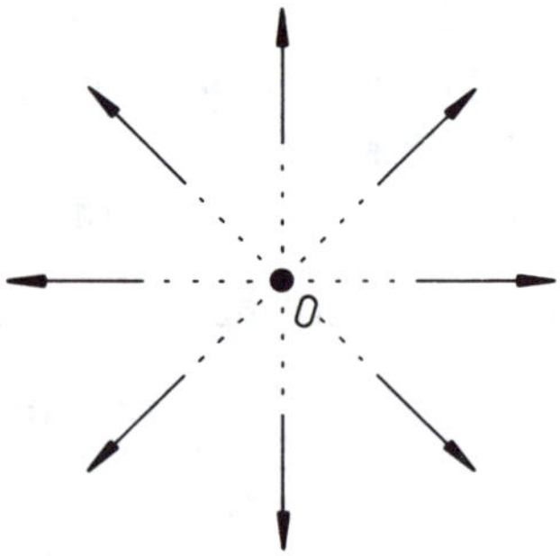

Zentralkräfte sind in der allgemeinen Form (2.249) nicht notwendig konservativ. Es gilt:

$$\text{Zentralkraft } \mathbf{F} \text{ konservativ} \iff \mathbf{F} = f(r)\,\mathbf{e}_r. \tag{2.250}$$

Daß $\mathbf{F}$ nicht von $\dot{\mathbf{r}}$ und t abhängen darf, um konservativ zu sein, ist klar. Wir untersuchen deshalb zum Beweis von (2.250) $\mathbf{F}$ in der Form

$$\mathbf{F} = f(\mathbf{r})\,\mathbf{e}_r.$$

Nach (2.235) ist $\mathbf{F}$ genau dann konservativ, wenn die Rotation von $\mathbf{F}$ verschwindet. Nun gilt nach (1.161):

$$\operatorname{rot}\mathbf{F} = \frac{f(\mathbf{r})}{r}\operatorname{rot}\mathbf{r} + \left[\left(\operatorname{grad}\frac{f(\mathbf{r})}{r}\right) \times \mathbf{r}\right].$$

Nach (1.164) ist $\operatorname{rot}\mathbf{r} = 0$, so daß zu fordern bleibt:

$$0 \stackrel{!}{=} \left[\operatorname{grad}\left(\frac{f(\mathbf{r})}{r}\right) \times \mathbf{r}\right].$$

Die beiden Vektoren müssen also parallel sein. Nach (1.143) und nachfolgender Diskussion steht der Gradientenvektor senkrecht auf den Flächen $f(\mathbf{r})/r=$ const. Diese müssen damit gleichzeitig senkrecht zu $\mathbf{r}$ sein. Dies bedeutet aber, daß $f(\mathbf{r})/r$ auf einer Kugeloberfläche konstant sein muß. Somit folgt notwendig $f(\mathbf{r}) = f(r)$. Damit ist (2.250) bewiesen!

Wir können eine weitere Aussage anschließen:

Eine konservative Kraft $\mathbf{F}$ *ist genau dann Zentralkraft, wenn* $V(\mathbf{r}) = V(r)$ *ist.* (2.251)

Beweis:

a) Sei $\mathbf{F}$ konservativ und $V(\mathbf{r}) = V(r)$, dann folgt:

$$\mathbf{F} = -\operatorname{grad} V(r) \stackrel{(1.149)}{=} -\frac{dV}{dr}\mathbf{e}_r.$$

$\mathbf{F}$ ist also Zentralkraft vom Typ (2.250).

b) Sei $\mathbf{F}$ konservative Zentralkraft, dann folgt:

$$\mathbf{F} = -\operatorname{grad} V = f(r)\mathbf{e}_r \iff \frac{\partial V}{\partial x_i} = -\frac{f(r)}{r}x_i = \\ = -f(r)\frac{\partial r}{\partial x_i}.$$

Sei $\hat{f}(r)$ so, daß $f(r) = \frac{d\hat{f}(r)}{dr}$, dann lautet die letzte Beziehung:

$$\frac{\partial}{\partial x_i} V = -\frac{\partial}{\partial x_i} \hat{f}(r) \qquad \text{für } \textbf{alle } i.$$

Somit kann V nur von r abhängen.

Gilt wie bei Zentralkräften die Drehimpulserhaltung, so lassen sich bereits recht weitgehende Aussagen über die Bewegungsform des Massenpunktes formulieren. Aus der Definition von $\mathbf{L}$ folgt nach skalarer Multiplikation mit $\mathbf{r}$:

$$\mathbf{r} \cdot \left(m\,(\mathbf{r} \times \dot{\mathbf{r}})\right) = 0 = \mathbf{r} \cdot \mathbf{L}.$$

Wenn $\mathbf{L}$ ein konstanter Vektor ist, so stellt diese Gleichung eine Ebene durch den Nullpunkt dar, die zu $\mathbf{L}$ senkrecht steht:

Bei Drehimpulserhaltung bewegt sich der Massenpunkt auf der zum Drehimpuls senkrechten Ebene, die den Nullpunkt enthält.

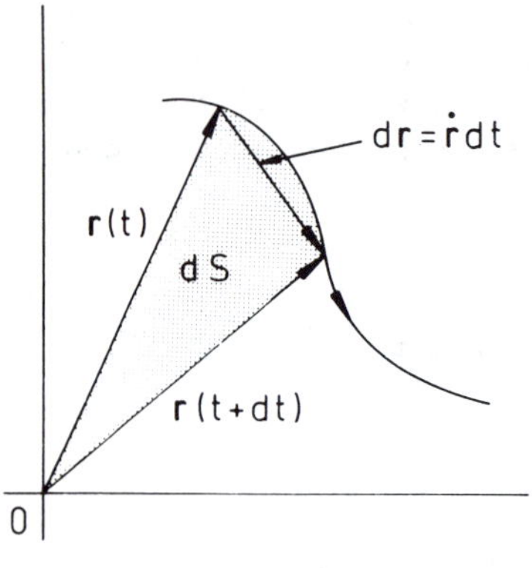

Aus der Konstanz von $|\mathbf{L}|$ folgt eine weitere wichtige Aussage. In der Zeit dt überstreicht der Ortsvektor in der Bahnebene die Fläche dS. Diese ist gerade die Hälfte des von $\mathbf{r}(t)$ und $\mathbf{r}(t + dt)$ aufgespannten Parallelogramms:

$$dS = \frac{1}{2}\left|(\mathbf{r}(t) \times \mathbf{r}(t+dt))\right| = \frac{1}{2}\left|(\mathbf{r}(t) \times (\mathbf{r}(t)) + \dot{\mathbf{r}}\,(t)dt)\right| =$$
$$= \frac{1}{2}dt\left|(\mathbf{r}(t) \times \dot{\mathbf{r}}\,(t))\right|.$$

Dies bedeutet:

$$\frac{dS}{dt} = \frac{1}{2m}|\mathbf{L}|. \tag{2.252}$$

Es folgt daraus der **Flächensatz**:

Bei Drehimpulserhaltung überstreicht der Radiusvektor (Fahrstrahl) des Massenpunktes in gleichen Zeiten gleiche Flächen.

2.4.5 Integration der Bewegungsgleichungen

Wenn der **Drehimpulserhaltungssatz**

$$\mathbf{L} = m\,(\mathbf{r} \times \dot{\mathbf{r}}) = \text{const.}$$

oder der **Energieerhaltungssatz**

$$E = \frac{m}{2}\,\dot{\mathbf{r}}^2 + V(\mathbf{r}) = \text{const.}$$

gilt, dann spricht man von

ersten Integralen der Bewegung.

Die ursprünglichen Bewegungsgleichungen sind stets Differentialgleichungen 2. Ordnung, die Erhaltungssätze nur noch solche 1. Ordnung. Mit den Erhaltungssätzen läßt sich zudem ein **allgemeines Verfahren** zur vollständigen Lösung der Bewegungsgleichungen formulieren.

Wir haben gezeigt, daß der Drehimpulserhaltungssatz genau dann gilt, wenn die wirkende Kraft eine Zentralkraft ist:

$$\mathbf{F} = f(\mathbf{r}, \dot{\mathbf{r}}, t)\mathbf{r}.$$

(Der triviale Fall $\mathbf{F} \equiv 0$ sei ausgeschlossen!)

Wenn gleichzeitig der Energieerhaltungssatz gilt, so muß in jedem Fall ein Potential existieren. Die Zentralkraft ist damit konservativ; dies bedeutet:

$$\mathbf{F} = f(r)\mathbf{r}.$$

Wir wissen zudem, daß dann das Potential nur vom Betrag von $\mathbf{r}$ abhängen kann:

$$V = V(r).$$

Damit wollen wir nun die Erhaltungssätze weiter auswerten. Wegen der Konstanz des Drehimpulses erfolgt die Bewegung in einer festen Ebene. Dieses sei die xy-Ebene. Wir wählen zur Beschreibung Kugelkoordinaten (r, ϑ, φ), wobei wir gleich

$$\vartheta = \frac{\pi}{2} \Longrightarrow \dot{\vartheta} = 0$$

ausnutzen können. Wir haben in (2.21) abgeleitet:

$$\begin{aligned} \mathbf{r} &= r\,\mathbf{e}_r, \\ \dot{\mathbf{r}} &= \dot{r}\ \mathbf{e}_r + r\,\dot{\vartheta}\ \mathbf{e}_\vartheta + r\sin\vartheta\ \dot{\varphi}\ \mathbf{e}_\varphi. \end{aligned}$$

Damit gilt hier:

$$\dot{\mathbf{r}} = \dot{r}\ \mathbf{e}_r + r\ \dot{\varphi}\ \mathbf{e}_\varphi, \tag{2.253}$$

und für den **Drehimpuls** folgt:

$$\mathbf{L} = -m\,r^2\ \dot{\varphi}\ \mathbf{e}_\vartheta = m\,r^2\ \dot{\varphi}\ \mathbf{e}_z.$$

Wegen

$$\dot{\mathbf{r}}^2 = \dot{\mathbf{r}} \cdot \dot{\mathbf{r}} = \dot{r}^2 + r^2\ \dot{\varphi}^2$$

lautet der **Energiesatz**:

$$E = \frac{m}{2}(\dot{r}^2 + r^2\ \dot{\varphi}^2) + V(r). \tag{2.254}$$

Mit Hilfe des Drehimpulssatzes können wir nun $\dot{\varphi}$ aus dem Energiesatz eliminieren:

$$E = \frac{m}{2}\ \dot{r}^2 + \frac{L^2}{2mr^2} + V(r). \tag{2.255}$$

Führen wir das **effektive Potential**

$$V_{\text{eff}}(r) = \frac{L^2}{2mr^2} + V(r) \tag{2.256}$$

ein, so hat der Energiesatz mathematisch dieselbe Struktur wie der Energiesatz der in (2.3.9) diskutierten eindimensionalen Bewegung. Wir können also bei der Integration in gleicher Weise vorgehen. Analog zu (2.204) erhalten wir nun:

$$t - t_0 = \int\limits_{r_0}^{r} \frac{dr'}{\sqrt{\frac{2}{m}[E - V_{\text{eff}}(r')]}}. \tag{2.257}$$

Durch Umkehrung ergibt sich daraus:

$$r = r(t).$$

Zur vollständigen Lösung $\mathbf{r}(t) = r(t)\big(\cos\varphi(t), \sin\varphi(t), 0\big)$ benötigen wir noch $\varphi = \varphi(t)$. Wir können zunächst den Drehimpulssatz ausnutzen, um $\varphi = \varphi(r)$ abzuleiten:

$$d\varphi = \frac{L}{mr^2}dt = \frac{L}{mr^2}\frac{dr}{\dot{r}} = \frac{L}{mr^2}\frac{dr}{\sqrt{\frac{2}{m}[E - V_{\text{eff}}(r)]}}.$$

Dies läßt sich formal integrieren:

$$\varphi - \varphi_0 = \int\limits_{\overline{r}_0}^{r} \frac{L\,dr'}{r'^2\sqrt{2m[E - V_{\text{eff}}(r')]}}. \tag{2.258}$$

Durch Umkehrung erhalten wir daraus die Bahn $r = r(\varphi)$ und durch Einsetzen von $r = r(t)$ auch $\varphi = \varphi(t)$.

Die Gestalt der Bahn $r(\varphi)$ und das zeitliche Durchlaufen hängt von den zwei wesentlichen Integrationskonstanten L und E ab. Die restlichen Konstanten r_0, $\bar{r}_0$, φ_0, t_0 lassen sich durch passende Wahl von Koordinatensystem und Zeitnullpunkt nach Zweckmäßigkeit festlegen!

Die Diskussion des Abschnittes (2.3.9) über klassisch verbotene und erlaubte Bereiche der Bewegung übertragen sich wortwörtlich, wenn wir nur $V(x)$ durch $V_{\text{eff}}(r)$ ersetzen.

Beispiel:

Anziehendes Coulomb-Potential

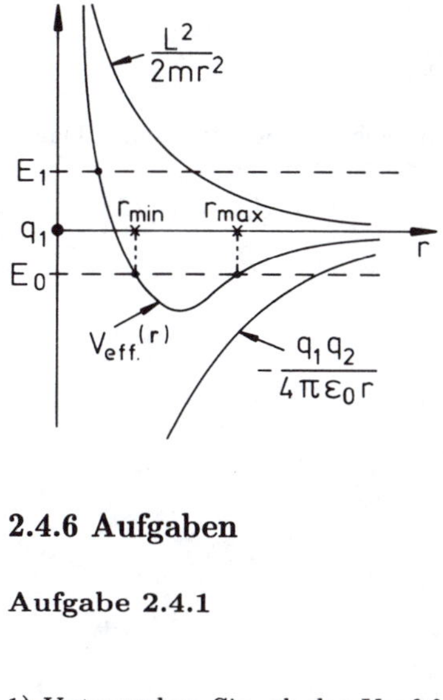

$$V_{\text{eff}}(r) = -\frac{q_1 q_2}{4\pi\,\epsilon_0 r} + \frac{L^2}{2m\,r^2}. \qquad (2.259)$$

Für $E = E_0 < 0$ haben wir eine gebundene oszillatorische Bewegung. Für $E = E_1 > 0$ kann das Teilchen bis ins Unendliche gelangen *(Streuzustände)*, ohne umzukehren.

2.4.6 Aufgaben

Aufgabe 2.4.1

1) Untersuchen Sie, ob das Kraftfeld

$$\mathbf{F}(\mathbf{r}) = (\alpha_1 y^2 z^3 - 6\alpha_2 x z^2)\,\mathbf{e}_x + 2\alpha_1 xy\,z^3 \mathbf{e}_y + (3\alpha_1 xy^2 z^2 - 6\alpha_2 x^2 z)\,\mathbf{e}_z$$

konservativ ist.

2) Ein Massenpunkt werde in diesem Kraftfeld $\mathbf{F}$ längs des Weges

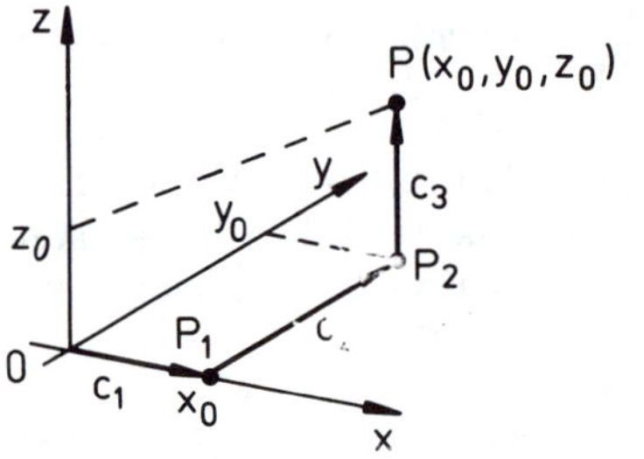

$0 \xrightarrow{c_1} P_1 \xrightarrow{c_2} P_2 \xrightarrow{c_3} P,$

d.h. also stückweise längs oder parallel zu den Koordinatenachsen, vom Ursprung 0 zum Raumpunkt $P(x_0, y_0, z_0)$ verschoben.

Geben Sie eine Parametrisierung des Weges an und berechnen Sie damit die beim Verschieben von 0 nach P an dem Körper geleistete Arbeit.

3) Hat $\mathbf{F}$ ein Potential? Wenn ja, welches?

Aufgabe 2.4.2

Berechnen Sie die Arbeit, die gegen das Feld

$$\mathbf{F}(\mathbf{r}) = \alpha \cdot \mathbf{r} \qquad (\alpha = \text{const.})$$

beim Fortschreiten von Punkt P_1 zum Punkt P_2 aufgebracht werden muß. Dabei sollen die Linienintegrale für die folgenden Wege berechnet werden:

c_1:

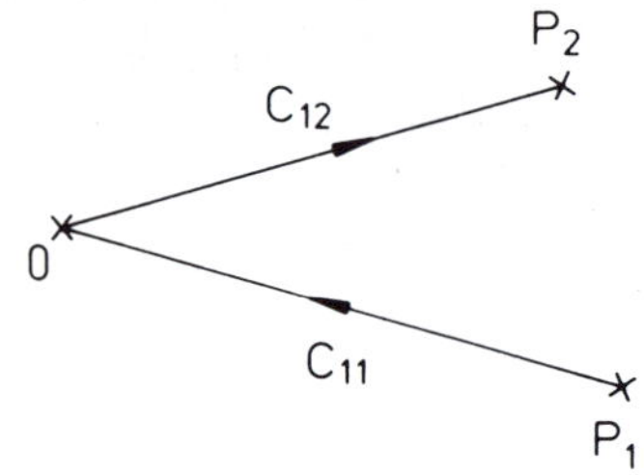

c_2:

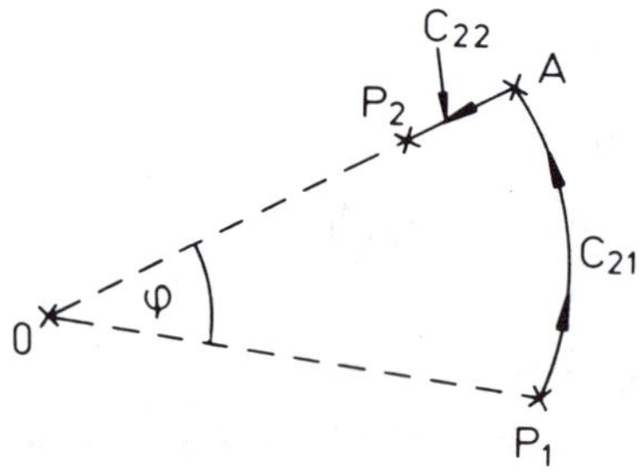

(Kreisbogen)

c_3:

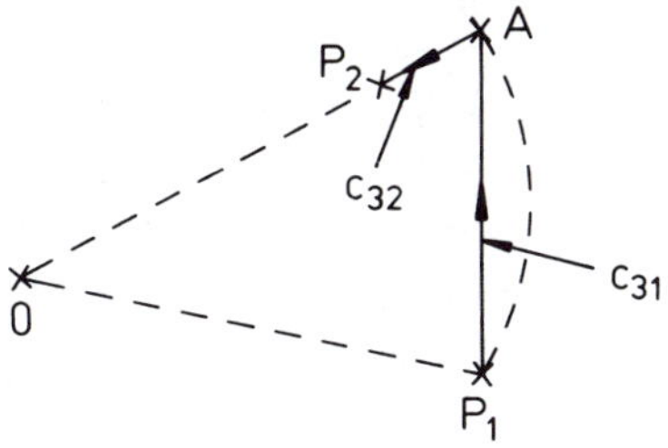

Bestimmen Sie das Potential der gegebenen Kraft und verifizieren Sie obige Ergebnisse.

Aufgabe 2.4.3

Gegeben sei nun das Kraftfeld

$$\mathbf{F}(\mathbf{r}) = (\mathbf{a} \times \mathbf{r}) \qquad (\mathbf{a} = \text{const.}).$$

Berechnen Sie wie in (2.4.2) die Arbeit durch Berechnung derselben Linienintegrale. Gibt es ein Potential?

Aufgabe 2.4.4

Ein Massenpunkt bewege sich in dem Kraftfeld

$$\mathbf{F}(\mathbf{r}) = (ay,\ ax,\ b),$$

wobei a, b positive Konstanten sind.

1) Zeigen Sie, daß es sich um eine konservative Kraft handelt.

2) Berechnen Sie die Arbeit, die aufzubringen ist, um den Massenpunkt längs einer Geraden von $P_0 : (0,0,0)$ nach $P : (x,y,z)$ zu verschieben.

3) Wie lautet das Potential der Kraft $\mathbf{F}$?

4) Wie ändert sich die zu leistende Arbeit, wenn man den Massenpunkt längs der Koordinatenachsen

$$(0,0,0) \to (x,0,0) \to (x,y,0) \to (x,y,z)$$

von P_0 nach P verschiebt?

Aufgabe 2.4.5

Gegeben seien die Potentiale

1) $V(\mathbf{r}) = \frac{1}{2}k(x^2 + y^2 + z^2)$,

2) $V(\mathbf{r}) = \frac{m}{2}[(\boldsymbol{\omega} \cdot \mathbf{r})^2 - \omega^2 \mathbf{r}^2]$

($\boldsymbol{\omega}$: konstanter Vektor).

Berechnen Sie die Kraft $\mathbf{F} = \mathbf{F}(\mathbf{r})$, die von dem jeweiligen Potential erzeugt wird. Welche physikalische Bedeutung haben die angegebenen Potentiale? Handelt es sich um Zentralkräfte?

Aufgabe 2.4.6

Ein Teilchen mit der Masse $m = 3\,\text{g}$ bewegt sich in einem homogenen, zeitabhängigen Kraftfeld

$$\mathbf{F} = (45t^2, 6t - 3, -18t) \cdot 10^{-5} N$$

(t: Zeit in Sekunden) mit den Anfangsbedingungen:

$$\mathbf{r}(t = 0) = (0, 0, 0)\,\text{cm},$$
$$\dot{\mathbf{r}}(t = 0) = (0, 0, 6)\,\text{cm}\,\text{s}^{-1}.$$

1) Berechnen Sie die Geschwindigkeit des Teilchens nach einer Sekunde.

2) Welche kinetische Energie hat das Teilchen nach einer Sekunde?

3) Welche Arbeit W_{10} leistet das Feld bei der Verschiebung des Teilchens von $\mathbf{r}(t = 0)$ nach $\mathbf{r}(t = 1)$?

Aufgabe 2.4.7

Wir diskutieren noch einmal wie in Übung (2.3.13) die allgemeine Lösung des linearen harmonischen Oszillators, gehen nun aber vom Energieerhaltungssatz aus:

1) Warum gilt dieser?

2) Benutzen Sie den Energieerhaltungssatz zur Berechnung von $x(t)$. Die unabhängigen Parameter sollen dabei die Gesamtenergie E und die Zeit t_1 sein, zu der der Oszillator seinen Maximalausschlag x_{max} erreicht.

3) Wählen Sie die Lösung nun so, daß E und t_2 die unabhängigen Parameter sind, wobei t_2 die Zeit ist, zu der der Oszillator seine maximale Geschwindigkeit annimmt.

Aufgabe 2.4.8

Ein Massenpunkt bewege sich in der xy-Ebene auf einer Ellipse

$$\frac{x^2}{a^2} + \frac{y^2}{b^2} = 1$$

und durchlaufe diese in zwei Sekunden dreimal.

1) Wie lautet die Bahnkurve

$$\mathbf{r}(t) = (x(t), y(t), z(t)),$$

wenn $x(t) = a \cos \omega t$ ist?

2) Welche Kraft wirkt auf den Massenpunkt?

3) Berechnen Sie den Drehimpuls des Massenpunktes. Warum muß dieser nach Richtung und Betrag konstant sein?

4) Berechnen Sie die Fläche ΔS, die der Ortsvektor in einer Sekunde überstreicht.

2.5 Planetenbewegung

Das Potential

$$V(r) = \frac{\alpha}{r} \tag{2.260}$$

ist das für die Physik wichtigste Beispiel, das zu einem Zentralkraftfeld führt. Es findet bedeutende Anwendungen in der Himmelsmechanik und im semiklassischen Atommodell. Wir wollen seine Eigenschaften am Beispiel der Planetenbewegung um die Sonne untersuchen.

Ausgangspunkt für die Lösung der Bewegungsgleichung in einem konservativen Zentralfeld ist die Gültigkeit von Energie- und Drehimpulserhaltung, die sich in der Gleichung

$$E = \frac{m}{2} \dot{r}^2 + \frac{L^2}{2m\, r^2} + V(r) \tag{2.261}$$

manifestiert. $V(r)$ sei hier das **Gravitationspotential**:

$$V(r) = -\gamma \frac{mM}{r} \tag{2.262}$$

(M : Sonnenmasse;

γ : Newtonsche Gravitationskonstante $\left(6.67 \cdot 10^{-11}\, \mathrm{m^3\, kg^{-1} s^{-3}}\right)\big)$.

Wir wollen zur expliziten Lösung des Problems jedoch nicht das allgemeine Verfahren des letzten Abschnittes wählen, sondern eine direktere Integration vorziehen. Wir führen dazu eine neue Variable

$$s = \frac{1}{r}$$

ein und versuchen zunächst, s als Funktion von φ zu bestimmen:

$$\frac{ds}{d\varphi} = \frac{d}{dt}\left(\frac{1}{r}\right)\frac{dt}{d\varphi} = -\frac{\dot{r}}{r^2}\frac{1}{\dot{\varphi}} = -\frac{\dot{r}}{r^2}\frac{mr^2}{L}$$

$$\Longrightarrow \dot{r} = -\frac{L}{m}\frac{ds}{d\varphi}. \tag{2.263}$$

Mit $V(1/s) = \overline{V}(s) = -\gamma\, m\, M\, s$ wird aus (2.261):

$$\frac{L^2}{2m}\left[\left(\frac{ds}{d\varphi}\right)^2 + s^2\right] + \overline{V}(s) = E. \tag{2.264}$$

Wir differenzieren diese Gleichung noch einmal nach φ:

$$\frac{L^2}{2m}\left[2\frac{ds}{d\varphi}\frac{d^2 s}{d\varphi^2} + 2s\frac{ds}{d\varphi}\right] + \frac{d\overline{V}}{ds}\frac{ds}{d\varphi} = 0.$$

Daraus folgt:

$$\frac{d^2 s}{d\varphi^2} + s = -\frac{m}{L^2}\frac{d\overline{V}}{ds} = \gamma\, m^2\frac{M}{L^2}. \tag{2.265}$$

Dies ist eine inhomogene Differentialgleichung 2. Ordnung. Die **allgemeine Lösung** der zugehörigen **homogenen Gleichung** lautet:

$$s_0(\varphi) = \alpha\sin\varphi + \beta\cos\varphi.$$

Eine **spezielle Lösung** erkennt man unmittelbar:

$$s_1(\varphi) \equiv \gamma\, m^2\frac{M}{L^2}.$$

Damit lautet die **allgemeine Lösung der inhomogenen Differentialgleichung 2. Ordnung**:

$$s(\varphi) = \alpha\sin\varphi + \beta\cos\varphi + \gamma\, m^2\frac{M}{L^2}. \tag{2.266}$$

Die beiden unabhängigen Parameter α und β werden durch Anfangsbedingungen festgelegt. So fordern wir, daß der sonnennächste Punkt (s maximal) bei $\varphi = 0$ liegt:

$$\left.\frac{ds}{d\varphi}\right|_{\varphi=0} \stackrel{!}{=} 0 = (\alpha\cos\varphi - \beta\sin\varphi)|_{\varphi=0} = \alpha,$$
$$\left.\frac{d^2s}{d\varphi^2}\right|_{\varphi=0} = (-\alpha\sin\varphi - \beta\cos\varphi)|_{\varphi=0} = -\beta \stackrel{!}{<} 0$$
$$\Longrightarrow \beta > 0.$$

Damit ergibt sich als Bahnkurve:

$$s = \frac{1}{r} = \beta\cos\varphi + \gamma\, m^2 \frac{M}{L^2}. \tag{2.267}$$

Wir führen die folgenden Konstanten ein:

$$k = \frac{L^2}{\gamma\, M\, m^2}; \quad \beta = \frac{\epsilon}{k} > 0. \tag{2.268}$$

Damit haben wir

$$\frac{1}{r} = \frac{1}{k}(1 + \epsilon\cos\varphi). \tag{2.269}$$

Dies ist die Gleichung eines **Kegelschnittes** in Polarkoordinaten. Damit haben wir die geometrische Form der Planetenbahnen bestimmt. Der Parameter ϵ, der der positiven Integrationskonstanten β entspricht, kann beliebige positive Werte annehmen:

$$\epsilon < 1 : \text{Ellipse},$$
$$\epsilon = 1 : \text{Parabel},$$
$$\epsilon > 1 : \text{Hyperbel}.$$

Wir wollen uns schließlich noch überlegen, wie die wesentlichen Integrationskonstanten L und E die Bahnform beeinflussen:

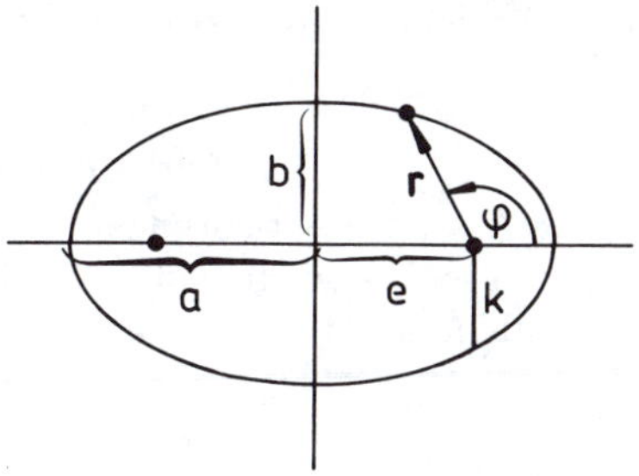

Numerische Exzentrizität

$$\epsilon = \frac{e}{a},$$
$$b^2 = a\,k,$$
$$k = \frac{a^2 - e^2}{a}.$$

a) Ellipse

Per Definition legt der Drehimpuls L zunächst einmal die Größe k fest. Das ist der Abstand des Punktes $\varphi = \pi/2$ vom Brennpunkt. Über $k = b^2/a$ geht damit der Drehimpuls in die beiden Halbachsen ein:

$$\frac{b^2}{a} = \frac{L^2}{\gamma M m^2}. \tag{2.270}$$

Den Einfluß der Energie erkennen wir, wenn wir (2.269) für den sonnennächsten Punkt formulieren:

$$\begin{aligned} \dot{r}\big|_{\varphi=0} &\overset{(2.263)}{=} -\frac{L}{m}\left.\frac{ds}{d\varphi}\right|_{\varphi=0} = 0, \\ r_0 &= \frac{k}{1+\epsilon} = a - e. \end{aligned}$$

Dies ergibt für die Gesamtenergie E:

$$\begin{aligned} E &= \frac{L^2}{2m\,r_0^2} - \gamma\frac{m\,M}{r_0} = \gamma\,m\,M\left(\frac{k}{2r_0^2} - \frac{1}{r_0}\right) = \\ &= \gamma\,m\,M\frac{a^2 - e^2 - 2a(a-e)}{2a(a-e)^2} \\ \Longrightarrow E &= -\frac{\gamma\,m\,M}{2a} \Longrightarrow a = -\frac{\gamma\,m\,M}{2E}. \end{aligned} \tag{2.271}$$

Die Energie E bestimmt damit eindeutig die große Halbachse a der Ellipse. Es gilt $E < 0$, da es sich um eine gebundene Bewegung handelt. Aus (2.270) ergibt sich damit unmittelbar für die kleine Halbachse:

$$b = \frac{L}{\sqrt{-2\,m\,E}}. \tag{2.272}$$

b) Hyperbel

Eine Hyperbelbahn wird häufig durch den

Stoßparameter d,

das ist der Abstand, in dem das Teilchen am Zentrum vorbeifliegen würde, wenn keine Ablenkung stattfände, und durch den Winkel ϑ gekennzeichnet, um den es beim Umfliegen des Zentrums insgesamt abgelenkt wird. Wie hängen nun diese Größen mit L und E zusammen?

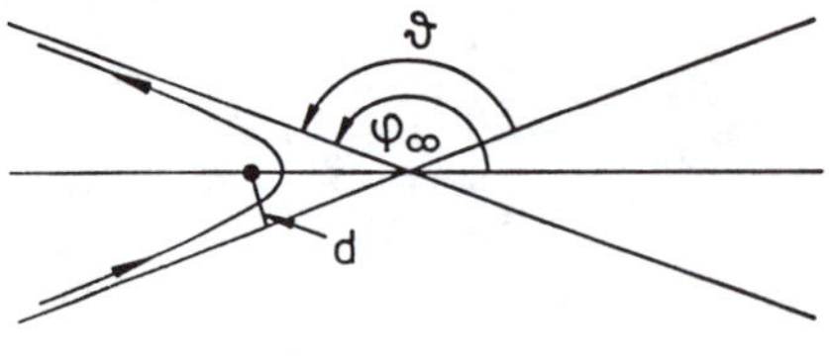

Die Asymptotenrichtungen ($r \to \infty$) sind gemäß (2.269) durch

$$\cos\varphi_\infty = -\frac{1}{\epsilon}$$

gegeben. Offensichtlich gilt:

$$\pi - \vartheta = 2(\pi - \varphi_\infty) \Longrightarrow \vartheta/2 = \varphi_\infty - \pi/2.$$

Also folgt:

$$\sin \vartheta/2 = \sin(\varphi_\infty - \pi/2) = -\cos \varphi_\infty = 1/\epsilon.$$

$\dot{\mathbf{r}}_\infty$ sei die Geschwindigkeit des Massenpunktes im Unendlichen. Aus dem Energieerhaltungssatz folgt dann:

$$E = \frac{m}{2}\, \dot{\mathbf{r}}_\infty^2 > 0 \tag{2.273}$$

und aus dem Drehimpulserhaltungssatz:

$$L = m|(\mathbf{r} \times \dot{\mathbf{r}})| = m\,|(\mathbf{r}_\infty \times \dot{\mathbf{r}}_\infty)| = m\,d\,|\dot{\mathbf{r}}_\infty|\,.$$

Dies ergibt den Zusammenhang:

$$L^2 = 2\,m\,E\,d^2. \tag{2.274}$$

Wie bei der Ellipse gilt auch hier für den sonnennächsten Punkt $\dot{r}_0 = 0$ und $r_0 = k/(1+\epsilon)$ und damit für die Energie:

$$\begin{aligned} E &= \frac{L^2}{2\,m\,r_0^2} - \gamma\,m\,M\frac{1}{r_0} = \gamma\,M\,m\left(\frac{k}{2r_0^2} - \frac{1}{r_0}\right) = \\ &= \gamma\,M\,m\left[\frac{(1+\epsilon)^2}{2k} - \frac{(1+\epsilon)}{k}\right] = \gamma\,M\,m\frac{(\epsilon+1)(\epsilon-1)}{2k}. \end{aligned}$$

Daraus folgt:

$$\epsilon^2 - 1 = \frac{2k\,E}{\gamma\,M\,m} = \frac{2L^2E}{\gamma^2M^2m^3} = \frac{4E^2d^2}{\gamma^2M^2m^2} = \frac{1}{\sin^2\vartheta/2} - 1 = \cot^2\frac{\vartheta}{2}.$$

Wir haben damit für die Hyperbelbahn die folgenden Beziehungen für den Stoßparameter d und den Ablenkwinkel ϑ gefunden:

$$d = \frac{L}{\sqrt{2m\,E}}; \quad \tan\frac{\vartheta}{2} = \frac{\gamma\,M\,m}{2\,d\,E}. \tag{2.275}$$

Energie E und Drehimpuls L legen also eindeutig d und ϑ fest. Diese Beziehungen spielen auch in der Atomphysik eine Rolle, da die Ablenkung geladener Teilchen am positiven Atomkern durch denselben Potentialtyp α/r bewirkt wird.

c) Kurvendiskussion

Wir schließen mit einer anschaulichen Diskussion der Bewegungstypen im Gravitationspotential.

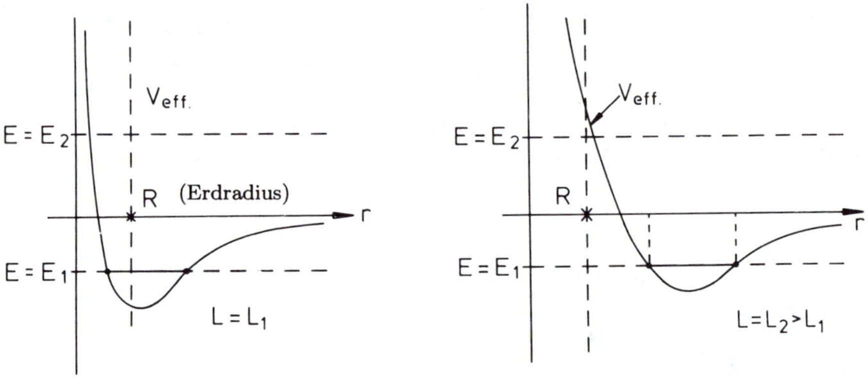

Es können genau die Bereiche vom Massenpunkt erreicht werden, für die

$$V_{\text{eff}}(r) = \frac{L^2}{2\,m\,r^2} - \gamma\frac{m\,M}{r} \leq E \tag{2.276}$$

gilt. Der Drehimpuls sorgt für einen abstoßenden Beitrag zum Potential, der für kleine r dominiert.

Für negative Energien ($E = E_1$) ist immer nur ein endlicher Wertebereich für den Betrag des Ortsvektors zugelassen. Denken wir an einen Satelliten, so bleibt dieser also stets im Anziehungsbereich der Erde. Er sollte natürlich auch nicht in die Erde eindringen, deshalb muß der Bereich $r \leq R$ durch einen hinreichend großen Drehimpuls ausgeschlossen sein. Dieser Mindestdrehimpuls ist einer Mindestgeschwindigkeit tangential zur Erdoberfläche äquivalent. Daraus folgt:

$$\textbf{1. kosmische Geschwindigkeit: } v_1 = 7{,}9\,\text{km}\,\text{s}^{-1}. \tag{2.277}$$

Um den Anziehungsbereich der Erde zu verlassen, benötigt der Satellit mindestens die Energie $E = 0$. Auf der Erdoberfläche hat er die potentielle Energie $-\gamma\frac{m\,M}{R}$, wobei die Erdanziehungskraft $m\,g = \gamma\frac{m\,M}{R^2}$ beträgt. Daraus folgt:

$$0 = \frac{m}{2}\,v_2^2 - m\,g\,R.$$

Der Satellit benötigt also als Mindestanfangsgeschwindigkeit die

$$\textbf{2. kosmische Geschwindigkeit}: \; v_2 = \sqrt{2g\,R} = 11{,}2\,\text{km}\,\text{s}^{-1}. \tag{2.278}$$

d) Keplersche Gesetze

Erinnern wir uns schlußendlich noch an die Keplerschen Gesetze, die wir in diesem Kapitel in verallgemeinerter Form abgeleitet haben:

1) Die Planeten bewegen sich auf Ellipsen, in deren einem Brennpunkt die Sonne steht.

2) Der Fahrstrahl von der Sonne zum Planeten überstreicht in gleichen Zeiten gleiche Flächen.

3) Die Quadrate der Umlaufzeiten zweier Planeten verhalten sich wie Kuben der großen Achsen der Ellipsen.

Die Gesetze 1) und 2) folgen, wie wir gesehen haben, aus dem Energie- und Drehimpulserhaltungssatz. Gesetz 2) ist der Flächensatz, Gesetz 3) haben wir bisher noch nicht gezeigt. Die Gesamtfläche der Ellipse beträgt

$$s = \pi\, a\, b = \tau \frac{ds}{dt} = \tau \frac{L}{2m} \qquad (\tau : \text{Umlaufzeit})$$

$$\Longrightarrow \frac{\tau^2}{a^3} = \frac{\pi^2 b^2 4m^2}{L^2 a} = \frac{4m^2\pi^2 k}{L^2} = \frac{4\pi^2}{\gamma M} = \text{const.} \tag{2.279}$$

Bei dieser Ableitung haben wir noch den Flächensatz (2.252) ausgenutzt.

2.5.1 Aufgaben

Aufgabe 2.5.1

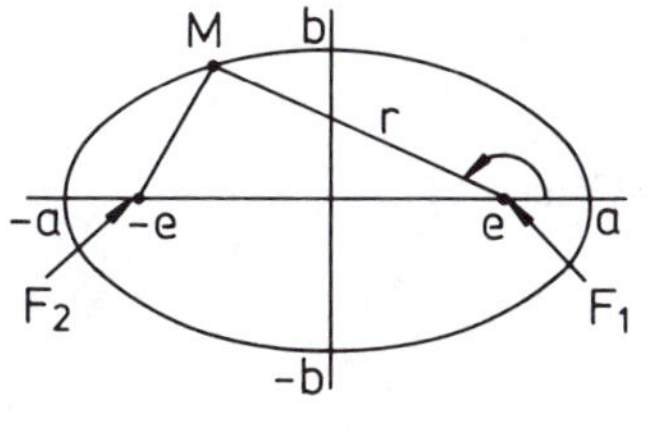

Die Ellipse ist der geometrische Ort aller Punkte $M = (x, y)$, für die die **Summe** der Entfernungen zu zwei gegebenen festen Punkten $F_1 = (e, 0)$ und $F_2 = (-e, 0)$ (F_1, F_2: Brennpunkte) konstant ist (=2a).

1) Drücken Sie b durch a und e aus.

2) Bestimmen Sie die Ellipsengleichung in kartesischen Koordinaten.

3) Bestimmen Sie die Ellipsengleichung in Polarkoordinaten, d.h. bestimmen Sie $r = r(\varphi)$. Verwenden Sie dazu die Größen $k = b^2/a$ und $\epsilon = e/a < 1$ (ϵ: Exzentrizität).

4) Bestimmen Sie die Parameterform $\begin{pmatrix} x \\ y \end{pmatrix} = \begin{pmatrix} f(t) \\ g(t) \end{pmatrix}$ der Ellipse.

5) Betrachten Sie als Sonderfall den Kreis.

Aufgabe 2.5.2

Ein Teilchen der Masse m besitze in einem Kraftfeld das Potential

$$V(\mathbf{r}) = \frac{\alpha}{r^2}.$$

1) Was kann über Kraft, Energie und Drehimpuls allgemein gesagt werden?

2) Zeitnullpunkt und Koordinatensystem werden so gewählt, daß für $\alpha > 0$ (abstoßendes Potential)

$$r_{min} = r(t = 0), \quad \varphi(r_{min}) = 0$$

gilt. Berechnen Sie r_{min} als Funktion von L und E.

3) Bestimmen Sie die Funktion $r = r(t)$ und die Bahn $r = r(\varphi)$ für $E > 0$ und $\alpha > 0$. Welche Bahn ergibt sich für den Spezialfall $\alpha = 0$?

4) Wann ergibt sich für ein attraktives Potential ($\alpha < 0$) eine *gebundene* Bewegung? Bestimmen Sie für diesen Fall r_{max}.

5) Berechnen Sie mit der Anfangsbedingung $r(t = 0) = r_{max}$ die Zeit t_0, nach der das Teilchen im Zentrum $r = 0$ landet.

6) Berechnen Sie die Bahnkurve $r = r(\varphi)$ mit $\varphi(r_{max}) = 0$.

Aufgabe 2.5.3

Man bezeichnet den Vektor

$$\mathbf{A} = (\dot{\mathbf{r}} \times \mathbf{L}) + V(r)\,\mathbf{r} \quad (\mathbf{L}: \text{ Drehimpuls})$$

als zum Zentralpotential $V(r)$ gehörigen Lenz-Vektor.

1) Zeigen Sie, daß für das Potential

$$V(r) = -\frac{\alpha}{r} \quad (\alpha > 0, \text{ Kepler, Coulomb})$$

der Lenz-Vektor eine Erhaltungsgröße ist.

2) Berechnen Sie den Betrag von $\mathbf{A}$.

3) Stellen Sie mit Hilfe des Lenz-Vektors die Bahngleichung in der Form

$$\frac{1}{r} = \frac{1 + \epsilon \cos\varphi}{k} \quad (\varphi = \sphericalangle(\mathbf{A}, \mathbf{r}))$$

auf und drücken Sie die Parameter k und ϵ durch die Masse m, die Konstante α, die Gesamtenergie E und den Drehimpuls L aus. Hinweis: Diskutieren Sie den Skalar $\mathbf{A} \cdot \mathbf{r}$.

2.6 Kontrollfragen

Zu Kapitel 2.1

1) Was bedeutet der Begriff *Massenpunkt*?
2) Was leistet die Kinematik?
3) Was versteht man unter der Bahnkurve, dem Ortsvektor, der Geschwindigkeit und der Beschleunigung eines Massenpunktes?
4) Wie lauten die Komponenten der Geschwindigkeit eines Massenpunktes in Zylinder- und Kugelkoordinaten?
5) Geben Sie den Orts- und den Geschwindigkeitsvektor für die gleichförmig geradlinige und die gleichmäßig beschleunigte Bewegung des Massenpunktes an.
6) Was bedeutet gleichförmige Kreisbewegung?

Zu Kapitel 2.2

1) Formulieren Sie die Newtonschen Axiome.
2) Was versteht man unter *träger* und *schwerer* Masse? In welchem Zusammenhang stehen diese?
3) Welches Gesetz bezeichnet man als die *dynamische Grundgleichung* der Klassischen Mechanik?
4) Was ist eine Zentralkraft?
5) Was ist ein Inertialsystem?
6) Was versteht man unter einer Galilei-Transformation?
7) Definieren Sie den Begriff *Scheinkraft*.
8) Erläutern Sie die Bedeutung der Coriolis-Kraft und der Zentrifugalkraft.

Zu Kapitel 2.3

1) Wie lautet die Bewegungsgleichung der kräftefreien Bewegung?
2) Welche Bewegungsform vollzieht der Massenpunkt im homogenen Schwerefeld?
3) Wie hängt die Endgeschwindigkeit eines Körpers der Masse m, der mit der Anfangsgeschwindigkeit Null in der Höhe h im Schwerefeld der Erde losgelassen wird, beim Aufprall auf der Erde von der Höhe h und von der Masse m ab?
4) Was versteht man unter einer linearen Differentialgleichung n-ter Ordnung?
5) Formulieren Sie ein allgemeines Lösungsverfahren für lineare, inhomogene Differentialgleichungen.
6) Was sind die *gebräuchlichsten* Typen von Reibungskräften?

7) Wie lautet die Bewegungsgleichung eines materiellen Körpers im Schwerefeld der Erde unter dem Einfluß von Stokesscher Reibung? Um welchen Typ Differentialgleichung handelt es sich dabei? Geben Sie eine spezielle Lösung an.

8) Was versteht man unter dem "mathematischen" Pendel?

9) Was bedeutet Fadenspannung?

10) Wie lautet die Schwingungsgleichung des Fadenpendels?

11) Erläutern Sie am Beispiel des Fadenpendels die Begriffe Schwingungsdauer, Frequenz und Kreisfrequenz!

12) Wie kann man mit Hilfe des Fadenpendels die Gleichheit von träger und schwerer Masse demonstrieren?

13) Wie ist die Einheit i der imaginären Zahlen definiert?

14) Was versteht man unter der Polardarstellung einer komplexen Zahl?

15) Wie lautet die Eulersche Formel?

16) Definieren Sie den harmonischen Oszillator und nennen Sie verschiedene Realisierungsmöglichkeiten. Was versteht man unter seiner Eigenfrequenz?

17) Stellen Sie die Bewegungsgleichung des freien, gedämpften, linearen harmonischen Oszillators auf (Stokessche Reibung). Wann liegt der Schwingfall, Kriechfall oder aperiodische Grenzfall vor?

18) Zeichnen Sie qualitativ für den aperiodischen Grenzfall die Lösung $x(t)$ des gedämpften harmonischen Oszillators. Wie viele Nulldurchgänge sind möglich?

19) Wann ist der harmonische Oszillator rascher gedämpft, im aperiodischen Grenzfall oder im Kriechfall?

20) Stellen Sie die Bewegungsgleichung für den linearen, gedämpften, harmonischen Oszillator bei Einwirkung einer zeitabhängigen äußeren Kraft $F(t)$ auf. Nennen Sie eine mechanische und eine nicht-mechanische Realisierung.

21) Erläutern Sie den Begriff *Resonanz*. Wie hängt die *Resonanzfrequenz* mit der Reibung zusammen? Zeichnen Sie qualitativ das Verhalten der Schwingungsamplitude als Funktion der Frequenz der erregenden, periodischen Kraft.

22) Was versteht man unter Phasenverschiebung? Wie hängt diese beim gedämpften Oszillator von der Frequenz der erregenden, periodischen Kraft ab?

23) Leiten Sie durch Integration der dynamischen Grundgleichung einer eindimensionalen Bewegung die Begriffe Arbeit, potentielle und kinetische Energie, Gesamtenergie her. Definieren Sie damit klassisch erlaubte bzw. klassisch verbotene Bewegungsbereiche.

24) Diskutieren Sie mit Hilfe des Potentials qualitativ die eindimensionale Bewegung des Massenpunktes.

Zu Kapitel 2.4

1) Welche Arbeit muß geleistet werden, um einen Massenpunkt im Feld $F = F(r, \dot{r}, t)$ um die Strecke dr zu verschieben? Diskutieren Sie insbesondere das Vorzeichen.

2) Von welchen Faktoren ist die Arbeit bei einer Verschiebung über endliche Wegstrecken abhängig?

3) Wie ist die Leistung P definiert? Welche Dimension besitzt diese?

4) Wann heißen Kräfte *konservativ*? Nennen Sie einige Kriterien.

5) Was versteht man unter dem *Potential* einer Kraft?

6) Wie lautet der Energiesatz?

7) Wie lautet das Potential des räumlich isotropen harmonischen Oszillators?

8) Definieren Sie Drehimpuls und Drehmoment.

9) Untersuchen Sie am Beispiel der geradlinig gleichförmigen Bewegung, ob der Drehimpuls eine reine Teilcheneigenschaft ist. Wie hängt L vom Bezugspunkt ab?

10) Wie lautet der Drehimpulssatz?

11) Wann ist eine Zentralkraft konservativ?

12) Wann gilt Drehimpulserhaltung?

13) Worin besteht die Aussage des Flächensatzes?

14) Wie kann man aus dem Drehimpuls- und dem Energiesatz ein allgemeines Verfahren zur Lösung der Bewegungsgleichung formulieren?

Zu Kapitel 2.5

1) Welchem Potentialtyp unterliegt die Planetenbewegung?

2) Von welcher geometrischen Form sind die Planetenbahnen?

3) Wie bestimmen bei einer Ellipsenbahn Drehimpuls L und Gesamtenergie E die beiden Halbachsen?

4) Wodurch ist die Hyperbelbahn gekennzeichnet?

5) Was bedeutet der Stoßparameter d?

6) Wie hängen Stoßparameter d und Ablenkwinkel ϑ mit L und E zusammen?

7) Welche Bedeutung haben die erste und zweite kosmische Geschwindigkeit?

8) Wie lauten die Keplerschen Gesetze?

3 MECHANIK DER MEHRTEILCHENSYSTEME

Die meisten realistischen physikalischen Systeme setzen sich aus vielen Einzelteilchen zusammen, die sich gegenseitig beeinflussen, d.h. miteinander wechselwirken. Man denke an die Atome eines Festkörpers, an ein mehratomiges Molekül, an das Planetensystem der Sonne, ... In der Regel ist es unzweckmäßig bis unmöglich, die Bewegungsgleichung eines jeden Massenpunktes des Vielteilchensystems gesondert zu diskutieren. Man faßt die Teilchen deshalb zu

Massenpunktsystemen

zusammen und versucht, Aussagen über das Gesamtsystem abzuleiten. N sei die Gesamtzahl der Massenpunkte, die wir von $i = 1$ bis $i = N$ durchnumerieren:

m_i : Masse des i-ten Teilchens,
$\mathbf{r}_i$: Ortsvektor des i-ten Teilchens,
$\mathbf{F}_i$: auf Teilchen i wirkende Gesamtkraft,
$\mathbf{F}_i^{(ex)}$: auf Teilchen i wirkende **äußere** Kraft,
$\mathbf{F}_{ij}$: von Teilchen j auf Teilchen i ausgeübte Kraft (**innere** Kraft).

Man unterscheidet **innere** und **äußere** Kräfte. Unter "inneren" Kräften versteht man die von den Teilchen des Massenpunktsystems aufeinander ausgeübten Kräfte. "Äußere" Kräfte haben ihren Ursprung außerhalb des Systems, z.B. die Schwerkraft. Wir bezeichnen das Massenpunktsystem als **abgeschlossen**, wenn keine äußeren Kräfte vorliegen. In der Mechanik, eigentlich in der gesamten Physik, betrachtet man als innere Kräfte nur **Zweikörperkräfte**, die ausschließlich von den Lagen und eventuell den Geschwindigkeiten **zweier** Teilchen abhängen.

Für jeden einzelnen Massenpunkt gilt natürlich die Newtonsche Bewegungsgleichung:

$$m_i \ddot{\mathbf{r}}_i = \mathbf{F}_i = \mathbf{F}_i^{(ex)} + \sum_j \mathbf{F}_{ij}. \tag{3.1}$$

Wichtig für die Behandlung der inneren Kräfte ist das dritte Newtonsche Axiom:

$$\mathbf{F}_{ij} = -\mathbf{F}_{ji}; \quad \mathbf{F}_{ii} = 0. \tag{3.2}$$

Wir diskutieren zunächst einige **Erhaltungssätze**, die angeben, unter welchen Bedingungen gewisse mechanische Größen zeitlich konstant sind.

3.1 Erhaltungssätze

3.1.1 Impulssatz (Schwerpunktsatz)

Wir summieren die Bewegungsgleichung (3.1) für alle N Teilchen auf. Dabei fällt der Beitrag der inneren Kräfte heraus:

$$\sum_{i,j} \mathbf{F}_{ij} = \frac{1}{2} \sum_{i,j} \left(\mathbf{F}_{ij} + \mathbf{F}_{ji} \right) = 0. \tag{3.3}$$

Damit bleibt:

$$\sum_{i=1}^{N} m_i \, \ddot{\mathbf{r}}_i = \sum_{i=1}^{N} \mathbf{F}_i^{(\mathrm{ex})}.$$

Dieser Gleichung geben wir eine einfache Gestalt durch folgende **Definitionen**:

$$M = \sum_i m_i : \text{ Gesamtmasse,} \tag{3.4}$$

$$\mathbf{R} = \frac{1}{M} \sum_i m_i \, \mathbf{r}_i : \text{ Massenmittelpunkt, Schwerpunkt,} \tag{3.5}$$

$$\mathbf{P} = \sum_i m_i \, \dot{\mathbf{r}}_i : \text{ Gesamtimpuls,} \tag{3.6}$$

$$\mathbf{F}^{(\mathrm{ex})} = \sum_i \mathbf{F}_i^{(\mathrm{ex})} : \text{ Gesamtkraft.} \tag{3.7}$$

Damit folgt:

$$M \, \ddot{\mathbf{R}} = \sum_i \mathbf{F}_i^{(\mathrm{ex})} = \mathbf{F}^{(\mathrm{ex})}. \tag{3.8}$$

Das ist der **Schwerpunktsatz**:

> *Der Schwerpunkt eines Massenpunktsystems bewegt sich so, als ob die gesamte Masse in ihm vereinigt ist und alle äußeren Kräfte allein auf ihn wirken.*

Die inneren Kräfte haben auf die Bewegung des Massenzentrums keinen Einfluß. Der Schwerpunktsatz liefert nachträglich die Rechtfertigung für die Einführung des Massenpunktbegriffs. So weit man sich nicht für Details der Bewegungen der Einzelteilchen interessiert, kann man die Gesamtbewegung tatsächlich durch die eines Massenpunktes, nämlich des Schwerpunktes, ersetzen.

Der Schwerpunktsatz entspricht dem **Impulssatz** des N-Teilchensystems:

$$\dot{\mathbf{P}} = \mathbf{F}^{(\mathrm{ex})}. \tag{3.9}$$

Impulserhaltungssatz:

$$\mathbf{F}^{(ex)} \equiv 0 \Longleftrightarrow \mathbf{P} = \text{const.} \tag{3.10}$$

Bei verschwindender äußerer Gesamtkraft bleibt der Gesamtimpuls nach Richtung und Betrag konstant.

Beispiele:

1) Explodierende Granate: Bewegung des Massenzentrums bleibt von der Explosion unbeeinflußt.

2) Rakete: Ausstoß der Abgase wird durch die Vorwärtsbewegung der Rakete kompensiert.

3.1.2 Drehimpulssatz

Wir definieren als **Gesamtdrehimpuls** des N-Teilchensystems:

$$\mathbf{L} = \sum_{i=1}^{N} \mathbf{L}_i = \sum_{i=1}^{N} m_i(\mathbf{r}_i \times \dot{\mathbf{r}}_i). \tag{3.11}$$

Für seine Zeitabhängigkeit gilt:

$$\begin{aligned}\dot{\mathbf{L}} &= \sum_i m_i\left[(\dot{\mathbf{r}}_i \times \dot{\mathbf{r}}_i) + (\mathbf{r}_i \times \ddot{\mathbf{r}}_i)\right] = \sum_i m_i(\mathbf{r}_i \times \ddot{\mathbf{r}}_i) = \sum_i (\mathbf{r}_i \times \mathbf{F}_i) = \\ &= \sum_i \left(\mathbf{r}_i \times \mathbf{F}_i^{(ex)}\right) + \sum_{i,j}(\mathbf{r}_i \times \mathbf{F}_{ij}).\end{aligned}$$

Wir können auch hier zeigen, daß der Beitrag der inneren Kräfte herausfällt:

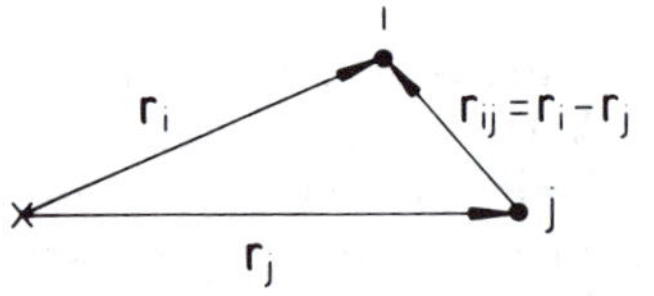

$$\begin{aligned}&\sum_{i,j}(\mathbf{r}_i \times \mathbf{F}_{ij}) = \\ &= \frac{1}{2}\sum_{i,j}\left[(\mathbf{r}_i \times \mathbf{F}_{ij}) + (\mathbf{r}_j \times \mathbf{F}_{ji})\right] = \\ &= \frac{1}{2}\sum_{i,j}(\mathbf{r}_{ij} \times \mathbf{F}_{ij}) = 0.\end{aligned}$$

In der Regel haben die Zweikörperkräfte die Eigenschaft:

$$\mathbf{F}_{ij} \sim \mathbf{r}_{ij}.$$

Mit

$$\mathbf{M}_i^{(\text{ex})} = \left(\mathbf{r}_i \times \mathbf{F}_i^{(\text{ex})}\right) \quad \textbf{äußeres Drehmoment} \tag{3.12}$$

haben wir damit den **Drehimpulssatz** abgeleitet:

$$\frac{d}{dt}\mathbf{L} = \sum_{i=1}^{N}\left(\mathbf{r}_i \times \mathbf{F}_i^{(\text{ex})}\right) = \sum_{i=1}^{N}\mathbf{M}_i^{(\text{ex})} = \mathbf{M}^{(\text{ex})}. \tag{3.13}$$

Die zeitliche Änderung des Gesamtdrehimpulses entspricht der Summe der *äußeren* Drehmomente. Die inneren Kräfte haben keinerlei Einfluß.

In einem **abgeschlossenen** System gilt der **Drehimpulserhaltungssatz**:

$$\mathbf{M}^{(\text{ex})} = 0 \Longleftrightarrow \mathbf{L} = \text{const.} \tag{3.14}$$

Manchmal ist eine Zerlegung des Drehimpulses in **Relativ-** und **Schwerpunktanteil** sinnvoll:

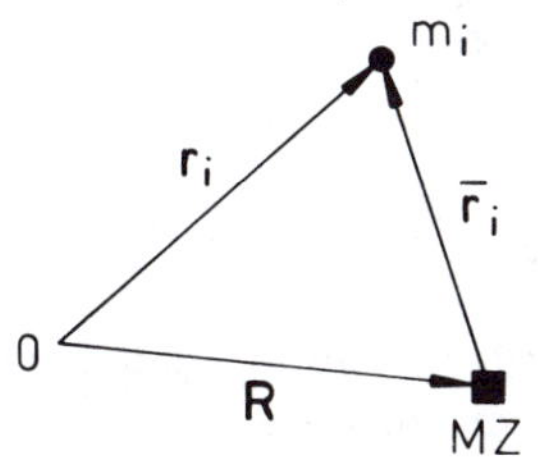

$$\begin{aligned}\mathbf{L} &= \sum_i m_i(\mathbf{r}_i \times \dot{\mathbf{r}}_i) = \\ &= \sum_i m_i\left[(\mathbf{R} + \bar{\mathbf{r}}_i) \times (\dot{\mathbf{R}} + \dot{\bar{\mathbf{r}}}_i)\right] = \\ &= \sum_i m_i\left[(\mathbf{R} \times \dot{\mathbf{R}}) + (\mathbf{R} \times \dot{\bar{\mathbf{r}}}_i) + \right. \\ &\quad \left. + (\bar{\mathbf{r}}_i \times \dot{\mathbf{R}}) + (\bar{\mathbf{r}}_i \times \dot{\bar{\mathbf{r}}}_i)\right].\end{aligned}$$

Nun ist

$$\sum_i m_i\bar{\mathbf{r}}_i = \sum_i m_i\mathbf{r}_i - \sum_i m_i\mathbf{R} = M\,\mathbf{R} - M\,\mathbf{R} = 0.$$

Damit bleibt dann

$$\mathbf{L} = (\mathbf{R} \times \mathbf{P}) + \sum_{i=1}^{N}(\bar{\mathbf{r}}_i \times \bar{\mathbf{p}}_i) = \mathbf{L}_s + \mathbf{L}_r. \tag{3.15}$$

$\mathbf{L}_s = (\mathbf{R} \times \mathbf{P})$: Drehimpuls der im Massenzentrum konzentrierten Gesamtmasse, bezogen auf den Koordinatenursprung (3.16)

$\mathbf{L}_r = \sum_{i=1}^{N}(\bar{\mathbf{r}}_i \times \bar{\mathbf{p}}_i)$: Gesamtdrehimpuls der N Teilchen, bezogen auf das Massenzentrum. (3.17)

Anders als beim Gesamtimpuls (3.6) ist der Gesamtdrehimpuls nicht ausschließlich durch Schwerpunktkoordinaten ausdrückbar.

3.1.3 Energiesatz

Wir multiplizieren die Bewegungsgleichung (3.1) der einzelnen Massenpunkte skalar mit $\dot{\mathbf{r}}_i$ und summieren auf

$$\sum_i m_i(\ddot{\mathbf{r}}_i \cdot \dot{\mathbf{r}}_i) = \sum_i \mathbf{F}_i \cdot \dot{\mathbf{r}}_i .$$

Auf der linken Seite steht die Zeitableitung der **kinetischen Gesamtenergie**:

$$T = \frac{1}{2} \sum_{i=1}^{N} m_i \, \dot{\mathbf{r}}_i^2 \, . \tag{3.18}$$

Falls $\mathbf{F}_i$ eine konservative Kraft ist, d.h.

$$\mathrm{rot}_i \, \mathbf{F}_i = 0; \quad i = 1, 2, \ldots, N \tag{3.19}$$

gilt, so läßt sich ein Potential V definieren mit

$$\mathbf{F}_i = -\nabla_i V(\mathbf{r}_1, \ldots, \mathbf{r}_N), \tag{3.20}$$

wobei der Index i darauf hindeutet, daß die partiellen Ableitungen lediglich die Koordinaten des i-ten Teilchens betreffen. Dann gilt aber auch

$$\sum_i \mathbf{F}_i \cdot \dot{\mathbf{r}}_i = -\sum_i (\nabla_i V) \cdot \dot{\mathbf{r}}_i = -\frac{dV}{dt}. \tag{3.21}$$

Wir wollen den Sachverhalt wie beim Einzelteilchen dadurch verallgemeinern, daß wir die Kräfte in **konservative** und **dissipative** einteilen, wobei nur für erstere (3.21) gilt. Wir erhalten dann den **Energiesatz**:

$$\frac{d}{dt}(T + V) = \sum_{i=1}^{N} \mathbf{F}_i^{(\mathrm{diss})} \cdot \dot{\mathbf{r}}_i \, . \tag{3.22}$$

Die zeitliche Änderung der Gesamtenergie eines Massenpunktsystems $E = T + V$ ist gleich der Leistung der dissipativen Kräfte. Bei Fehlen von dissipativen Kräften gilt der

Energieerhaltungssatz

$$T + V = E = \mathrm{const.}, \quad \text{falls } \mathbf{F}_i^{(\mathrm{diss})} \equiv 0 \quad \forall i. \tag{3.23}$$

Es ist zweckmäßig, auch das Potential bezüglich *innerer* und *äußerer* Beiträge aufzuspalten.

Die zwischen den Teilchen i und j wirkenden Zweikörperkräfte $\mathbf{F}_{ij} = -\mathbf{F}_{ji}$ sind in allen bekannten relevanten, physikalischen Fällen als konservativ anzunehmen. $\mathbf{F}_{ij}$ ist die vom Teilchen j auf Teilchen i ausgeübte Kraft. Wählt man den momentanen Ort des Teilchens j als Koordinatenursprung (Kraftzentrum), so handelt es sich bei $\mathbf{F}_{ij}$ um eine Zentralkraft, die zudem konservativ sein möge. Dann kann das Wechselwirkungspotential V_{ij} nur vom Teilchenabstand

$$r_{ij} = \left|\mathbf{r}_i - \mathbf{r}_j\right| \tag{3.24}$$

abhängen:

$$\begin{aligned} V_{ij} &= V_{ij}(\mathbf{r}_i, \mathbf{r}_j) = V_{ij}(r_{ij}) \\ \Longrightarrow V_{ij} &= V_{ji}, \quad V_{ii} = 0. \end{aligned} \tag{3.25}$$

Mit

$$\begin{aligned} \nabla_i &= \left(\frac{\partial}{\partial x_i}, \frac{\partial}{\partial y_i}, \frac{\partial}{\partial z_i}\right), \\ \nabla_{ij} &= \left(\frac{\partial}{\partial x_{ij}}, \frac{\partial}{\partial y_{ij}}, \frac{\partial}{\partial z_{ij}}\right), \\ x_{ij} &= x_i - x_j, \ldots \end{aligned}$$

folgt:

$$\mathbf{F}_{ij} = -\nabla_i V_{ij} = -\nabla_{ij} V_{ij} = +\nabla_j V_{ij} \overset{V_{ij}=V_{ji}}{=} -\mathbf{F}_{ji}. \tag{3.26}$$

Dies bedeutet:

$$\begin{aligned} \sum_{i,j} \mathbf{F}_{ij} \cdot \dot{\mathbf{r}}_i &= \frac{1}{2} \sum_{i,j} \left(\mathbf{F}_{ij} \cdot \dot{\mathbf{r}}_i + \mathbf{F}_{ji} \cdot \dot{\mathbf{r}}_j\right) = \frac{1}{2} \sum_{i,j} \mathbf{F}_{ij} \cdot \dot{\mathbf{r}}_{ij} = \\ &= -\frac{1}{2} \sum_{i,j} \nabla_{ij} V_{ij} \cdot \dot{\mathbf{r}}_{ij} = -\frac{1}{2} \frac{d}{dt} \sum_{i,j} V_{ij}. \end{aligned} \tag{3.27}$$

Die auf Teilchen i wirkende äußere Kraft ist von den Koordinaten der anderen Massenpunkte natürlich unabhängig. Ist sie zudem konservativ, so kann das zugehörige Potential auch nur von $\mathbf{r}_i$ abhängen:

$$V_i = V_i(\mathbf{r}_i)\,; \quad \mathbf{F}_i^{(\mathrm{ex})} = -\nabla_i V_i. \tag{3.28}$$

Dies bedeutet:

$$\sum_i \mathbf{F}_i^{(\mathrm{ex})} \cdot \dot{\mathbf{r}}_i = -\sum_i \nabla_i V_i \cdot \dot{\mathbf{r}}_i = -\frac{d}{dt} \sum_i V_i. \tag{3.29}$$

Für das in (3.22) und (3.23) verwendete **Gesamtpotential** gilt damit schlußendlich:

$$V(\mathbf{r}_1, \dots, \mathbf{r}_N) = \sum_{i=1}^{N} V_i(\mathbf{r}_i) + \frac{1}{2} \sum_{i,j} V_{ij}(r_{ij}). \tag{3.30}$$

3.1.4 Virialsatz

Durch die Teilchenbewegungen in Massenpunktsystemen werden fortwährend kinetische und potentielle Energie ineinander umgewandelt. Man denke an harmonische Oszillatoren, die in den Umkehrpunkten nur potentielle Energie besitzen, während beim Durchgang durch die Nullagen die kinetischen Energien maximal werden. Der Virialsatz macht eine Aussage darüber, wie groß im zeitlichen Mittel die kinetischen und potentiellen Beiträge zur Gesamtenergie sind. Wir multiplizieren zunächst die Bewegungsgleichungen skalar mit $\mathbf{r}_i$:

$$\sum_i m_i(\ddot{\mathbf{r}}_i \cdot \mathbf{r}_i) = \sum_i \mathbf{F}_i \cdot \mathbf{r}_i.$$

Dies läßt sich wie folgt umformen:

$$\sum_i \frac{d}{dt} m_i(\dot{\mathbf{r}}_i \cdot \mathbf{r}_i) - \sum_i m_i \, \dot{\mathbf{r}}_i^2 = -\sum_i \nabla_i V \cdot \mathbf{r}_i. \tag{3.31}$$

Wir beschränken uns hier auf **konservative Kräfte**.

Der **zeitliche Mittelwert** einer beliebigen Zeitfunktion $f(t)$ ist wie folgt definiert:

$$< f > = \lim_{\mathcal{T} \to \infty} \frac{1}{\mathcal{T}} \int_0^{\mathcal{T}} f(t) dt. \tag{3.32}$$

Diese Vorschrift wenden wir nun auf den ersten Summanden in (3.31) an:

$$< \sum_i \frac{d}{dt} [m_i(\dot{\mathbf{r}}_i \cdot \mathbf{r}_i)] > = \sum_i \lim_{\mathcal{T} \to \infty} \frac{1}{\mathcal{T}} \int_0^{\mathcal{T}} \frac{d}{dt} [m_i(\dot{\mathbf{r}}_i \cdot \mathbf{r}_i)] \, dt =$$
$$= \lim_{\mathcal{T} \to \infty} \frac{1}{\mathcal{T}} \Big[\sum_i m_i(\dot{\mathbf{r}}_i \cdot \mathbf{r}_i) \Big] \Big|_0^{\mathcal{T}}.$$

Wenn wir uns auf Bewegungen beschränken, die in einem endlichen Raumgebiet ablaufen (hyperbolische Kometenbahnen seien z.B. ausgeschlossen) und deren Geschwindigkeiten endlich bleiben, so verschwindet die rechte Seite dieser Gleichung. Es bleibt dann nach der Mittelung von (3.31):

$$2 < T > = < \sum_i \mathbf{r}_i \cdot \nabla_i V > . \tag{3.33}$$

Die rechte Seite bezeichnet man als **Virial der Kräfte**. Der **Virialsatz** (3.33) besagt dann, daß unter den getroffenen Annahmen der zeitliche Mittelwert der kinetischen Energie gleich dem halben Virial des Systems ist.

Besondere Aussagen lassen sich für **abgeschlossene** Systeme

$$V(\mathbf{r}_1, \dots, \mathbf{r}_N) = \frac{1}{2} \sum_{i,j} V_{ij}(r_{ij}) \tag{3.34}$$

ableiten, wenn das *innere* Potential V_{ij} sich als

$$V_{ij} = \alpha_{ij}\, r_{ij}^m; \quad m \in \mathbb{Z} \tag{3.35}$$

schreiben läßt. Dann folgt (Beweis?):

$$\sum_i \mathbf{r}_i \cdot \nabla_i V = m\, V, \tag{3.36}$$

womit sich der Virialsatz zu

$$2 < T > = m < V > \tag{3.37}$$

vereinfacht.

Beispiele:

1) gekoppelte Oszillatoren $\left(V_{ij} = \frac{1}{2} k_{ij}\, r_{ij}^2\right)$:

$$m = 2 \Longrightarrow < T > = < V > . \tag{3.38}$$

2) Coulomb- bzw. Gravitationspotential $\left(V_{ij} = \frac{\alpha}{r_{ij}}\right)$:

$$m = -1 \Longrightarrow 2 < T > = - < V > . \tag{3.39}$$

Damit gilt für die Gesamtenergie:

$$E = < T > + < V > = - < T > . \tag{3.40}$$

Die Gesamtenergie ist also unter der Annahme, daß die Bewegung auf einen endlichen Raumbereich beschränkt ist, stets negativ (*gebundene* Bewegung).

3.2 Zwei-Teilchen-Systeme

3.2.1 Relativbewegung

Wir wollen nun als wichtigen Spezialfall unserer Betrachtungen des letzten Abschnittes ein System aus **zwei** Massenpunkten diskutieren. Dazu führen wir gemäß (3.5) eine **Schwerpunktkoordinate**

$$\mathbf{R} = \frac{m_1 \mathbf{r}_1 + m_2 \mathbf{r}_2}{m_1 + m_2} \tag{3.41}$$

und eine **Relativkoordinate**

$$\mathbf{r} = \mathbf{r}_1 - \mathbf{r}_2 \tag{3.42}$$

ein. Die Ortsvektoren der beiden Teilchen $\mathbf{r}_1$ und $\mathbf{r}_2$ ergeben sich hieraus zu:

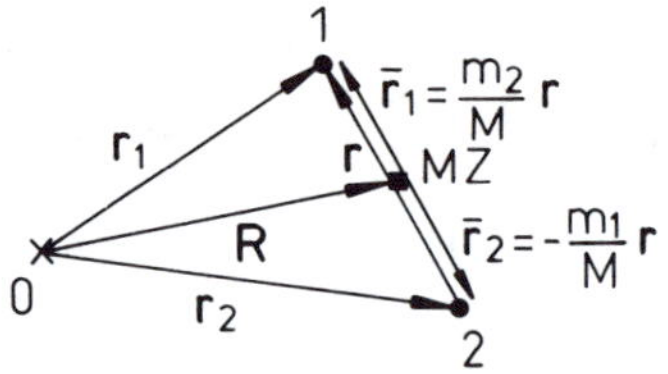

$$\mathbf{r}_1 = \mathbf{R} + \frac{m_2}{M} \mathbf{r}, \tag{3.43}$$

$$\mathbf{r}_2 = \mathbf{R} - \frac{m_1}{M} \mathbf{r}. \tag{3.44}$$

Wir transformieren die **gekoppelten Bewegungsgleichungen** für $\mathbf{r}_{1,2}$ in solche für $\mathbf{r}$ und $\mathbf{R}$. Nach dem Schwerpunktsatz (3.8) gilt zunächst:

$$M\,\ddot{\mathbf{R}} = \mathbf{F}^{(\mathrm{ex})}. \tag{3.45}$$

Für die Relativkoordinate finden wir:

$$\ddot{\mathbf{r}} = \ddot{\mathbf{r}}_1 - \ddot{\mathbf{r}}_2 = \frac{\mathbf{F}_1^{(\mathrm{ex})}}{m_1} - \frac{\mathbf{F}_2^{(\mathrm{ex})}}{m_2} + \frac{\mathbf{F}_{12}}{m_1} - \frac{\mathbf{F}_{21}}{m_2}.$$

Definition: Reduzierte Masse:

$$\frac{1}{\mu} = \frac{1}{m_1} + \frac{1}{m_2} \iff \mu = \frac{m_1 m_2}{m_1 + m_2}. \tag{3.46}$$

Damit gilt für die Relativbeschleunigung:

$$\ddot{\mathbf{r}} = \frac{\mathbf{F}_1^{(\mathrm{ex})}}{m_1} - \frac{\mathbf{F}_2^{(\mathrm{ex})}}{m_2} + \frac{1}{\mu} \mathbf{F}_{12}. \tag{3.47}$$

In einem **abgeschlossenen System** $\left(\mathbf{F}_i^{(\mathrm{ex})} = 0\right)$ entkoppeln die beiden Bewegungsgleichungen (3.45) und (3.47) vollständig. Nur dann ist die Aufspaltung in Relativ- und Schwerpunktanteile sinnvoll:

$$\mathbf{P} = M\dot{\mathbf{R}} = \text{const.}, \tag{3.48}$$

$$\mathbf{F}_{12} = \mu\, \ddot{\mathbf{r}} \sim \mathbf{r}. \tag{3.49}$$

Die Relativ-Bewegung erfolgt also so, als ob sich die reduzierte Masse μ im Zentralfeld $\mathbf{F}_{12}$ (Ursprung in $\mathbf{r}_2$!) bewegt ($\Longrightarrow$ *effektives* Ein-Teilchenproblem!).

Mit (3.43) und (3.44) können wir auch die **kinetische Energie** T in einen Relativ- und einen Schwerpunktanteil zerlegen. Man findet nach einfacher Rechnung:

$$\begin{aligned} T &= T_s + T_r, \\ T_s &= \frac{1}{2} M\, \dot{\mathbf{R}}^2, \\ T_r &= \frac{1}{2} \mu\, \dot{\mathbf{r}}^2\,. \end{aligned} \tag{3.50}$$

Nehmen wir noch an, daß sämtliche **Kräfte konservativ** sind, so läßt sich wie in (3.30) ein **Potential** definieren:

$$\begin{aligned} V(\mathbf{r}_1, \mathbf{r}_2) &= \sum_{i=1}^{2} V_i(\mathbf{r}_i) + \frac{1}{2} \sum_{i,j=1}^{2} V_{ij}(r), \\ \mathbf{F}_i^{(\mathrm{ex})} &= -\nabla_i V_i(\mathbf{r}_i), \\ \mathbf{F}_{ij} &= -\nabla_i V_{ij}. \end{aligned}$$

Dies führt für die **Gesamtenergie** E zu:

$$\begin{aligned} E &= E_s + E_r, \\ E_s &= T_s + V_1 + V_2, \\ E_r &= T_r + V_{12}, \end{aligned} \tag{3.51}$$

wobei für abgeschlossene Systeme $V_1 = V_2 = 0$ zu setzen ist. Analog läßt sich auch der **Drehimpuls** zerlegen. In (3.15) hatten wir bereits gefunden:

$$\mathbf{L} = \mathbf{L}_r + \mathbf{L}_s, \tag{3.52}$$

$$\mathbf{L}_s = (\mathbf{R} \times \mathbf{P}) = M\,(\mathbf{R} \times \dot{\mathbf{R}}). \tag{3.53}$$

Den Relativanteil (3.17), der den auf das Massenzentrum bezogenen Drehimpuls des Massenpunktsystems wiedergibt, formen wir für das Zwei-Teilchen-System noch etwas um:

$$\begin{aligned} \mathbf{L}_r &= \sum_i m_i (\bar{\mathbf{r}}_i \times \dot{\bar{\mathbf{r}}}_i) = \\ &= m_1 \left[\left(\frac{\mu}{m_1} \mathbf{r} \right) \times \left(\frac{\mu}{m_1}\, \dot{\mathbf{r}} \right) \right] + m_2 \left[\left(-\frac{\mu}{m_2} \mathbf{r} \right) \times \left(-\frac{\mu}{m_2}\, \dot{\mathbf{r}} \right) \right] = \\ &= \mu^2 (\mathbf{r} \times \dot{\mathbf{r}}) \left(\frac{1}{m_1} + \frac{1}{m_2} \right). \end{aligned}$$

Dies ergibt:

$$\mathbf{L}_r = \mu(\mathbf{r} \times \dot{\mathbf{r}}). \tag{3.54}$$

In einem abgeschlossenen System lassen sich also alle relevanten Größen in Schwerpunkt- und Relativanteile zerlegen. Aus dem ursprünglichen Zwei-Teilchen-Problem wird ein *effektives* Ein-Teilchen-Problem.

3.2.2 Zweikörperstoß

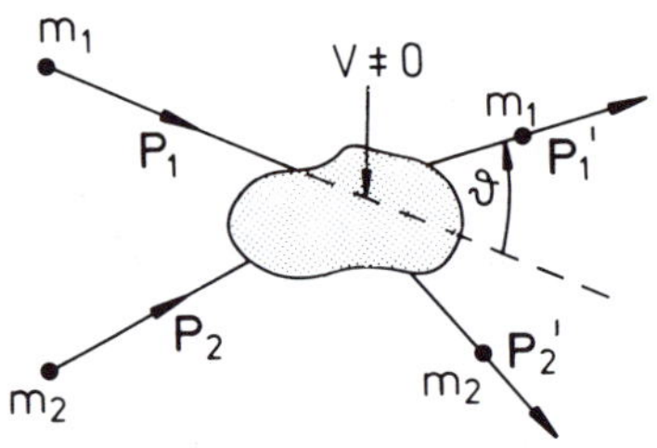

Als **Stoß** oder **Streuung** bezeichnet man die Wechselwirkung zweier Massenpunkte m_1 und m_2, die selbst ein abgeschlossenes System darstellen. Von der Wechselwirkung nehmen wir an, daß das zugehörige Potential nur vom Abstand der Teilchen abhängt und **hinreichend kurzreichweitig** ist. Bei großem Abstand der Teilchen werde das Wechselwirkungspotential V unwirksam. Einzelheiten, die Wechselwirkungsphase betreffend, sind in der Regel nicht verfügbar. Trotzdem lassen sich Aussagen über die Bewegung der Körper nach dem Stoß machen, da die inneren Kräfte die Bewegung des Schwerpunktes nicht beeinflussen. Außerhalb des Wechselwirkungsbereiches bewegen sich die beiden Körper kräftefrei und deshalb geradlinig gleichförmig.

Wir nehmen an, daß die Anfangsimpulse $\mathbf{p}_1$, $\mathbf{p}_2$ bekannt sind, und suchen nach allgemeinen Aussagen über die Endimpulse $\mathbf{p}_1'$, $\mathbf{p}_2'$. Zahl und Masse der Teilchen sollen während des Stoßprozesses nicht geändert werden (**nichtreaktive Stöße**).

Zur Untersuchung von Stoßprozessen benutzt man zwei verschiedene Bezugssysteme. Experimentiert wird im

Laborsystem Σ_L,

theoretisch einfacher zu handhaben ist das

Schwerpunktsystem Σ_S,

in dem der Massenmittelpunkt als ruhend angenommen wird. Die Umrechnung zwischen den beiden Systemen ist einfach:

$\dot{\mathbf{r}}_i$, $\dot{\mathbf{r}}_i'$: Geschwindigkeiten in Σ_L,

$\dot{\bar{\mathbf{r}}}_i$, $\dot{\bar{\mathbf{r}}}_i'$: Geschwindigkeiten in Σ_S.

Es gilt der Zusammenhang:

$$\dot{\mathbf{r}}_i - \dot{\bar{\mathbf{r}}}_i = \dot{\mathbf{r}}_i' - \dot{\bar{\mathbf{r}}}_i' = \dot{\mathbf{R}}_L, \tag{3.55}$$

$$\dot{\mathbf{R}}_S = 0; \quad \mathbf{R}_S = 0. \tag{3.56}$$

Da wir ein abgeschlossenes System voraussetzen, ist Σ_S ein Inertialsystem. Entscheidende Hilfen bei der Untersuchung von Stößen liefern Energie- und Impulssatz, die wir jetzt für die beiden Bezugssysteme formulieren wollen:

a) Impulserhaltung

Die Impulserhaltung gilt in beiden Bezugssystemen, da Σ_S ein Inertialsystem ist:

$$\begin{aligned} \Sigma_L : \; & \mathbf{p}_1 + \mathbf{p}_2 = \mathbf{p}_1' + \mathbf{p}_2' = \mathbf{P} = \text{const.}, \\ \Sigma_S : \; & \bar{\mathbf{p}}_1 + \bar{\mathbf{p}}_2 = \bar{\mathbf{p}}_1' + \bar{\mathbf{p}}_2' = 0 \quad \left(\bar{\mathbf{p}}_i = m_i \, \dot{\bar{\mathbf{r}}}_i\right). \end{aligned} \tag{3.57}$$

Dies bedeutet:

$$\bar{\mathbf{p}}_1 = -\bar{\mathbf{p}}_2; \quad \bar{\mathbf{p}}_1' = -\bar{\mathbf{p}}_2'. \tag{3.58}$$

Der Impulssatz liefert genau drei Bestimmungsgleichungen für die sechs Unbekannten $\mathbf{p}_1'$, $\mathbf{p}_2'$.

b) Energieerhaltung

$$\Sigma_L : \; \sum_{i=1}^{2} \frac{\mathbf{p}_i^2}{2m_i} = \sum_{i=1}^{2} \frac{\mathbf{p}_i'^2}{2m_i} + Q, \tag{3.59}$$

$$\Sigma_S : \; \sum_{i=1}^{2} \frac{\bar{\mathbf{p}}_i^2}{2m_i} = \sum_{i=1}^{2} \frac{\bar{\mathbf{p}}_i'^2}{2m_i} + \overline{Q}. \tag{3.60}$$

Die Größen Q und $\overline{Q}$ berücksichtigen die Umwandlung mechanischer Energie in andere Energieformen während des Stoßprozesses. Wir zeigen zunächst, daß $Q = \overline{Q}$ gilt:

$$\begin{aligned} Q &= \sum_i \frac{1}{2m_i} \left(\mathbf{p}_i^2 - \mathbf{p}_i'^2\right) = \frac{1}{2} \sum_i m_i \left(\dot{\mathbf{r}}_i^2 - \dot{\mathbf{r}}_i'^2\right) = \\ &= \frac{1}{2} \sum_i m_i \left[\left(\dot{\bar{\mathbf{r}}}_i + \dot{\mathbf{R}}_L\right)^2 - \left(\dot{\bar{\mathbf{r}}}_i' + \dot{\mathbf{R}}_L\right)^2\right] = \\ &= \overline{Q} + \sum_i m_i \left(\dot{\bar{\mathbf{r}}}_i - \dot{\bar{\mathbf{r}}}_i'\right) \cdot \dot{\mathbf{R}}_L = \\ &= \overline{Q}, \quad \text{da} \sum_i m_i \, \bar{\mathbf{r}}_i = \sum_i m_i \, \bar{\mathbf{r}}_i' = 0. \end{aligned}$$

$Q = 0:$	Elastischer Stoß,
$Q > 0:$	inelastischer (endothermer) Stoß; kinetische Energie wird in innere Energie der Stoßpartner verwandelt (*Anregung* der Stoßpartner),
$Q < 0:$	inelastischer (exothermer) Stoß, innere Energie wird in kinetische Translationsenergie verwandelt (*Abregung* der Stoßpartner).

Aus (3.58) folgt:

$$\bar{\mathbf{p}}_1^2 = \bar{\mathbf{p}}_2^2; \quad \bar{\mathbf{p}}_1'^2 = \bar{\mathbf{p}}_2'^2, \tag{3.61}$$

so daß wir den Energiesatz (3.60) im Schwerpunktsystem auch in die Form

$$T_r = \frac{\bar{\mathbf{p}}_i^2}{2\mu} = \frac{\bar{\mathbf{p}}_i'^2}{2\mu} + Q = T_r' + Q \tag{3.62}$$

bringen können. Das gilt gleichermaßen für $i = 1$ und $i = 2$. Damit liefert der Energiesatz eine weitere Bestimmungsgröße. Er legt den Betrag von $\bar{\mathbf{p}}_i'$ fest:

$$\bar{p}_i' = \sqrt{\bar{p}_i^2 - 2\mu Q}. \tag{3.63}$$

Die Richtung ist noch frei, d.h. zwei Bestimmungsgrößen (zwei Winkel!) fehlen noch. Diese sind nur bei genauer Kenntnis des Stoßprozesses verfügbar.

Übersicht:

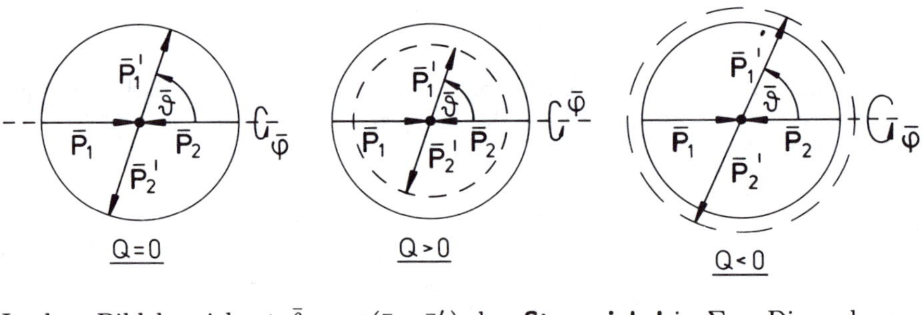

In dem Bild bezeichnet $\bar{\vartheta} = \sphericalangle(\bar{\mathbf{p}}_1, \bar{\mathbf{p}}_1')$ den **Streuwinkel** in Σ_S. Dieser kann beliebige Werte annehmen:

$$0 \leq \bar{\vartheta} \leq \pi.$$

Ferner brauchen die $\mathbf{p}_1$, $\mathbf{p}_2$- und $\mathbf{p}_1'$, $\mathbf{p}_2'$-Ebenen in Σ_L natürlich nicht übereinzustimmen. Der Azimutalwinkel $\overline{\varphi}$ ist deshalb ebenfalls unbestimmt.

3.2.3 Elastischer Stoß

Wir wollen den Spezialfall $Q = 0$ noch etwas genauer untersuchen. Dabei machen wir die übliche Annahme, daß einer der beiden Partner vor dem Stoß ruht (*ruhendes Target*):

$$\mathbf{r}_2 = 0; \quad \dot{\mathbf{r}}_2 = 0.$$

Dies bedeutet:

$$\mathbf{p}_1 = \mathbf{P}; \quad \mathbf{p}_2 = 0. \tag{3.64}$$

Mit (3.55) gilt für die Impulse nach dem Stoß:

$$\mathbf{p}_1' = m_1\,\dot{\mathbf{R}}_L + \bar{\mathbf{p}}_1' = \frac{m_1}{M}\,\mathbf{p}_1 + \bar{\mathbf{p}}_1'. \tag{3.65}$$

Aus dem Impulssatz (3.57) folgt noch:

$$\mathbf{p}_2' = \mathbf{p}_1 - \mathbf{p}_1' = \frac{m_2}{M}\,\mathbf{p}_1 - \bar{\mathbf{p}}_1'. \tag{3.66}$$

Damit sind die Impulse $\mathbf{p}_{1,2}'$ bis auf den Summanden $\bar{\mathbf{p}}_1'$ festgelegt. Es fehlen also noch drei Bestimmungsstücke. Für $\bar{\mathbf{p}}_1'$ können wir mit (3.63) noch den Betrag festlegen: $\bar{p}_1' = \bar{p}_1$. Wegen

$$\mathbf{p}_1 = m_1\left(\dot{\bar{\mathbf{r}}}_1 + \dot{\mathbf{R}}_L\right) = \bar{\mathbf{p}}_1 + \frac{m_1}{M}\,\mathbf{p}_1 = \frac{M}{m_2}\,\bar{\mathbf{p}}_1 \tag{3.67}$$

folgt

$$\bar{p}_1' = \bar{p}_1 = \frac{m_2}{M}\,p_1.$$

Bis auf die Richtung von $\bar{\mathbf{p}}_1'$, gegeben durch $\overline{\vartheta}$, $\overline{\varphi}$, sind damit im Laborsystem die Impulse nach dem Stoß festgelegt.

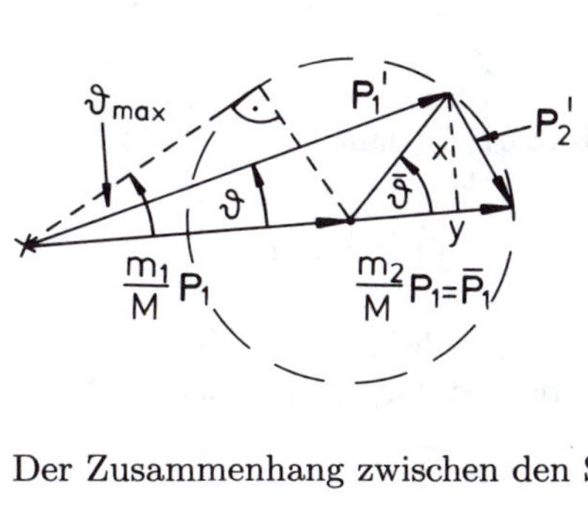

In dem hier diskutierten Spezialfall des ruhenden Targets (3.64) liegen alle beteiligten Impulse in derselben Ebene (*Streuebene*). Wir brauchen uns also um den Azimut ($\varphi = \overline{\varphi}$) nicht zu kümmern.

Der Zusammenhang zwischen den Streuwinkeln ϑ und $\overline{\vartheta}$ ergibt sich wie folgt:

$$x = \bar{p}_1' \sin\overline{\vartheta}; \quad y = \bar{p}_1' \cos\overline{\vartheta}$$

$$\Longrightarrow \tan\vartheta = \frac{x}{y + \frac{m_1}{M}p_1} = \frac{\sin\overline{\vartheta}}{\cos\overline{\vartheta} + \gamma}. \tag{3.68}$$

Dabei haben wir definiert:

$$\gamma = \frac{m_1}{M}\frac{p_1}{\bar{p}_1'} = \frac{m_1}{m_2}. \tag{3.69}$$

a) $\gamma > 1 : \; m_1 > m_2$

Dieser Fall ist in dem obigen Bild dargestellt:

$$\bar{p}_1' = \frac{m_2}{M}p_1 < \frac{m_1}{M}p_1.$$

Es gibt offensichtlich einen maximalen Streuwinkel $\vartheta_{\max}$:

$$\sin\vartheta_{\max} = \frac{\bar{p}_1'}{\frac{m_1}{M}p_1} = \frac{m_2}{m_1} = \frac{1}{\gamma} < 1$$

$$\Longrightarrow 0 \le \vartheta \le \vartheta_{\max} < \frac{\pi}{2}. \tag{3.70}$$

Streuung findet also unabhängig von der Art der Teilchen-Wechselwirkung nur in Vorwärtsrichtung statt. Zu jedem $\vartheta < \vartheta_{\max}$ existieren in Σ_s **zwei** Streuwinkel $\overline{\vartheta}$ und damit **zwei** Endimpulspaare p_1', p_2'.

b) $\gamma < 1 : \; m_1 < m_2$

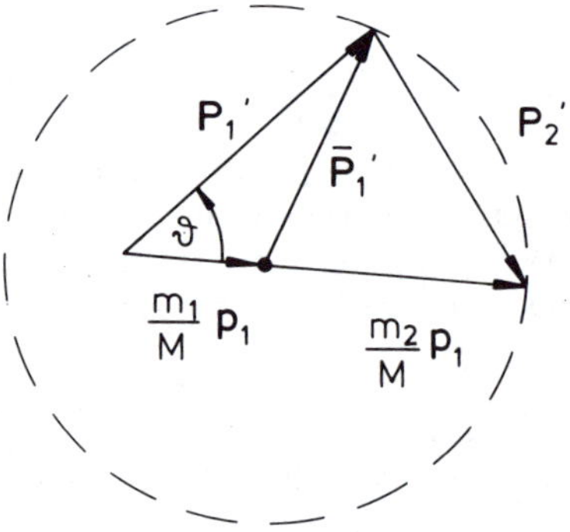

Gemäß (3.67) ist nun

$$\bar{p}_1' > \frac{m_1}{M}p_1.$$

Dies bedeutet, daß letztlich alle Streuwinkel ϑ zwischen 0 und π möglich sind.

c) $\gamma = 1: \ m_1 = m_2$

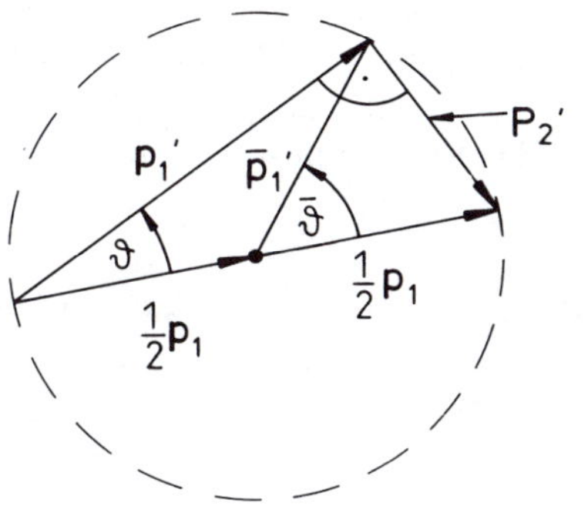

Nach dem Satz von Thales beträgt in diesem Spezialfall der Winkel zwischen den beiden Endimpulsen gerade $\pi/2$. Die beiden Teilchen fliegen, unabhängig von der konkreten Wechselwirkung, stets im rechten Winkel auseinander.

Eine Ausnahme bildet der **Zentralstoß**, definiert durch

$$\overline{\vartheta} = \pi. \tag{3.71}$$

Dann ist offensichtlich $\mathbf{p}_2' = \mathbf{p}_1$; $\mathbf{p}_1' = 0$. Teilchen 1 ist also nach dem Stoß in Ruhe, während das vor dem Stoß ruhende Teilchen 2 nun den gesamten Impuls übernimmt. – Fragen wir uns zum Schluß noch nach dem **Energietransfer** beim elastischen Stoß im Laborsystem:

Vor dem Stoß: $T = T_1 = \dfrac{p_1^2}{2m_1}, \ T_2 = 0,$

nach dem Stoß: $T' = T_1' + T_2' = \dfrac{p_1'^2}{2m_1} + \dfrac{p_2'^2}{2m_2}.$

Definition: Energietransfer

$$\eta = \frac{T_2'}{T_1}. \tag{3.72}$$

Dies ergibt:

$$\eta = \frac{m_1}{m_2}\frac{p_2'^2}{p_1^2} \overset{(3.66)}{=} \frac{m_1}{m_2}\frac{1}{p_1^2}\left(\frac{m_2^2}{M^2}p_1^2 - \frac{2m_2}{M}\mathbf{p}_1 \cdot \bar{\mathbf{p}}_1' + \bar{p}_1'^2\right) =$$

$$= \frac{m_1}{m_2}\left(\frac{m_2^2}{M^2} - 2\frac{m_2}{M}\frac{m_2}{M}\cos\overline{\vartheta} + \frac{m_2^2}{M^2}\right) = 2\frac{m_1 m_2}{M^2}(1-\cos\overline{\vartheta}) =$$

$$= 2\frac{\mu}{M}(1-\cos\overline{\vartheta}). \tag{3.73}$$

Maximal ist der Energietransfer offensichtlich beim Zentralstoß $\overline{\vartheta} = \pi$:

$$\eta(\overline{\vartheta} = \pi) = 4\,\frac{m_1 m_2}{M^2}. \tag{3.74}$$

Bei gleichen Massen $m_1 = m_2$ ist $\eta = 1$, d.h., Teilchen 2 übernimmt nach dem Stoß die gesamte kinetische Energie von Teilchen 1.

3.2.4 Inelastischer Stoß

Der inelastische Stoß ist durch $Q \neq 0$ definiert. Die kinetische Gesamtenergie ist deshalb nach dem Stoß eine andere als vorher. Im Prinzip gelten dieselben Überlegungen wie beim elastischen Stoß. Die Impulsrelationen (3.57) und (3.58) ändern sich nicht, d.h., die Bewegung des Schwerpunktes bleibt unbeeinflußt. Es gilt jedoch nun (3.63):

$$\bar{p}_i' = \sqrt{\bar{p}_i^2 - 2\mu Q} \neq \bar{p}_i. \tag{3.75}$$

Wegen (3.67)

$$\mathbf{p}_1 = \frac{M}{m_2}\,\bar{\mathbf{p}}_1 \tag{3.76}$$

erhalten wir z.B. für die Größe γ in (3.69):

$$\gamma = \frac{m_1}{M}\frac{p_1}{\bar{p}_1'} = \frac{m_1}{m_2}\frac{\bar{p}_1}{\sqrt{\bar{p}_1^2 - 2\mu Q}} = \frac{m_1}{m_2}\sqrt{\frac{T_r}{T_r - Q}}. \tag{3.77}$$

Mit diesem gegenüber (3.69) veränderten Ausdruck für γ sind die Fallunterscheidungen des letzten Abschnittes zu wiederholen, was hier nicht im einzelnen durchgeführt werden soll. $\gamma \gtrless 1$ ist nun nicht nur durch $m_1 \gtrless m_2$ realisierbar, sondern ist auch durch Q bestimmt.

1) Einfangreaktion

Darunter verstehen wir den Fall, daß sich die beiden Teilchen nach dem Stoß als eine Einheit weiterbewegen. Es gibt dann keine Relativbewegung mehr:

$$\Longrightarrow T_r' = 0 \Longleftrightarrow Q = T_r \Longrightarrow \gamma = \infty. \tag{3.78}$$

Für die Geschwindigkeiten im Laborsystem gilt dann:

$$\begin{aligned} \dot{\mathbf{r}}_1' &= \dot{\mathbf{r}}_2' = \dot{\mathbf{R}}_L = \frac{m_1}{m_1 + m_2}\,\dot{\mathbf{r}}_1 \Longrightarrow \mathbf{p}_1' = \frac{\mu}{m_2}\mathbf{p}_1, \\ \mathbf{p}_2' &= \frac{\mu}{m_1}\mathbf{p}_1 \Longrightarrow \vartheta = 0. \end{aligned} \tag{3.79}$$

Es findet also keine Richtungsänderung statt.

2) Teilchenzerfall

Beide Teilchen sind zunächst gebunden, die Energie vor dem Stoß ist Null:

$$\dot{\mathbf{r}}_1 = \dot{\mathbf{r}}_2 = 0.$$

Das bedeutet aber auch:

$$\dot{\mathbf{R}}_L = 0 \quad \text{und} \quad \mathbf{p}'_1 = -\mathbf{p}'_2.$$

Nach (3.55) folgt $\dot{\mathbf{r}}'_i = \dot{\bar{\mathbf{r}}}'_i$; die Geschwindigkeiten in Σ_L und Σ_S sind also gleich:

$$\mathbf{p}'_i = \bar{\mathbf{p}}'_i; \quad \mathbf{p}_i = \bar{\mathbf{p}}_i = 0.$$

Ferner muß nach (3.62)

$$\frac{\bar{p}_i'^2}{2\mu} = -Q = \frac{p_i'^2}{2\mu}$$

sein. Daraus folgt:

$$p'_1 = p'_2 = \sqrt{-2\mu Q}. \tag{3.80}$$

Die Teilchen fliegen also mit Geschwindigkeitsbeträgen gemäß

$$\left(\dot{\mathbf{r}}'_1\right)^2 = -\frac{m_2}{m_1 + m_2}\frac{2Q}{m_1} = \left(\frac{m_2}{m_1}\right)^2 \left(\dot{\mathbf{r}}'_2\right)^2, \tag{3.81}$$

$$\frac{\left|\dot{\mathbf{r}}'_1\right|}{\left|\dot{\mathbf{r}}'_2\right|} = \frac{m_2}{m_1} \tag{3.82}$$

in entgegengesetzter Richtung auseinander.

3.2.5 Planetenbewegung als Zweikörperproblem

Wir haben die Planetenbewegung bereits in Kap. (2.5) als Einkörperproblem ausführlich diskutiert, indem wir ein raumfestes Kraftzentrum angenommen, d.h. dessen Mitbewegung vernachlässigt haben. Das ist strenggenommen eine Approximation. Wir werden in diesem Abschnitt zeigen, daß diese Vereinfachung erlaubt ist, wenn die Massen der wechselwirkenden Körper (Sonne - Planet, Erde - Satellit) von verschiedenen Größenordnungen, nicht jedoch, wenn sie von gleicher Größenordnung sind.

Zwischen zwei Massen m_1, m_2 mit den Ortsvektoren $\mathbf{r}_1$, $\mathbf{r}_2$ wirke lediglich die Gravitationskraft, deren Potential wie in (2.262) durch

$$V(\mathbf{r}_1, \mathbf{r}_2) = -\gamma \frac{m_1 m_2}{r_{12}} \tag{3.83}$$

gegeben ist. Dies entspricht der *inneren* Kraft:

$$\begin{aligned}\mathbf{F}_{12} &= -\nabla_1 V = -\nabla_{12} V(r_{12}) = -\frac{d}{dr_{12}} V(\mathbf{r}_{12}) \nabla_{12} r_{12} = \\ &= -\gamma \frac{m_1 m_2}{r_{12}^3}\, \mathbf{r}_{12}.\end{aligned} \tag{3.84}$$

Es mögen keine *äußeren* Kräfte vorliegen, so daß sich der Schwerpunkt geradlinig gleichförmig bewegt:

$$\mathbf{P} = \text{const.} \tag{3.85}$$

Wir können uns deshalb gemäß (3.49) ausschließlich auf die **Relativbewegung**,

$$\mathbf{F}_{12} = \mu \, \ddot{\mathbf{r}}_{12} \sim \ddot{\mathbf{r}}_{12}; \quad \mu = \frac{m_1 m_2}{m_1 + m_2}, \tag{3.86}$$

konzentrieren, die ein *effektives* Ein-Teilchen-Zentralproblem darstellt. Zu lösen ist die Bewegungsgleichung

$$\mu \, \ddot{\mathbf{r}}_{12} = -\gamma \, \mu \, M \frac{\mathbf{r}_{12}}{r_{12}^3}. \tag{3.87}$$

Dies ist formal dieselbe mathematische Aufgabenstellung wie in Kap. (2.5). Es entspricht der Bewegung einer Masse μ im Gravitationsfeld eines ruhenden Kraftzentrums der Masse $M = m_1 + m_2$, so daß insbesondere Erhaltung von Relativenergie und Relativdrehimpuls gemäß (2.261) gilt:

$$E_r = \frac{\mu}{2} \, \dot{r}_{12}^2 + \frac{L_r^2}{2\mu \, r_{12}^2} + V(r_{12}), \tag{3.88}$$

$$\mathbf{L}_r = \mu \, (\mathbf{r}_{12} \times \dot{\mathbf{r}}_{12}). \tag{3.89}$$

Die Relativbewegung erfolgt in einer festen Ebene. Mit derselben Rechnung wie in Kap. (2.5) finden wir, daß die Lösungen der Differentialgleichung (3.88) **Kegelschnitte** darstellen:

$$\frac{1}{r_{12}} = \frac{1}{k_r}(1 + \epsilon \cos \varphi), \tag{3.90}$$

$$k_r = \frac{L_r^2}{\gamma \, M \, \mu^2} \tag{3.91}$$

($\epsilon < 1$: Ellipse; $\epsilon = 1$: Parabel; $\epsilon > 1$: Hyperbel).

Der Vektor $\mathbf{r}_{12}$ beschreibt also z.B. für $\epsilon < 1$ eine Ellipse. Das überträgt sich unmittelbar auf die Ortskoordinaten $\mathbf{r}_1$, $\mathbf{r}_2$ der beiden wechselwirkenden Körper. Legen wir den Nullpunkt in den Schwerpunkt, $\mathbf{R} = 0$ (Schwerpunktsystem), so gilt nach (3.43) und (3.44):

$$\mathbf{r}_1 = \frac{m_2}{M} \, \mathbf{r}_{12}; \quad \mathbf{r}_2 = -\frac{m_1}{M} \, \mathbf{r}_{12}. \tag{3.92}$$

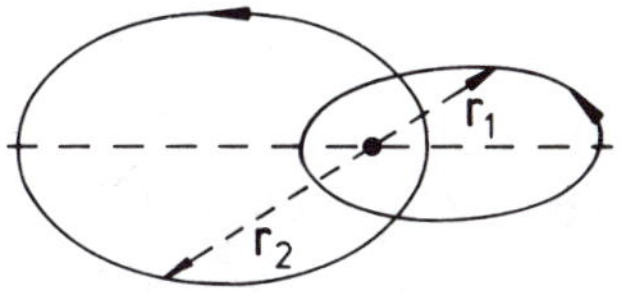

Die beiden Massen bewegen sich also auf geometrisch ähnlichen, gleichsinnig durchlaufenen Ellipsen um den gemeinsamen Schwerpunkt, der mit jeweils einem der beiden Brennpunkte einer jeden Ellipse zusammenfällt. Für die große Halbachse a_r der Ellipse der Relativbewegung gilt nach (2.271):

$$a_r = -\frac{\gamma\,\mu\,M}{2E_r}.$$

Die Bahnen der beiden Massen m_1 und m_2 sind dann Ellipsen mit Halbachsen:

$$a_1 = -\gamma\frac{\mu\,m_2}{2E_r}; \quad a_2 = -\gamma\frac{\mu\,m_1}{2E_r}.$$

Die Achsen sind also den Massen umgekehrt proportional:

$$\frac{a_1}{a_2} = \frac{m_2}{m_1}. \tag{3.93}$$

Die Drehimpulse der beiden Massen sind wie $\mathbf{L}_r$ Konstanten der Bewegung:

$$\mathbf{L}_i = m_i(\mathbf{r}_i \times \dot{\mathbf{r}}_i) = \frac{\mu}{m_i}\mathbf{L}_r; \quad i = 1, 2. \tag{3.94}$$

Die Umlaufzeiten sind natürlich identisch!

Ist die Masse des einen Körpers sehr viel größer als die des anderen (z.B. Sonnenmasse $\gg$ Planetenmasse),

$$m_1 \gg m_2,$$

dann wird

$$\mu \approx m_2, \quad a_1 \ll a_2,$$

so daß man die Mitbewegung der Masse m_1 in guter Näherung vernachlässigen kann. Es gelten dann die Resultate aus Kap. (2.5).

3.2.6 Gekoppelte Schwingungen

Als weiteres Beispiel eines Zwei-Teilchen-Systems betrachten wir nun ein Paar von Massenpunkten, die untereinander und mit zwei festen Wänden durch Federn verbunden sind. Es möge sich dabei um eine eindimensionale Bewegung handeln. Das ist ein einfaches System mit

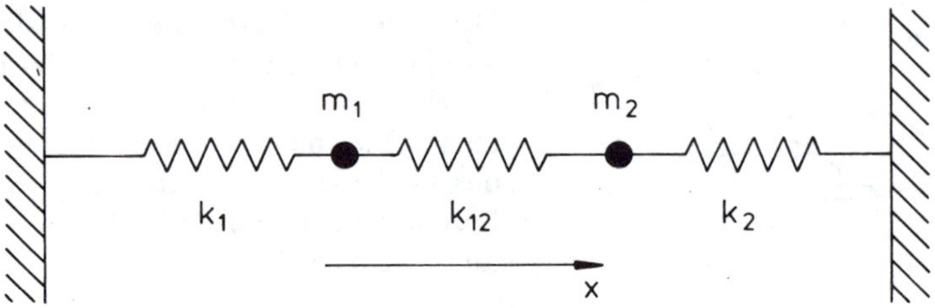

inneren und *äußeren* Kräften, die sämtlich konservativ sind:

$$F_1^{(\mathrm{ex})} = -k_1(x_1 - x_{01}) \Longleftrightarrow V_1(x_1) = \frac{k_1}{2}(x_1 - x_{01})^2,$$

$$F_2^{(\mathrm{ex})} = -k_2(x_2 - x_{02}) \Longleftrightarrow V_2(x_2) = \frac{k_2}{2}(x_2 - x_{02})^2, \tag{3.95}$$

$$F_{12} = -k_{12}\left[(x_1 - x_{01}) - (x_2 - x_{02})\right] = -F_{21} \tag{3.96}$$

$$\Longleftrightarrow V_{12}(x_{12}) = \frac{k_{12}}{2}\left[(x_1 - x_{01}) - (x_2 - x_{02})\right]^2.$$

x_{01} und x_{02} sind die Ruhelagen der beiden Massen. Da alle wirkenden Kräfte konservativ sind, gilt der **Energieerhaltungssatz**:

$$E = \frac{m_1}{2}\,\dot{x}_1^2 + \frac{m_2}{2}\,\dot{x}_2^2 + V_1(x_1) + V_2(x_2) + V_{12}(x_{12}) \stackrel{!}{=} \mathrm{const.} \tag{3.97}$$

Wir führen zweckmäßig die folgenden neuen Koordinaten ein:

$$y_i = x_i - x_{0i}; \quad i = 1, 2$$

und haben dann das folgende System von **gekoppelten Bewegungsgleichungen** zu lösen:

$$\begin{aligned} m_1\,\ddot{y}_1 &= -k_1 y_1 - k_{12}(y_1 - y_2), \\ m_2\,\ddot{y}_2 &= -k_2 y_2 + k_{12}(y_1 - y_2). \end{aligned} \tag{3.98}$$

Wir suchen die Lösung mit dem folgenden **Ansatz**:

$$y_i = \alpha_i \cos\omega t; \quad i = 1, 2. \tag{3.99}$$

Es ergibt sich das folgende **homogene Gleichungssystem**:

$$\begin{pmatrix} k_1 + k_{12} - m_1\omega^2 & -k_{12} \\ -k_{12} & k_2 + k_{12} - m_2\omega^2 \end{pmatrix} \begin{pmatrix} \alpha_1 \\ \alpha_2 \end{pmatrix} = \begin{pmatrix} 0 \\ 0 \end{pmatrix}. \tag{3.100}$$

Bedingung für eine nichttriviale Lösung nach (1.224) ist das Verschwinden der Determinante der (2×2)-Koeffizientenmatrix (*Säkulardeterminante*):

$$0 \stackrel{!}{=} (k_1 + k_{12} - m_1\omega^2)(k_2 + k_{12} - m_2\omega^2) - k_{12}^2 .$$

Dies ist eine quadratische Gleichung für ω^2, die auf die folgenden beiden **Eigenfrequenzen** führt:

$$\omega_\pm^2 = \frac{1}{2}\left\{ \frac{1}{m_1}(k_1 + k_{12}) + \frac{1}{m_2}(k_2 + k_{12}) \pm \right.$$
$$\left. \pm \sqrt{\left[\frac{1}{m_1}(k_1 + k_{12}) - \frac{1}{m_2}(k_2 + k_{12})\right]^2 + \frac{4k_{12}^2}{m_1 m_2}} \right\} . \tag{3.101}$$

Bei *ausgeschalteter* Teilchen-Wechselwirkung, $k_{12} = 0$, ergeben sich hieraus die Eigenfrequenzen zweier unabhängiger Oszillatoren:

$$\omega_+^{(0)2} = \frac{k_1}{m_1} ; \quad \omega_-^{(0)2} = \frac{k_2}{m_2} .$$

Durch die Wechselwirkung werden die Eigenfrequenzen offensichtlich modifiziert. Für das **Amplitudenverhältnis** unseres Lösungsansatzes (3.99) gilt:

$$\frac{\alpha_2^{(\pm)}}{\alpha_1^{(\pm)}} = \frac{1}{k_{12}}\left(k_1 + k_{12} - m_1\omega_\pm^2\right) = k_{12}\left(k_2 + k_{12} - m_2\omega_\pm^2\right)^{-1} . \tag{3.102}$$

Wir wollen der besseren Übersicht halber die folgende Diskussion auf ein **symmetrisches System gekoppelter Oszillatoren** spezialisieren, d.h.

$$m_1 = m_2 = m ; \quad k_1 = k_2 = k \tag{3.103}$$

setzen. Dann vereinfachen sich die Eigenfrequenzen,

$$\omega_+^2 = \frac{k + 2k_{12}}{m} ; \quad \omega_-^2 = \frac{k}{m} , \tag{3.104}$$

und für das zugehörige Amplitudenverhältnis folgt:

$$\begin{aligned} \alpha_1^{(-)} &= \alpha_2^{(-)} , \\ \alpha_1^{(+)} &= -\alpha_2^{(+)} . \end{aligned} \tag{3.105}$$

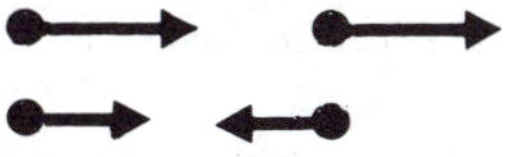

Im ersten Fall schwingen die beiden Massen mit gleicher Amplitude synchron in dieselbe Richtung. Die *innere* Feder wird dabei weder gedehnt noch gestaucht und spielt deshalb keine aktive Rolle. Das erklärt, warum ω_- mit der Eigenfrequenz ungekoppelter Oszillatoren übereinstimmt. Im zweiten Fall schwingen die beiden Massen mit gleicher Amplitude gegeneinander. Dabei wird natürlich die *innere* Feder beansprucht; k_{12} taucht deshalb explizit in ω_+ auf.

Wir haben also die beiden **speziellen** Lösungen

$$y_1^{(-)}(t) = \alpha \cos \omega_- t = y_2^{(-)}(t),$$
$$y_1^{(+)}(t) = \beta \cos \omega_+ t = -y_2^{(+)}(t) \tag{3.106}$$

gefunden. Die **allgemeine** Lösung ergibt sich hieraus durch Linearkombination und stellt eine Überlagerung von zwei harmonischen Schwingungen unterschiedlicher Frequenz dar:

$$x_1(t) = x_{01} + \alpha \cos(\omega_- t + \varphi_{(-)}) + \beta \cos(\omega_+ t + \varphi_{(+)}),$$
$$x_2(t) = x_{02} + \alpha \cos(\omega_- t + \varphi_{(-)}) - \beta \cos(\omega_+ t + \varphi_{(+)}). \tag{3.107}$$

α, β, φ_+, φ_- sind durch Anfangsbedingungen festzulegen.

3.3 Aufgaben

Aufgabe 3.3.1

Zwei Massen m_1 und m_2 seien untereinander und mit zwei festen Wänden durch Federn verbunden. Die Bewegung erfolgt in x-Richtung; x_{01} und x_{02} seien die Gleichgewichtslagen der beiden Massen und k_1, k_2, k_{12} die Federkonstanten.

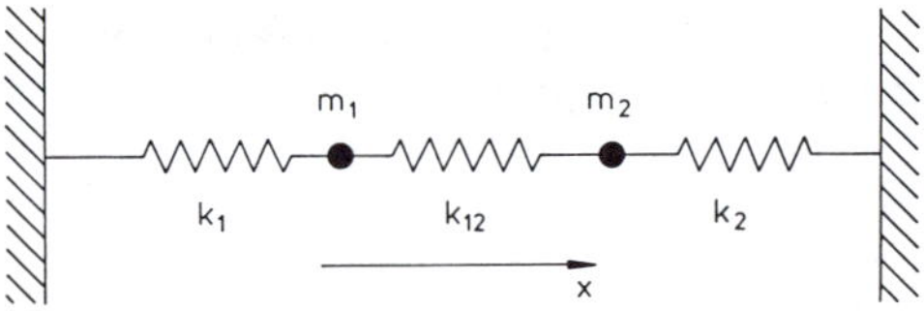

Dabei gelte:

$$m_1 = \frac{1}{2} m_2 = m,$$
$$k_{12} = \frac{1}{5} k_2 = \frac{1}{2} k_1 = k.$$

1) Welche Kräfte wirken auf die beiden Massen?

2) Formulieren Sie die Bewegungsgleichungen.

3) Berechnen Sie die *Eigenfrequenzen* ω der gekoppelten Schwingungen.

Aufgabe 3.3.2

Zwei Massen m_1, m_2 seien durch eine *masselose* Stange der Länge l miteinander verbunden. Die Hantel, die sich im Schwerefeld der Erde befinden möge, wird vom Koordinatenursprung in beliebiger Richtung geworfen.

1) Wie lautet die Bewegungsgleichung für den Massenmittelpunkt?

2) Welche Bahn beschreibt der Massenmittelpunkt bei einer Anfangsgeschwindigkeit $\mathbf{v}_0$?

3) Zerlegen Sie den Gesamtdrehimpuls in einen Relativ- und einen Schwerpunktanteil $\mathbf{L}_r$ und $\mathbf{L}_s$. Berechnen Sie $\mathbf{L}_s$.

4) Stellen Sie die Bewegungsgleichung für die Relativbewegung auf. Was läßt sich über den Relativdrehimpuls $\mathbf{L}_r$ sagen?

5) Zeigen Sie, daß die Massen m_1 und m_2 Kreisbahnen um den Massenmittelpunkt mit konstanter Winkelgeschwindigkeit beschreiben. Wie verhalten sich deren Radien?

Aufgabe 3.3.3

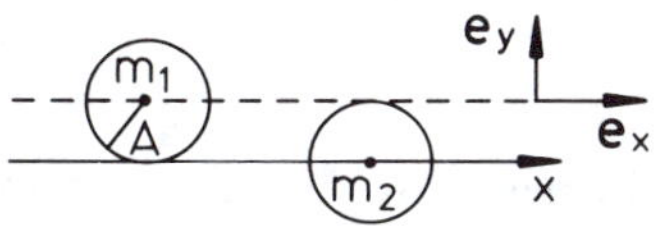

Betrachten Sie den elastischen Stoß zweier harter Kugeln mit den Massen m_1, m_2 und gleichem Radius A. Die Kugel 2 befinde sich im Laborsystem in Ruhe, ihr Mittelpunkt liege auf der x-Achse. Kugel 1 bewege sich vor dem Stoß mit konstantem Impuls $\mathbf{p}_1 = p_1 \mathbf{e}_x (p_1 > 0)$. Die Bahn des Mittelpunktes sei dabei eine Parallele zur x-Achse im Abstand A.

1) Wie lauten die Impulse $\mathbf{p}_1', \mathbf{p}_2'$ nach dem Stoß im Laborsystem? (Keine Reibungseffekte beim Stoß!)

2) Wie lauten die Impulse $\bar{\mathbf{p}}_{1,2}$, $\bar{\mathbf{p}}_{1,2}'$ im Schwerpunktsystem?

3.4 Kontrollfragen

Zu Kapitel 3.1

1) Was versteht man unter inneren und äußeren Kräften eines Massenpunktsystems? Wann bezeichnet man ein solches Massenpunktsystem als abgeschlossen?

2) Wie ist der Massenmittelpunkt definiert?

3) Formulieren und erläutern Sie durch Beispiele den Schwerpunktsatz.

4) Was besagt der Drehimpulssatz?

5) Zerlegen Sie den Gesamtdrehimpuls eines Massenpunktsystems in einen Relativ- und in einen Schwerpunktanteil L_r und L_s. Was sind die Bezugspunkte von L_r und L_s?

6) Wie lautet der Energiesatz?

7) Worin besteht die physikalische Aussage des Virialsatzes?

Zu Kapitel 3.2

1) Wie sind Schwerpunkts- und Relativkoordinaten eines Zwei-Teilchen-Systems definiert?

2) Welche Bedeutung hat die reduzierte Masse?

3) Wie sehen in einem Zwei-Teilchen-System die Relativanteile von Drehimpuls und kinetischer Energie aus?

4) Was versteht man unter dem *Stoß* zweier Massenpunkte?

5) Was ist ein elastischer, was ein inelastischer Stoß?

6) Unter welchen speziellen Bedingungen fliegen zwei Stoßpartner unabhängig von der konkreten Wechselwirkung während des Stoßprozesses nach dem Stoß im rechten Winkel auseinander?

7) Diskutieren Sie den *Zentralstoß*.

8) Schildern Sie qualitativ die Spezialfälle des Zweierstoßes, die Einfangreaktion und den Teilchenzerfall.

9) Diskutieren Sie qualitativ die Planetenbewegung als Zweikörperproblem. Auf welchen geometrischen Bahnen bewegen sich Sonne und Planet? Was kann im Falle von Ellipsenbahnen über deren Halbachsen und Umlaufzeiten ausgesagt werden?

10) Stellen Sie die (eindimensionalen) Bewegungsgleichungen für die gekoppelten Schwingungen eines durch Federn miteinander und mit Wänden verbundenen Paares von Massenpunkten auf.

11) Bestimmen Sie die Eigenfrequenzen der gekoppelten Schwingungen für den Fall, daß die Massen gleich sind und ebenso die Federkonstanten der beiden Federn, die die beiden Massen mit den Wänden verbinden.

4 DER STARRE KÖRPER

4.1 Modell des starren Körpers

Wir haben bisher die Gesetzmäßigkeiten der Klassischen Mechanik für den einzelnen Massenpunkt und für Systeme aus Massenpunkten diskutiert. Das physikalische Problem galt dabei jeweils als gelöst, sobald die Bahnkurve $\mathbf{r}_i(t)$ eines jeden Massenpunktes aus vorgegebenen Kraftgleichungen abgeleitet war. Bei einem makroskopischen Festkörper mit seinen etwa 10^{23} Teilchen pro cm^3 wird das Konzept des Massenpunktes natürlich fragwürdig. Es ist allerdings auch zu überlegen, ob man wirklich an den detaillierten mikroskopischen Bewegungsformen interessiert ist. Von einem makroskopischen Standpunkt aus erscheint der Festkörper als Kontinuum. Observable Kenngrößen wie

1) Verschiebungen (Translationen),
2) Drehungen (Rotationen),
3) Deformationen

haben nur noch bedingt mit den mikroskopischen Teilchenbahnen zu tun. Sie betreffen vielmehr den Körper als Ganzes, als makroskopische Einheit. Diese Tatsache erlaubt drastische Idealisierungen (*Modelle*), die ihrerseits dann eine mathematische Behandlung des Problems erst möglich werden lassen. Die Konstruktion von

theoretischen Modellen

ist typisch für die Physik. Ein *Modell* kann man in gewisser Weise mit einer **Karikatur** vergleichen, die das für die aktuelle Fragestellung Wesentliche betont und allen *unnötigen Ballast* wegläßt. Ein Modell ist deshalb stets nur für einen bestimmten Problemkreis gültig, außerhalb dessen es unbrauchbar, ja sogar irreführend, sein kann.

Modell des starren Körpers

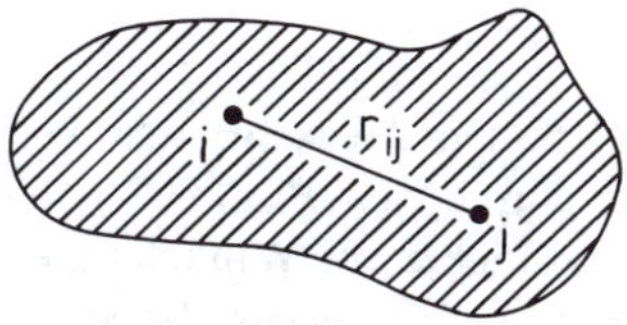

Es handelt sich um ein System von N Massenpunkten, deren Abstände unter allen Umständen konstant bleiben:

$$r_{ij} = |\mathbf{r}_i - \mathbf{r}_j| = c_{ij} = \text{const.} \qquad (4.1)$$

Der starre Körper ist also per definitionem **nicht** deformierbar. Diskussionen des Punktes 3), wie sie typisch sind für die Elastizitätstheorie, die Hydrodynamik, ... , sind also von vornherein ausgeschlossen.

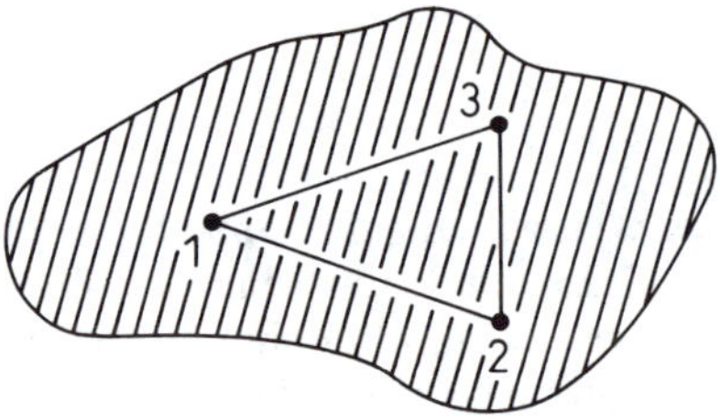

Fragen wir uns zunächst nach der **Zahl der Freiheitsgrade** eines starren Körpers. Dazu greifen wir einmal drei nicht auf einer Geraden liegende Punkte heraus. Zu deren Beschreibung benötigen wir je drei kartesische Koordinaten. Das sind zunächst neun Bestimmungsstücke, die jedoch nach (4.1) drei Zwangsbedingungen

$$r_{12} = c_{12}, \quad r_{13} = c_{13}, \quad r_{23} = c_{23}$$

erfüllen müssen. Frei wählbar sind also sechs Größen. Jeder weitere Massenpunkt bringt drei neue Koordinaten, allerdings auch drei neue Zwangsbedingungen,

$$r_{j1} = c_{j1}, \quad r_{j2} = c_{j2}, \quad r_{j3} = c_{j3},$$

so daß keine zusätzlichen freien Bestimmungsstücke ins Spiel kommen. Der **starre Körper** hat also

sechs Freiheitsgrade.

Zur vollständigen Beschreibung eines starren Körpers ist damit die Festlegung von lediglich sechs unabhängigen Größen nötig. In der Regel wählt man dazu allerdings nicht die Koordinaten von drei irgendwie ausgewählten Punkten, sondern beschreibt die Bewegung im Raum:

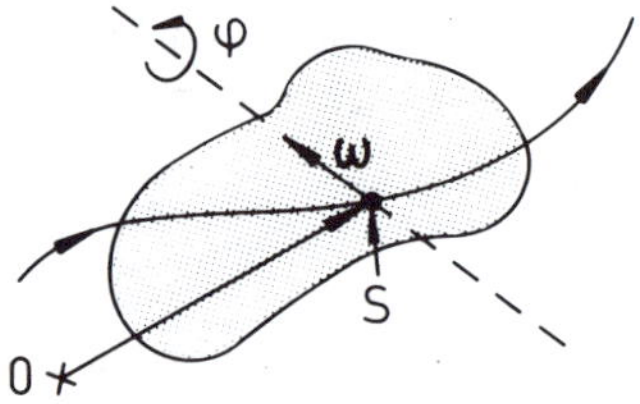

1) Durch **Translation** eines ausgezeichneten Punktes S des Körpers, der häufig, aber nicht notwendig immer, der Schwerpunkt des Systems ist. Es muß ein mit dem Körper starr verbundener Punkt sein, der jedoch nicht einmal unbedingt innerhalb des Körpers zu liegen braucht. Das bedeutet dann drei Freiheitsgrade der Translation.

2) Durch **Rotation** um eine Achse durch den Punkt S. Die Achse braucht weder körper- noch raumfest zu sein, sie muß lediglich durch den Punkt S gehen. Das bedeutet drei Freiheitsgrade der Rotation, nämlich **zwei** Winkelangaben zur Festlegung der Achse und **ein** Drehwinkel. Bei der Bewegung des starren Körpers sind im allgemeinen Translation und Rotation auf recht komplizierte Art und Weise miteinander gekoppelt. Die Translation haben wir jedoch ausführlich als *Mechanik des freien Massenpunktes* in Kap. 2 diskutiert. Wir werden uns deshalb hier vornehmlich auf zwei **Spezialfälle** konzentrieren:

a) Kreisel: Der starre Körper wird in einem Punkt festgehalten, besitzt damit nur noch 3 Freiheitsgrade,

b) physikalisches Pendel: Der starre Körper kann sich nur um eine feste Achse drehen, besitzt mit dem Drehwinkel dann nur noch einen Freiheitsgrad.

Eine wesentliche Komplikation wird z.B. darin bestehen, daß Rotationen um verschiedene Drehachsen **nicht** vertauschbar sind.

Wir haben für N-Teilchen-Systeme in Kap. (3.1) einige wichtige Größen eingeführt, die für das **Gesamtsystem** von Bedeutung sind, z.B.:

$$\begin{aligned} \text{Gesamtmasse:} \quad & M = \sum_i m_i\,, \\ \text{Schwerpunkt:} \quad & \mathbf{R} = \frac{1}{M}\sum_i m_i\,\mathbf{r}_i\,, \\ \text{Gesamtimpuls:} \quad & \mathbf{P} = \sum_i m_i\,\dot{\mathbf{r}}_i\,, \\ \text{Gesamtdrehimpuls:} \quad & \mathbf{L} = \sum_i m_i(\mathbf{r}_i \times \dot{\mathbf{r}}_i), \dots\,, \end{aligned}$$

und sich durch eine Summation über die entsprechenden Größen der Einzelteilchen ergeben. Wie berechnet man diese nun für das **Kontinuum**? Wir erläutern das Verfahren am Beispiel der Gesamtmasse:

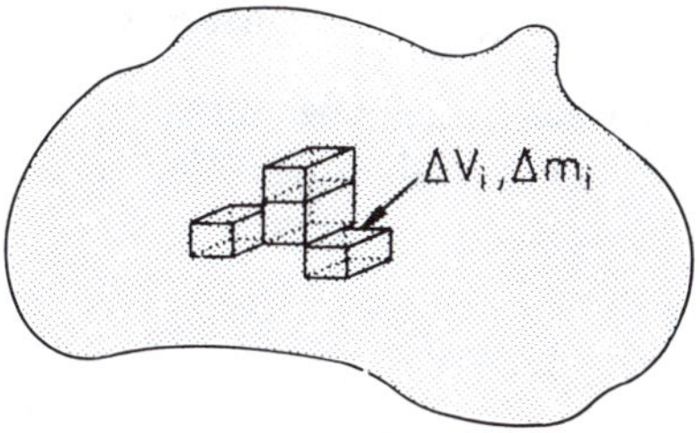

Man zerlegt den starren Körper zunächst in kleine Teilvolumina $\Delta V_i(\mathbf{r}_i)$, in denen die Masse $\Delta m_i(\mathbf{r}_i)$ enthalten ist. $\mathbf{r}_i$ ist der Ortsvektor eines bestimmten Punktes im i-ten Volumenelement. Dann gilt natürlich:

$$M = \sum_i \Delta m_i = \sum_i \frac{\Delta m_i}{\Delta V_i}\,\Delta V_i.$$

Wir lassen nun in einem Grenzprozeß die ΔV_i immer kleiner werden ($\Delta V_i \to 0 \Longrightarrow \Delta m_i \to 0$) und kommen damit zur Definition der

$$\textbf{Massendichte:} \quad \rho(\mathbf{r}) = \lim_{\Delta V \to 0} \frac{\Delta m(\mathbf{r})}{\Delta V(\mathbf{r})}. \tag{4.2}$$

Da Δm und ΔV beides *Mengengrößen* (*extensive* Größen) sind, wird dieser Grenzwert in der Regel von Null verschieden sein. Es ist dann:

$$\begin{aligned} \rho(\mathbf{r})d^3r = & \text{ Masse im Volumenelement} \\ d^3r = & \; dx\,dy\,dz \text{ um } \mathbf{r} = (x, y, z). \end{aligned} \tag{4.3}$$

Aus der Summe über alle Volumenelemente wird nun im gewöhnlichen *Riemannschen Sinne* ein sogenanntes **Volumenintegral**, das wir im nächsten Abschnitt genauer erläutern:

$$M = \int d^3r\, \rho(\mathbf{r}), \tag{4.4}$$

$$\mathbf{R} = \frac{1}{M} \int d^3r\, \rho(\mathbf{r})\mathbf{r}, \tag{4.5}$$

$$\mathbf{P} = \int d^3r\, \rho(\mathbf{r})\mathbf{v}(\mathbf{r}), \ldots \tag{4.6}$$

Integriert wird jeweils über den Raumbereich des starren Körpers.

4.2 Mehrfachintegrale

Mehrfachintegrale wie Volumen- oder Flächenintegrale führen wir zur Berechnung auf mehrere einfache bestimmte Integrale zurück. Beim Beispiel der Gesamtmasse M (4.4),

$$M = \int_V d^3r\, \rho(\mathbf{r}) = \iiint_V dx\, dy\, dz\, \rho(x, y, z),$$

sind drei Integrationen durchzuführen. Es wird über **jede** Variable integriert, wobei die Integrationsgrenzen durch die Berandung des Integrationsvolumens festgelegt sind.

Am einfachsten ist der Fall, bei dem **alle Integrationsgrenzen Konstante** sind.

Alle Einzelintegrationen werden hintereinander nach den bekannten Regeln durchgeführt, wobei bei der Integration über eine Variable die anderen Variablen konstant gehalten werden.

$$M = \underbrace{\int_{z=c_1}^{c_2} \underbrace{\int_{y=b_1}^{b_2} \underbrace{\int_{x=a_1}^{a_2} \rho(x, y, z) dx}_{\overline{\rho}(y, z;\, a_1, a_2)} dy}_{\overline{\overline{\rho}}(z;\, a_1, a_2, b_1, b_2)} dz}_{M(a_1, a_2, b_1, b_2, c_1, c_2).}$$

Bei konstanten Integrationsgrenzen und stetigem Integranden können die Integrationen auch vertauscht werden.

Beispiel:

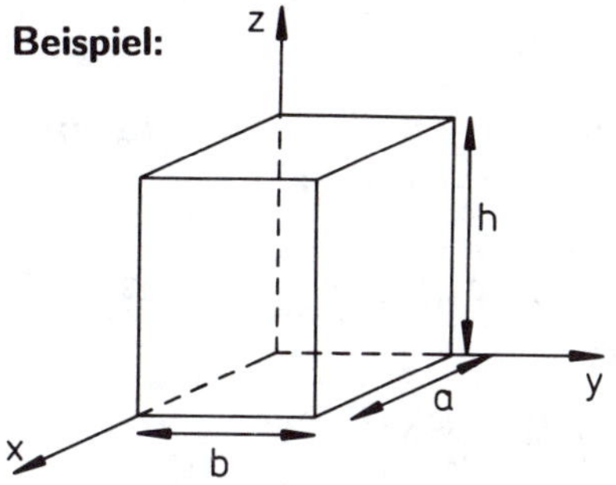

Wir berechnen die Masse einer rechteckigen Luftsäule über der Erdoberfläche. Als Folge der Schwerkraft nimmt die Dichte der Luft exponentiell mit der Höhe ab:

$$\rho = \rho_0 e^{-\alpha z},$$

$$M = \int_0^h dz \int_0^b dy \int_0^a dx \rho_0 e^{-\alpha z} = \int_0^h dz \int_0^b dy\, \rho_0 e^{-\alpha z} a = ab\, \rho_0 \int_0^h dz\, e^{-\alpha z} =$$

$$= \rho_0 ab \left(-\frac{1}{\alpha} e^{-\alpha z} \right) \Bigg|_0^h = \rho_0 \frac{ab}{\alpha} \left(1 - e^{-\alpha h}\right).$$

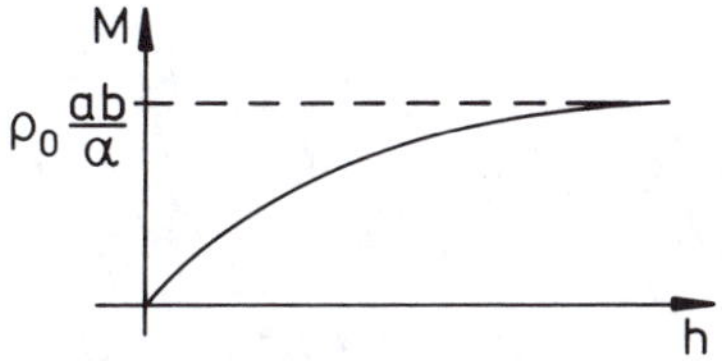

Etwas komplizierter wird die Sache, wenn **nicht alle Integrationsgrenzen Konstante sind**.

Das Mehrfachintegral muß für mindestens eine Variable feste Grenzen haben. Es wird schrittweise gelöst. Die erste Integration erfolgt nach der Variablen, die in keiner der Integrationsgrenzen vorkommt, dann nach der nächsten Variablen, die nach der ersten Integration in keiner Grenze mehr vorkommt, usw.

$$M = \int_{f_5}^{f_6} dz \int_{f_3(z)}^{f_4(z)} dy \int_{f_1(y,z)}^{f_2(y,z)} dx\, \rho(x, y, z)$$

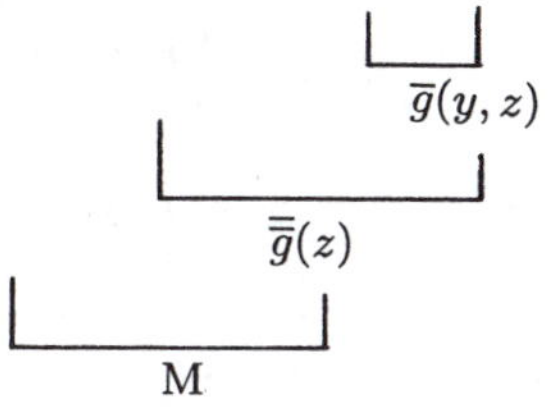

Beispiel:

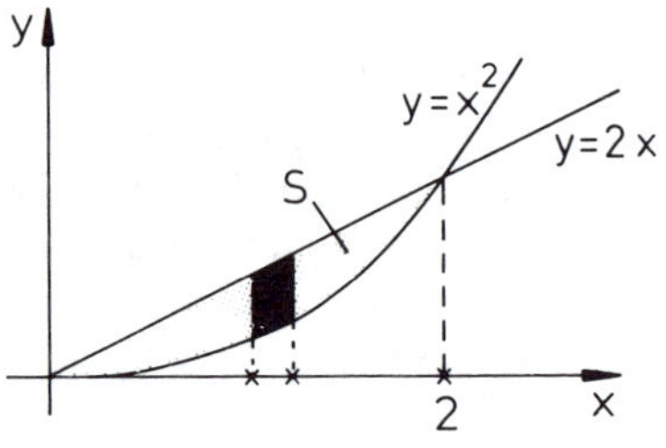

Wir berechnen die Fläche S durch *streifenweises* Aufsummieren:

$$S = \int_0^2 dx \int_{x^2}^{2x} dy = \int_0^2 dx(2x - x^2) =$$

$$= \left(x^2 - \frac{x^3}{3} \right) \Big|_0^2 = \frac{4}{3}.$$

Mehrfachintegrale mit nicht-konstanten Integrationsgrenzen lassen sich häufig durch Transformation auf krummlinige Koordinaten vereinfachen. Die Methode der Variablentransformation ist in Kap. (1.5) geübt worden.

Beispiel: Berechnung der Fläche eines Kreises

a) Kartesisch:

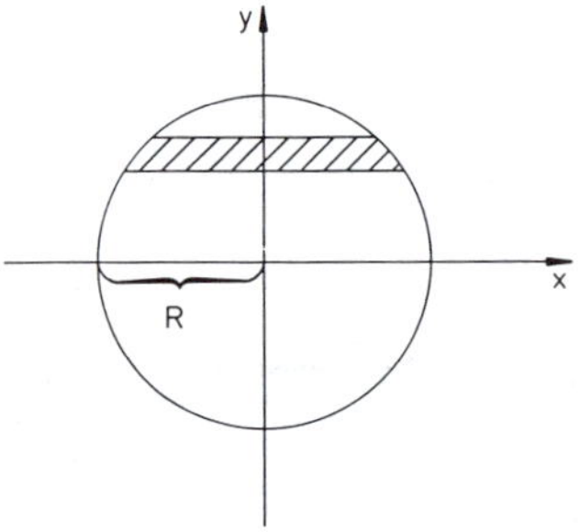

$$S = \int_{-R}^{+R} dy \int_{-\sqrt{R^2-y^2}}^{+\sqrt{R^2-y^2}} dx = 2 \int_{-R}^{+R} dy \sqrt{R^2 - y^2} =$$

$$= 2 \left(\frac{R^2}{2} \arcsin \frac{y}{R} + \frac{y}{2} \sqrt{R^2 - y^2} \right) \Big|_{-R}^{+R} =$$

$$= 2 \, \frac{1}{2} R^2 \, \pi = \pi R^2.$$

b) Ebene Polarkoordinaten (ρ, φ):

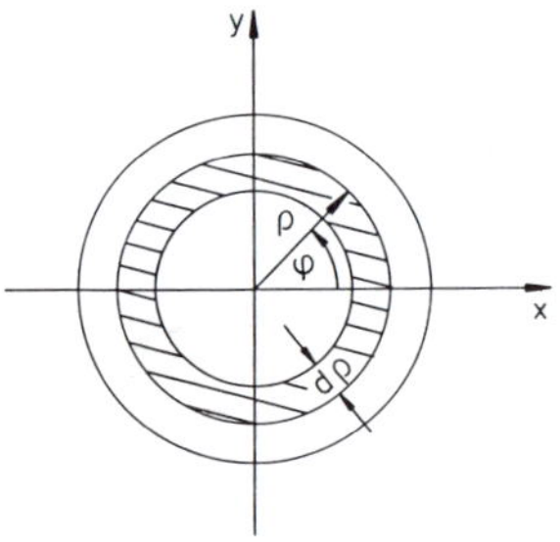

Flächenelement:

$$dx\, dy = \frac{\partial(x, y)}{\partial(\rho, \varphi)} d\rho\, d\varphi = \rho\, d\rho\, d\varphi.$$

Damit gilt:

$$S = \int_0^R \int_0^{2\pi} \rho\, d\rho\, d\varphi = 2\pi \int_0^R \rho\, d\rho = \pi\, R^2.$$

Die Verwendung von ebenen Polarkoordinaten bringt hier offenbar einen entscheidenden Vorteil.

Beispiel: Kugelvolumen

Für das Volumenelement in Kugelkoordinaten gilt nach (1.263):

$$dV = \frac{\partial(x, y, z)}{\partial(r, \vartheta, \varphi)} dr\, d\vartheta\, d\varphi = r^2 \sin\vartheta\, dr\, d\vartheta\, d\varphi.$$

Es ist deshalb

$$V = \int dV = \int_0^R \int_0^\pi \int_0^{2\pi} r^2\, dr \sin\vartheta\, d\vartheta\, d\varphi = 2\pi \int_0^R r^2\, dr (-\cos\vartheta)\Big|_0^\pi =$$

$$= 4\pi \frac{r^3}{3}\Big|_0^R = \frac{4\pi}{3} R^3.$$

4.3 Rotation um eine Achse

Wir untersuchen zunächst eine spezielle Bewegungsform des starren Körpers, nämlich seine Rotation um eine feste Achse. Das System besitzt dann nur noch einen Freiheitsgrad, nämlich den **Drehwinkel** φ um die Achse. Wir werden sehen, daß Energiesatz, Drehimpulssatz und Schwerpunktsatz ausreichen, um Bewegungsgleichungen formulieren und im Prinzip lösen zu können.

4.3.1 Energiesatz

Wir setzen voraus, daß alle äußeren Kräfte konservativ sind, also ein Potential besitzen. Es gilt dann der Energieerhaltungssatz (2.232). Zu dessen Auswertung diskutieren wir zunächst die **kinetische Energie**

$$T = \sum_i \frac{m_i}{2} \dot{\mathbf{r}}_i^2$$

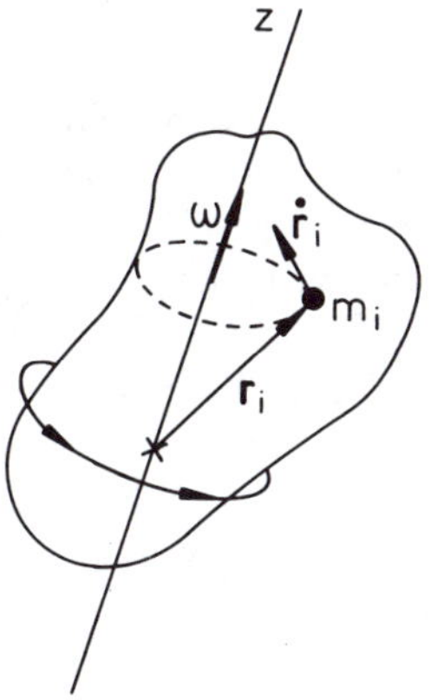

des starren Körpers. Wir setzen eine raumfeste Achse voraus und wählen die z-Achse des Koordinatensystems so, daß sie mit der Rotationsachse zusammenfällt. Für die Winkelgeschwindigkeit $\boldsymbol{\omega}$ gilt dann:

$$\boldsymbol{\omega} = (0, 0, \omega)\,; \quad \omega = \dot{\varphi}\,. \tag{4.7}$$

Jeder Punkt des starren Körpers führt eine Kreisbewegung aus, deren Geschwindigkeit sich nach (2.40) zu

$$\dot{\mathbf{r}}_i = (\boldsymbol{\omega} \times \mathbf{r}_i) = \omega(-y_i, x_i, 0) \tag{4.8}$$

ergibt. Damit können wir die kinetische Energie angeben:

$$T = \frac{1}{2} \sum_i m_i \left(x_i^2 + y_i^2 \right) \omega^2 = \frac{1}{2} J \omega^2. \tag{4.9}$$

Diese Gleichung definiert das

Trägheitsmoment

$$J = \sum_i m_i \left(x_i^2 + y_i^2 \right) \tag{4.10}$$

als Summe der Produkte der Massen mit dem Quadrat des Abstandes von der Drehachse. J ist eine zeitlich konstante skalare Größe, die von der Lage und der Richtung der Achse im starren Körper abhängt. Für konkrete Berechnungen geht man in der Regel von der diskreten Summation zur Integration über:

$$J = \int \rho(x, y, z)(x^2 + y^2) dx\, dy\, dz = \int d^3r\, \rho(\mathbf{r})(\mathbf{n} \times \mathbf{r})^2, \tag{4.11}$$

wobei $\mathbf{n} = \boldsymbol{\omega}/\omega$.

Beispiele:

1) Kugel mit homogener Massenverteilung

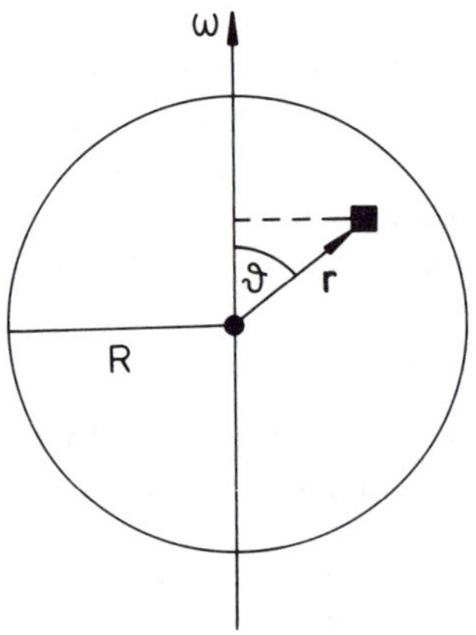

Die Achse läuft durch den Schwerpunkt (Kugelmittelpunkt), habe ansonsten aber eine beliebige Richtung. Für die Massendichte gilt in diesem Fall:

$$\rho(\mathbf{r}) = \begin{cases} \rho_0, & \text{für } r \leq R \\ 0, & \text{sonst.} \end{cases}$$

Dies ergibt dann in (4.11):

$$J = \int d^3r\,\rho(\mathbf{r})r^2\sin^2\vartheta = \rho_0 \int_0^R \int_0^\pi \int_0^{2\pi} r^4 dr \sin^3\vartheta\, d\vartheta\, d\varphi =$$

$$= 2\pi\,\rho_0 \int_0^R r^4 dr \int_{-1}^{+1} (1-\cos^2\vartheta)\, d\cos\vartheta = \frac{2\pi}{5}\rho_0 R^5 \left(2 - \frac{2}{3}\right) =$$

$$= \left(\frac{4\pi}{3} R^3 \rho_0\right) \frac{2}{5} R^2 = \frac{2}{5} M R^2. \tag{4.12}$$

2) Zylinder mit homogener Massenverteilung

Als Achse wählen wir die Symmetrieachse des Zylinders (Länge L, Radius R, s. Bild). Es empfehlen sich zur Berechnung Zylinderkoordinaten (ρ, φ, z) (Koordinate ρ **nicht** mit Dichte ρ verwechseln!):

$$J = \int d^3r\,\rho(\mathbf{r})\rho^2 \overset{(1.255)}{=} \rho_0 \int_0^R \int_0^{2\pi} \int_0^L \rho^3 d\rho\, d\varphi\, dz =$$

$$= 2\pi\, L\, \rho_0 \frac{R^4}{4} = \frac{1}{2} M R^2. \tag{4.13}$$

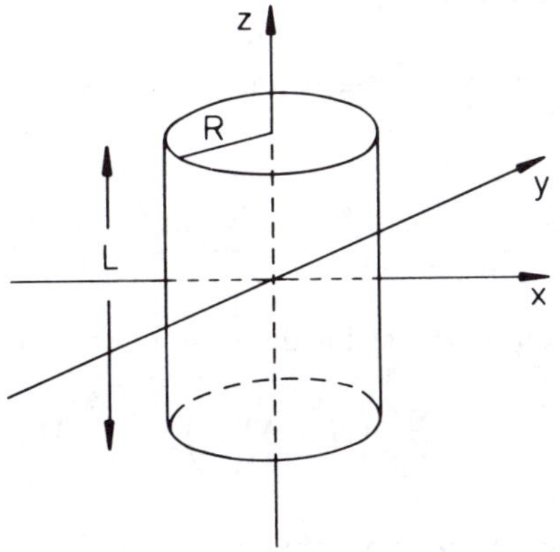

Kommen wir nun zurück zum Energiesatz, zu dessen Formulierung uns noch die potentielle Energie fehlt.

Da der Körper nur einen Rotationsfreiheitsgrad besitzt, kann auch das Potential V nur vom Drehwinkel φ abhängen: $V = V(\varphi)$. Der **Energieerhaltungssatz**

$$E = T + V = \frac{1}{2} J\,\omega^2 + V(\varphi) = \frac{1}{2} J\,\dot{\varphi}^2 + V(\varphi) \tag{4.14}$$

hat dann mathematisch dieselbe Struktur wie der der eindimensionalen Bewegung in (2.203), kann deshalb wie dieser durch **Trennung der Variablen** integriert werden:

$$t - t_0 = \int_{\varphi_0}^{\varphi} \frac{d\varphi'}{\sqrt{\frac{2}{J}(E - V(\varphi'))}}. \tag{4.15}$$

Die dadurch im Prinzip bestimmte Funktion $t = t(\varphi)$ bzw. deren Umkehrung $\varphi = \varphi(t)$ legt die Bewegung des um eine feste Achse drehbaren starren Körpers eindeutig und vollständig fest. Wir werden dies im übernächsten Abschnitt an einem Beispiel demonstrieren.

4.3.2 Drehimpulssatz

Der Drehimpuls $\mathbf{L}$ ist nur in Spezialfällen, z.B. bei rotationssymmetrischen Massenverteilungen, parallel zu $\boldsymbol{\omega}$. Wir wollen uns hier nur für die zu $\boldsymbol{\omega}$ parallele Komponente, also die z-Komponente des Drehimpulses, interessieren:

$$\begin{aligned} L_\omega &= \mathbf{L} \cdot \mathbf{n} = \sum_i m_i(\mathbf{r}_i \times \dot{\mathbf{r}}_i) \cdot \mathbf{n} = \sum_i m_i(\mathbf{n} \times \mathbf{r}_i) \cdot \dot{\mathbf{r}}_i = \\ &= \sum_i m_i(\mathbf{n} \times \mathbf{r}_i) \cdot (\boldsymbol{\omega} \times \mathbf{r}_i) = \left(\sum_i m_i(\mathbf{n} \times \mathbf{r}_i)^2\right)\omega, \\ &\Longrightarrow L_\omega = \mathbf{L} \cdot \mathbf{n} = J\,\omega = J\,\dot{\varphi}\,. \end{aligned} \tag{4.16}$$

Wir können daraus eine Bewegungsgleichung konstruieren, wenn wir noch den allgemeinen Drehimpulssatz (3.13),

$$\frac{d}{dt}\mathbf{L} = \sum_i (\mathbf{r}_i \times \mathbf{F}_i^{(\mathrm{ex})}) = \sum_i \mathbf{M}_i^{(\mathrm{ex})} = \mathbf{M}^{(\mathrm{ex})},$$

ausnutzen. Es ergibt sich zunächst für die achsenparallale Komponente:

$$J\,\ddot{\varphi} = J\,\dot{\omega} = \sum_i \left(\mathbf{r}_i \times \mathbf{F}_i^{(\mathrm{ex})}\right) \cdot \mathbf{n} = M_\omega^{(\mathrm{ex})}. \tag{4.17}$$

Die rechte Seite läßt sich weiter umformen:

$$\frac{1}{\omega}\sum_i \left(\mathbf{r}_i \times \mathbf{F}_i^{(\mathrm{ex})}\right) \cdot \boldsymbol{\omega} = \frac{1}{\omega}\sum_i (\boldsymbol{\omega} \times \mathbf{r}_i) \cdot \mathbf{F}_i^{(\mathrm{ex})} = \sum_i \rho_i \left(\mathbf{F}_i^{(\mathrm{ex})} \cdot \mathbf{e}_{\varphi_i}\right).$$

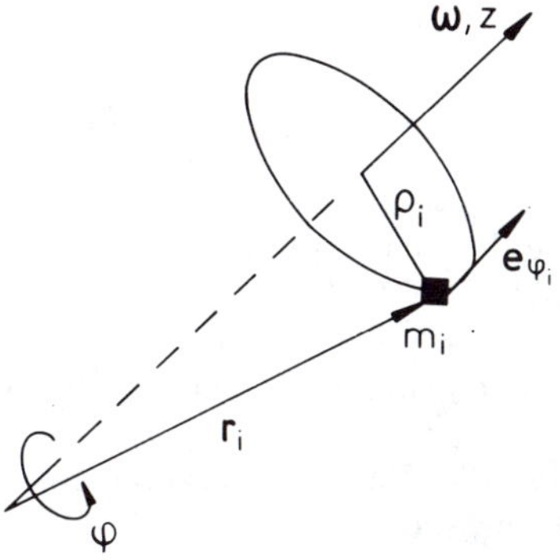

Die Bewegungsgleichung lautet also:

$$J\,\ddot{\varphi} = \sum_i \rho_i \left(\mathbf{F}_i^{(\mathrm{ex})} \cdot \mathbf{e}_{\varphi_i} \right) . \tag{4.18}$$

$\mathbf{e}_{\varphi_i}$ ist der azimutale Einheitsvektor (1.265) für das i-te Massenelement:

$$\mathbf{e}_{\varphi_i} = (-\sin\varphi_i,\, \cos\varphi_i,\, 0); \qquad \varphi_i = \varphi_{i0} + \varphi.$$

Verschwindet das äußere Drehmoment $\mathbf{M}^{(\mathrm{ex})}$, so ist $\boldsymbol{\omega} = \mathrm{const.}$ Dies bedeutet nach (4.9), daß dann die kinetische Energie der Rotation eine Konstante der Bewegung ist:

$$\mathbf{M}_\omega^{(\mathrm{ex})} = \mathbf{M}^{(\mathrm{ex})} \cdot \mathbf{n} = 0 \Longrightarrow \omega = \mathrm{const.} \Longrightarrow T = \mathrm{const.} \tag{4.19}$$

Selbstverständlich ist dann auch die achsenparallele Komponente des Drehimpulses konstant, wie man an (4.16) erkennt.

4.3.3 Physikalisches Pendel

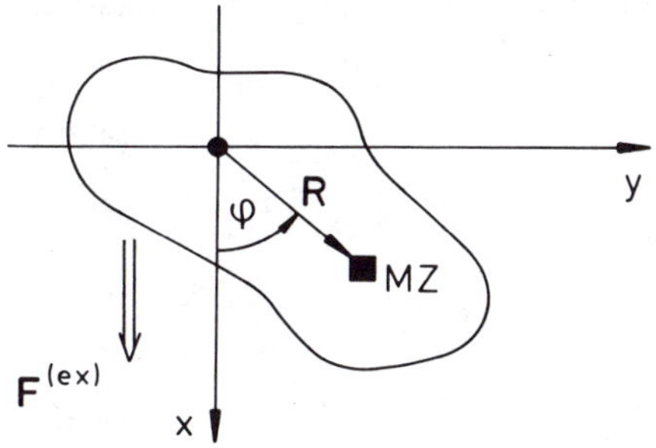

Unter dem physikalischen (oder auch physischen) Pendel versteht man einen starren Körper, der sich im homogenen Schwerefeld der Erde befindet und um eine horizontale Achse drehbar ist. Letztere sei wiederum mit der z-Achse identisch (4.7):

$$\mathbf{F}_i^{(\mathrm{ex})} = (m_i g, 0, 0). \tag{4.20}$$

Nach (4.17) gilt dann:

$$J\,\ddot{\varphi} = -\sum_i m_i y_i g = -Mg\,R_y. \tag{4.21}$$

R_y ist die y-Komponente des Schwerpunktvektors. Wählen wir den Nullpunkt auf der Drehachse so, daß

$$\mathbf{R} = (R_x, R_y, 0) = R(\cos\varphi, \sin\varphi, 0),$$

dann folgt aus (4.21) **für die Pendelbewegung** $\varphi = \varphi(t)$ **eine nichtlineare Differentialgleichung 2.Ordnung**:

$$J\,\ddot{\varphi} + Mg\,R\sin\varphi = 0. \tag{4.22}$$

Wir haben damit die Bewegungsgleichung aus dem Drehimpulssatz abgeleitet. Der Vergleich mit der Bewegungsgleichung (2.125) für das Fadenpendel (*mathematisches Pendel*),

$$\ddot{\varphi} + \frac{g}{l}\sin\varphi = 0,$$

zeigt, daß das physikalische Pendel so schwingt wie ein mathematisches der Fadenlänge

$$l = \frac{J}{M\,R}. \tag{4.23}$$

Mit dieser Ersetzung können wir also alle Aussagen des Kap. (2.3.4) übernehmen. Bei kleinen Ausschlägen gilt $\sin\varphi \approx \varphi$. Dann wird (4.22) lösbar mit:

$$\varphi(t) = A\sin\overline{\omega}t + B\cos\overline{\omega}t$$

und der **Kreisfrequenz**

$$\overline{\omega} = \sqrt{\frac{Mg\,R}{J}}. \tag{4.24}$$

A und B folgen aus den Anfangsbedingungen.

Die Bewegungsgleichung (4.22) läßt sich auch über den Energiesatz ableiten. Für das Potential der Masse m_i im Schwerefeld gilt (2.211):

$$V_i = -m_i g\,x_i. \tag{4.25}$$

Das Gesamtpotential der äußeren Kräfte ist dann:

$$V = \sum_i V_i = -g\sum_i m_i x_i = -Mg\,R_x,$$
$$V = -Mg\,R\cos\varphi = V(\varphi). \tag{4.26}$$

Der **Energiesatz** des physikalischen Pendels lautet somit:

$$E = \frac{1}{2}\, J\, \dot{\varphi}^2 - M g\, R \cos\varphi = \text{const.} \tag{4.27}$$

Leiten wir diesen Ausdruck nach der Zeit ab, so ergibt sich tatsächlich wieder die Bewegungsgleichung (4.22).

4.3.4 Steinerscher Satz

Wichtige Kenngröße für die Drehbewegung eines starren Körpers um eine feste Achse ist das in (4.11) definierte **Trägheitsmoment** J, das sowohl von der Richtung als auch von der konkreten Lage der Drehachse abhängt. Nach dem Steinerschen Satz läßt sich das Trägheitsmoment um eine vorgegebene Achse auf einfache Weise bestimmen, wenn man das Trägheitsmoment J_s bezüglich der dazu parallelen Achse durch den Schwerpunkt kennt.

Das Trägheitsmoment J bezüglich einer beliebigen Achse setzt sich additiv zusammen aus dem Trägheitsmoment J_s bezüglich der zu ihr parallelen Achse durch den Schwerpunkt plus dem Trägheitsmoment der im Schwerpunkt vereinigten Gesamtmasse M bezüglich der ursprünglichen Achse.

$$J = J_s + M\, S^2 \tag{4.28}$$

(S = senkrechter Abstand des Schwerpunktes von der Drehachse $\hat{=}$ Abstand der beiden Achsen).

Beweis:

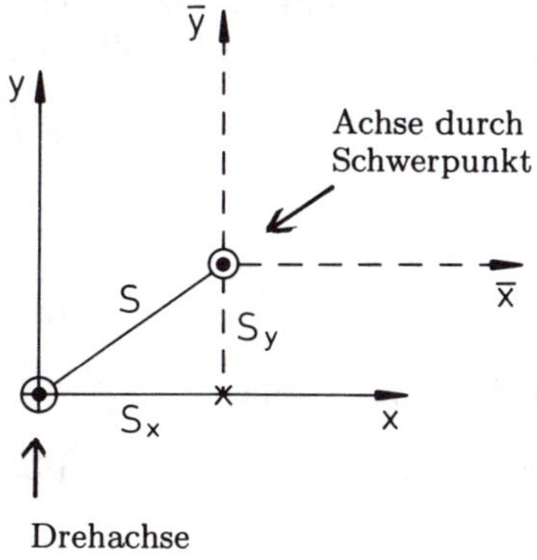

Wir können wieder o.B.d.A. annehmen, daß die Drehachse die z-Achse definiert. Dann lautet das Trägheitsmoment bezüglich der eigentlichen Drehachse:

$$J = \sum_i m_i \left(x_i^2 + y_i^2 \right)$$

und bezüglich der parallelen Achse durch den Schwerpunkt:

$$J_s = \sum_i m_i \left(\bar{x}_i^2 + \bar{y}_i^2 \right).$$

Nun ist

$$x_i = \bar{x}_i + S_x, \quad y_i = \bar{y}_i + S_y.$$

Damit folgt:

$$\begin{aligned} J &= \sum_i m_i \left[(\bar{x}_i + S_x)^2 + \left(\bar{y}_i + S_y\right)^2\right] = \\ &= \sum_i m_i \left(\bar{x}_i^2 + \bar{y}_i^2\right) + \left(S_x^2 + S_y^2\right) \sum_i m_i + 2S_x \sum_i m_i \bar{x}_i + 2S_y \sum_i m_i \bar{y}_i = \\ &= J_s + M\,S^2 + 2S_x M\,R_{\bar{x}} + 2S_y\,M\,R_{\bar{y}}. \end{aligned}$$

Mit $R_{\bar{x}} = R_{\bar{y}} = 0$ (x- und y-Komponente des Schwerpunktes in einem Koordinatensystem, in dem der Schwerpunkt auf der z-Achse liegt) ergibt sich:

$$J = J_s + M\,S^2.$$

Man erkennt an (4.28), daß von einem Satz paralleler Achsen die durch den Schwerpunkt das kleinste Trägheitsmoment liefert.

4.3.5 Rollbewegung

Ein weiteres wichtiges Beispiel eines starren Körpers, der nur **einen** rotatorischen Freiheitsgrad aufweist, ist der

auf schiefer Ebene abrollende homogene Zylinder.

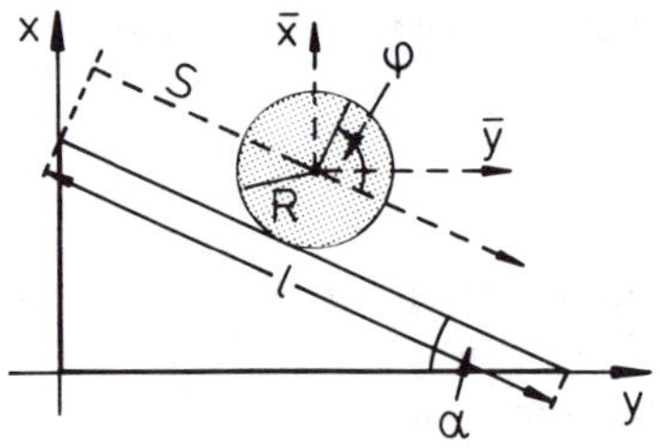

Die Drehachse ist zwar auch hier körperfest, aber nicht raumfest. Sie verschiebt sich parallel zu sich selbst. Die Geschwindigkeit eines jeden Zylinderpunktes ergibt sich durch Addition eines **Rotationsbeitrages** infolge der beim Abrollen auftretenden Drehung um die Zylinderachse und eines **Translationsbeitrages**, der für alle Punkte gleich ist und in s-Richtung erfolgt:

$$\dot{\mathbf{r}}_i = \dot{\mathbf{r}}_{iR} + \dot{\mathbf{r}}_{iT}\,. \tag{4.29}$$

Den Rotationsbeitrag haben wir bereits in (4.8) berechnet:

$$\dot{\mathbf{r}}_{iR} = (\boldsymbol{\omega} \times \bar{\mathbf{r}}_i). \tag{4.30}$$

Den Translationsbeitrag erhalten wir aus der **Abrollbedingung**

$$\Delta s = -R\,\Delta\,\varphi \Longrightarrow |\dot{\mathbf{r}}_{iT}| = |\dot{\mathbf{s}}| = R\,|\dot{\varphi}|\,. \tag{4.31}$$

Der Zylinder soll **rollen**, **nicht** gleiten.

a) Kinetische Energie

$$T = \frac{1}{2}\sum_i m_i\,\dot{\mathbf{r}}_i^2 = \frac{1}{2}\sum_i m_i\left[(\boldsymbol{\omega}\times\bar{\mathbf{r}}_i)^2 + 2\,\dot{\mathbf{s}}\cdot(\boldsymbol{\omega}\times\bar{\mathbf{r}}_i) + \dot{s}^2\right].$$

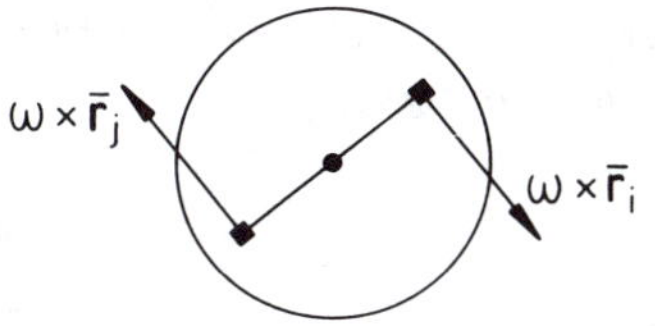

Der gemischte Term verschwindet, da in einem homogenen Zylinder zwei diametral zur Drehachse liegende Volumenelemente gleiche Masse, aber entgegengerichtete Rotationsgeschwindigkeiten aufweisen. Man kann natürlich auch durch direkte Rechnung zeigen, daß

$$\sum_i m_i\,(\boldsymbol{\omega}\times\bar{\mathbf{r}}_i) = 0$$

gilt.

Der erste Term ist die kinetische Energie der Drehbewegung, wie wir sie in (4.9) berechnet haben. Es bleibt also, wenn man (4.9), (4.13) und (4.30) ausnutzt:

$$T = \frac{1}{2}J\,\omega^2 + \frac{1}{2}M\,\dot{s}^2 = \frac{1}{2}\left(\frac{1}{2}\,MR^2\right)\left(\frac{1}{R^2}\,\dot{s}^2\right) + \frac{1}{2}M\,\dot{s}^2\,.$$

Dies ergibt den einfachen Ausdruck:

$$T = \frac{3}{4}M\,\dot{s}^2\,. \tag{4.32}$$

b) Potentielle Energie

Auf den Zylinder wirkt die Schwerkraft:

$$V = \sum_i V_i = \sum_i m_i g\,x_i = Mg\,R_x. \tag{4.33}$$

R_x ist die x-Komponente des Zylinderschwerpunktes. Über die Beziehung (4.5) läßt sich zeigen, daß der Schwerpunkt des homogenen Zylinders auf der Mitte der Achse liegt. Also ist:

$$R_x = (l-s)\sin\alpha$$

und damit

$$V = Mg(l-s)\sin\alpha. \tag{4.34}$$

Das Gesamtpotential entspricht also dem Potential der im Schwerpunkt vereinigten Gesamtmasse.

c) Energiesatz

Da nur konservative Kräfte wirken, ist die Gesamtenergie E eine Erhaltungsgröße:

$$E = T + V = \frac{3}{4} M \dot{s}^2 + (l - s) M g \sin\alpha = \text{const.} \tag{4.35}$$

Differenzieren wir diese Beziehung nach der Zeit und dividieren anschließend durch $(3/2) M \dot{s}$, so erhalten wir die **Bewegungsgleichung**

$$\ddot{s} = \frac{2}{3} g \sin\alpha. \tag{4.36}$$

Für einen reibungslos **gleitenden** Körper würde die Beschleunigung auf der schiefen Ebene

$$\ddot{s} = g \sin\alpha$$

betragen, wie man sich an dem Bild auf S. 230 leicht klarmacht. Die Beschleunigung des abrollenden Zylinders beträgt also nur zwei Drittel dieses Wertes.

4.3.6 Analogie zwischen Translations- und Rotationsbewegung

Wir haben in den vorausgegangenen Abschnitten eine starke Analogie zwischen der Rotationsbewegung um eine körperfeste Achse und der eindimensionalen Teilchenbewegung erkennen können, die wir noch einmal zusammenstellen wollen:

Teilchen	**Rotator**
Ort: x	Drehwinkel: φ
Masse: m	Trägheitsmoment: J
Geschwindigkeit: $v = \dot{x}$	Winkelgeschwindigkeit: $\omega = \dot{\varphi}$
Impuls: $p = m\,v$	Drehimpuls: $L_\omega = J\,\omega$
Kraft: F	Drehmoment: $M_\omega^{(\mathrm{ex})}$
kinetische Energie: $T = (m/2)v^2$	kinetische Energie: $T = (1/2) J\,\omega^2$
Bewegungsgleichung: $F = m\,\ddot{x}$	Bewegungsgleichung: $M_\omega^{(\mathrm{ex})} = J\,\ddot{\varphi}$

4.4 Trägheitstensor

Wir haben in Kap. (4.3) die Bewegung des starren Körpers um feste Achsen diskutiert. Die für die Drehbewegung fundamentale Größe ist dabei das auf die Drehachse bezogene Trägheitsmoment J. Hat die Drehachse eine zeitlich veränderliche Richtung

$$\mathbf{n}(t) = \frac{\boldsymbol{\omega}(t)}{\omega(t)}, \tag{4.37}$$

so wird auch das Trägheitsmoment eine zeitabhängige Größe. Problemen solcher Art trägt man durch Einführung des **Trägheitstensors** Rechnung. Dazu sind zunächst einige Vorbereitungen vonnöten.

4.4.1 Kinematik des starren Körpers

In unserem einführenden Kapitel (4.1) hatten wir die **allgemeine Bewegung eines starren Körpers** in

1) die **Translation** eines irgendwie ausgezeichneten Punktes S des Körpers

und

2) die **Rotation** um eine Achse durch diesen Punkt S

zerlegt.

Wir führen nun zwei Bezugssysteme ein, die beide zunächst kartesisch sein mögen:

$\widehat{\Sigma}$: **Raumfestes** Bezugssystem mit einem raumfesten Koordinatenursprung 0. Es möge sich dabei um ein Inertialsystem handeln. Achsen: $\hat{\mathbf{e}}_\alpha$, $\alpha = 1, 2, 3$.

Σ: **Körperfestes** Bezugssystem mit dem körperfesten Ursprung S. Achsen: $\mathbf{e}_\alpha(t)$, $\alpha = 1, 2, 3$.

Der Punkt S habe von $\widehat{\Sigma}$ aus gesehen den Ortsvektor $\mathbf{r}_0(t)$. Dann gilt für die Punkte des starren Körpers:

$$\hat{\mathbf{r}}_i(t) = \sum_{\alpha=1}^{3} \hat{x}_{i\alpha}(t)\hat{\mathbf{e}}_\alpha \qquad (\text{in } \widehat{\Sigma}), \tag{4.38}$$

$$\mathbf{r}_i(t) = \sum_{\alpha=1}^{3} x_{i\alpha}\mathbf{e}_\alpha(t) \qquad (\text{in } \Sigma) \tag{4.39}$$

mit dem offensichtlichen Zusammenhang:

$$\hat{\mathbf{r}}_i(t) = \mathbf{r}_0(t) + \mathbf{r}_i(t). \tag{4.40}$$

Die Koordinaten $x_{i\alpha}$ im körperfesten System Σ sind nach Definition des starren Körpers zeitunabhängige Größen. Die Lage des starren Körpers ist damit vollständig durch die Lage von Σ relativ zu $\widehat{\Sigma}$ gegeben.

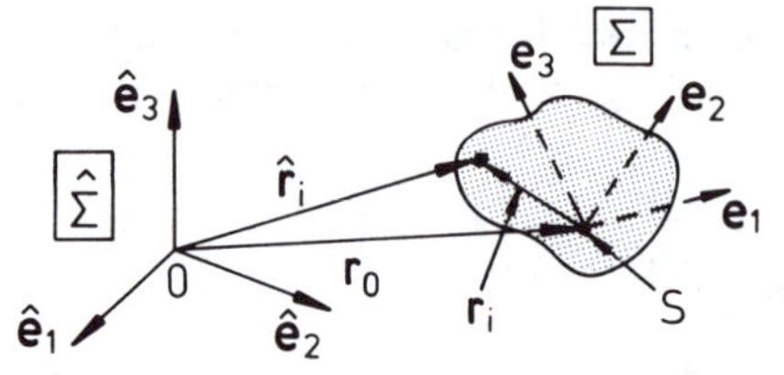

Wir interessieren uns nun für die **Geschwindigkeiten** der Massenpunkte des starren Körpers. Diese finden wir in einfacher Weise mit der allgemeinen Theorie beliebig relativ zueinander bewegter Bezugssysteme, wie wir sie in Kap. (2.2.5) abgeleitet haben. Die vollständige Zeitableitung eines in Σ dargestellten Vektors von $\hat{\Sigma}$ aus gesehen läßt sich als **Operatoridentität** (2.76) formulieren:

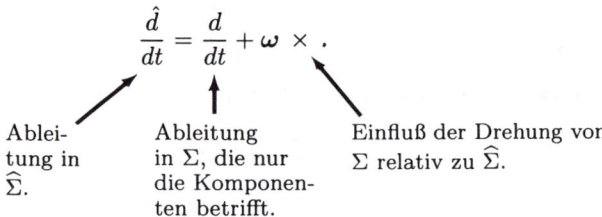

$$\frac{\hat{d}}{dt} = \frac{d}{dt} + \boldsymbol{\omega} \times .$$

Der erste Summand auf der rechten Seite spielt beim starren Körper per definitionem keine Rolle. Also bleibt:

$$\dot{\hat{\mathbf{r}}}_i = (\boldsymbol{\omega} \times \mathbf{r}_i) \tag{4.41}$$

oder mit (4.40):

$$\dot{\hat{\mathbf{r}}}_i\,(t) = \dot{\mathbf{r}}_0\,(t) + (\boldsymbol{\omega} \times \mathbf{r}_i). \tag{4.42}$$

Dies ist ein wichtiges Ergebnis. Es besagt, daß sich zu jedem Zeitpunkt die Bewegung eines starren Körpers in die Translationsbewegung $\mathbf{r}_0(t)$ des Ursprungs im körperfesten System und die Drehung um die momentane Drehachse $\boldsymbol{\omega}(t)$ zerlegen läßt, wobei die Drehachse stets durch den Ursprung S des körperfesten Systems geht.

4.4.2 Kinetische Energie des starren Körpers

Wir gehen von der Definition der kinetischen Energie T,

$$T = \frac{1}{2} \sum_i m_i\, \dot{\hat{\mathbf{r}}}_i^2,$$

aus und setzen den Ausdruck (4.42) für die Geschwindigkeit ein:

$$T = \frac{1}{2} \sum_i m_i\, \dot{\mathbf{r}}_0^2 + \frac{1}{2} \sum_i m_i (\boldsymbol{\omega} \times \mathbf{r}_i)^2 + \sum_i m_i (\boldsymbol{\omega} \times \mathbf{r}_i) \cdot \dot{\mathbf{r}}_0 \,. \tag{4.43}$$

Der dritte Term ist ein Spatprodukt, kann deshalb wie folgt umgeformt werden:

$$\sum_i m_i \mathbf{r}_i \cdot (\dot{\mathbf{r}}_0 \times \boldsymbol{\omega}).$$

Es gibt für die Diskussion des starren Körpers zwei typische Fälle:

1) Ein Punkt des Körpers bleibt raumfest, während der Körper mit der Winkelgeschwindigkeit $\boldsymbol{\omega}$ rotiert. Dann wird man diesen sinnvollerweise als Ursprung S von Σ und in der Regel auch als Ursprung von $\widehat{\Sigma}$ wählen.

Man spricht dann von einem **Kreisel**, für den

$$\mathbf{r}_0 = \mathbf{0}, \quad \dot{\mathbf{r}}_0 = \mathbf{0}$$

gilt.

2) Ist kein Punkt raumfest, so legt man üblicherweise den Ursprung S in den Massenmittelpunkt. Dies bedeutet aber:

$$\sum_i m_i \mathbf{r}_i = \mathbf{0}.$$

Wir sehen, daß in diesen beiden, allein relevanten Fällen jeweils der dritte Term in (4.43) verschwindet. Wir verwenden deshalb von vornherein die kinetische Energie in der Form

$$T = \frac{1}{2} M \, \dot{\mathbf{r}}_0^2 + \frac{1}{2} \sum_i m_i (\boldsymbol{\omega} \times \mathbf{r}_i)^2 = T_T + T_R. \tag{4.44}$$

Wir haben also eine klare Trennung der kinetischen Energie in einen Rotations- und einen Translationsanteil, wobei uns vor allem der Rotationsanteil interessiert. Wir wollen seine Abhängigkeit von der Winkelgeschwindigkeit genauer untersuchen. Die Translationsenergie tritt nur im oben angeführten Fall 2) auf und ist dann mit der kinetischen Energie der im Schwerpunkt vereinigten Gesamtmasse identisch.

Es gilt nach (1.73):

$$(\mathbf{a} \times \mathbf{b})^2 = a^2 b^2 - (\mathbf{a} \cdot \mathbf{b})^2$$

und deshalb

$$(\boldsymbol{\omega} \times \mathbf{r}_i)^2 = \omega^2 r_i^2 - (\boldsymbol{\omega} \cdot \mathbf{r}_i)^2 = \left(\omega_1^2 + \omega_2^2 + \omega_3^2\right)\left(x_{i1}^2 + x_{i2}^2 + x_{i3}^2\right) - \\ - (\omega_1 x_{i1} + \omega_2 x_{i2} + \omega_3 x_{i3})^2.$$

Einsetzen in (4.44) und Ordnen nach Komponenten von $\boldsymbol{\omega}$ liefert:

$$
\begin{aligned}
2T_R = \omega_1^2 \sum m_i \left(x_{i2}^2 + x_{i3}^2\right) - \omega_1\omega_2 \sum m_i x_{i1} x_{i2} - \omega_1\omega_3 \sum m_i x_{i1} x_{i3} - \\
- \omega_2\omega_1 \sum m_i x_{i2} x_{i1} + \omega_2^2 \sum m_i \left(x_{i1}^2 + x_{i3}^2\right) - \omega_2\omega_3 \sum m_i x_{i2} x_{i3} - \\
- \omega_3\omega_1 \sum m_i x_{i3} x_{i1} - \omega_3\omega_2 \sum m_i x_{i3} x_{i2} + \omega_3^2 \sum m_i \left(x_{i1}^2 + x_{i2}^2\right).
\end{aligned}
$$

Wir definieren als

Komponenten des Trägheitstensors

$$
J_{lm} = \sum_i m_i \left(\mathbf{r}_i^2 \delta_{lm} - x_{il} x_{im}\right); \quad l, m = 1, 2, 3. \tag{4.45}
$$

Damit können wir für die **kinetische Rotationsenergie** abkürzend schreiben:

$$
T_R = \frac{1}{2} \sum_{l,m=1}^{3} J_{lm} \omega_l \omega_m; \quad \boldsymbol{\omega} = (\omega_1, \omega_2, \omega_3). \tag{4.46}
$$

T_R ist also **homogen quadratisch** in den Komponenten der Winkelgeschwindigkeit. Dies bedeutet:

$$
\frac{\partial T_R}{\partial \omega_1} \omega_1 + \frac{\partial T_R}{\partial \omega_2} \omega_2 + \frac{\partial T_R}{\partial \omega_3} \omega_3 = 2T_R.
$$

Das Koeffizientensystem heißt

Trägsheitstensor

$$
\underline{\mathbf{J}} = (J_{lm}) = \begin{pmatrix}
\sum_i m_i \left(x_{i2}^2 + x_{i3}^2\right) & -\sum_i m_i x_{i1} x_{i2} & -\sum_i m_i x_{i1} x_{i3} \\
-\sum_i m_i x_{i2} x_{i1} & \sum_i m_i \left(x_{i1}^2 + x_{i3}^2\right) & -\sum_i m_i x_{i2} x_{i3} \\
-\sum_i m_i x_{i3} x_{i1} & -\sum_i m_i x_{i3} x_{i2} & \sum_i m_i \left(x_{i1}^2 + x_{i2}^2\right)
\end{pmatrix}. \tag{4.47}
$$

Bei einem vorgegebenen Koordinatensystem sind die Komponenten des Trägheitstensors eindeutig durch die Massenverteilung des starren Körpers festgelegt. Ist die Masse kontinuierlich verteilt und die Massendichte $\rho(\mathbf{r})$ bekannt, so geht man bei der konkreten Berechnung der Komponenten von der Summation zur Integration über:

$$
J_{lm} = \int d^3r \, \rho(\mathbf{r}) (r^2 \delta_{lm} - x_l x_m). \tag{4.48}
$$

Wir wollen uns im nächsten Abschnitt etwas näher mit den Eigenschaften dieses Tensors befassen.

4.4.3 Eigenschaften des Trägheitstensors

1) Tensorbegriff

Es handelt sich um eine Erweiterung des Vektorbegriffs. Unter einem

Tensor k-ter Stufe in einem n-dimensionalen Raum

versteht man ein n^k-Tupel von Zahlen

$$\left(F_{i_1,i_2,\ldots,i_k}\right); \quad i_j = 1,\ldots,n,$$

das sich bei Koordinatendrehungen nach bestimmten Gesetzen linear transformiert. Die Zahlen nennt man die **Komponenten des Tensors**. Sie tragen k Indizes, von denen jeder von 1 bis n läuft. Die Gesetze sind gerade so konzipiert, daß die *normalen* Vektoren Tensoren 1. Stufe sind. Man fordert, daß sich ein Tensor k-ter Stufe bezüglich aller k Indizes wie ein Vektor transformiert. Für uns sind hier nur die Fälle $n = 1, 2, 3$ interessant. Ferner werden wir uns in der Physik auf $k = 0, 1, 2$ beschränken können.

k **= 0:** Skalar: $\quad \bar{x} = x,$

k **= 1:** Vektor, $n = 3$ Komponenten (im dreidimensionalen Raum), für die bei einer Koordinatendrehung nach (1.181) gilt:

$$\bar{x}_i = \sum_j d_{ij} x_j$$

(d_{ij}: Komponenten der Drehmatrix (1.179)),

k **= 2:** $(F_{ij})_{i,j=1,2,3}$: $n^2 = 9$ Komponenten mit

$$\bar{F}_{ij} = \sum_{l,m} d_{il} d_{jm} F_{lm} \tag{4.49}$$

usw.

Tensoren 2. Stufe lassen sich immer als quadratische Matrizen schreiben. Im Gegensatz zu gewöhnlichen Matrizen, die Zusammenfassungen von Komponenten (Zahlen) darstellen, die sich bei Koordinatentransformationen beliebig verhalten dürfen, ist für einen Tensor das **Transformationsverhalten** kennzeichnend.

Warum muß das Koeffizientensystem (4.47) ein Tensor sein? Die Komponenten des Trägheitstensors sind in einem **vorgegebenen** Koordinatensystem eindeutig durch die Massenverteilung des starren Körpers bestimmt. Bei Drehung des Koordinatensystems ändern sich aber die Komponenten. Ferner ändern sich dabei natürlich auch die Komponenten der Winkelgeschwindigkeit $\boldsymbol{\omega}$. Es ist aber klar, daß die Drehung des Koordinatensystems **nicht** die kinetische Rotationsenergie T_R ändern darf. (4.46) zeigt, daß dies genau dann der Fall ist, wenn $\underline{\mathbf{J}}$ die Transformationseigenschaften eines Tensors 2. Stufe aufweist:

$$\overline{T}_R = \frac{1}{2}\sum_{l,m} \bar{J}_{lm}\overline{\omega}_l\overline{\omega}_m = \frac{1}{2}\sum_{l,m}\sum_{i,j} d_{li}d_{mj}J_{ij}\sum_{s,t} d_{ls}d_{mt}\omega_s\omega_t =$$
$$= \frac{1}{2}\sum_{i,j}\sum_{s,t} J_{ij}\omega_s\omega_t\delta_{is}\delta_{jt} = \frac{1}{2}\sum_{i,j} J_{ij}\omega_i\omega_j = T_R.$$

Im vorletzten Schritt haben wir die Orthonormalitätsrelation (1.188) für die Zeilen und Spalten der Drehmatrix ausgenutzt.

2) Zusammenhang zwischen Trägheitsmoment und Trägheitstensor

Für den Fall einer festen Achse hatten wir durch die Beziehung (4.9) das **Trägheitsmoment** J durch die Beziehung

$$T_R = \frac{1}{2}J\,\omega^2$$

eingeführt. Mit den Komponenten n_1, n_2, n_3 des Einheitsvektors

$$\mathbf{n} = \frac{\boldsymbol{\omega}}{\omega}$$

in Drehachsenrichtung können wir für (4.46) auch schreiben:

$$T_R = \frac{1}{2}\left(\sum_{l,m} J_{lm}n_l n_m\right)\omega^2.$$

Der Vergleich liefert den folgenden wichtigen Zusammenhang zwischen dem **Trägheitsmoment,** bezogen auf eine feste Achse, und dem **Trägheitstensor**:

$$J = \sum_{l,m} J_{lm}n_l n_m. \tag{4.50}$$

Bei bekanntem Trägheitstensor läßt sich also das Trägheitsmoment, bezogen auf eine beliebige Achse $\mathbf{n}$, einfach berechnen. Die Terme in der Hauptdiagonalen des Trägheitstensors (4.48) sind dann offensichtlich die Trägheitsmomente längs der kartesischen Koordinatenachsen, da für diese Drehachsen $\mathbf{n} = (1,0,0)$, $(0,1,0)$, $(0,0,1)$ gilt. Man kann allgemein sagen, daß durch den Trägheitstensor $\underline{\mathbf{J}}$ jeder Raumrichtung $\mathbf{n}$ ein Trägheitsmoment $J_{\mathbf{n}}$ zugeordnet wird.

3) Beispiel:

Trägheitstensor eines Kubus mit homogener Massendichte.

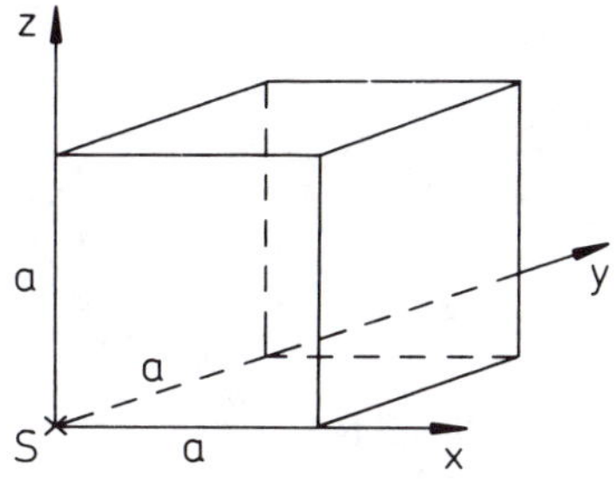

Der Bezugspunkt sei die linke untere Ecke des Kubus

$$J_{11} = \rho_0 \int\int\int_0^a dx\, dy\, dz (y^2 + z^2) =$$

$$= \rho_0 a^2 \left(\frac{a^3}{3} + \frac{a^3}{3} \right) = \frac{2}{3}\, M a^2,$$

$$J_{13} = -\rho_0 \int\int\int_0^a dx\, dy\, dz\; xz =$$

$$= -\rho_0 \frac{a^2}{2} a \frac{a^2}{2} = -\frac{1}{4}\, M\, a^2.$$

Die anderen Elemente bestimmen sich analog:

$$\underline{\mathbf{J}} = M\, a^2 \begin{pmatrix} 2/3 & -1/4 & -1/4 \\ -1/4 & 2/3 & -1/4 \\ -1/4 & -1/4 & 2/3 \end{pmatrix}. \tag{4.51}$$

4) Hauptträgheitsachsen

Der Trägheitstensor $\underline{\mathbf{J}}$ ist

symmetrisch $(J_{lm} = J_{ml})$ **und reell** $\left(J_{lm} = J^*_{lm}\right)$.

Für einen solchen Tensor läßt sich allgemein zeigen, daß bei festem Koordinatenursprung eine Drehung des Bezugssystems existiert, die die Nichtdiagonalelemente (**Deviationsmomente**) zum Verschwinden bringt:

$$\underline{\mathbf{J}} = \begin{pmatrix} A & 0 & 0 \\ 0 & B & 0 \\ 0 & 0 & C \end{pmatrix}. \tag{4.52}$$

Man spricht von einer **Hauptachsentransformation** und nennt die so festgelegten Koordinatenachsen die **Hauptträgheitsachsen**. A, B, C sind die **Hauptträgheitsmomente**. Wir werden später zeigen, wie man die Hauptträgheitsmomente in praktischen Fällen bestimmt.

5) Trägheitsellipsoid

Das Trägheitsellipsoid wird zur anschaulichen Diskussion des Zusammenhanges zwischen Trägheitsmoment und Trägheitstensor eingeführt. Ausgehend von der Beziehung (4.50) zwischen Trägheitsmoment und Trägheitstensor ordnet man $\underline{\mathbf{J}}$ im dreidimensionalen Raum eine Fläche zu, und zwar durch die Gleichung:

$$1 = \sum_{l,m} J_{lm} x_l x_m = J_{11} x_1^2 + J_{22} x_2^2 + J_{33} x_3^2 + \\ + 2J_{12} x_1 x_2 + 2J_{13} x_1 x_3 + 2J_{23} x_2 x_3. \qquad (4.53)$$

Dies ist die Gleichung eines

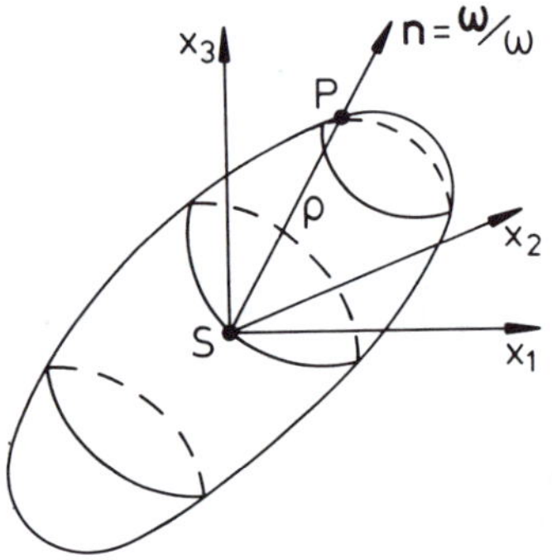

Ellipsoids.

Zeichnen wir nun in dieses Bild eine beliebige Achse ein, definiert durch den Einheitsvektor **n**, so können wir die Koordinaten des Durchstoßungspunktes P angeben. Wegen (4.50) muß gelten:

$$P: \; x_i = \frac{n_i}{\sqrt{J}}. \qquad (4.54)$$

Der Abstand ρ dieses Punktes vom Koordinatenursprung S,

$$\rho = \sqrt{\sum_i x_i^2} = \sqrt{\frac{1}{J}\left(n_1^2 + n_2^2 + n_3^2\right)} = \frac{1}{\sqrt{J}}, \qquad (4.55)$$

liefert unmittelbar das Trägheitsmoment J bezüglich der Achse **n**. Bei bekanntem Trägheitsellipsoid läßt sich J sehr einfach für beliebige Achsenrichtungen bestimmen.

Jedes Ellipsoid kann man durch Drehung des Koordinatensystems in seine **Normalform** bringen, in der die Koordinatenachsen mit den Symmetrieachsen zusammenfallen und deshalb die gemischten Glieder verschwinden. Dies entspricht der unter 4) erwähnten Hauptachsentransformation. Man nennt diese ausgezeichneten Koordinatenachsen

$$\xi, \eta, \zeta,$$

für die dann mit (4.52) und (4.53) gilt:

$$1 = A\xi^2 + B\eta^2 + C\zeta^2. \tag{4.56}$$

Das Trägheitsellipsoid hat also die **Achsenlängen**

$$1/\sqrt{A}, \quad 1/\sqrt{B}, \quad 1/\sqrt{C}.$$

Die kinetische Rotationsenergie nimmt nach (4.46) im Hauptachsensystem ξ, η, ζ die einfache Gestalt an:

$$T_R = \frac{1}{2}\left(A\omega_\xi^2 + B\omega_\eta^2 + C\omega_\zeta^2\right). \tag{4.57}$$

Der **symmetrische** Trägheitstensor $\underline{\mathbf{J}}$ enthält 6 unabhängige Elemente, ist also durch sechs unabhängige Größen gekennzeichnet. Als solche können wir die drei Hauptträgheitsmomente A, B, C und die drei Winkel ansehen, die die räumliche Orientierung der Hauptträgheitsachsen ζ, η, ξ festlegen. Dies werden die später zu besprechenden Eulerschen Winkel sein.

6) Bezeichnungen:

unsymmetrischer Kreisel:		$A \neq B \neq C$
symmetrischer Kreisel:		$A = B \neq C$
	oder	$A = C \neq B$
	oder	$B = C \neq A$
Kugelkreisel:		$A = B = C.$

4.4.4 Drehimpuls des starren Körpers

Wir wollen in diesem Abschnitt den Zusammenhang zwischen dem Drehimpuls und dem Trägheitstensor eines starren Körpers aufsuchen. Bei der Bewegung um eine feste Achse ergab sich der relativ einfache Ausdruck (4.16) für die achsenparallele Drehimpulskomponente

$$L_\omega = J\omega.$$

Wir finden über die allgemeine Beziehung für den Drehimpuls

$$\hat{\mathbf{L}} = \sum_i m_i(\hat{\mathbf{r}}_i \times \dot{\hat{\mathbf{r}}}_i)$$

durch Einsetzen der Gleichung (4.40) für $\hat{\mathbf{r}}_i$ und (4.42) für $\hat{\dot{\mathbf{r}}}_i$:

$$\begin{aligned}\hat{\mathbf{L}} &= \sum_i m_i \, \mathbf{r}_0 \times \dot{\mathbf{r}}_0\,(t) + \sum_i m_i \, \mathbf{r}_0 \times (\boldsymbol{\omega} \times \mathbf{r}_i) + \\ &+ \sum_i m_i \, \mathbf{r}_i \times \dot{\mathbf{r}}_0\,(t) + \sum_i m_i \, \mathbf{r}_i \times (\boldsymbol{\omega} \times \mathbf{r}_i).\end{aligned}$$

Der zweite und dritte Summand verschwinden, da wir in Kap. (4.4.2) verabredet hatten, als Ursprung S in Σ einen eventuell vorhandenen raumfesten Punkt des starren Körpers zu wählen ($\mathbf{r}_0 = 0$, $\dot{\mathbf{r}}_0 = 0$) oder aber den Schwerpunkt mit S zu identifizieren $\left(\sum_i m_i \, \mathbf{r}_i = \mathbf{0}\right)$:

$$\hat{\mathbf{L}} = M \, \mathbf{r}_0(t) \times \dot{\mathbf{r}}_0\,(t) + \sum_i m_i \, \mathbf{r}_i \times (\boldsymbol{\omega} \times \mathbf{r}_i) = \mathbf{L}_s + \mathbf{L}. \tag{4.58}$$

Der erste Summand ist entweder Null, wenn S als raumfester Punkt gleichzeitig Ursprung in Σ und $\widehat{\Sigma}$ ist, oder stellt den Drehimpuls der im Schwerpunkt vereinigten Gesamtmasse M dar und ist dann relativ uninteressant. Wir können unsere Überlegungen also auf den körpereigenen Drehimpuls

$$\mathbf{L} = \sum_i m_i \, \mathbf{r}_i \times (\boldsymbol{\omega} \times \mathbf{r}_i)$$

beschränken, der sich auf den Ursprung S in Σ bezieht:

$$\mathbf{L} = \sum_i m_i \left[r_i^2 \, \boldsymbol{\omega} - (\mathbf{r}_i \cdot \boldsymbol{\omega}) \, \mathbf{r}_i \right]. \tag{4.59}$$

Multiplizieren wir diesen Ausdruck skalar mit $\boldsymbol{\omega}$, so ergibt sich:

$$\boldsymbol{\omega} \cdot \mathbf{L} = \sum_i m_i \left[r_i^2 \omega^2 - (\mathbf{r}_i \cdot \boldsymbol{\omega})^2 \right] = \sum_i m_i (\mathbf{r}_i \times \boldsymbol{\omega})^2.$$

Der Vergleich mit (4.44) zeigt, daß zwischen Drehimpuls und kinetischer Rotationsenergie der folgende Zusammenhang besteht:

$$T_R = \frac{1}{2}(\boldsymbol{\omega} \cdot \mathbf{L}). \tag{4.60}$$

Im allgemeinen hat, wie wir noch zeigen werden, $\mathbf{L}$ nicht die Richtung von $\boldsymbol{\omega}$. Da T_R aber in jedem Fall positiv ist, können wir aus (4.60) schließen, daß $\boldsymbol{\omega}$ und $\mathbf{L}$ immer einen spitzen Winkel einschließen.

Wir wollen die Komponenten von **L** nach (4.59) explizit schreiben:

$$L_1 = \omega_1 \sum_i m_i \left(x_{i2}^2 + x_{i3}^2\right) - \omega_2 \sum_i m_i x_{i1} x_{i2} - \omega_3 \sum_i m_i x_{i1} x_{i3},$$

$$L_2 = -\omega_1 \sum_i m_i x_{i2} x_{i1} + \omega_2 \sum_i m_i \left(x_{i1}^2 + x_{i3}^2\right) - \omega_3 \sum_i m_i x_{i2} x_{i3},$$

$$L_3 = -\omega_1 \sum_i m_i x_{i3} x_{i1} - \omega_2 \sum_i m_i x_{i3} x_{i2} + \omega_3 \sum_i m_i \left(x_{i1}^2 + x_{i2}^2\right).$$

Nach (4.47) besteht also zwischen Drehimpuls und Winkelgeschwindigkeit der folgende Zusammenhang:

$$L_l = \sum_{m=1}^{3} J_{lm} \omega_m \Longleftrightarrow \mathbf{L} = \underline{\mathbf{J}}\, \boldsymbol{\omega}. \tag{4.61}$$

Die Drehimpulskomponenten sind also lineare Funktionen der Komponenten der Winkelgeschwindigkeit. Im Hauptachsensystem werden die Beziehungen besonders einfach:

$$\mathbf{L} = \left(A\omega_\xi, B\omega_\eta, C\omega_\zeta\right). \tag{4.62}$$

Auch der Zusammenhang von Drehimpuls und Winkelgeschwindigkeit läßt sich sehr anschaulich am Trägheitsellipsoid demonstrieren. Für die Fläche des Trägheitsellipsoids (4.56) gilt $F(\xi, \eta, \zeta) = 1$ mit

$$F = A\xi^2 + B\eta^2 + C\zeta^2 = F(\xi, \eta, \zeta).$$

Nach (1.143) wissen wir, daß der Gradient von F senkrecht auf der Fläche $F =$ const. steht:

$$\nabla F = (2A\xi,\ 2B\eta,\ 2C\zeta).$$

Für die Komponente des Schnittpunktes P der Drehachse mit der Ellipsoid-Fläche gilt nach (4.54):

$$\xi_p = \frac{n_\xi}{\sqrt{J}}; \quad \eta_p = \frac{n_\eta}{\sqrt{J}}; \quad \zeta_p = \frac{n_\zeta}{\sqrt{J}}. \tag{4.63}$$

Damit folgt:

$$\nabla F|_p = \frac{2}{\sqrt{J}} \left(An_\xi,\ Bn_\eta,\ Cn_\zeta\right) = \frac{2}{\omega\sqrt{J}} \mathbf{L}.$$

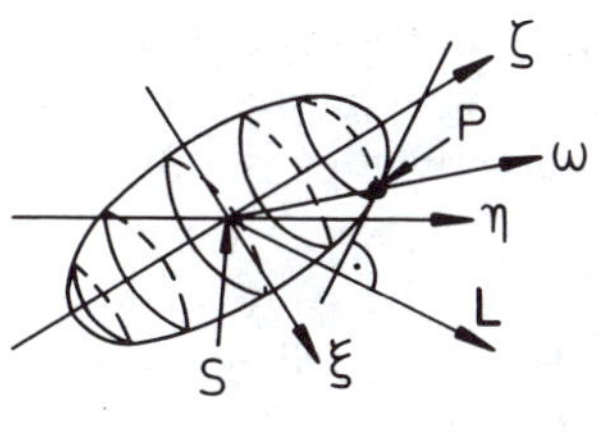

Der Drehimpulsvektor steht also senkrecht auf der Tangentialebene, die im Schnittpunkt der Drehachse mit dem Trägheitsellipsoid angelegt ist. Ferner ist **L** natürlich auf den Ursprung S von Σ bezogen. Das Bild macht klar, daß $\boldsymbol{\omega}$ und **L** nur dann parallel sind, wenn die Rotation um eine der Hauptträgheitsachsen erfolgt. Dann ist in (4.62) nur eine Komponente von Null verschieden, und die Proportionalität von $\boldsymbol{\omega}$ und **L** ist evident.

Diese letzte Tatsache können wir ausnutzen, um die Hauptachsen und die Hauptträgheitsmomente zu bestimmen. Wir geben ein beliebiges körperfestes Koordinatensystem vor. Die Winkelgeschwindigkeit $\overline{\omega}$ habe die Richtung einer Hauptträgheitsachse. Dann muß gelten:

$$\mathbf{L} = \underline{\mathbf{J}}\overline{\omega} = \bar{J}\overline{\omega}. \tag{4.64}$$

Das ist eine sogenannte **Eigenwertgleichung** der Matrix $\underline{\mathbf{J}}$. Unbekannt sind hier der Skalar $\bar{J}$, den man den **Eigenwert** von $\underline{\mathbf{J}}$ nennt, und der **Eigenvektor** $\overline{\omega}$. (4.64) ist gleichbedeutend mit dem folgenden homogenen Gleichungssystem:

$$\begin{aligned}
(J_{11} - \bar{J})\,\overline{\omega}_1 + J_{12}\,\overline{\omega}_2 + J_{13}\,\overline{\omega}_3 &= 0,\\
J_{21}\,\overline{\omega}_1 + (J_{22} - \bar{J})\,\overline{\omega}_2 + J_{23}\,\overline{\omega}_3 &= 0,\\
J_{31}\,\overline{\omega}_1 + J_{32}\,\overline{\omega}_2 + (J_{33} - \bar{J})\,\overline{\omega}_3 &= 0.
\end{aligned} \tag{4.65}$$

Nach (1.224) hat dieses homogene Gleichungssystem nur dann nichttriviale Lösungen, wenn die Determinante der Koeffizientenmatrix verschwindet:

$$\det\begin{pmatrix} J_{11} - \bar{J} & J_{12} & J_{13}\\ J_{21} & J_{22} - \bar{J} & J_{23}\\ J_{31} & J_{32} & J_{33} - \bar{J} \end{pmatrix} = \det(\underline{\mathbf{J}} - \bar{J} \cdot E) \stackrel{!}{=} 0. \tag{4.66}$$

Werten wir diese Gleichung nach der **Sarrus-Regel** (1.198) aus, so ergibt sich ein Polynom dritten Grades für das unbekannte Moment $\bar{J}$, das man die

charakteristische Gleichung

nennt. Eine solche Gleichung hat **drei** Lösungen,

$$\bar{J}_1 = A, \quad \bar{J}_2 = B, \quad \bar{J}_3 = C,$$

die, da $\underline{\mathbf{J}}$ symmetrisch und reell ist, alle drei reell sind. Es handelt sich um die Hauptträgheitsmomente.

Setzt man die für $\bar{J}$ gefundenen Lösungen dann nacheinander in das Gleichungssystem (4.65) ein, so ergeben sich Bestimmungsgleichungen für die drei Komponenten der Winkelgeschwindigkeit in Richtung der betreffenden Hauptträgheitsachsen. Wegen (1.225) ist der Rang der Koeffizientenmatrix kleiner als drei, so daß wir jeweils nur die Verhältnisse $\overline{\omega}_1^{(i)} : \overline{\omega}_2^{(i)} : \overline{\omega}_3^{(i)}$ der Komponenten des Eigenvektors $\overline{\omega}^{(i)}$, $i = 1, 2, 3$ bestimmen können. Dies reicht aber aus, um die Richtungen der $\overline{\omega}^{(i)}$ festzulegen, die laut Ansatz (4.64) mit den Hauptträgheitsachsen übereinstimmen.

4.5 Kreiseltheorie

Wir setzen ab jetzt voraus, daß der starre Körper einen raumfesten Punkt aufweist, den wir zum Ursprung S des körperfesten Koordinatensystems Σ machen.

4.5.1 Eulersche Gleichungen

Wir diskutieren den Drehimpulssatz (3.13)

$$\frac{d}{dt}\mathbf{L} = \mathbf{M}, \tag{4.67}$$

um für den Kreisel Bewegungsgleichungen abzuleiten. **M** ist das äußere Drehmoment, wobei wir der Einfachheit halber ab jetzt den oberen Index *ex* weglassen. In dieser Form gilt der Drehimpulssatz allerdings nur im **Inertialsystem** $\widehat{\Sigma}$. Dort sind aber nicht nur die Komponenten der Winkelgeschwindigkeit, sondern auch die Komponenten des Trägheitstensors wegen der Drehbewegung des starren Körpers zeitlich veränderlich. Es ist deshalb nicht sehr sinnvoll, für **L** mit dem Resultat (4.61) des letzten Abschnitts zu arbeiten.

Zweckmäßiger ist es, den Drehimpulssatz im mitrotierenden, körperfesten Bezugssystem Σ zu formulieren, wobei wir als Koordinatenachsen die Hauptträgheitsachsen wählen. Traditionsgemäß nennen wir ab jetzt die Komponenten der Winkelgeschwindigkeit p, q, r:

$$\boldsymbol{\omega} = p\,\mathbf{e}_\xi + q\,\mathbf{e}_\eta + r\,\mathbf{e}_\zeta, \tag{4.68}$$

$$\mathbf{L} = A p\,\mathbf{e}_\xi + B q\,\mathbf{e}_\eta + C r\,\mathbf{e}_\zeta. \tag{4.69}$$

Für die in (4.67) geforderte Zeitableitung verwenden wir nun wieder die Operatoridentität

$$\left(\frac{d}{dt}\right)_{\widehat{\Sigma}} = \left(\frac{d}{dt}\right)_{\Sigma} + \boldsymbol{\omega}\times, \tag{4.70}$$

mit der sich der folgende Drehimpulssatz ergibt:

$$\mathbf{M} = \dot{\mathbf{L}} + (\boldsymbol{\omega}\times\mathbf{L}). \tag{4.71}$$

Die Zeitableitung rechts ist nun im körperfesten System durchzuführen, in dem die Komponenten A, B, C des Trägheitstensors zeit**un**abhängig sind:

$$\mathbf{M} = A\,\dot{p}\,\mathbf{e}_\xi + B\,\dot{q}\,\mathbf{e}_\eta + C\,\dot{r}\,\mathbf{e}_\zeta + \begin{vmatrix} \mathbf{e}_\xi & \mathbf{e}_\eta & \mathbf{e}_\zeta \\ p & q & r \\ Ap & Bq & Cr \end{vmatrix}.$$

Dies bedeutet im einzelnen:

$$
\begin{aligned}
M_\xi &= A\,\dot{p} + (C - B)\,q\,r,\\
M_\eta &= B\,\dot{q} + (A - C)\,r\,p,\\
M_\zeta &= C\,\dot{r} + (B - A)\,p\,q.
\end{aligned}
\qquad (4.72)
$$

Man nennt diese Gleichungen die **Eulerschen Gleichungen**, die bei bekannten Komponenten des Drehmoments **M** im körperfesten Hauptachsensystem ein gekoppeltes System von Differentialgleichungen für die Komponenten p, q, r der Winkelgeschwindigkeit $\boldsymbol{\omega}$ darstellen. Es sind die **Bewegungsgleichungen** für die Drehbewegung des starren Körpers.

Zur konkreten Auswertung des Gleichungssystems benötigt man die Komponenten des Drehmoments **M** bezüglich der Hauptträgheitsachsen. Da **M** durch **äußere** Kräfte bewirkt wird, werden auf der linken Seite von (4.72) deshalb auch Größen erscheinen, die im raumfesten System $\widehat{\Sigma}$ definiert sind. Wir müssen deshalb Beziehungen zwischen raumfesten und körperfesten Bezugssystemen aufstellen. Dies benötigen wir natürlich auch, um aus den Lösungen p, q, r der Eulerschen Gleichungen auf die Position des starren Körpers im raumfesten System $\widehat{\Sigma}$ schließen zu können.

4.5.2 Eulersche Winkel

Die Eulerschen Winkel geben an, wie ein körperfestes, mitrotierendes Koordinatensystem gegen ein raumfestes System verdreht ist.

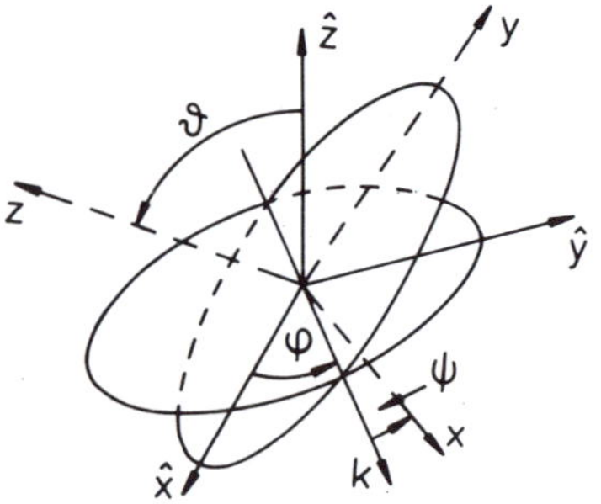

Das raumfeste Koordinatensystem $\widehat{\Sigma}$ sei durch die Koordinaten $\hat{x}$, $\hat{y}$, $\hat{z}$ definiert, das körperfeste Koordinatensystem durch x, y, z. Als **Knotenlinie** K bezeichnet man die Schnittlinie der beiden $(\hat{x},\ \hat{y})$- und $(x,\ y)$-Äquatorebenen senkrecht zu $\hat{z}$ bzw z. Es treten die folgenden Winkel auf:

$$
\begin{aligned}
\varphi &= \sphericalangle(\hat{x}\text{-Achse, Knotenlinie}),\\
\vartheta &= \sphericalangle(\hat{z}\text{-Achse, } z\text{-Achse}),\\
\psi &= \sphericalangle(\text{Knotenlinie, } x\text{-Achse}).
\end{aligned}
$$

Wir können die beiden Koordinatensysteme $\widehat{\Sigma}$ und Σ durch **drei Einzeldrehungen** zur Deckung bringen. Wir führen zunächst eine Drehung des raumfesten Ausgangssystems um die $\hat{z}$-Achse im positiven Sinne um den Winkel φ aus; die $\hat{x}$-Achse fällt dann mit der Knotenlinie zusammen. Um diese drehen wir dann anschließend um den Winkel ϑ; die $\hat{z}$-Achse wird damit zur neuen z-Achse. Um diese drehen wir letztlich um den Winkel ψ, um die neue x-Achse zu erhalten. Wichtig ist die Reihenfolge der Drehungen. Drehungen um endliche Winkel sind in der Regel nicht kommutativ. Bei gegebenen **Eulerschen Winkel** φ, ϑ, ψ können wir also das raumfeste Achsensystem immer so drehen, daß es mit dem körperfesten System zusammenfällt. Dies bedeutet, daß bei bekannten $\varphi = \varphi(t)$, $\vartheta = \vartheta(t)$ und $\psi = \psi(t)$ die Lage des Kreisels für alle Zeiten berechenbar ist.

Wir brauchen nun den Zusammenhang zwischen den Zeitableitungen der Eulerschen Winkel und den Komponenten der Winkelgeschwindigkeit. Rotation bedeutet Änderung der Winkel ϑ, φ, ψ:

$$\begin{aligned}
\dot{\vartheta} &\Longrightarrow \text{Drehung um die Knotenlinie,}\\
\dot{\varphi} &\Longrightarrow \text{Drehung um die } \hat{z}\text{-Achse,}\\
\dot{\psi} &\Longrightarrow \text{Drehung um die } z\text{-Achse.}
\end{aligned}$$

Wir können diese **Teildrehungen als Vektoren** in den betreffenden Richtungen auftragen und nach Komponenten bezüglich der körperfesten Achsen zerlegen:

$$\begin{aligned}
\dot{\vartheta}\ \mathbf{e}_K &= \dot{\vartheta} \cos\psi\, \mathbf{e}_x - \dot{\vartheta} \sin\psi\, \mathbf{e}_y,\\
\dot{\varphi}\ \hat{\mathbf{e}}_z &= \dot{\varphi} \sin\vartheta \sin\psi\, \mathbf{e}_x + \dot{\varphi} \sin\vartheta \cos\psi\, \mathbf{e}_y + \dot{\varphi} \cos\vartheta\, \mathbf{e}_z,\\
\dot{\psi}\ \mathbf{e}_z &= \dot{\psi}\ \mathbf{e}_z.
\end{aligned}$$

Die gesamte Winkelgeschwindigkeit ist dann die Vektorsumme dieser drei Beiträge. Vereinbaren wir, daß das körperfeste System gleich dem Hauptachsensystem

$$\mathbf{e}_x = \mathbf{e}_\xi, \quad \mathbf{e}_y = \mathbf{e}_\eta, \quad \mathbf{e}_z = \mathbf{e}_\zeta$$

ist, dann ergibt der Vergleich mit (4.68) für die Komponenten der Winkelgeschwindigkeit:

$$\begin{aligned}
p &= \dot{\varphi} \sin\vartheta \sin\psi + \dot{\vartheta} \cos\psi,\\
q &= \dot{\varphi} \sin\vartheta \cos\psi - \dot{\vartheta} \sin\psi,\\
r &= \dot{\varphi} \cos\vartheta + \dot{\psi}\ .
\end{aligned} \tag{4.73}$$

Hat man p, q, r aus den Eulerschen Gleichungen (4.72) bestimmt, so sind über (4.73) dann Bewegungsgleichungen für die Eulerschen Winkel bekannt, über die schließlich die Lage des starren Körpers relativ zum raumfesten System bestimmt ist. Dies ist das allgemeine Verfahren, das nun an Spezialfällen getestet werden soll.

4.5.3 Rotationen um freie Achsen

Nehmen wir zunächst an, daß die äußeren Drehmomente verschwinden, dann werden aus (4.72) die **Gleichungen des kräftefreien Kreisels:**

$$\begin{aligned} A\,\dot{p} + (C-B)\,q\,r &= 0, \\ B\,\dot{q} + (A-C)\,r\,p &= 0, \\ C\,\dot{r} + (B-A)\,p\,q &= 0. \end{aligned} \tag{4.74}$$

Multiplizieren wir die erste Gleichung mit p, die zweite mit q und die dritte mit r und addieren dann die drei Gleichungen, so folgt:

$$\frac{d}{dt}\frac{1}{2}(A\,p^2 + B\,q^2 + C\,r^2) \overset{(4.57)}{=} \frac{d}{dt}T_R = 0. \tag{4.75}$$

Dies ist der **Energieerhaltungssatz** im körperfesten System.

Multiplizieren wir die erste Gleichung mit $A\,p$, die zweite mit $B\,q$ und die dritte mit $C\,r$ und summieren auf, so ergibt sich:

$$\frac{d}{dt}\frac{1}{2}(A^2p^2 + B^2q^2 + C^2r^2) \overset{(4.62)}{=} \frac{d}{dt}\frac{1}{2}|\mathbf{L}|^2 = 0. \tag{4.76}$$

Der **Betrag** von **L** ist also im körperfesten System eine Erhaltungssgröße, verschwindendes Drehmoment vorausgesetzt. Soll auch die Richtung konstant sein, so ist nach (4.71) $A\dot{p} = B\dot{q} = C\dot{r} = 0$ zu fordern. Von (4.74) bleibt dann:

$$(C-B)\,q\,r = (A-C)\,r\,p = (B-A)\,p\,q = 0. \tag{4.77}$$

Wenn wir annehmen, daß die Hauptträgheitsmomente A, B, C paarweise verschieden sind, so müssen zwei der Komponenten q, p, r Null sein. $\boldsymbol{\omega}$ liegt damit in Richtung einer Hauptträgheitsachse, **L** und $\boldsymbol{\omega}$ sind parallel. Da **L** auch im raumfesten System nach Richtung und Betrag konstant ist, gilt das auch für $\boldsymbol{\omega}$. Die Richtung der Drehachse ist also sowohl im körperfesten als auch im raumfesten System konstant. Man nennt solche Achsen **freie Achsen**. Ein starrer Körper, der um eine *freie Achse* rotiert, *schlingert* nicht.

Ob eine solche Drehung ein wirklich stabiler Bewegungszustand ist, erkennt man, wenn man den **Einfluß einer kleinen Störung** untersucht. Die Drehung möge z.B. um eine Achse nahe der ξ-Achse erfolgen, d.h. nahe der Achse zum Hauptträgheitsmoment A. Es sei also

$$p = \omega_\xi = p_0 + \Delta p_0; \quad p_0 = \text{const.}$$

mit einer kleinen Korrektur Δp_0. Die anderen Komponenten

$$q \Longrightarrow \Delta q; \quad r \Longrightarrow \Delta r$$

sind dann ebenfalls klein. Das setzen wir in (4.74) ein, wobei wir Terme 2. Ordnung vernachlässigen:

$$\begin{aligned} A\,\Delta\dot{p}_0 &= 0 \Longrightarrow \Delta p_0 = \text{const.}, \\ B\,\Delta\dot{q} + (A-C)\,p_0\,\Delta r &= 0, \\ C\,\Delta\dot{r} + (B-A)\,p_0\,\Delta q &= 0. \end{aligned}$$

Wir differenzieren noch einmal nach der Zeit:

$$\begin{aligned} B\,\Delta\ddot{q} + (A-C)\,p_0\,\Delta\dot{r} &= B\,\Delta\ddot{q} - \frac{(A-C)(B-A)}{C}\,p_0^2\,\Delta q = 0, \\ C\,\Delta\ddot{r} + (B-A)\,p_0\,\Delta\dot{q} &= C\,\Delta\,\ddot{r} - \frac{(B-A)(A-C)}{B}\,p_0^2\,\Delta r = 0. \end{aligned}$$

Mit der Definition

$$D^2 = \frac{p_0^2}{BC}\,(A-C)(A-B) \tag{4.78}$$

finden wir die Differentialgleichungen

$$\begin{aligned} \Delta\ddot{q} + D^2\,\Delta q &= 0, \\ \Delta\ddot{r} + D^2\,\Delta r &= 0, \end{aligned} \tag{4.79}$$

die wir einfach lösen können. Man erhält Schwingungen, falls $D^2 > 0$ ist. Wenn die Größen Δq und Δr anfangs klein waren, dann bleiben sie auch klein. Die Achse ist deshalb stabil. Ist dagegen $D^2 < 0$, so gibt es exponentiell abfallende und ansteigende Lösungen vom Typ

$$\begin{aligned} \Delta q &= \Delta q_0\,e^{\pm|D|t}, \\ \Delta r &= \Delta r_0\,e^{\pm|D|t}. \end{aligned} \tag{4.80}$$

Der Ausgangszustand ist deshalb nicht stabil. Die Achse ist instabil. $D^2 > 0$ gilt, falls $A > C$, $A > B$ oder falls $A < C$, $A < B$. Rotationen um die Achse mit dem größten oder dem kleinsten Hauptträgheitsmoment sind also stabil. Die Rotation um die Achse mit dem mittleren Hauptträgheitsmoment ($C < A < B$ oder $B < A < C$) ist labil, weil dann $D^2 < 0$ ist. Bereits geringe Abweichungen der Drehachse von der ξ-Richtung wachsen nach (4.80) exponentiell an.

4.5.4 Kräftefreier symmetrischer Kreisel

Von einem **symmetrischen Kreisel** sprechen wir, wenn zwei Hauptträgheitsmomente gleich sind, also z.B.

$$A = B \neq C. \tag{4.81}$$

In einem solchen Fall kann die Richtung der Drehachse, d.h. $\boldsymbol{\omega}$, nicht fest bleiben. Man nennt die ausgezeichnete dritte Achse (hier: ζ-Achse) die

Figurenachse

des starren Körpers. Die Kräftefreiheit kann man bei einem starren Körper immer dadurch realisieren, daß man den Schwerpunkt als Fixpunkt S wählt, da dann das vom Schwerefeld bewirkte Gesamtdrehmoment verschwindet:

$$\mathbf{M} = \sum_i \mathbf{r}_i \times m_i \mathbf{g} = M(\mathbf{R} \times \mathbf{g}) = 0 \quad \text{für } \mathbf{R} = \mathbf{0}.$$

Unter der Voraussetzung (4.81) vereinfachen sich die Bewegungsgleichungen (4.74) des kräftefreien Kreisels wie folgt:

$$\begin{aligned} A\,\dot{p} + (C - A)\,q\,r &= 0, \\ A\,\dot{q} + (A - C)\,r\,p &= 0, \\ C\,\dot{r} \qquad\qquad &= 0. \end{aligned} \tag{4.82}$$

Die Lösung für $r = \omega_\zeta$ ergibt sich unmittelbar:

$$r = r_0 = \text{const.} \tag{4.83}$$

Wir können die ζ-Richtung immer so wählen, daß r_0 positiv ist. Dann wird

$$\Omega = \frac{A - C}{A}\, r_0 \tag{4.84}$$

für $A > C$ positiv und für $A < C$ negativ. Aus (4.82) wird mit (4.83) und (4.84):

$$\dot{p} - \Omega\, q = 0; \quad \dot{q} + \Omega\, p = 0. \tag{4.85}$$

Wir differenzieren noch einmal nach der Zeit:

$$\begin{aligned} \ddot{p} - \Omega\,\dot{q} &= \ddot{p} + \Omega^2\, p = 0, \\ \ddot{q} + \Omega\,\dot{p} &= \ddot{q} + \Omega^2\, q = 0. \end{aligned} \tag{4.86}$$

Dies sind wiederum **Schwingungsgleichungen**. Die Lösungen, die gleichzeitig (4.85) befriedigen, lauten:

$$\begin{aligned} p &= \alpha \sin(\Omega\, t + \beta), \\ q &= \alpha \cos(\Omega\, t + \beta). \end{aligned} \tag{4.87}$$

α, β sind Integrationskonstanten. Aus (4.83) und (4.87) ziehen wir die folgenden Schlüsse:

1) Die ζ-Komponente r der Winkelgeschwindigkeit $\boldsymbol{\omega}$, also die Projektion auf die Figurenachse, ist konstant,

2) $\omega = |\boldsymbol{\omega}|$ ist konstant,

3) die Projektion von $\boldsymbol{\omega}$ auf die ξ, η-Ebene, das entspricht den p, q-Komponenten, beschreibt einen Kreis vom Radius α.

Schluß 1) ist die Aussage (4.83), Schluß 3) ergibt sich aus (4.87) und Schluß 2) gilt wegen:

$$\omega^2 = r^2 + p^2 + q^2 = r_0^2 + \alpha^2 = \text{const.} \tag{4.88}$$

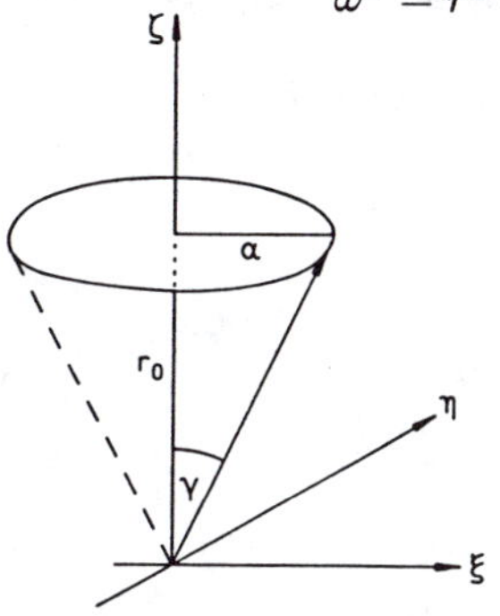

$\boldsymbol{\omega}$ beschreibt also einen Kreiskegel um die Figurenachse mit dem Öffnungswinkel γ:

$$\tan\gamma = \frac{\alpha}{r_0}. \tag{4.89}$$

Man nennt diesen Kegel den **Polkegel.**

$\boldsymbol{\omega}$ läuft mit der Winkelgeschwindigkeit Ω (4.84) auf dem Polkegel-Mantel um.

Beispiel:

Die Erde ist ein abgeplattetes Rotationsellipsoid, also in guter Näherung ein symmetrischer Kreisel. Bei der Rotation fallen Figurenachse (*geometrischer Nordpol)* und Drehachse $\boldsymbol{\omega}$ (*kinematischer Nordpol)* nicht genau zusammen. $\boldsymbol{\omega}$ läuft auf einem Kegel um die Figurenachse. Der kinematische Nordpol beschreibt einen Kreis mit einem Radius von etwa 10 m um den geometrischen Nordpol mit einer Periode von etwa 433 Tagen **(Chandlersche Periode)**.

Wir haben bisher die Bewegung des symmetrischen kräftefreien Kreisels im körperfesten (ξ, η, ζ)-System diskutiert. Wir müssen nun noch auf das raumfeste System transformieren. Dazu bestimmen wir die Eulerschen Winkel als Funktionen der Zeit. Zunächst einmal haben wir mit (4.73):

$$\begin{aligned} p &= \alpha\sin(\Omega\, t + \beta) = \dot{\varphi}\sin\vartheta\sin\psi + \dot{\vartheta}\cos\psi, \\ q &= \alpha\cos(\Omega\, t + \beta) = \dot{\varphi}\sin\vartheta\cos\psi - \dot{\vartheta}\sin\psi, \\ r &= r_0 = \dot{\varphi}\cos\vartheta + \dot{\psi}\,. \end{aligned} \tag{4.90}$$

Da die Bewegungen kräftefrei erfolgen sollen, ist der Drehimpuls $\mathbf{L}$ im raumfesten System $\widehat{\Sigma}$ nach Richtung und Betrag konstant. Wir können dann die $\hat{z}$-Achse immer so legen, daß

$$\mathbf{L} = \mathrm{L}\,\hat{\mathbf{e}}_z \tag{4.91}$$

gilt. Im körperfesten System (ξ, η, ζ) hat der Einheitsvektor $\hat{\mathbf{e}}_z$ die Komponenten:

$$\begin{aligned} (\hat{\mathbf{e}}_z)_\xi &= \sin\vartheta\sin\psi, \\ (\hat{\mathbf{e}}_z)_\eta &= \sin\vartheta\cos\psi, \\ (\hat{\mathbf{e}}_z)_\zeta &= \cos\vartheta. \end{aligned} \tag{4.92}$$

Dies führt mit (4.90) zu dem folgenden Gleichungssystem:

$$L_\xi = A\,p = A\,\dot{\varphi}\sin\vartheta\sin\psi + A\,\dot{\vartheta}\cos\psi \stackrel{!}{=} L\sin\vartheta\sin\psi,$$

$$L_\eta = A\,q = A\,\dot{\varphi}\sin\vartheta\cos\psi - A\,\dot{\vartheta}\sin\psi \stackrel{!}{=} L\sin\vartheta\cos\psi,$$

$$L_\zeta = C\,r = C\,\dot{\varphi}\cos\vartheta + C\,\dot{\psi} \stackrel{!}{=} L\cos\vartheta.$$

Dieses Gleichungssystem ist nur mit

$$\vartheta = \vartheta_0 = \text{const.}, \quad \dot{\varphi} = \text{const.} \tag{4.93}$$

zu lösen. Damit wird aus (4.90):

$$\begin{aligned} \alpha\sin(\Omega\,t+\beta) &= \dot{\varphi}\sin\vartheta_0\sin\psi, \\ \alpha\cos(\Omega\,t+\beta) &= \dot{\varphi}\sin\vartheta_0\cos\psi, \\ r_0 &= \dot{\varphi}\cos\vartheta_0 + \dot{\psi}\,. \end{aligned} \tag{4.94}$$

Dividieren wir die beiden ersten Gleichungen durcheinander, so ergibt sich:

$$\psi = \Omega\,t + \beta = \frac{A-C}{A}\,r_0 t + \beta. \tag{4.95}$$

Setzt man dies z.B. in die erste Gleichung ein, so folgt $\alpha = \dot{\varphi}\sin\vartheta_0$ und damit

$$\varphi = \frac{\alpha}{\sin\vartheta_0}t + \varphi_0. \tag{4.96}$$

Die dritte Gleichung in (4.94) liefert dann noch

$$\vartheta = \vartheta_0\,; \quad \tan\vartheta_0 = \frac{\alpha\,A}{r_0 C}. \tag{4.97}$$

(4.95), (4.96) und (4.97) stellen die vollständige Lösung der Bewegungsgleichung des kräftefreien symmetrischen Kreisels dar. Wir haben vier unabhängige Integrationskonstanten α, β, φ_0, r_0. Es müßten eigentlich sechs sein. Zwei haben wir implizit zur Festlegung der $\hat{z}$-Richtung bereits benutzt!

Diskussion der Kreiselbewegung:

a) ϑ: Winkel zwischen raumfester $\hat{z}$-Achse und körperfester z-Achse. Die $\hat{z}$-Achse ist nach (4.91) durch die Richtung des Drehimpulses $\mathbf{L}$ gegeben. Die z-Achse ist die Figurenachse (ζ-Achse).

Daraus folgt:
Die Figurenachse bewegt sich bei konstantem Öffnungswinkel $\vartheta = \vartheta_0$ mit der konstanten Winkelgeschwindigkeit $\dot{\varphi}$ um die Richtung des Drehimpulses. Den dabei von der Figurenachse beschriebenen Kegel nennt man den **Nutationskegel**.

b) $\dot{\psi}$: Winkelgeschwindigkeit, mit der sich der Körper (genauer die körperfeste η, ξ-Ebene) um die Figurenachse dreht.

c) $\boldsymbol{\omega}$: Die Winkelgeschwindigkeit $\boldsymbol{\omega}$ ist gleich der Vektorsumme aus $\dot{\boldsymbol{\varphi}}$ und $\dot{\boldsymbol{\psi}}$. Sie liegt immer in der $\hat{z}, \zeta$-Ebene, rotiert also mit der Figurenachse um die Richtung des Drehimpulses ($\hat{z}$-Achse) und bildet mit der Figurenachse den Winkel γ (4.89). Die durch $\boldsymbol{\omega}$ definierte **momentane Drehachse** bewegt sich damit auf dem sogenannten **Spurkegel** um die raumfeste Drehimpulsrichtung.

Der Polkegel rollt mit seinem *äußeren* Mantel auf dem raumfesten Spurkegel ab und führt damit die Figurenachse auf dem Nutationskegel.

$A > C$

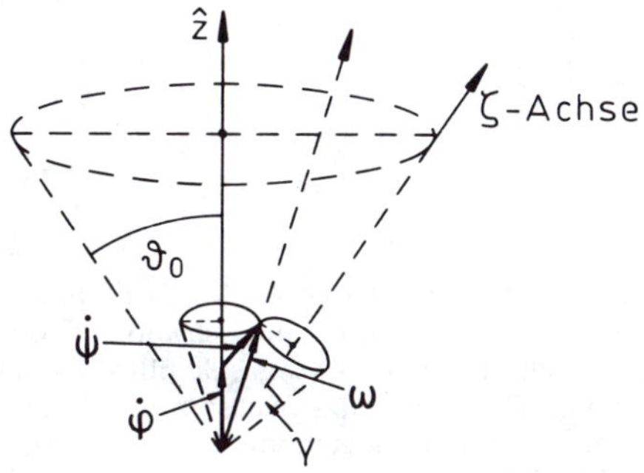

Für $A > C$ ist $\dot{\boldsymbol{\psi}} \uparrow\uparrow \mathbf{e}_\zeta$. Dann rollt die Außenfläche des Polkegels auf dem Mantel des Spurkegels ab.

$A < C$

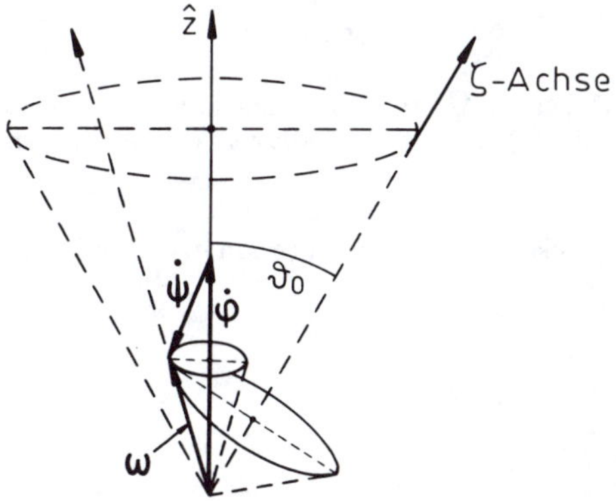

Für $A < C$ ist $\dot{\boldsymbol{\psi}} \uparrow\downarrow \mathbf{e}_\zeta$. Der Polkegel rollt mit der Innenfläche auf dem raumfesten Spurkegel ab, wobei wiederum die Figurenachse auf dem Nutationskegel geführt wird.

4.6 Aufgaben

Aufgabe 4.6.1

Berechnen Sie das Trägheitsmoment:

1) einer homogenen Kugelschale (Außenradius R, Dicke $d \ll R$, Masse M) bezüglich einer Drehachse durch den Mittelpunkt,

2) eines Würfels mit homogener Massendichte (Kantenlänge a, Masse M) bezüglich einer der Würfelkanten als Drehachse,

3) eines Zylinders der Masse M mit dem Radius R bezüglich der Symmetrieachse. Die Massenverteilung sei so, daß die Massendichte von der Achse nach außen, mit Null beginnend, linear mit dem Radius ansteigt.

Aufgabe 4.6.2

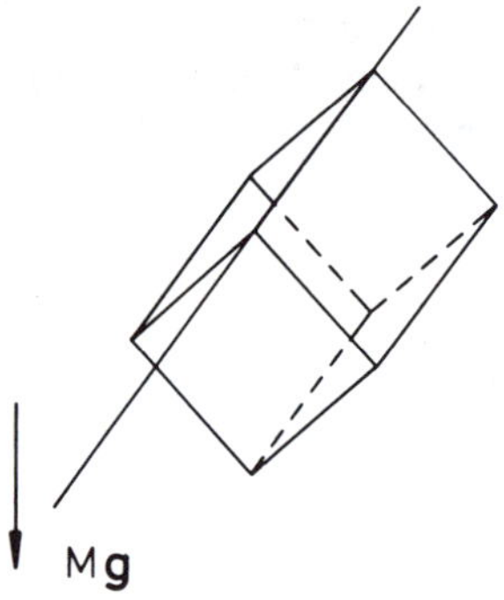

Der Würfel aus Aufgabe 4.6.1 2) hänge an einer seiner Kanten im Schwerefeld der Erde senkrecht nach unten. Er führe kleine Schwingungen um diese Achse aus. Stellen Sie die Bewegungsgleichung auf und geben Sie Schwingungsdauer und Kreisfrequenz an. Wie lang wäre ein äquivalentes Fadenpendel?

Aufgabe 4.6.3

Ein dünnwandiger Hohlzylinder (Radius R, Masse M) rollt eine schiefe Ebene hinab. Er beginnt zur Zeit $t = 0$ zu rollen, wobei $v(t)$ die Geschwindigkeit eines Punktes seiner Achse ist.

1) Formulieren Sie den Energiesatz und drücken Sie die gesamte kinetische Energie durch $v(t)$ aus.

b) Berechnen Sie $v(t)$.

4.7 Kontrollfragen

Zu Kapitel 4.1

1) Beschreiben Sie das Modell des starren Körpers.

2) Wie viele Freiheitsgrade besitzt der starre Körper?

3) Was versteht man unter *Massendichte*?

4) Was ist ein Kreisel?

Zu Kapitel 4.3

1) Definieren Sie für die Rotation um eine vorgegebene Achse das Trägheitsmoment des starren Körpers. Von welchen Bestimmungsgrößen hängt dieses ab?

2) Was ist ein *physikalisches* (physisches) Pendel? In welcher Beziehung steht dieses zum mathematischen Pendel?

3) Formulieren und interpretieren Sie den Steinerschen Satz.

4) Wie viele Freiheitsgrade hat ein auf einer schiefen Ebene abrollender Zylinder? Wie lautet seine Bewegungsgleichung?

5) Welche Analogien bestehen zwischen der Translations- und der Rotationsbewegung?

Zu Kapitel 4.4

1) Wie sind die Komponenten des Trägheitstensors definiert?

2) Wie hängt die kinetische Rotationsenergie von den Komponenten der Winkelgeschwindigkeit ab? Wodurch sind diese Komponenten bei gegebenem Koordinatensystem festgelegt?

3) Erläutern Sie den Tensorbegriff. Wann ist eine quadratische Matrix ein Tensor 2. Stufe?

4) Welcher Zusammenhang besteht zwischen dem Trägheitsmoment bezüglich einer festen Achse und dem Trägheitstensor?

5) Was versteht man unter einer Hauptachsentransformation? Was sind Hauptträgheitsachsen und Hauptträgheitsmomente?

6) Wie kann man an dem Trägheitsellipsoid das Trägheitsmoment bezüglich einer vorgegebenen Achse ablesen?

7) Wodurch unterscheiden sich der symmetrische, der unsymmetrische und der Kugelkreisel?

8) Drücken Sie den Drehimpuls eines starren Körpers durch den Trägheitstensor aus.

9) Demonstrieren Sie am Trägheitsellipsoid den Zusammenhang zwischen Drehimpuls $\mathbf{L}$ und Winkelgeschwindigkeit $\boldsymbol{\omega}$. Wann sind $\boldsymbol{\omega}$ und $\mathbf{L}$ parallel?

Zu Kapitel 4.5

1) Was besagen die Eulerschen Gleichungen?

2) Definieren Sie die Eulerschen Winkel.

3) Wie lauten die Gleichungen des kräftefreien Kreisels?

4) Was versteht man unter *freien Achsen*?

5) Was bedeuten Figurenachse, Polkegel, Nutationskegel und Spurkegel für die Kreiselbewegung?

ANHANG: LÖSUNGEN DER ÜBUNGSAUFGABEN

Kapitel 1.1

Lösung zu Aufgabe 1.1.1

1) Mit der Orthogonalitätsrelation

$$\mathbf{e}_i \cdot \mathbf{e}_j = \delta_{ij}$$

folgt unmittelbar:

$$\mathbf{e}_3 \cdot (\mathbf{e}_1 + \mathbf{e}_2) = \mathbf{e}_3 \cdot \mathbf{e}_1 + \mathbf{e}_3 \cdot \mathbf{e}_2 = 0,$$
$$(5\mathbf{e}_1 + 3\mathbf{e}_2) \cdot (7\mathbf{e}_1 - 16\mathbf{e}_3) = 35,$$
$$(\mathbf{e}_1 + 7\mathbf{e}_2 - 3\mathbf{e}_3) \cdot (12\mathbf{e}_1 - 3\mathbf{e}_2 - 4\mathbf{e}_3) = 12 - 21 + 12 = 3.$$

2) Forderung: $\mathbf{a} \cdot \mathbf{b} \overset{!}{=} 0$.

$$\mathbf{a} \cdot \mathbf{b} = -3 - 12 - 3\alpha \Longrightarrow \alpha = -5.$$

3) Projektion von **a** auf die Richtung von **b**:

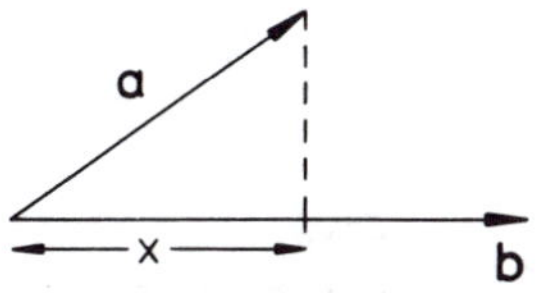

$$x = a \cos \sphericalangle(\mathbf{a}, \mathbf{b}) = \frac{1}{b}(\mathbf{a} \cdot \mathbf{b}),$$
$$b^2 = \mathbf{b} \cdot \mathbf{b} = 16 + 9 = 25 \Longrightarrow b = 5,$$
$$\mathbf{a} \cdot \mathbf{b} = 4 - 12 = -8 \Longrightarrow x = -\frac{8}{5}.$$

4) $\mathbf{e}_b$: Einheitsvektor in **b**-Richtung.

$$b = \frac{1}{\sqrt{3}} \Longrightarrow \mathbf{e}_b = \frac{1}{\sqrt{3}}(\mathbf{e}_1 + \mathbf{e}_2 + \mathbf{e}_3).$$

$$\mathbf{e}_b \cdot \mathbf{a} = \frac{1}{\sqrt{3}}(1 - 2 + 3) = \frac{2}{\sqrt{3}}.$$

Damit ergibt sich:

$$\mathbf{a}_{\parallel} = \mathbf{e}_b \cdot (\mathbf{e}_b \cdot \mathbf{a}) = \frac{2}{3}(\mathbf{e}_1 + \mathbf{e}_2 + \mathbf{e}_3),$$
$$\mathbf{a}_{\perp} = \mathbf{a} - \mathbf{a}_{\parallel} = \frac{1}{3}(\mathbf{e}_1 - 8\mathbf{e}_2 + 7\mathbf{e}_3).$$

Kontrolle: $\mathbf{a}_{\parallel} \cdot \mathbf{a}_{\perp} = \frac{2}{9}(1 - 8 + 7) = 0.$

5) $\cos(\sphericalangle \mathbf{a}, \mathbf{b}) = \frac{1}{a \cdot b}(\mathbf{a} \bullet \mathbf{b})$.

$$a = b = \sqrt{1 + (2+\sqrt{3})^2} = \sqrt{8 + 4\sqrt{3}} = 2\sqrt{2+\sqrt{3}}.$$

$$\mathbf{a} \bullet \mathbf{b} = 2\,(2+\sqrt{3}) \Longrightarrow \cos(\sphericalangle \mathbf{a}, \mathbf{b}) = \frac{1}{2} \Longrightarrow \sphericalangle(\mathbf{a}, \mathbf{b}) = 60°.$$

Lösung zu Aufgabe 1.1.2

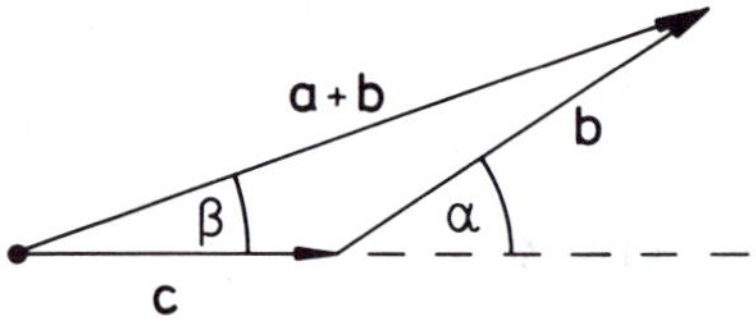

1) Kosinussatz:

$$(\mathbf{a}+\mathbf{b})^2 = a^2 + 2\,\mathbf{a} \bullet \mathbf{b} + b^2.$$

$$|\mathbf{a}+\mathbf{b}| = \sqrt{a^2 + b^2 + 2ab\cos\alpha}.$$

Mit den gegebenen Zahlenwerten folgt:

$$|\mathbf{a}+\mathbf{b}| = \sqrt{117 + 108\cos\alpha},$$

$$\begin{aligned} \cos(0) &= 1, \\ \cos(60°) &= \frac{1}{2}, \\ \cos(90°) &= 0, \\ \cos(150°) &= -\frac{1}{2}\sqrt{3}, \\ \cos(180°) &= -1. \end{aligned}$$

$$\begin{aligned} \Longrightarrow |\mathbf{a}+\mathbf{b}| &= \sqrt{225}\,\text{cm} = 15\,\text{cm} && \Longleftrightarrow \alpha = 0°, \\ &= \sqrt{171}\,\text{cm} = 13,1\,\text{cm} && \Longleftrightarrow \alpha = 60°, \\ &= \sqrt{117}\,\text{cm} = 10,8\,\text{cm} && \Longleftrightarrow \alpha = 90°, \\ &= \sqrt{117 - 54\sqrt{3}}\,\text{cm} = 4,8\,\text{cm} && \Longleftrightarrow \alpha = 150°, \\ &= \sqrt{9}\,\text{cm} = 3\,\text{cm} && \Longleftrightarrow \alpha = 180°. \end{aligned}$$

Für den Winkel β gilt:

$$\cos\beta = \frac{(\mathbf{a}+\mathbf{b}) \bullet \mathbf{a}}{a|\mathbf{a}+\mathbf{b}|} = \frac{a + b\cos\alpha}{|\mathbf{a}+\mathbf{b}|} = \frac{6}{|\mathbf{a}+\mathbf{b}|} + 9\frac{\cos\alpha}{|\mathbf{a}+\mathbf{b}|}.$$

$\alpha = 0:$

$$\cos\beta = 1 \quad\Longrightarrow\quad \beta = 0,$$

$\alpha = 60°:$

$$\cos\beta = \frac{10,5}{13,1} = 0,8 \quad\Longrightarrow\quad \beta = 36,87°,$$

$\alpha = 90°:$

$$\cos\beta = \frac{6}{10,8} = 0,56 \quad\Longrightarrow\quad \beta = 55,94°,$$

$\alpha = 150^\circ$:

$$\cos\beta = \frac{6 - 4,5 \cdot \sqrt{3}}{4,8} = -0,37 \quad \Longrightarrow \quad \beta = 111,95^\circ,$$

$\alpha = 180^\circ$:

$$\cos\beta = \frac{6-9}{3} = -1 \quad \Longrightarrow \quad \beta = 180^\circ.$$

2)

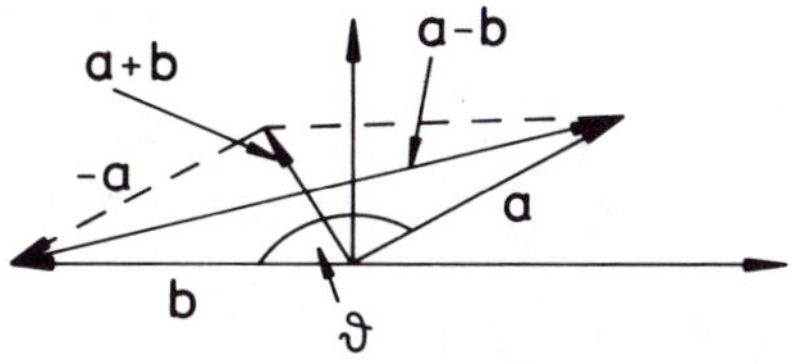

$$\vartheta = \sphericalangle(\mathbf{a}, \mathbf{b}) = 180^\circ - 36^\circ = 144^\circ,$$
$$\cos\vartheta = -0,809.$$

$$|\mathbf{a}+\mathbf{b}|^2 = a^2 + b^2 + 2\mathbf{a} \bullet \mathbf{b} = 36 + 49 + 84\cos\vartheta$$
$$\Longrightarrow |\mathbf{a}+\mathbf{b}| = 4,13\,\text{cm},$$

$$|\mathbf{a}-\mathbf{b}|^2 = a^2 + b^2 - 2\mathbf{a} \bullet \mathbf{b} = 36 + 49 - 84\cos\vartheta$$
$$\Longrightarrow |\mathbf{a}-\mathbf{b}| = 12,37\,\text{cm},$$

$$\cos\left[\sphericalangle(\mathbf{a}+\mathbf{b}, \mathbf{e}_1)\right] = \frac{(\mathbf{a}+\mathbf{b}) \cdot \mathbf{e}_1}{|\mathbf{a}+\mathbf{b}|}$$
$$= \frac{6 \cdot \cos 36^\circ + 7 \cdot \cos 180^\circ}{4,13} = -0,520$$
$$\Longrightarrow \sphericalangle(\mathbf{a}+\mathbf{b}, \mathbf{e}_1) = 121,32^\circ,$$

$$\cos\left[\sphericalangle(\mathbf{a}-\mathbf{b}, \mathbf{e}_1)\right] = \frac{(\mathbf{a}-\mathbf{b}) \bullet \mathbf{e}_1}{|\mathbf{a}-\mathbf{b}|} = \frac{6\cos 36^\circ + 7}{12,37} = 0,958$$
$$\Longrightarrow \sphericalangle(\mathbf{a}-\mathbf{b}, \mathbf{e}_1) = 16,61^\circ.$$

3) $\mathbf{P_0P} = \mathbf{r} - \mathbf{r}_0 = \alpha\mathbf{f}$.

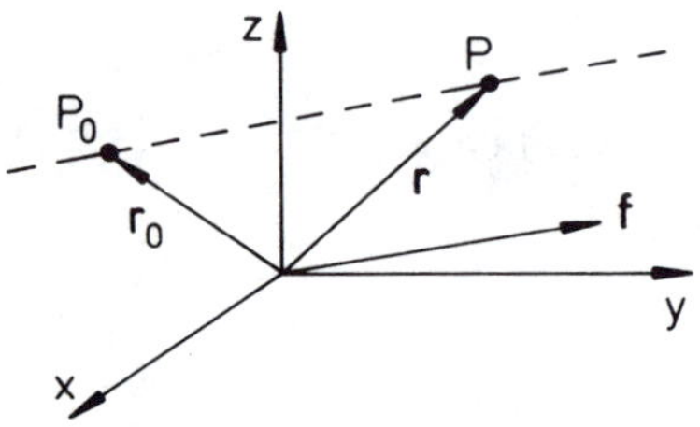

Ein beliebiger Punkt P auf der gesuchten Geraden hat dann den folgenden Ortsvektor:

$$\mathbf{r} = \mathbf{r}_0 + \alpha\mathbf{f} = (x_0 + \alpha a)\mathbf{e}_1 + (y_0 + \alpha b)\mathbf{e}_2 + (z_0 + \alpha c)\mathbf{e}_3$$

($x_0, y_0, z_0,\ a, b, c$ sind bekannt, $\alpha \in \mathbb{R}$).

Lösung zu Aufgabe 1.1.3

1)

$$\begin{aligned}(\mathbf{a} \times \mathbf{b})^2 &= a^2b^2\sin^2[\sphericalangle(\mathbf{a},\mathbf{b})],\\ (\mathbf{a} \cdot \mathbf{b})^2 &= a^2b^2\cos^2[\sphericalangle(\mathbf{a},\mathbf{b})].\end{aligned}$$

Wegen $\sin^2 x + \cos^2 x = 1$ folgt:

$$(\mathbf{a} \times \mathbf{b})^2 + (\mathbf{a} \cdot \mathbf{b})^2 = a^2b^2.$$

2)

$$\begin{aligned}(\mathbf{a} \times \mathbf{b}) \cdot (\mathbf{c} \times \mathbf{d}) &= \mathbf{c} \cdot [\mathbf{d} \times (\mathbf{a} \times \mathbf{b})] = \qquad \text{(Spatprodukt)}\\ &= \mathbf{c} \cdot [\mathbf{a}(\mathbf{d} \cdot \mathbf{b}) - \mathbf{b}(\mathbf{d} \cdot \mathbf{a})] = \qquad \text{(Entwicklungssatz)}\\ &= (\mathbf{a} \cdot \mathbf{c})(\mathbf{d} \cdot \mathbf{b}) - (\mathbf{b} \cdot \mathbf{c})(\mathbf{a} \cdot \mathbf{d}).\end{aligned}$$

3)

$$\begin{aligned}(\mathbf{a} \times \mathbf{b}) \cdot [(\mathbf{b} \times \mathbf{c}) \times (\mathbf{c} \times \mathbf{a})] &= (\mathbf{a} \times \mathbf{b}) \cdot \{\mathbf{c}[(\mathbf{b} \times \mathbf{c}) \cdot \mathbf{a}] - \mathbf{a}[(\mathbf{b} \times \mathbf{c}) \cdot \mathbf{c}]\} =\\ &= [(\mathbf{a} \times \mathbf{b}) \cdot \mathbf{c}][(\mathbf{b} \times \mathbf{c}) \cdot \mathbf{a}] = \qquad \text{(Entwicklungssatz)}\\ &= [\mathbf{a} \cdot (\mathbf{b} \times \mathbf{c})]^2. \qquad \text{(Spatprodukt).}\end{aligned}$$

Lösung zu Aufgabe 1.1.4

1)

$$\mathbf{a} = (2,4,2); \quad \mathbf{b} = (3,-2,-7) \quad \Longrightarrow \quad a = \sqrt{24}; \quad b = \sqrt{62}.$$

$$\begin{aligned} (\mathbf{a}+\mathbf{b}) &= (5,2,-5) &\Longrightarrow |\mathbf{a}+\mathbf{b}| &= 3\sqrt{6}, \\ (\mathbf{a}-\mathbf{b}) &= (-1,6,9) &\Longrightarrow |\mathbf{a}-\mathbf{b}| &= \sqrt{118}, \\ (-\mathbf{a}) &= (-2,-4,-2) &\Longrightarrow |-\mathbf{a}| &= \sqrt{24} = 2\sqrt{6}, \\ 6(2\mathbf{a}-3\mathbf{b}) &= (-30,84,150) &\Longrightarrow 6|2\mathbf{a}-3\mathbf{b}| &= 18\sqrt{94}. \end{aligned}$$

Kontrolle der Dreieicksungleichung:

$$|\mathbf{a}+\mathbf{b}| = 3\cdot\sqrt{6} \leq a+b = 2\sqrt{6}+\sqrt{62}.$$

Dies ist genau dann richtig, wenn $\sqrt{6} \leq \sqrt{62}$ gilt, was offensichtlich der Fall ist.

2)

$$\begin{aligned} (\mathbf{a}\times\mathbf{b}) &= (a_2b_3 - a_3b_2,\ a_3b_1 - a_1b_3,\ a_1b_2 - a_2b_1) \\ &= (-28+4, 6+14, -4-12) = (-24,20,-16) = 4(-6,5,-4), \\ (\mathbf{a}+\mathbf{b})\times(\mathbf{a}-\mathbf{b}) &= -2(\mathbf{a}\times\mathbf{b}) = 8(6,-5,4), \\ \mathbf{a}\cdot(\mathbf{a}-\mathbf{b}) &= 24-(6-8-14) = 40. \end{aligned}$$

3) Fläche des Parallelogramms: $|\mathbf{a}\times\mathbf{b}| = 4\sqrt{77}$.
Einheitsvektor: $\mathbf{e} = \dfrac{\mathbf{a}\times\mathbf{b}}{|\mathbf{a}\times\mathbf{b}|} = -\dfrac{1}{\sqrt{77}}(6,-5,4)$.

Lösung zu Aufgabe 1.1.5

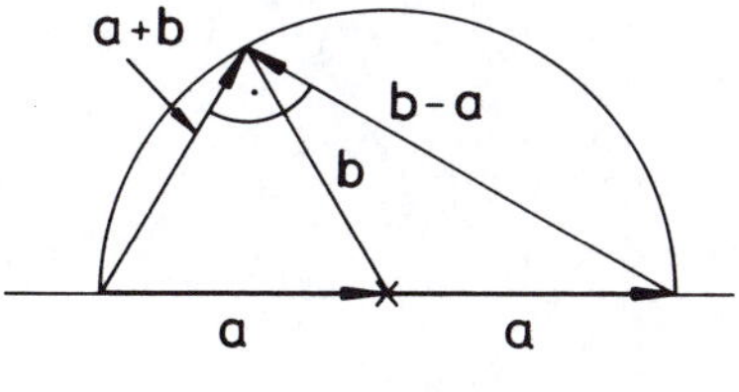

Satz von Thales: "Der Winkel im Halbkreis ist ein rechter." Es ist zu zeigen:

$$(\mathbf{a}+\mathbf{b})\cdot(\mathbf{b}-\mathbf{a}) \stackrel{!}{=} 0.$$

Dies ist genau dann der Fall, wenn

$$\mathbf{a}\cdot\mathbf{b} - a^2 + b^2 - \mathbf{b}\cdot\mathbf{a} \stackrel{!}{=} 0 \quad \Longleftrightarrow \quad a^2 = b^2.$$

Dies ist offensichtlich erfüllt.

Lösung zu Aufgabe 1.1.6

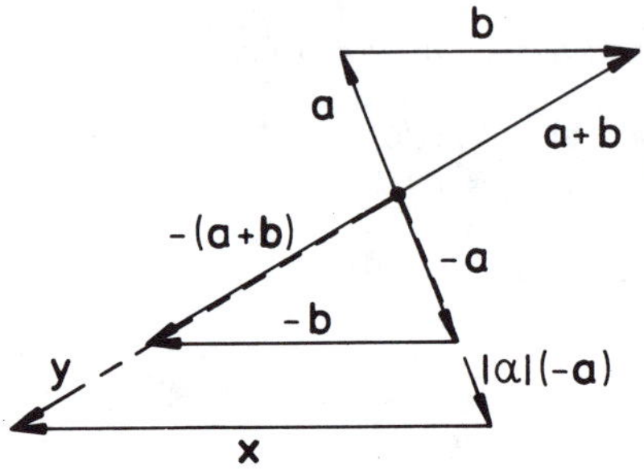

Es gilt:

$$(-\mathbf{a}) + (-\mathbf{b}) = -(\mathbf{a} + \mathbf{b}).$$

Ferner lesen wir an dem Bild ab:

$$\mathbf{x} + |\alpha|\,(-\mathbf{a}) = \mathbf{y},$$
$$\mathbf{x} = \widehat{\alpha}(-\mathbf{b}),$$
$$\mathbf{y} = \overline{\alpha}\,[-(\mathbf{a} + \mathbf{b})].$$

Nach dem ersten Strahlensatz folgt:

$$\frac{|\mathbf{y}|}{|-(\mathbf{a}+\mathbf{b})|} = \frac{|\alpha||-\mathbf{a}|}{|-\mathbf{a}|} = |\alpha| \Longrightarrow \overline{\alpha} = |\alpha|.$$

Der zweite Strahlensatz liefert die Aussage:

$$\frac{|\mathbf{x}|}{|-\mathbf{b}|} = \frac{|\alpha||-\mathbf{a}|}{|-\mathbf{a}|} = |\alpha| \Longrightarrow \widehat{\alpha} = |\alpha|.$$

Es ist also

$$\widehat{\alpha} = \overline{\alpha} = |\alpha|$$

und damit

$$\mathbf{x} = -|\alpha|\,\mathbf{b}; \quad \mathbf{y} = -|\alpha|\,(\mathbf{a} + \mathbf{b}),$$

so daß sich schließlich die Behauptung

$$-|\alpha|\,(\mathbf{a} + \mathbf{b}) = -|\alpha|\,\mathbf{b} - |\alpha|\,\mathbf{a}$$

ergibt.

Lösung zu Aufgabe 1.1.7

Verwenden Sie den Entwicklungssatz:

$$\mathbf{a} \times (\mathbf{b} \times \mathbf{c}) = \mathbf{b}(\mathbf{a} \cdot \mathbf{c}) - \mathbf{c}(\mathbf{a} \cdot \mathbf{b}).$$

Für $\mathbf{a} = \mathbf{c}$ gilt:

$$\mathbf{a} \times (\mathbf{b} \times \mathbf{a}) = a^2\mathbf{b} - (\mathbf{a} \cdot \mathbf{b})\,\mathbf{a}$$
$$\Longrightarrow \mathbf{b} = \frac{\mathbf{a} \cdot \mathbf{b}}{a^2}\,\mathbf{a} + \frac{1}{a^2}[(\mathbf{a} \times (\mathbf{b} \times \mathbf{a})] = \mathbf{b}_{\parallel} + \mathbf{b}_{\perp}.$$

Lösung zu Aufgabe 1.1.8

$$\begin{aligned}(\mathbf{a}-\mathbf{b})\cdot[(\mathbf{a}+\mathbf{b})\times\mathbf{c}] &= (\mathbf{a}-\mathbf{b})(\mathbf{a}\times\mathbf{c}+\mathbf{b}\times\mathbf{c}) = \\ &= \mathbf{a}\cdot(\mathbf{a}\times\mathbf{c})+\mathbf{a}\cdot(\mathbf{b}\times\mathbf{c})-\mathbf{b}\cdot(\mathbf{a}\times\mathbf{c})-\mathbf{b}\cdot(\mathbf{b}\times\mathbf{c}) = \\ &= 2\mathbf{a}\cdot(\mathbf{b}\times\mathbf{c}).\end{aligned}$$

Lösung zu Aufgabe 1.1.9

$$(\mathbf{a}\times\mathbf{b}) = \begin{vmatrix}\mathbf{e}_x & \mathbf{e}_y & \mathbf{e}_z \\ -1 & 2 & -3 \\ 3 & -1 & 5\end{vmatrix} = (7,-4,-5),$$

$$(\mathbf{b}\times\mathbf{c}) = \begin{vmatrix}\mathbf{e}_x & \mathbf{e}_y & \mathbf{e}_z \\ 3 & -1 & 5 \\ -1 & 0 & 2\end{vmatrix} = (-2,-11,-1).$$

Damit findet man leicht:

$$\begin{aligned}\mathbf{a}\cdot(\mathbf{b}\times\mathbf{c}) &= (-1,2,-3)\cdot(-2,-11,-1) = -17, \\ (\mathbf{a}\times\mathbf{b})\cdot\mathbf{c} &= (7,-4,-5)\cdot(-1,0,2) = -17\end{aligned}$$

(zyklische Invarianz des Spatproduktes!),

$$|(\mathbf{a}\times\mathbf{b})\times\mathbf{c}| = \left\|\begin{matrix}\mathbf{e}_x & \mathbf{e}_y & \mathbf{e}_z \\ 7 & -4 & -5 \\ -1 & 0 & 2\end{matrix}\right\| = |(-8,-9,-4)| = \sqrt{161},$$

$$|\mathbf{a}\times(\mathbf{b}\times\mathbf{c})| = \left\|\begin{matrix}\mathbf{e}_x & \mathbf{e}_y & \mathbf{e}_z \\ -1 & 2 & -3 \\ -2 & -11 & -1\end{matrix}\right\| = |(-35,5,15)| = 5\cdot\sqrt{59}$$

(Vektorprodukt **nicht** assoziativ!),

$$\begin{aligned}(\mathbf{a}\times\mathbf{b})\times(\mathbf{b}\times\mathbf{c}) &= \begin{vmatrix}\mathbf{e}_x & \mathbf{e}_y & \mathbf{e}_z \\ 7 & -4 & -5 \\ -2 & -11 & -1\end{vmatrix} = (-51,17,-85), \\ (\mathbf{a}\times\mathbf{b})(\mathbf{b}\cdot\mathbf{c}) &= 7(7,-4,-5).\end{aligned}$$

Lösung zu Aufgabe 1.1.10

Nach Aufgabe (1.3) gilt:

$$(\mathbf{a}\times\mathbf{b})\cdot(\mathbf{c}\times\mathbf{d}) = (\mathbf{a}\cdot\mathbf{c})(\mathbf{d}\cdot\mathbf{b})-(\mathbf{b}\cdot\mathbf{c})(\mathbf{a}\cdot\mathbf{d}).$$

Damit findet man:

$$\begin{aligned}&(\mathbf{a}\times\mathbf{b})\cdot(\mathbf{c}\times\mathbf{d})+(\mathbf{b}\times\mathbf{c})\cdot(\mathbf{a}\times\mathbf{d})+(\mathbf{c}\times\mathbf{a})\cdot(\mathbf{b}\times\mathbf{d})=\\&=(\mathbf{a}\cdot\mathbf{c})(\mathbf{d}\cdot\mathbf{b})-(\mathbf{b}\cdot\mathbf{c})(\mathbf{a}\cdot\mathbf{d})+(\mathbf{b}\cdot\mathbf{a})(\mathbf{c}\cdot\mathbf{d})-(\mathbf{c}\cdot\mathbf{a})(\mathbf{b}\cdot\mathbf{d})+\\&\quad+(\mathbf{c}\cdot\mathbf{b})(\mathbf{a}\cdot\mathbf{d})-(\mathbf{a}\cdot\mathbf{b})(\mathbf{c}\cdot\mathbf{d})=0.\end{aligned}$$

Lösung zu Aufgabe 1.1.11

Beweis gelingt durch direktes Ausnutzen des Entswicklungssatzes für das doppelte Vektorprodukt:

$$\begin{aligned}&\mathbf{a}\times(\mathbf{b}\times\mathbf{c})+\mathbf{b}\times(\mathbf{c}\times\mathbf{a})+\mathbf{c}\times(\mathbf{a}\times\mathbf{b})=\\&=\mathbf{b}(\mathbf{a}\cdot\mathbf{c})-\mathbf{c}(\mathbf{a}\cdot\mathbf{b})+\mathbf{c}(\mathbf{b}\cdot\mathbf{a})-\mathbf{a}(\mathbf{b}\cdot\mathbf{c})+\mathbf{a}\cdot(\mathbf{c}\cdot\mathbf{b})-\mathbf{b}(\mathbf{c}\cdot\mathbf{a})=0.\end{aligned}$$

Lösung zu Aufgabe 1.1.12

1) Setzen Sie $V=\mathbf{a}_1\cdot(\mathbf{a}_2\times\mathbf{a}_3)$.

a)

$$\begin{aligned}&\mathbf{b}_1\perp\mathbf{a}_2,\mathbf{a}_3\\&\Longrightarrow\mathbf{b}_1\cdot\mathbf{a}_i=0\quad\text{für } i=2,3\\&\Longrightarrow\mathbf{a}_1\cdot\mathbf{b}_1=\frac{1}{V}\mathbf{a}_1\cdot(\mathbf{a}_2\times\mathbf{a}_3)=1.\end{aligned}$$

b)

$$\begin{aligned}&\mathbf{b}_2\perp\mathbf{a}_1,\mathbf{a}_3\\&\Longrightarrow\mathbf{b}_2\cdot\mathbf{a}_i=0\quad\text{für } i=1,3\\&\Longrightarrow\mathbf{a}_2\cdot\mathbf{b}_2=\frac{1}{V}\mathbf{a}_2\cdot(\mathbf{a}_3\times\mathbf{a}_1)=1.\end{aligned}$$

c)

$$\begin{aligned}&\mathbf{b}_3\perp\mathbf{a}_1,\mathbf{a}_2\\&\Longrightarrow\mathbf{b}_3\cdot\mathbf{a}_i=0\quad\text{für } i=1,2\\&\Longrightarrow\mathbf{a}_3\cdot\mathbf{b}_3=\frac{1}{V}\mathbf{a}_3\cdot(\mathbf{a}_1\times\mathbf{a}_2)=1.\end{aligned}$$

2)

$$\begin{aligned}\mathbf{b}_2\times\mathbf{b}_3&=\frac{1}{V^2}(\mathbf{a}_3\times\mathbf{a}_1)\times(\mathbf{a}_1\times\mathbf{a}_2)=\\&=\frac{1}{V^2}\{\mathbf{a}_1[(\mathbf{a}_3\times\mathbf{a}_1)\cdot\mathbf{a}_2]-\mathbf{a}_2[(\mathbf{a}_3\times\mathbf{a}_1)\cdot\mathbf{a}_1]\}=\frac{1}{V}\mathbf{a}_1\\\Longrightarrow\mathbf{b}_1\cdot(\mathbf{b}_2\times\mathbf{b}_3)&=\frac{1}{V}\mathbf{b}_1\cdot\mathbf{a}_1=\frac{1}{V}=[\mathbf{a}_1\cdot(\mathbf{a}_2\times\mathbf{a}_3)]^{-1}.\end{aligned}$$

3) Nach 2) gilt:

$$\mathbf{b}_1 \cdot (\mathbf{b}_2 \times \mathbf{b}_3) = \frac{1}{V}.$$

Also ist:

$$(\mathbf{b}_2 \times \mathbf{b}_3) = \frac{1}{V}\mathbf{a}_1 \Longrightarrow \mathbf{a}_1 = V(\mathbf{b}_2 \times \mathbf{b}_3).$$

Damit folgt:

$$\mathbf{a}_1 = \frac{\mathbf{b}_2 \times \mathbf{b}_3}{\mathbf{b}_1 \cdot (\mathbf{b}_2 \times \mathbf{b}_3)}.$$

Analog berechnen sich die anderen $\mathbf{a}_i$!

4)

$$\bar{\mathbf{e}}_1 = \frac{\mathbf{e}_2 \times \mathbf{e}_3}{\mathbf{e}_1 \cdot (\mathbf{e}_2 \times \mathbf{e}_3)} = \mathbf{e}_2 \times \mathbf{e}_3 = \mathbf{e}_1.$$

Auf dieselbe Weise erhalten wir:

$$\bar{\mathbf{e}}_2 = \mathbf{e}_2; \quad \bar{\mathbf{e}}_3 = \mathbf{e}_3.$$

Lösung zu Aufgabe 1.1.13

Axiome überprüfen:

1) $\mathbf{a} \cdot \mathbf{b} = 4a_1b_1 - 2a_1b_2 - 2a_2b_1 + 3a_2b_2.$

Kommutativität:	$\mathbf{a} \cdot \mathbf{b} = \mathbf{b} \cdot \mathbf{a}$ ist offensichtlich erfüllt!
Distributivität:	$(\mathbf{a} + \mathbf{c}) \cdot \mathbf{b} = \mathbf{a} \cdot \mathbf{b} + \mathbf{c} \cdot \mathbf{b}$ läßt sich durch Einsetzen verifizieren!
Bilinearität:	$\alpha \in \mathbb{R}$. Aus der Definition folgt unmittelbar: $(\alpha\mathbf{a}) \cdot \mathbf{b} = \mathbf{a} \cdot (\alpha\mathbf{b}) = \alpha(\mathbf{a} \cdot \mathbf{b})$.
Betrag:	$\mathbf{a} \cdot \mathbf{a} = 4a_1^2 - 4a_1a_2 + 3a_2^2 = (2a_1 - a_2)^2 + 2a_2^2 \geq 0$ $\mathbf{a} \cdot \mathbf{a} = 0$ nur für $\mathbf{a} = (0,0)$.

Es handelt sich also um ein Skalarprodukt!

2) $\mathbf{a} \cdot \mathbf{b} = a_1b_1 + a_2b_2 + a_2b_1 + 2a_1b_2.$

Es kann sich nicht um ein Skalarprodukt handeln, da $\mathbf{a} \cdot \mathbf{b} - \mathbf{b} \cdot \mathbf{a} \neq 0$.

Lösung zu Aufgabe 1.1.14

1) Die Axiome des Vektorraumes sind durch Einsetzen leicht überprüfbar. Sie sind sämtlich erfüllt.

2a) Die Vektoren sind linear unabhängig, denn aus

$$0 = \alpha_1 p_1 + \alpha_2 p_2 + \alpha_3 p_3$$

folgt:

$$\begin{aligned} \alpha_1 + 7\alpha_2 + 8\alpha_3 &= 0, \\ -\alpha_2 &= 0, \\ 11\alpha_3 &= 0. \end{aligned}$$

Dies bedeutet aber:

$$\alpha_1 = \alpha_2 = \alpha_3 = 0.$$

2b) Die Vektoren sind linear abhängig, da aus

$$0 = \alpha_1 p_1 + \alpha_2 p_2 + \alpha_3 p_3$$

folgt:

$$\begin{aligned} -18\alpha_1 + 6\alpha_2 &= 0, \\ 3\alpha_2 - \alpha_3 &= 0, \\ 15\alpha_1 - 5\alpha_2 &= 0. \end{aligned}$$

Dies bedeutet:

$$\alpha_2 = 3\alpha_1, \quad \alpha_3 = 3\alpha_2.$$

Obige Bedingung läßt sich also durch

$$\alpha_1 = 1, \quad \alpha_2 = 3, \quad \alpha_3 = 9$$

erfüllen. Die α_i sind nicht notwendig sämtlich Null.

Kapitel 1.2

Lösung zu Aufgabe 1.2.1

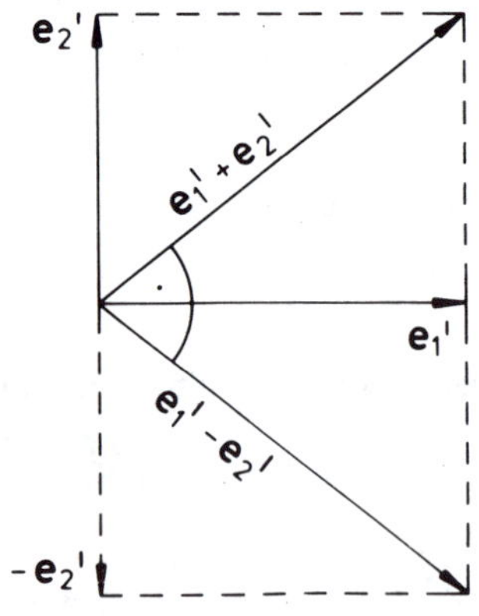

1) Die *neue* Basis erhalten wir durch Drehung des *alten* Koordinatensystems. Die Darstellung wird *besonders einfach* bei einer Drehung um 45°.

$$\mathbf{e}_1 = \frac{1}{\sqrt{2}}(\mathbf{e}_1' - \mathbf{e}_2'),$$

$$\mathbf{e}_2 = \frac{1}{\sqrt{2}}(\mathbf{e}_1' + \mathbf{e}_2').$$

Der Faktor $\frac{1}{\sqrt{2}}$ sorgt für die korrekte Normierung:

$$\mathbf{e}_1 \cdot \mathbf{e}_2 = 0; \quad \mathbf{e}_1 \cdot \mathbf{e}_1 = \mathbf{e}_2 \cdot \mathbf{e}_2 = 1.$$

Parameterdarstellung der Raumkurve mit ωt im x, y-System:

$$\mathbf{r}(t) = a_1 \cos \omega t \, \mathbf{e}_1 + a_2 \sin \omega t \, \mathbf{e}_2.$$

2)

$$\mathbf{r}(t) = \begin{pmatrix} x(t) \\ y(t) \end{pmatrix} = \begin{pmatrix} a_1 \cos \omega t \\ a_2 \sin \omega t \end{pmatrix}.$$

Daraus ergibt sich mit

$$\frac{x^2(t)}{a_1^2} + \frac{y^2(t)}{a_2^2} = 1$$

die Mittelpunktsgleichung einer Ellipse.

3a)

$$\mathbf{e}_1 \cdot \mathbf{r}(t) = |\mathbf{r}(t)| \cos \varphi(t) = a_1 \cos \omega t$$

$$\Longrightarrow \varphi(t) = \arccos \left(\frac{a_1 \cos \omega t}{\sqrt{a_1^2 \cos^2 \omega t + a_2^2 \sin^2 \omega t}} \right).$$

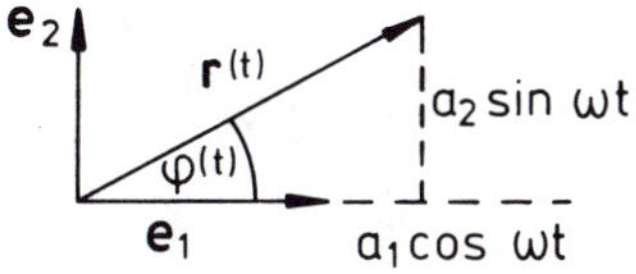

Geometrische Interpretation:

$$\tan \varphi(t) = \frac{a_2}{a_1} \tan \omega t.$$

Dies ist wegen

$$\tan^2 \varphi = \frac{1}{cos^2 \varphi} - 1$$

mit dem obigen Resultat offenbar äquivalent.

3b) Ganz analog findet man:

$$\psi(t) = \arccos \left(\frac{a_2 \sin \omega t}{\sqrt{a_1^2 \cos^2 \omega t + a_2^2 \sin^2 \omega t}} \right) = \frac{\pi}{2} - \varphi(t).$$

4)

$$|\mathbf{r}(t)| = \sqrt{a_1^2 \cos^2 \omega t + a_2^2 \sin^2 \omega t},$$

$$\mathbf{v}(t) = \dot{\mathbf{r}}(t) = -a_1 \omega \sin \omega t \, \mathbf{e}_1 + a_2 \omega \cos \omega t \, \mathbf{e}_2$$

$$\Longrightarrow |\mathbf{v}(t)| = \omega \sqrt{a_1^2 \sin^2 \omega t + a_2^2 \cos^2 \omega t},$$

$$\mathbf{a}(t) = \ddot{\mathbf{r}}(t) = -\omega^2 \mathbf{r}(t)$$

$$\Longrightarrow |\mathbf{a}(t)| = \omega^2 |\mathbf{r}(t)|.$$

5) Beachten Sie, daß im allgemeinen

$$\dot{r}(t) = \frac{d}{dt}|\mathbf{r}(t)| \neq |\dot{\mathbf{r}}(t)|$$

gilt. Dies sieht man wie folgt:

$$\frac{d}{dt}|\mathbf{r}(t)| = \frac{d}{dt}\sqrt{\mathbf{r}(t)\cdot\mathbf{r}(t)} = \frac{\mathbf{r}(t)\cdot\dot{\mathbf{r}}(t)}{|\mathbf{r}(t)|} = |\dot{\mathbf{r}}(t)|\cos[\sphericalangle(\mathbf{r},\dot{\mathbf{r}})].$$

In unserem Fall gilt:

$$\frac{d}{dt}|\mathbf{r}(t)| = \frac{\omega\left(a_2^2 - a_1^2\right)\sin\omega t\cos\omega t}{\sqrt{a_1^2\cos^2\omega t + a_2^2\sin^2\omega t}}.$$

6)

$$\cos\alpha(t) = \frac{\mathbf{r}(t)\cdot\dot{\mathbf{r}}(t)}{|\mathbf{r}(t)|\cdot|\dot{\mathbf{r}}(t)|} \overset{e)}{=} \frac{\dot{r}(t)}{|\dot{\mathbf{r}}(t)|},$$

$$\alpha(t) = \arccos\left[\frac{\left(a_2^2 - a_1^2\right)\sin\omega t\cos\omega t}{\sqrt{\left(a_1^2 - a_2^2\right)^2\sin^2\omega t\cos^2\omega t + a_1^2a_2^2}}\right],$$

$$\gamma(t) = \pi, \quad \text{da } \mathbf{a}(t) \sim -\mathbf{r}(t),$$

$$\beta(t) = \pi - \alpha(t).$$

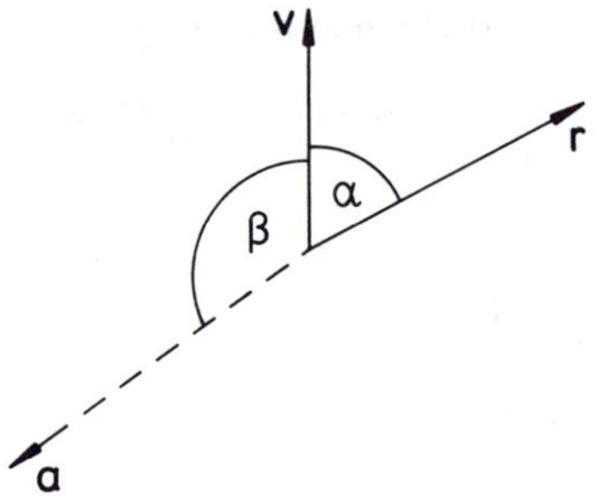

$$\beta(t) = \pi - \alpha(t)$$

Lösung zu Aufgabe 1.2.2

1)

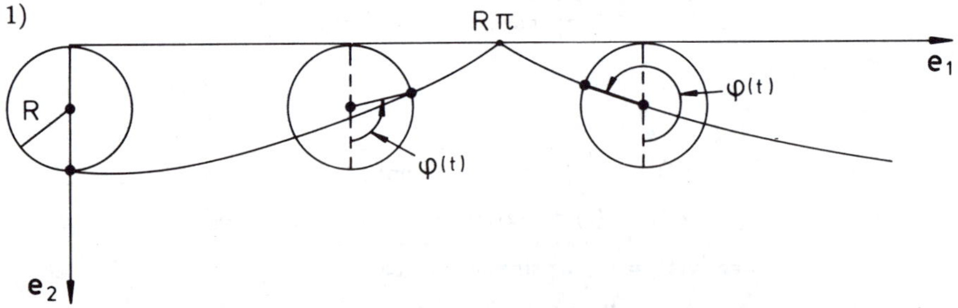

Die x_1-Komponente setzt sich aus zwei Beiträgen zusammen, einem Beitrag durch das Abrollen des Rades, $R\varphi$, und einem Beitrag durch die Raddrehung, $R\sin\varphi$.

Dies bedeutet:

$$x_1(\varphi) = R\varphi + R\sin\varphi.$$

Für die andere Komponente liest man aus dem Bild

$$x_2(\varphi) = 2R - (R - R\cos\varphi) = R + R\cos\varphi$$

ab. Die gesuchte Parameterdarstellung der Zykloide lautet also:

$$\mathbf{r}(\varphi) = R(\varphi + \sin\varphi, 1 + \cos\varphi, 0).$$

2)

$$x_1(t) = v \cdot t + l\sin\varphi(t),$$
$$x_2(t) = l\cos\varphi(t).$$

Dies bedeutet:

$$\mathbf{r}(t) = [v \cdot t + l\sin\varphi(t), l\cos\varphi(t), 0].$$

Lösung zu Aufgabe 1.2.3

1)

$$|\mathbf{r}(t)| = \sqrt{e^{-2\sin t} + \frac{1}{\cot^2 t} + \ln^2(1+t^2)}$$
$$\Longrightarrow |\mathbf{r}(t=0)| = 1.$$

2)

$$\dot{\mathbf{r}}\,(t) = \left(-\cos t\, e^{-\sin t}, \frac{1}{\cos^2 t}, \frac{2t}{1+t^2}\right)$$
$$\Longrightarrow \dot{\mathbf{r}}\,(t=0) = (-1, 1, 0).$$

3)

$$|\,\dot{\mathbf{r}}\,(t)| = \sqrt{\cos^2 t\, e^{-2\sin t} + \frac{1}{\cos^4 t} + \frac{4t^2}{(1+t^2)^2}}$$
$$\Longrightarrow |\,\dot{\mathbf{r}}\,(t=0)| = \sqrt{2}.$$

4)

$$\ddot{\mathbf{r}}\,(t) = \left((\cos^2 t + \sin t)e^{-\sin t}, \frac{2\sin t}{\cos^3 t}, \frac{2(1-t^2)}{(1+t^2)^2}\right)$$
$$\Longrightarrow \ddot{\mathbf{r}}\,(t=0) = (1, 0, 2).$$

5)

$$|\ddot{\mathbf{r}}\,(t)| = \left[(\cos^2 t + \sin t)^2\, e^{-2\sin t} + \frac{4\sin^2 t}{\cos^6 t} + 4\frac{(1-t^2)^2}{(1+t^2)^4}\right]^{1/2}$$
$$\Longrightarrow |\ddot{\mathbf{r}}\,(t=0)| = \sqrt{5}.$$

Lösung zu Aufgabe 1.2.4

1)

$$\frac{d}{dt}\left[\mathbf{a}(t)\cdot\mathbf{b}(t)\right] = \frac{d}{dt}\sum_{i,j} a_i(t)b_j(t)(\mathbf{e}_i\cdot\mathbf{e}_j) =$$
$$= \sum_i \left[\dot{a}_i\,(t)b_i(t)\cdot(t) + a_i(t)\,\dot{b}_i\,(t)\right] =$$
$$= \dot{\mathbf{a}}\,(t)\cdot\mathbf{b}(t) + \mathbf{a}(t)\cdot\dot{\mathbf{b}}\,(t).$$

2) Wir berechnen die k-te Komponente:

$$\frac{d}{dt}\left[\mathbf{a}(t)\times\mathbf{b}(t)\right]_k = \frac{d}{dt}\sum_{i,j}\epsilon_{ijk}a_i(t)b_j(t) =$$
$$= \sum_{i,j}\epsilon_{ijk}\left[\dot{a}_i\,(t)b_j(t) + a_i(t)\,\dot{b}_j\,(t)\right] =$$
$$= \left[\dot{\mathbf{a}}\,(t)\times\mathbf{b}(t)\right]_k + \left[\mathbf{a}(t)\times\dot{\mathbf{b}}\,(t)\right]_k.$$

Dies gilt für $k = 1, 2, 3$.

3) Die Definition des Skalarproduktes liefert zunächst:

$$\mathbf{a}(t)\cdot\dot{\mathbf{a}}\,(t) = \sum_{i,j} a_i(t)\,\dot{a}_j\,(t)(\mathbf{e}_i\cdot\mathbf{e}_j) = \sum_i a_i(t)\,\dot{a}_i\,(t).$$

Es gilt andererseits:

$$|\mathbf{a}(t)|\cdot\frac{d}{dt}|\mathbf{a}(t)| = \sqrt{\sum_i a_i^2(t)}\;\frac{\sum_j a_j(t)\,\dot{a}_j\,(t)}{\sqrt{\sum_j a_j^2(t)}} =$$
$$= \sum_j a_j(t)\,\dot{a}_j\,(t).$$

Die beiden Ausdrücke sind also gleich!

Lösung zu Aufgabe 1.2.5

1) Wir benötigen zunächst

$$\frac{d\mathbf{r}}{dt} = \frac{1}{t_0}\left(3\cos\frac{t}{t_0}, 4, -3\sin\frac{t}{t_0}\right) \Longrightarrow \left|\frac{d\mathbf{r}}{dt}\right| = \frac{5}{t_0}.$$

Damit berechnet sich die Bogenlänge mit $s(t = 0) = 0$ zu:

$$s(t) = \int\limits_0^t \left|\frac{d\mathbf{r}(t')}{dt'}\right| dt' = 5\frac{t}{t_0}.$$

2) Mit

$$t(s) = \frac{t_0}{5}s$$

finden wir die *natürliche* Parametrisierung:

$$\mathbf{r}(s) = \left(3\sin\frac{s}{5}, \frac{4}{5}s, 3\cos\frac{s}{5}\right).$$

Daraus folgt für den Tangenteneinheitsvektor:

$$\hat{\mathbf{t}}(s) = \frac{dr(s)}{ds} = \frac{1}{5}\left(3\cos\frac{s}{5}, 4, -3\sin\frac{s}{5}\right).$$

3)

$$\frac{d\,\hat{\mathbf{t}}(s)}{ds} = \frac{3}{25}\left(-\sin\frac{s}{5}, 0, -\cos\frac{s}{5}\right),$$

Krümmung: $\kappa = \left|\frac{d\,\hat{t}}{ds}\right| = \frac{3}{25}$,

Krümmungsradius: $\rho = \kappa^{-1} = \frac{25}{3}$.

4) Der Normaleneinheitsvektor bestimmt sich aus den vorstehenden Resultaten:

$$\hat{\mathbf{n}} = \rho\frac{d\,\hat{\mathbf{t}}}{ds} = \left(-\sin\frac{s}{5}, 0, -\cos\frac{s}{5}\right).$$

5) Zur vollständigen Bestimmung des begleitenden Dreibeins benötigen wir noch den Binormaleneinheitsvektor:

$$\hat{\mathbf{b}} = \hat{\mathbf{t}} \times \hat{\mathbf{n}} = \frac{1}{5}\begin{vmatrix} \mathbf{e}_1 & \mathbf{e}_2 & \mathbf{e}_3 \\ 3\cos\frac{s}{5} & 4 & -3\sin\frac{s}{5} \\ -\sin\frac{s}{5} & 0 & -\cos\frac{s}{5} \end{vmatrix} =$$

$$= \frac{1}{5}\left(-4\cos\frac{s}{5}, 3, 4\sin\frac{s}{5}\right).$$

Der Zeitpunkt $t = 5\pi\, t_0$ bedeutet $s = 25\pi$:

$$\hat{\mathbf{t}}(25\pi) = \frac{1}{5}(-3,4,0), \quad \hat{\mathbf{n}}(25\pi) = (0,0,1), \quad \hat{\mathbf{b}}(25\pi) = \frac{1}{5}(4,3,0).$$

6) Für die Torsion der Raumkurve berechnen wir zunächst:

$$\frac{d\hat{\mathbf{b}}}{ds} = \frac{1}{25}\left(4\sin\frac{s}{5}, 0, 4\cos\frac{s}{5}\right) \stackrel{!}{=} -\tau\hat{\mathbf{n}}.$$

Der Vergleich mit 4) ergibt:

$$\tau = \frac{4}{25}.$$

Lösung zu Aufgabe 1.2.6

Wir benutzen zur Umformung die Frenetschen Formeln (1.103):

$$\begin{aligned}\frac{d\mathbf{r}}{ds} \cdot \left(\frac{d^2\mathbf{r}}{ds^2} \times \frac{d^3\mathbf{r}}{ds^3}\right) &= \hat{\mathbf{t}} \cdot \left(\frac{d\hat{\mathbf{t}}}{ds} \times \frac{d^2\hat{\mathbf{t}}}{ds^2}\right) = \\ &= \kappa^2\hat{\mathbf{t}} \cdot \left(\mathbf{n} \times \frac{d\hat{\mathbf{n}}}{ds}\right) = \kappa^2\hat{\mathbf{t}} \cdot \left(\mathbf{n} \times (\tau\hat{\mathbf{b}} - \kappa\hat{\mathbf{t}})\right) = \\ &= \kappa^2\tau\,\hat{\mathbf{t}} \cdot (\mathbf{n} \times \hat{\mathbf{b}}) = \kappa^2\tau.\end{aligned}$$

Lösung zu Aufgabe 1.2.7

1)

$$\dot{\mathbf{r}}(t) = (1, 2t, 2t^2) \Longrightarrow |\,\dot{\mathbf{r}}\,| = (1 + 2t^2).$$

Mit $s(t = 0) = 0$ erhält man:

$$s(t) = \int_0^t (1 + 2\,t'^2)\, dt' = t + \frac{2}{3}t^3.$$

2) Eigentlich ist $\hat{\mathbf{t}}$ als Funktion der Bogenlänge s definiert. $\hat{\mathbf{t}}$ ist hier als Funktion der Zeit t gesucht:

$$\hat{\mathbf{t}} = \frac{d\mathbf{r}(t)}{dt}\frac{dt}{ds} = \frac{\dot{\mathbf{r}}(t)}{|\,\dot{\mathbf{r}}(t)|} \Longrightarrow \hat{\mathbf{t}} = \frac{1}{1 + 2t^2}(1, 2t, 2t^2).$$

3)

$$\kappa = \left|\frac{d\hat{\mathbf{t}}}{ds}\right| = \left|\frac{d\hat{\mathbf{t}}}{dt}\frac{dt}{ds}\right| = \left|\frac{d\hat{\mathbf{t}}}{dt}\right| \frac{1}{|\,\dot{\mathbf{r}}(t)|} = \frac{2}{(1 + 2t^2)^2}.$$

4)

$$\hat{\mathbf{n}} = \frac{1}{\kappa}\frac{d\hat{\mathbf{t}}}{ds} = \frac{1}{\kappa}\frac{1}{|\dot{\mathbf{r}}(t)|}\frac{d\hat{\mathbf{t}}}{dt} = \frac{1}{1+2t^2}(-2t, 1-2t^2, 2t),$$

$$\hat{\mathbf{b}} = \hat{\mathbf{t}} \times \hat{\mathbf{n}} = \frac{1}{1+2t^2}(2t^2, -2t, 1).$$

5)

$$\frac{d\hat{\mathbf{b}}}{ds} = \frac{d\hat{\mathbf{b}}}{dt}\frac{dt}{ds} = \frac{2}{(1+2t^2)^3}(2t, 2t^2-1, -2t) \stackrel{!}{=} -\tau\hat{\mathbf{n}}.$$

Daraus folgt:

$$\tau = \frac{2}{(1+2t^2)^2}.$$

Kapitel 1.3

Lösung zu Aufgabe 1.3.1

1a)

$$\mathbf{a}(\mathbf{r}) = \frac{1}{r}(\boldsymbol{\omega} \times \mathbf{r}) = \frac{\omega_0}{r}(-x_2, x_1, 0).$$

In der $x_3 = 0$–Ebene gilt $r = \sqrt{x_1^2 + x_2^2}$. Dies bedeutet:

$$|\mathbf{a}(\mathbf{r})|_{x_3=0} = \omega_0.$$

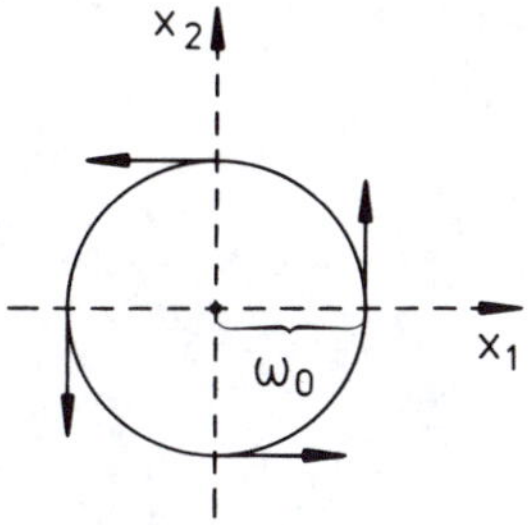

Die Feldlinien stellen Pfeile konstanter Länge ω_0 dar, die senkrecht zu $\mathbf{r}$ und senkrecht zu $\mathbf{e}_3$ orientiert sind. Sie liegen also tangential an einem Kreis um den Koordinatenursprung mit dem Radius ω_0.

1b) $\mathbf{a}(\mathbf{r}) = \alpha\mathbf{r}$; $\alpha < 0$.

Die Höhenlinien

$$|\mathbf{a}(\mathbf{r})| = |\alpha| r$$

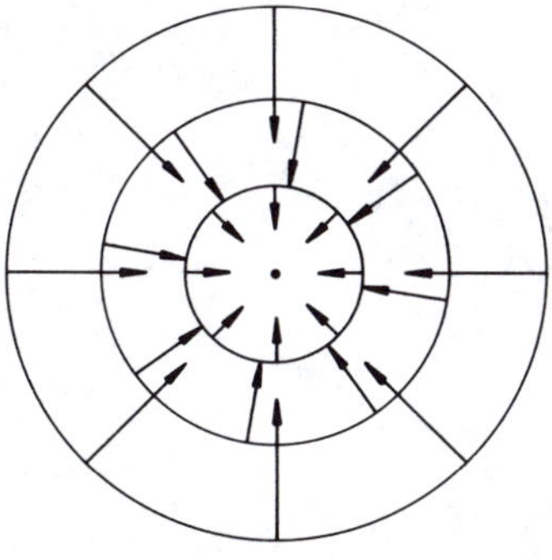

sind konzentrische Kreise mit einer von Linie zu Linie konstanten Radiusänderung. Das Feld wird charakterisiert durch Pfeile der Länge $|\alpha| r$, die wegen $\alpha < 0$ radial auf den Koordinatenursprung zuweisen.

1c) $\mathbf{a}(\mathbf{r}) = \alpha(x_1 + x_2)\,\mathbf{e}_1 + \alpha(x_2 - x_1)\,\mathbf{e}_2; \quad \alpha > 0.$

Die Höhenlinien

$$|\mathbf{a}(\mathbf{r})|_{x_3=0} = \alpha\sqrt{(x_1 + x_2)^2 + (x_2 - x_1)^2} = \sqrt{2}\,\alpha r$$

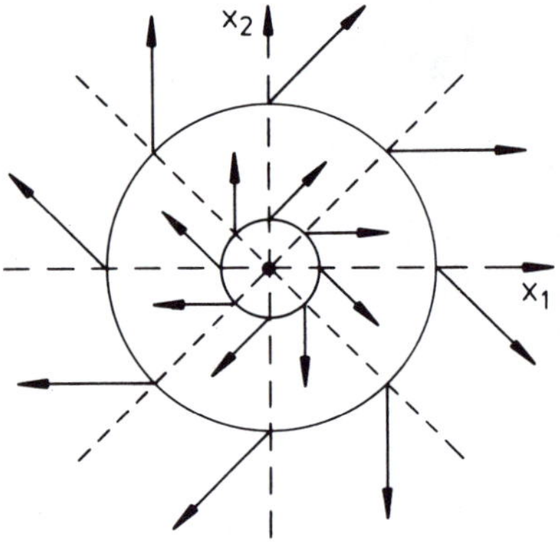

sind wieder wie in Punkt 1b) konzentrische Kreise mit von Linie zu Linie konstanter Radiusänderung. Die Pfeillängen nehmen gemäß $\sqrt{2}\,\alpha r$ radial zu. Ihre Richtungen gehen aus dem Bild hervor.

1d)

$$\mathbf{a}(\mathbf{r}) = \frac{\alpha}{x_2^2 + x_3^2 + \beta^2}\mathbf{e}_1; \quad \alpha, \beta > 0.$$

Die Höhenlinien ergeben sich aus

$$|\mathbf{a}(\mathbf{r})|_{x_3=0} = \frac{\alpha}{x_2^2 + \beta^2}.$$

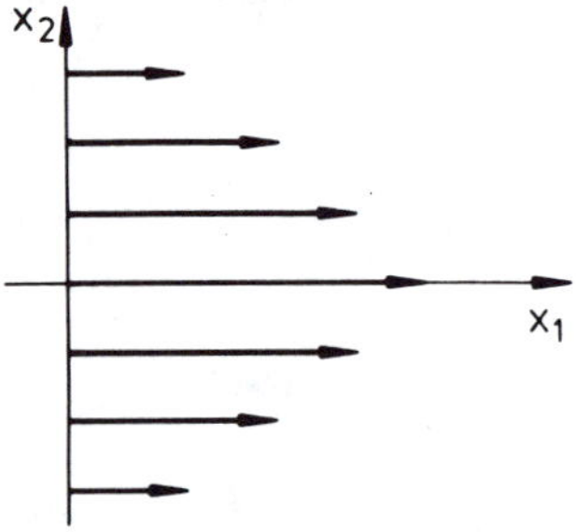

Die Feldlinien-Pfeile liegen parallel zur x_1-Achse. Ihre Länge nimmt mit wachsenden x_2-Werten ab.

2a) $\mathbf{a}(\mathbf{r}) = \frac{\omega_0}{r}(-x_2, x_1, 0).$

Mit

$$\frac{\partial}{\partial x_i}\frac{1}{r} = -\frac{x_i}{r^3}$$

ergibt sich:

$$\frac{\partial}{\partial x_1}\mathbf{a} = \frac{\omega_0}{r^3}(x_1x_2, r^2 - x_1^2, 0),$$
$$\frac{\partial}{\partial x_2}\mathbf{a} = \frac{\omega_0}{r^3}(x_2^2 - r^2, -x_1x_2, 0),$$
$$\frac{\partial}{\partial x_3}\mathbf{a} = \frac{\omega_0}{r^3}(x_2x_3, -x_1x_3, 0).$$

2b)

$$\mathbf{a}(\mathbf{r}) = \alpha(x_1, x_2, x_3),$$
$$\frac{\partial}{\partial x_i}\mathbf{a}(\mathbf{r}) = \alpha\mathbf{e}_i\,; \quad i = 1, 2, 3.$$

2c)

$$\mathbf{a}(\mathbf{r}) = \alpha(x_1 + x_2, x_2 - x_1, 0),$$
$$\frac{\partial}{\partial x_1}\mathbf{a}(\mathbf{r}) = \alpha(1, -1, 0),$$
$$\frac{\partial}{\partial x_2}\mathbf{a}(\mathbf{r}) = \alpha(1, 1, 0),$$
$$\frac{\partial}{\partial x_3}\mathbf{a}(\mathbf{r}) = \alpha(0, 0, 0).$$

2d)

$$\mathbf{a}(\mathbf{r}) = \frac{\alpha}{x_2^2 + x_3^2 + \beta^2}\mathbf{e}_1,$$
$$\frac{\partial}{\partial x_1}\mathbf{a} = \mathbf{0},$$
$$\frac{\partial}{\partial x_2}\mathbf{a} = \frac{-2\alpha x_2}{\left(x_2^2 + x_3^2 + \beta^2\right)^2}(1, 0, 0),$$
$$\frac{\partial}{\partial x_3}\mathbf{a} = \frac{-2\alpha x_3}{\left(x_2^2 + x_3^2 + \beta^2\right)^2}(1, 0, 0).$$

3a)

$$\operatorname{div}\mathbf{a} = \sum_{j=1}^{3}\frac{\partial a_j}{\partial x_j} = \frac{\omega_0}{r^3}(x_1x_2 - x_2x_1) = 0,$$
$$\operatorname{rot}\mathbf{a} = \left(\frac{\partial a_3}{\partial x_2} - \frac{\partial a_2}{\partial x_3}, \frac{\partial a_1}{\partial x_3} - \frac{\partial a_3}{\partial x_1}, \frac{\partial a_2}{\partial x_1} - \frac{\partial a_1}{\partial x_2}\right) =$$
$$= \frac{\omega_0}{r^3}(x_1x_3, x_2x_3, r^2 + x_3^2).$$

3b)

$$\operatorname{div} \mathbf{a} = 3\alpha,$$
$$\operatorname{rot} \mathbf{a} = 0, \quad \text{da} \quad \frac{\partial a_i}{\partial x_j} = 0 \text{ für } i \neq j.$$

3c)

$$\operatorname{div} \mathbf{a} = 2\alpha,$$
$$\operatorname{rot} \mathbf{a} = \alpha(0-0, 0-0, -1-1) = -2\alpha(0,0,1).$$

3d)

$$\operatorname{div} \mathbf{a} = 0,$$
$$\operatorname{rot} \mathbf{a} = -\frac{2\alpha}{\left(x_2^2 + x_3^2 + \beta^2\right)^2}(0, x_3, -x_2).$$

Lösung zu Aufgabe 1.3.2

1)

$$\frac{d}{dr}\frac{e^{-\alpha r}}{r} = \left(-\frac{1}{r^2} - \frac{\alpha}{r}\right) e^{-\alpha r},$$
$$\frac{\partial r}{\partial x_i} = \frac{x_i}{r}.$$

Die partiellen Ableitungen des Potentials φ lauten damit:

$$\frac{\partial}{\partial x_i}\varphi(\mathbf{r}) = -\frac{q}{4\pi\epsilon_0} x_i (1 + \alpha r)\frac{e^{-\alpha r}}{r^3}.$$

Dies ergibt für das Gradientenfeld:

$$\operatorname{grad} \varphi(\mathbf{r}) = -\frac{q}{4\pi\epsilon_0} \cdot \frac{1 + \alpha r}{r^2} e^{-\alpha r} \mathbf{e}_r.$$

2)

$$\frac{\partial^2 \varphi}{\partial x_i^2} = -\frac{q}{4\pi\epsilon_0} e^{-\alpha r}\left[\frac{1+\alpha r}{r^3} + x_i \alpha \frac{x_i}{r}\frac{1}{r^3} + x_i(1+\alpha r)\left(-\frac{3}{r^4}\frac{x_i}{r} - \frac{\alpha}{r^3}\frac{x_i}{r}\right)\right] =$$
$$= -\frac{q}{4\pi\epsilon_0} \cdot \frac{e^{-\alpha r}}{r^5}\left[r^2 + \alpha r^3 + \alpha x_i^2 r - x_i^2(1+\alpha r)(3 + \alpha r)\right].$$

Mit $\sum_i x_i^2 = r^2$ folgt schließlich:

$$\Delta\varphi = \alpha^2 \frac{q}{4\pi\epsilon_0} \cdot \frac{e^{-\alpha r}}{r} = \alpha^2 \varphi(\mathbf{r}).$$

Lösung zu Aufgabe 1.3.3

1) Wir definieren das skalare Feld

$$\varphi(x_1, x_2, x_3) = \frac{x_1^2}{a^2} + \frac{x_2^2}{a^2} + \frac{x_3^2}{b^2}$$

und wissen, daß dann das Gradientenfeld grad $\varphi(\mathbf{r})$ senkrecht auf der Fläche φ =const. steht. Der gesuchte Flächennormalenvektor $\mathbf{n}$ ergibt sich daraus zu:

$$\mathbf{n} = \frac{\operatorname{grad}\varphi}{|\operatorname{grad}\varphi|}.$$

Man findet sehr einfach:

$$\operatorname{grad}\varphi = 2\left(\frac{x_1}{a^2}, \frac{x_2}{a^2}, \frac{x_3}{b^2}\right).$$

Dies ergibt für $\mathbf{n}$:

$$\mathbf{n} = \frac{\left(\frac{x_1}{a^2}, \frac{x_2}{a^2}, \frac{x_3}{b^2}\right)}{\sqrt{\frac{1}{a^4}\left(x_1^2 + x_2^2\right) + \frac{1}{b^4}x_3^2}}.$$

Dabei sind x_1, x_2, x_3 so zu wählen, daß

$$\frac{x_1^2}{a^2} + \frac{x_2^2}{a^2} + \frac{x_3^2}{b^2} = 1$$

wird.

$$2a) \quad \mathbf{n} = \frac{1}{\sqrt{2}}(1, 1, 0),$$

$$2b) \quad \mathbf{n} = \frac{1}{\sqrt{2 + \frac{a^2}{b^2}}}\left(1, 1, \frac{a}{b}\right),$$

$$2c) \quad \mathbf{n} = \frac{1}{\sqrt{3 + \frac{a^2}{b^2}}}\left(-1, \sqrt{2}, -\frac{a}{b}\right),$$

$$2d) \quad \mathbf{n} = (0, 0, 1),$$

$$2e) \quad \mathbf{n} = (0, -1, 0).$$

Lösung zu Aufgabe 1.3.4

1)

$$\frac{\partial}{\partial x_i}\varphi_1(\mathbf{r}) = -\alpha_i \sin(\boldsymbol{\alpha} \cdot \mathbf{r}); \quad i = 1, 2, 3$$

$$\Longrightarrow \operatorname{grad}\varphi_1(\mathbf{r}) = -\boldsymbol{\alpha}\sin(\boldsymbol{\alpha} \cdot \mathbf{r}),$$

$$\frac{\partial^2}{\partial x_i^2}\varphi_1(\mathbf{r}) = -\alpha_i^2 \cos(\boldsymbol{\alpha} \cdot \mathbf{r})$$

$$\Longrightarrow \Delta\varphi_1(\mathbf{r}) = -|\boldsymbol{\alpha}|^2\varphi_1(\mathbf{r}).$$

Die Rechnung für $\varphi_2(\mathbf{r})$ verläuft analog:

$$\frac{\partial}{\partial x_i}\varphi_2(\mathbf{r}) = -2\gamma\, r\frac{x_i}{r}e^{-\gamma r^2}; \quad i = 1,2,3,$$

$$\frac{\partial^2}{\partial x_i^2}\varphi_2(\mathbf{r}) = e^{-\gamma r^2}\left(-2\gamma + \gamma^2 x_i^2\right)$$

$$\Longrightarrow \operatorname{grad}\varphi_2(\mathbf{r}) = -2\gamma\, e^{-\gamma r^2}\mathbf{r}.$$

$$\Delta\varphi_2(\mathbf{r}) = 2\gamma(2\gamma r^2 - 3)e^{-\gamma r^2}.$$

2)

$$\frac{\partial}{\partial x_i}\left(\frac{x_i}{r}\right) = \frac{1}{r} - \frac{x_i^2}{r^3} \Longrightarrow \operatorname{div}\mathbf{e}_r = \frac{2}{r}.$$

3) Wir suchen die Bedingungen für

$$\operatorname{div}\mathbf{a}(\mathbf{r}) \stackrel{!}{=} 0.$$

Wegen

$$\frac{\partial a_i}{\partial x_i} = \frac{\partial}{\partial x_i}f(r)x_i = f(r) + \frac{df(r)}{dr}\frac{x_i^2}{r}$$

gilt

$$\operatorname{div}\mathbf{a}(\mathbf{r}) = 3f(r) + r\frac{df(r)}{dr},$$

so daß die obige Bedingung für

$$\frac{df}{dr} = -\frac{3}{r}f(r)$$

erfüllt ist. Falls also $f(r)$ von der Form

$$f(r) = \frac{\alpha}{r^3} \quad (\alpha \text{ beliebig})$$

ist, wird $\mathbf{a}(r)$ quellenfrei.

4) Für die k-te Komponente des Vektorfeldes gilt:

$$(\operatorname{grad}\varphi_1 \times \operatorname{grad}\varphi_2)_k = \sum_{i,j}\epsilon_{ijk}\frac{\partial\varphi_1}{\partial x_i}\frac{\partial\varphi_2}{\partial x_j}.$$

Daraus folgt:

$$\frac{\partial}{\partial x_k}a_k(\mathbf{r}) = \sum_{i,j}\epsilon_{ijk}\left(\frac{\partial^2\varphi_1}{\partial x_k\partial x_i}\frac{\partial\varphi_2}{\partial x_j} + \frac{\partial\varphi_1}{\partial x_i}\frac{\partial^2\varphi_2}{\partial x_k\partial x_j}\right).$$

Damit berechnen wir die Divergenz:

$$\operatorname{div} \mathbf{a}(\mathbf{r}) = \sum_{i,j,k} \epsilon_{ijk} \left(\frac{\partial^2 \varphi_1}{\partial x_k \partial x_i} \frac{\partial \varphi_2}{\partial x_j} + \frac{\partial \varphi_1}{\partial x_i} \frac{\partial^2 \varphi_2}{\partial x_k \partial x_j} \right) =$$

$$= \frac{1}{2} \sum_{i,j,k} \frac{\partial \varphi_2}{\partial x_j} \left(\epsilon_{ijk} \frac{\partial^2 \varphi_1}{\partial x_k \partial x_i} + \epsilon_{kji} \frac{\partial^2 \varphi_1}{\partial x_i \partial x_k} \right) +$$

$$+ \frac{1}{2} \sum_{i,j,k} \frac{\partial \varphi_1}{\partial x_i} \left(\epsilon_{ijk} \frac{\partial^2 \varphi_2}{\partial x_k \partial x_j} + \epsilon_{ikj} \frac{\partial^2 \varphi_2}{\partial x_j \partial x_k} \right) .$$

In den zweiten Summanden in den Klammern haben wir lediglich die Summationsindizes i und k bzw. j und k miteinander vertauscht. φ_1 und φ_2 sind zweimal stetig differenzierbar, so daß die Reihenfolge der partiellen Ableitungen beliebig ist:

$$\operatorname{div} \mathbf{a}(\mathbf{r}) = \frac{1}{2} \sum_{i,j,k} \frac{\partial \varphi_2}{\partial x_j} \frac{\partial^2 \varphi_1}{\partial x_k \partial x_i} \underbrace{(\epsilon_{ijk} + \epsilon_{kji})}_{0} +$$

$$+ \frac{1}{2} \sum_{i,j,k} \frac{\partial \varphi_1}{\partial x_i} \frac{\partial^2 \varphi_2}{\partial x_k \partial x_j} \underbrace{(\epsilon_{ijk} + \epsilon_{ikj})}_{0} = 0.$$

5)

$$\operatorname{div}(\varphi \mathbf{a}) = \sum_{j=1}^{3} \frac{\partial}{\partial x_j} (\varphi\, a_j) = \sum_{j=1}^{3} \varphi \frac{\partial a_j}{\partial x_j} + \sum_{j=1}^{3} a_j \frac{\partial \varphi}{\partial x_j} = \varphi \operatorname{div} \mathbf{a} + \mathbf{a} \cdot \nabla \varphi .$$

Lösung zu Aufgabe 1.3.5

1) Der Beweis erfolgt durch direktes Ausnutzen der Definition:

$$\operatorname{rot}[f(r)\mathbf{r}] = \left(\frac{\partial}{\partial x_2} f x_3 - \frac{\partial}{\partial x_3} f x_2, \frac{\partial}{\partial x_3} f x_1 - \frac{\partial}{\partial x_1} f x_3, \frac{\partial}{\partial x_1} f x_2 - \frac{\partial}{\partial x_2} f x_1 \right) =$$

$$= \frac{df}{dr} \left(\frac{x_2}{r} x_3 - \frac{x_3}{r} x_2, \frac{x_3}{r} x_1 - \frac{x_1}{r} x_3, \frac{x_1}{r} x_2 - \frac{x_2}{r} x_1 \right) = \mathbf{0}.$$

2)

$$\operatorname{rot}(\varphi \mathbf{a}) = \mathbf{e}_1 \left(\frac{\partial}{\partial x_2} \varphi a_3 - \frac{\partial}{\partial x_3} \varphi a_2 \right) + \mathbf{e}_2 \left(\frac{\partial}{\partial x_3} \varphi a_1 - \frac{\partial}{\partial x_1} \varphi a_3 \right) +$$

$$+ \mathbf{e}_3 \left(\frac{\partial}{\partial x_1} \varphi a_2 - \frac{\partial}{\partial x_2} \varphi a_1 \right) =$$

$$= \varphi \left[\mathbf{e}_1 \left(\frac{\partial a_3}{\partial x_2} - \frac{\partial a_2}{\partial x_3} \right) + \mathbf{e}_2 \left(\frac{\partial a_1}{\partial x_3} - \frac{\partial a_3}{\partial x_1} \right) + \right.$$

$$\left. + \mathbf{e}_3 \left(\frac{\partial a_2}{\partial x_1} - \frac{\partial a_1}{\partial x_2} \right) \right] + \mathbf{e}_1 \left(a_3 \frac{\partial \varphi}{\partial x_2} - a_2 \frac{\partial \varphi}{\partial x_3} \right) +$$

$$+ \mathbf{e}_2 \left(a_1 \frac{\partial \varphi}{\partial x_3} - a_3 \frac{\partial \varphi}{\partial x_1} \right) + \mathbf{e}_3 \left(a_2 \frac{\partial \varphi}{\partial x_1} - a_1 \frac{\partial \varphi}{\partial x_2} \right) =$$

$$= \varphi \operatorname{rot} \mathbf{a} + (\operatorname{grad} \varphi) \times \mathbf{a}.$$

3) Wir verifizieren die Beziehung für die 1-Komponente:

$$\begin{aligned}(\mathrm{rot\,rot}\,\mathbf{a})_1 &= \frac{\partial}{\partial x_2}\mathrm{rot}_3\mathbf{a} - \frac{\partial}{\partial x_3}\mathrm{rot}_2\mathbf{a} = \\ &= \frac{\partial}{\partial x_2}\left(\frac{\partial a_2}{\partial x_1} - \frac{\partial a_1}{\partial x_2}\right) - \frac{\partial}{\partial x_3}\left(\frac{\partial a_1}{\partial x_3} - \frac{\partial a_3}{\partial x_1}\right) = \\ &= -\Delta a_1 + \frac{\partial^2}{\partial x_1^2}a_1 + \frac{\partial^2 a_2}{\partial x_2 \partial x_1} + \frac{\partial^2 a_3}{\partial x_3 \partial x_1} = \\ &= -\Delta a_1 + \frac{\partial}{\partial x_1}\mathrm{div}\,\mathbf{a}.\end{aligned}$$

Mit der jeweils analogen Rechnung für die anderen Komponenten folgt die Behauptung.

4)

$$\begin{aligned}\mathrm{rot}_1\left(\frac{1}{2}\boldsymbol{\alpha} \times \mathbf{r}\right) &= \frac{1}{2}\left[\frac{\partial}{\partial x_2}(\boldsymbol{\alpha} \times \mathbf{r})_3 - \frac{\partial}{\partial x_3}(\boldsymbol{\alpha} \times \mathbf{r})_2\right] = \\ &= \frac{1}{2}\frac{\partial}{\partial x_2}\sum_{i,j}\epsilon_{ij3}\alpha_i x_j - \frac{1}{2}\frac{\partial}{\partial x_3}\sum_{i,j}\epsilon_{ij2}\alpha_i x_j = \\ &= \frac{1}{2}\sum_i (\epsilon_{i23} - \epsilon_{i32})\,\alpha_i = \alpha_1.\end{aligned}$$

Analog berechnen sich die beiden anderen Komponenten. Es folgt nach Zusammenfassung:

$$\mathrm{rot}\left(\frac{1}{2}\boldsymbol{\alpha} \times \mathbf{r}\right) = \boldsymbol{\alpha}.$$

Kapitel 1.4

Lösung zu Aufgabe 1.4.1

$$A \cdot B = \begin{pmatrix} 1 & 1 & 2 \\ 3 & 0 & 4 \\ 0 & 0 & 5 \end{pmatrix}; \quad B \cdot A = \begin{pmatrix} 0 & 1 & 2 \\ 3 & 1 & 6 \\ 0 & 0 & 5 \end{pmatrix}.$$

Lösung zu Aufgabe 1.4.2

1) Sarrus-Regel:

$$\det A = 0 - 15 + 4 + 0 + 8 - 6 = -9.$$

2) $\det A = 0$, da die vierte Zeile sich als Summe aus der ersten und der zweiten Zeile schreiben läßt.

3) Zweckmäßig ist offensichtlich die Entwicklung nach der dritten Spalte:

$$\det A = -8 \det \begin{pmatrix} 4 & 3 & 1 \\ 0 & 1 & 7 \\ 3 & -4 & 6 \end{pmatrix}$$

$$= -8(24 + 63 - 4 - 3 + 112) = -1568.$$

Lösung zu Aufgabe 1.4.3

$$A \cdot A^T = \begin{pmatrix} a & b & c & d \\ -b & a & -d & c \\ -c & d & a & -b \\ -d & -c & b & a \end{pmatrix} \cdot \begin{pmatrix} a & -b & -c & -d \\ b & a & d & -c \\ c & -d & a & b \\ d & c & -b & a \end{pmatrix} =$$

$$= \begin{pmatrix} (a^2 + b^2 + c^2 + d^2) & & 0 \\ & \ddots & \\ 0 & & (a^2 + b^2 + c^2 + d^2) \end{pmatrix}.$$

Die Determinante der Produktmatrix ist direkt ablesbar:

$$\det(A \cdot A^T) = (a^2 + b^2 + c^2 + d^2)^4.$$

Andererseits gilt auch:

$$\det(A \cdot A^T) = \det A \cdot \det A^T = (\det A)^2.$$

Damit folgt:

$$\det A = \left(a^2 + b^2 + c^2 + d^2\right)^2.$$

Lösung zu Aufgabe 1.4.4

1) Die Koeffizientenmatrix A,

$$A \equiv \begin{pmatrix} 2 & 1 & 5 \\ 1 & 5 & 2 \\ 5 & 2 & 1 \end{pmatrix},$$

hat eine **nicht**-verschwindende Determinante:

$$\det A = -104.$$

Das Gleichungssystem ist also eindeutig lösbar:

$$\det A_1 = \begin{vmatrix} -21 & 1 & 5 \\ 19 & 5 & 2 \\ 2 & 2 & 1 \end{vmatrix} = 104,$$

$$\det A_2 = \begin{vmatrix} 2 & -21 & 5 \\ 1 & 19 & 2 \\ 5 & 2 & 1 \end{vmatrix} = -624,$$

$$\det A_3 = \begin{vmatrix} 2 & 1 & -21 \\ 1 & 5 & 19 \\ 5 & 2 & 2 \end{vmatrix} = 520.$$

Das Gleichungssystem hat damit nach der Cramerschen Regel die folgenden Lösungen:

$$x_1 = \frac{104}{-104} = -1; \quad x_2 = \frac{-624}{-104} = 6; \quad x_3 = \frac{520}{-104} = -5.$$

2) Die zweite und dritte Gleichung sind linear abhängig. Es bleibt deshalb nur

$$\begin{aligned} x_1 - x_2 &= 4 - 3x_3, \\ 3x_1 + x_2 &= -1 + 4x_3 \end{aligned}$$

mit den *Lösungen*:

$$x_1 = \frac{1}{4}(3 + x_3); \quad x_2 = \frac{13}{4}(x_3 - 1).$$

3) Die Koeffizientenmatrix A,

$$A = \begin{pmatrix} 1 & 1 & -1 \\ -1 & 3 & 1 \\ 0 & 1 & 1 \end{pmatrix},$$

des homogenen Gleichungssystems besitzt eine **nicht**-verschwindende Determinante:

$$\det A = 4.$$

Es gibt also nur die triviale Lösung:

$$x_1 = x_2 = x_3 = 0.$$

4) Die Determinante der Koeffizientenmatrix ist Null:

$$\det A = \begin{vmatrix} 2 & -3 & 1 \\ 4 & 4 & -1 \\ 1 & -\frac{3}{2} & \frac{1}{2} \end{vmatrix} = 0.$$

Lösungen beziehen wir aus:

$$\begin{aligned} 2x_1 - 3x_2 &= -x_3, \\ 4x_1 + 4x_2 &= x_3. \end{aligned}$$

$$\det A' = 20; \quad \det A_1 = -x_3; \quad \det A_2 = 6x_3$$

$$\Longrightarrow x_1 = -\frac{1}{20}x_3; \quad x_2 = \frac{3}{10}x_3.$$

Lösung zu Aufgabe 1.4.5

1) A vermittelt eine Drehung, da

a) Zeilen und Spalten orthonormiert,

b) $\det A = 1$.

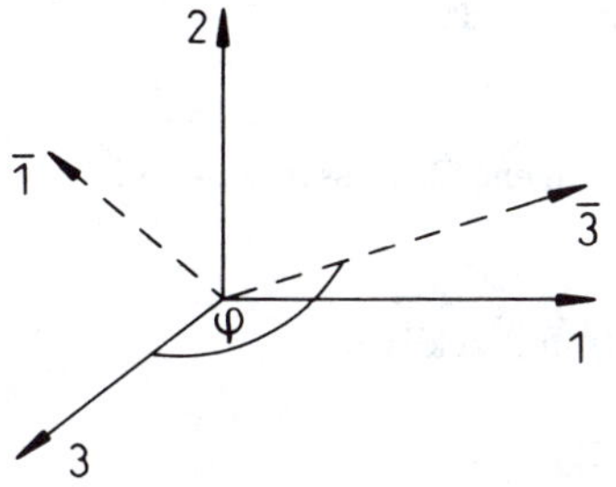

Es handelt sich um eine Drehung um die 2-Achse um den Winkel $\varphi = 135°$:

$$A = \begin{pmatrix} \cos\varphi & 0 & -\sin\varphi \\ 0 & 1 & 0 \\ \sin\varphi & 0 & \cos\varphi \end{pmatrix}.$$

2)

$$\begin{pmatrix} \bar{a}_1 \\ \bar{a}_2 \\ \bar{a}_3 \end{pmatrix} = A \begin{pmatrix} 0 \\ -2 \\ 1 \end{pmatrix} = \begin{pmatrix} -\frac{1}{2}\sqrt{2} \\ -2 \\ -\frac{1}{2}\sqrt{2} \end{pmatrix},$$

$$\begin{pmatrix} \bar{b}_1 \\ \bar{b}_2 \\ \bar{b}_3 \end{pmatrix} = A \begin{pmatrix} 3 \\ 5 \\ -4 \end{pmatrix} = \begin{pmatrix} \frac{1}{2}\sqrt{2} \\ 5 \\ \frac{7}{2}\sqrt{2} \end{pmatrix}.$$

Das Skalarprodukt ändert sich bei der Drehung nicht:

$$\mathbf{a} \cdot \mathbf{b} = \bar{\mathbf{a}} \cdot \bar{\mathbf{b}} = -14.$$

Lösung zu Aufgabe 1.4.6

1)

$$\mathbf{a} = \begin{pmatrix} a_1 \\ a_2 \\ a_3 \end{pmatrix}; \quad \bar{\mathbf{a}} = \begin{pmatrix} \bar{a}_1 \\ \bar{a}_2 \\ \bar{a}_3 \end{pmatrix}.$$

$\bar{\mathbf{a}}$ sei der Vektor, der aus $\mathbf{a}$ durch Drehung hervorgeht. Nach (1.182) gilt dann:

$$\bar{a}_i = \sum_{j=1}^{3} d_{ij} a_j.$$

d_{ij} sind die Elemente der Drehmatrix:

$$\sum_i \bar{a}_i^2 = \sum_i \sum_{j,k} d_{ij} d_{ik} a_j a_k = \sum_{j,k} \left(\sum_i d_{ij} d_{ik} \right) a_j a_k.$$

In der Klammer steht δ_{jk}, da die Spalten der Drehmatrix orthonormiert sind:

$$\sum_i \bar{a}_i^2 = \sum_{j,k} \delta_{jk} a_j a_k = \sum_j a_j^2 \quad \text{q.e.d..}$$

2) $\Sigma, \overline{\Sigma}$ seien durch Drehung auseinander hervorgegangene Rechtssysteme, d.h.

$$\mathbf{e}_i = (\mathbf{e}_j \times \mathbf{e}_k)\,,$$
$$\bar{\mathbf{e}}_i = (\bar{\mathbf{e}}_j \times \bar{\mathbf{e}}_k)\,; \quad (i,j,k) = (1,2,3) \text{ und zyklisch.}$$

Es gilt die Zuordnung:

$$\bar{\mathbf{e}}_m = \sum_l d_{ml} \mathbf{e}_l.$$

Dies setzen wir oben ein:

$$\sum_l d_{il} \mathbf{e}_l = \sum_{m,n} d_{jm} d_{kn} (\mathbf{e}_m \times \mathbf{e}_n).$$

Wir multiplizieren diese Gleichung skalar mit $\mathbf{e}_r$:

$$d_{ir} = \sum_{m,n} \epsilon_{rmn} d_{jm} d_{kn}.$$

Wir werten dies für $i = 1$ aus:

$$d_{1r} = \sum_{m,n} \epsilon_{rmn} d_{2m} d_{3n}$$

$$\Longrightarrow d_{11} = d_{22}d_{33} - d_{23}d_{32} = \begin{vmatrix} d_{22} & d_{23} \\ d_{32} & d_{33} \end{vmatrix} = A_{11},$$

$$d_{12} = d_{23}d_{31} - d_{21}d_{33} = -\begin{vmatrix} d_{21} & d_{23} \\ d_{31} & d_{33} \end{vmatrix} = -A_{12},$$

$$d_{13} = d_{21}d_{32} - d_{22}d_{31} = \begin{vmatrix} d_{21} & d_{22} \\ d_{31} & d_{32} \end{vmatrix} = A_{13}.$$

Dies bedeutet insgesamt:

$$d_{1r} = (-1)^{1+r} A_{1r} = U_{1r}.$$

Ganz analog verifiziert man:

$$d_{2r} = (-1)^{2+r} A_{2r} = U_{2r},$$
$$d_{3r} = (-1)^{3+r} A_{3r} = U_{3r}.$$

Kapitel 1.5

Lösung zu Aufgabe 1.5.1

1)

$$\frac{\partial(x_1,x_2)}{\partial(y_1,y_2)} = \begin{vmatrix} \left(\frac{\partial x_1}{\partial y_1}\right)_{y_2} & \left(\frac{\partial x_1}{\partial y_2}\right)_{y_1} \\ \left(\frac{\partial x_2}{\partial y_1}\right)_{y_2} & \left(\frac{\partial x_2}{\partial y_2}\right)_{y_1} \end{vmatrix}.$$

Man erkennt unmittelbar an diesem Ausdruck:

$$\frac{\partial(x_1,x_2)}{\partial(y_1,y_2)} \overset{(\alpha)}{=} -\frac{\partial(x_1,x_2)}{\partial(y_2,y_1)} \overset{(\beta)}{=} \frac{\partial(x_2,x_1)}{\partial(y_2,y_1)},$$

(α): Vertauschung zweier Spalten der Funktionaldeterminante, (β): Vertauschung zweier Zeilen der Funktionaldeterminante.

2) Das erste Beispiel betrifft die identische Transformation:

$$(x_1,x_2) \Longrightarrow (x_1,x_2).$$

$$\frac{\partial(x_1,x_2)}{\partial(x_1,x_2)} = \begin{vmatrix} 1 & 0 \\ 0 & 1 \end{vmatrix} = 1.$$

Das zweite Beispiel betrifft die Transformation:

$$x_1 = x_1(y_1,y_2); \quad x_2 = y_2.$$

$$\frac{\partial(x_1,x_2)}{\partial(y_1,y_2)} = \frac{\partial(x_1,y_2)}{\partial(y_1,y_2)} = \begin{vmatrix} \left(\frac{\partial x_1}{\partial y_1}\right)_{y_2} & \left(\frac{\partial x_1}{\partial y_2}\right)_{y_1} \\ 0 & 1 \end{vmatrix}$$

$$\Longrightarrow \frac{\partial(x_1,y_2)}{\partial(y_1,y_2)} = \left(\frac{\partial x_1}{\partial y_1}\right)_{y_2}.$$

Lösung zu Aufgabe 1.5.2

Nach (1.238) gilt zunächst:

$$\frac{\partial(x_1,x_2)}{\partial(y_1,y_2)} = \left[\frac{\partial(y_1,y_2)}{\partial(x_1,x_2)}\right]^{-1}.$$

Nach Aufgabe (1.5.1) folgt daraus speziell:

$$\left(\frac{\partial x}{\partial y}\right)_z = \frac{\partial(x,z)}{\partial(y,z)} = \left[\frac{\partial(y,z)}{\partial(x,z)}\right]^{-1} = \left[\left(\frac{\partial y}{\partial x}\right)_z\right]^{-1}.$$

Für den zweiten Teil der Aufgabe benutzen wir (1.237):

$$\frac{\partial(x,z)}{\partial(y,z)} \cdot \frac{\partial(y,z)}{\partial(x,y)} \cdot \frac{\partial(x,y)}{\partial(x,z)} = 1.$$

Das ist gleichbedeutend mit

$$\left(\frac{\partial x}{\partial y}\right)_z \cdot \left[-\left(\frac{\partial z}{\partial x}\right)_y\right] \cdot \left(\frac{\partial y}{\partial z}\right)_x = 1,$$

woraus die Behauptung folgt!

Lösung zu Aufgabe 1.5.3

1)

$$\frac{\partial(x_1,x_2,x_3)}{\partial(u,v,z)} = \begin{vmatrix} u & -v & 0 \\ v & u & 0 \\ 0 & 0 & 1 \end{vmatrix} = u^2 + v^2.$$

Die Transformation ist also überall lokal umkehrbar, außer in ($u = 0$, $v = 0$, z).

2)

$$dV = dx_1 dx_2 dx_3 = \frac{\partial(x_1,x_2,x_3)}{\partial(u,v,z)} du\, dv\, dz$$
$$\Longrightarrow dV = (u^2+v^2) du\, dv\, dz.$$

3) Ortsvektor:

$$\mathbf{r} = \left(\frac{1}{2}(u^2 - v^2), uv, z\right).$$

$$\frac{\partial \mathbf{r}}{\partial u} = (u,v,0) \Longrightarrow b_u = \sqrt{u^2+v^2},$$
$$\frac{\partial \mathbf{r}}{\partial v} = (-v,u,0) \Longrightarrow b_v = b_u,$$
$$\frac{\partial \mathbf{r}}{\partial z} = (0,0,1) \Longrightarrow b_z = 1.$$

Damit ergeben sich die folgenden krummlinigen orthogonalen Einheitsvektoren:

$$\mathbf{e}_u = \frac{1}{\sqrt{u^2+v^2}}(u,v,0),$$
$$\mathbf{e}_v = \frac{1}{\sqrt{u^2+v^2}}(-v,u,0),$$
$$\mathbf{e}_z = (0,0,1).$$

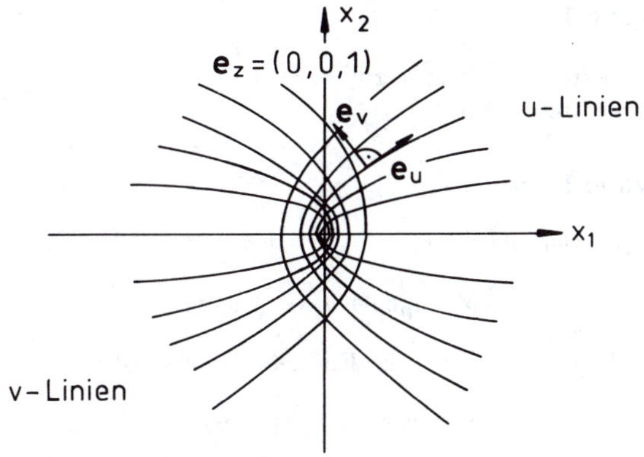

u-Linien: $x_1 = \frac{1}{2v^2}x_2^2 - \frac{1}{2}v^2$ $\quad(v = \text{const.})$ (Parabeln um x_1-Achse),

v-Linien: $x_1 = -\frac{1}{2u^2}x_2^2 + \frac{1}{2}u^2$ $\quad(u = \text{const.})$ (Parabeln um negative x_1-Achse),

z-Linien: Parallelen zur x_3-Achse.

u- und v-Linien schneiden sich unter rechten Winkeln.

4) Für das Differential des Ortsvektors gilt (1.246). Dies ergibt mit den obigen Resultaten:

$$d\mathbf{r} = \sqrt{u^2 + v^2}\, du\, \mathbf{e}_u + \sqrt{u^2 + v^2}\, dv\, \mathbf{e}_v + dz\, \mathbf{e}_z .$$

Für den Nabla-Operator verwenden wir die allgemeine Beziehung (1.249):

$$\nabla = \mathbf{e}_u \frac{1}{\sqrt{u^2 + v^2}} \frac{\partial}{\partial u} + \mathbf{e}_v \frac{1}{\sqrt{u^2 + v^2}} \frac{\partial}{\partial v} + \mathbf{e}_z \frac{\partial}{\partial z} .$$

Lösung zu Aufgabe 1.5.4

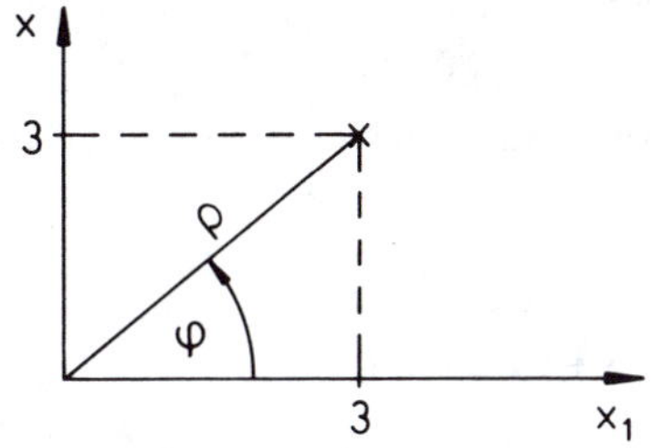

$$\tan\varphi = 1 \Longrightarrow \varphi = \frac{\pi}{4}; \quad \rho = 3\sqrt{2}.$$

Lösung zu Aufgabe 1.5.5

Kartesische Koordinaten: $R^2 = x_1^2 + x_2^2$,
ebene Polarkoordinaten: $R = \rho$.

Lösung zu Aufgabe 1.5.6

1) Vektorfeld in Zylinderkoordinaten:

$$\mathbf{a} = a_\rho \mathbf{e}_\rho + a_\varphi \mathbf{e}_\varphi + a_z \mathbf{e}_z.$$

Zu bestimmen sind a_ρ, a_φ, a_z! Für die Einheitsvektoren gilt:

$$\begin{aligned}
\mathbf{e}_\rho &= \cos\varphi\,\mathbf{e}_1 + \sin\varphi\,\mathbf{e}_2, \\
\mathbf{e}_\varphi &= -\sin\varphi\,\mathbf{e}_1 + \cos\varphi\,\mathbf{e}_2, \\
\mathbf{e}_z &= \mathbf{e}_3.
\end{aligned}$$

Die Umkehrung lautet:

$$\begin{aligned}
\mathbf{e}_1 &= \cos\varphi\,\mathbf{e}_\rho - \sin\varphi\,\mathbf{e}_\varphi, \\
\mathbf{e}_2 &= \sin\varphi\,\mathbf{e}_\rho + \cos\varphi\,\mathbf{e}_\varphi, \\
\mathbf{e}_3 &= \mathbf{e}_z.
\end{aligned}$$

Mit den Transformationsformeln

$$x_1 = \rho\cos\varphi; \quad x_2 = \rho\sin\varphi; \quad x_3 = z$$

erhalten wir dann durch Einsetzen:

$$\mathbf{a} = z(\cos\varphi\,\mathbf{e}_\rho - \sin\varphi\,\mathbf{e}_\varphi) + 2\rho\cos\varphi(\sin\varphi\,\mathbf{e}_\rho + \cos\varphi\,\mathbf{e}_\varphi) + \rho\sin\varphi\,\mathbf{e}_z.$$

Durch Vergleich folgt schließlich:

$$\begin{aligned}
a_\rho &= z\cos\varphi + 2\rho\sin\varphi\cos\varphi, \\
a_\varphi &= -z\sin\varphi + 2\rho\cos^2\varphi, \\
a_z &= \rho\sin\varphi.
\end{aligned}$$

2) Vektorfeld in Kugelkoordinaten:

$$\mathbf{a} = a_r\,\mathbf{e}_r + a_\vartheta \mathbf{e}_\vartheta + a_\varphi\,\mathbf{e}_\varphi.$$

Mit

$$x_1 = r\sin\vartheta\cos\varphi; \quad x_2 = r\sin\vartheta\sin\varphi; \quad x_3 = r\cos\vartheta$$

und

$$\begin{aligned}
\mathbf{e}_1 &= \cos\varphi\sin\vartheta\,\mathbf{e}_r + \cos\varphi\cos\vartheta\,\mathbf{e}_\vartheta - \sin\varphi\,\mathbf{e}_\varphi, \\
\mathbf{e}_2 &= \sin\varphi\sin\vartheta\,\mathbf{e}_r + \sin\varphi\cos\vartheta\,\mathbf{e}_\vartheta + \cos\varphi\,\mathbf{e}_\varphi, \\
\mathbf{e}_3 &= \cos\vartheta\,\mathbf{e}_r - \sin\vartheta\,\mathbf{e}_\vartheta
\end{aligned}$$

ergibt sich nun:

$$a_r = r\cos\varphi\cos\vartheta\sin\vartheta + 2r\sin\varphi\sin^2\vartheta\cos\varphi + r\sin\vartheta\cos\vartheta\sin\varphi,$$
$$a_\vartheta = r\cos\varphi\cos^2\vartheta + 2r\sin\vartheta\cos\vartheta\sin\varphi\cos\varphi - r\sin^2\vartheta\sin\varphi,$$
$$a_\varphi = -r\cos\vartheta\sin\varphi + 2r\sin\vartheta\cos^2\varphi.$$

Kapitel 2.1

Lösung zu Aufgabe 2.1.1

1)

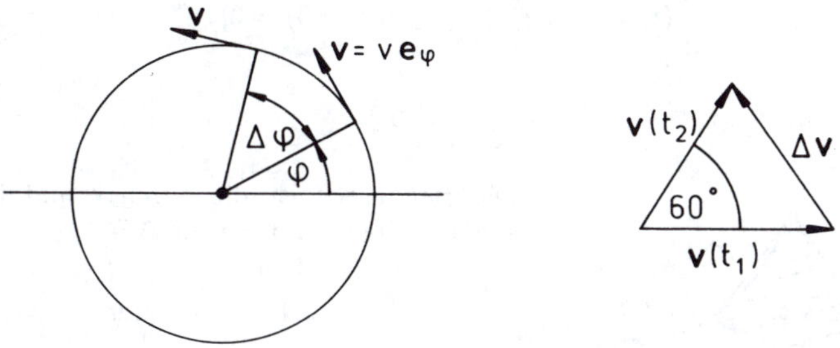

Der Geschwindigkeitsbetrag v ändert sich nicht, so daß mit dem Kosinussatz (1.21) gilt:

$$\Delta v = \sqrt{v^2 + v^2 - 2v^2\cos 60^\circ}$$
$$\Longrightarrow v = 50 \text{ cm s}^{-1}.$$

2) Für die Zentripetalbeschleunigung benötigen wir nach (2.36):

$$\mathbf{a}_r = -R\omega^2\mathbf{e}_r,$$
$$\omega = \frac{2\pi\frac{60}{360}}{2\,s} = \frac{\pi}{6}\ \text{s}^{-1}.$$

Aus $v = R\omega$ folgt dann:

$$R = \frac{300}{\pi}\,\text{cm}$$

und damit:

$$|\mathbf{a}_r| = R\omega^2 = \pi\cdot\frac{50}{6}\ \text{cm}\,\text{s}^{-2}.$$

Lösung zu Aufgabe 2.1.2

1) $\mathbf{v} = \boldsymbol{\omega}\times\mathbf{r}_p = (2, 3, -4)$.

2) ω bleibt unverändert.

$$\mathbf{v}' = \left[\omega \times (\mathbf{r}_p - \mathbf{a})\right] = [(-1,2,1) \times (1,-1,0)]$$
$$\Longrightarrow \mathbf{v}' = (1,1,-1).$$

Lösung zu Aufgabe 2.1.3

1)

$$\begin{aligned}\ddot{\mathbf{r}}(t) &= -\mathbf{g} = -(0,0,g),\\ \dot{\mathbf{r}}(t) &= -\mathbf{g}\,t + \mathbf{v}_0 \quad [\dot{\mathbf{r}}(t=0) = \mathbf{v}_0]\,,\\ \mathbf{r}(t) &= -\frac{1}{2}\mathbf{g}\,t^2 + \mathbf{v}_0 t \quad [\mathbf{r}(t=0) = \mathbf{0}]\,.\end{aligned}$$

2)

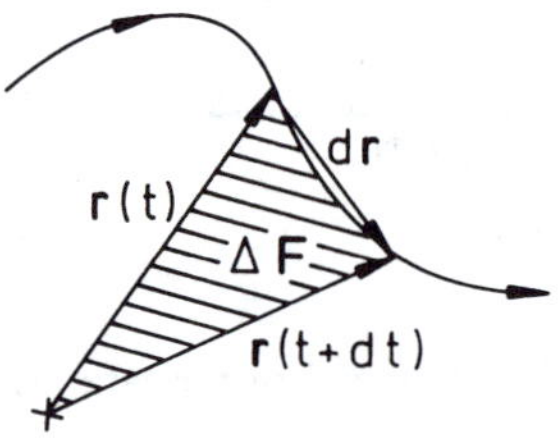

Die *Bahnebene* ist die durch $\mathbf{r}$ und $\dot{\mathbf{r}}$ aufgespannte Ebene. So gilt für $\Delta\mathbf{F}$:

$$\Delta\mathbf{F} = \frac{1}{2}(\mathbf{r}\times\dot{\mathbf{r}})dt.$$

Mit 1) folgt für das Vektorprodukt $\mathbf{r}\times\dot{\mathbf{r}}$:

$$\begin{aligned}\mathbf{r}\times\dot{\mathbf{r}} &= \left(-\frac{1}{2}t^2\mathbf{g} + t\,\mathbf{v}_0\right) \times (-t\,\mathbf{g} + \mathbf{v}_0) =\\ &= -\frac{1}{2}t^2(\mathbf{g}\times\mathbf{v}_0) - t^2(\mathbf{v}_0\times\mathbf{g}) = \frac{1}{2}t^2(\mathbf{g}\times\mathbf{v}_0).\end{aligned}$$

Man erkennt, daß das Vektorprodukt $\mathbf{r}\times\dot{\mathbf{r}}$ zwar zeitabhängig, die Richtung jedoch konstant ist. Die Flächennormale ist stets parallel zu $(\mathbf{g}\times\mathbf{v}_0)$.

3)

$$\mathbf{e}_1' = \frac{1}{v_0}(v_{01}, v_{02}, v_{03}).$$

Von dem Einheitsvektor $\mathbf{e}_2'$ sind drei Bedingungen zu erfüllen:

a) $\mathbf{e}_2'$ liegt in der Bahnebene: $\mathbf{e}_2' \perp \mathbf{g}\times\mathbf{v}_0$,

b) $\mathbf{e}_2'$ ist orthogonal zu $\mathbf{e}_1'$: $\mathbf{e}_2' \cdot \mathbf{e}_1' = 0$,

c) $\mathbf{e}_2'$ ist normiert: $\mathbf{e}_2' \cdot \mathbf{e}_2' = 1$.

Mit

$$\mathbf{e}_2' = (x_1, x_2, x_3)$$

und

$$\mathbf{g} \times \mathbf{v}_0 = (-v_{02}g,\ v_{01}g,\ 0)$$

liefert a) die Bestimmungsgleichung:

$$g\,(x_1 v_{02} - x_2 v_{01}) = 0.$$

Aus b) folgt

$$\frac{1}{v_0}\,(x_1 v_{01} + x_2 v_{02} + x_3 v_{03}) = 0,$$

während c)

$$x_1^2 + x_2^2 + x_3^2 = 1$$

bedeutet. Das sind drei Gleichungen für die Unbekannten x_1, x_2, x_3:

$$\mathbf{e}_2 = \frac{\pm 1}{v_0\sqrt{v_{01}^2 + v_{02}^2}}\left(-v_{01}v_{03},\ -v_{02}v_{03},\ v_{01}^2 + v_{02}^2\right).$$

Das Vorzeichen bleibt frei.

4)

$$\mathbf{e}_3' = \mathbf{e}_1' \times \mathbf{e}_2' = \frac{\pm 1}{\sqrt{v_{01}^2 + v_{02}^2}}\,(v_{02},\ -v_{01},\ 0)\,.$$

Kapitel 2.2

Lösung zu Aufgabe 2.2.1

1)

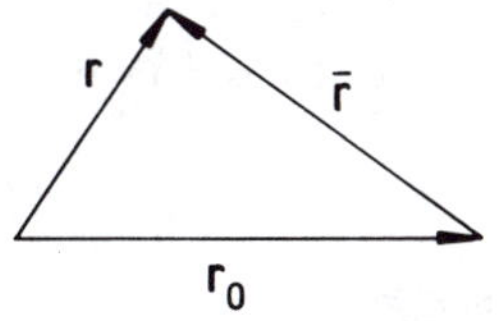

$$\mathbf{r}_0(t) = \mathbf{r} - \bar{\mathbf{r}} = \\ = (-7\alpha_2 t, -11\alpha_5, 3\alpha_4 - 4\alpha_6 t).$$

Relativgeschwindigkeit:

$$\dot{\mathbf{r}}_0\,(t) = (-7\alpha_2, 0, -4\alpha_6) \equiv \dot{\mathbf{r}}_0\,.$$

2)

$$\ddot{\mathbf{r}}\,(t) = (12\alpha_1, -18\alpha_3 t, 0),$$
$$\ddot{\bar{\mathbf{r}}}\,(t) = (12\alpha_1, -18\alpha_3 t, 0).$$

3) Mit Σ ist auch $\overline{\Sigma}$ ein Inertialsystem, da $\ddot{\mathbf{r}}_0 = 0$ bzw. $\ddot{\mathbf{r}} = \ddot{\bar{\mathbf{r}}}$ ist. Wenn sich ein kräftefreier Körper in Σ geradlinig gleichförmig bewegt, dann ist dieses auch in $\overline{\Sigma}$ der Fall.

Lösung zu Aufgabe 2.2.2

1)

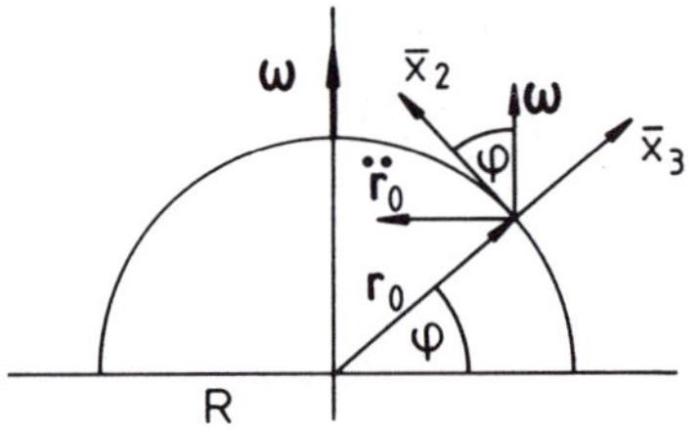

Wir führen zwei Koordinatensysteme ein:

Σ: Koordinatensystem im Erdmittelpunkt, macht die Rotation nicht mit, ist deshalb ein Inertialsystem.

$\overline{\Sigma}$: Mitbewegtes, kartesisches Koordinatensystem an der Erdoberfläche.

$\mathbf{r}_0$: Ortsvektor des Koordinatenursprungs von $\overline{\Sigma}$, von Σ aus gesehen.

$\bar{\mathbf{r}}$: Ortsvektor des Massenpunktes in $\overline{\Sigma}$.

Mit $\dot{\omega} = 0$ lautet die Bewegungsgleichung nach (2.78):

$$m\,\ddot{\bar{\mathbf{r}}} = -m\,\mathbf{g} - m\,\ddot{\mathbf{r}}_0 - m[\boldsymbol{\omega} \times (\boldsymbol{\omega} \times \bar{\mathbf{r}})] - 2m(\boldsymbol{\omega} \times \dot{\bar{\mathbf{r}}}),$$
$$\bar{\mathbf{F}}_c = -2m(\boldsymbol{\omega} \times \dot{\bar{\mathbf{r}}}); \quad \text{(Coriolis-Kraft)},$$
$$\bar{\mathbf{F}}_z = -m[\boldsymbol{\omega} \times (\boldsymbol{\omega} \times \bar{\mathbf{r}})]; \quad \text{(Zentrifugal-Kraft)}.$$

$\bar{\mathbf{F}}_z$ ist hier vernachlässigbar, da ω^2 und auch der Abstand $\bar{r}$ von der Erdoberfläche als klein angenommen werden können. Es bleibt näherungsweise als Bewegungsgleichung:

$$\ddot{\bar{\mathbf{r}}} \approx -\mathbf{g} - \ddot{\mathbf{r}}_0 - 2(\boldsymbol{\omega} \times \dot{\bar{\mathbf{r}}}\,.)$$

2) Der Ursprung von $\overline{\Sigma}$ wird auf einem Kreis mit dem Radius $R\cos\varphi$ um die $\boldsymbol{\omega}$-Achse geführt. Das bedeutet nach (2.33):

$$|\,\ddot{\mathbf{r}}_0\,| = \omega^2 R \cos\varphi,$$
$$\ddot{\mathbf{r}}_0 = \omega^2 R \cos\varphi(\sin\varphi\,\bar{\mathbf{e}}_2 - \cos\varphi\,\bar{\mathbf{e}}_3).$$

3) Die von $\ddot{\mathbf{r}}_0$ herrührende Kraft ist mitzuberücksichtigen:

$$\hat{\mathbf{g}} = \mathbf{g} + \ddot{\mathbf{r}}_0 = (0, \omega^2 R \cos\varphi \sin\varphi, -\omega^2 R \cos^2\varphi + g).$$

Flüssigkeiten stellen ihre Oberflächen immer senkrecht zu $\hat{\mathbf{g}}$ ein, nicht zu $\mathbf{g}$. $\hat{\mathbf{g}}$ bestimmt die Vertikale, die von der radialen Richtung etwas abweicht. $\hat{\mathbf{g}}$ ist von der geographischen Breite abhängig. Die reale Erdoberfläche ist senkrecht zu $\hat{g}$ *(Abplattung der Erde).*

4)

$$\boldsymbol{\omega} = (0, \omega\cos\varphi, \omega\sin\varphi).$$

Nach 1) gilt dann für die Coriolis-Kraft:

$$\bar{\mathbf{F}}_c = -2m(\boldsymbol{\omega}\times\dot{\bar{\mathbf{r}}}) = -2m\,\omega(\dot{\bar{x}}_3\cos\varphi - \dot{\bar{x}}_2\sin\varphi, \dot{\bar{x}}_1\sin\varphi, -\dot{\bar{x}}_1\cos\varphi).$$

5) Bewegungsgleichungen:

$$\begin{aligned} m\,\ddot{\bar{x}}_1 &= -2m\,\omega(\dot{\bar{x}}_3\cos\varphi - \dot{\bar{x}}_2\sin\varphi), \\ m\,\ddot{\bar{x}}_2 &= -2m\,\omega\,\dot{\bar{x}}_1\sin\varphi, \\ m\,\ddot{\bar{x}}_3 &= -m\,\hat{g} + 2m\,\omega\,\dot{\bar{x}}_1\cos\varphi. \end{aligned}$$

$\hat{g}$ ist die gemessene Erdbeschleunigung.

6) Nach Voraussetzung sind während der Fallzeit $\dot{\bar{x}}_1 \approx 0$, $\dot{\bar{x}}_2 \approx 0$. Es bleibt dann das folgende System von Bewegungsgleichungen zu lösen:

$$\begin{aligned} \ddot{\bar{x}}_1 &= -2\omega\,\dot{\bar{x}}_3\cos\varphi, \\ \ddot{\bar{x}}_2 &= 0, \\ \ddot{\bar{x}}_3 &= -\hat{g}. \end{aligned}$$

Mit den Anfangsbedingungen

$$\bar{\mathbf{r}}(t=0) = (0,0,H)\,; \quad \dot{\bar{\mathbf{r}}}(t=0) = (0,0,0)$$

ergibt sich die Lösung:

$$\bar{\mathbf{r}}(t) = \left(\frac{1}{3}\,\omega\cos\varphi\,\hat{g}\,t^3, 0, -\frac{1}{2}\,\hat{g}\,t^2 + H\right).$$

Die Fallzeit t_F bestimmt sich aus

$$\bar{x}_3(t = t_F) \overset{!}{=} 0$$

zu

$$t_F = \sqrt{\frac{2H}{\hat{g}}}.$$

Damit ergibt sich eine Ostabweichung:

$$\bar{x}_1(t_F) = \frac{1}{3}\,\omega\cos\varphi\,\hat{g}\left(\frac{2H}{\hat{g}}\right)^{3/2}.$$

Da $\cos\varphi$ stets positiv ist, bewirkt die Erdrotation ($\omega \neq 0$) auf *beiden* Erdhalbkugeln eine Ostabweichung.

Kapitel 2.3

Lösung zu Aufgabe 2.3.1

1)

$$\mathbf{v}_0 = v_0 \mathbf{e}_z .$$

Es handelt sich um ein eindimensionales Problem:

$$\ddot{z} = -g \Longrightarrow \dot{z}(t) - \dot{z}(t_s) = -g(t - t_s); \quad (\, t_s\text{: Startzeit}).$$

$$\dot{z}(t_s) = v_0 \Longrightarrow \dot{z}(t) = v_0 - g(t - t_s).$$

$$z(t_s) = 0 \quad \text{(Erdboden)} \Longrightarrow z(t) = v_0(t - t_s) - \frac{1}{2} g(t - t_s)^2.$$

2)

1. Stein: $t_s = 0 \Longrightarrow z_1(t) = v_0 t - \frac{1}{2} g\, t^2$.
2. Stein: $t_s = t_0 \Longrightarrow z_2(t) = v_0(t - t_0) - \frac{1}{2} g(t - t_0)^2$.

Die beiden Steine treffen sich zur Zeit t_x, die sich aus

$$z_1(t_x) = z_2(t_x)$$

zu

$$t_x = \frac{v_0}{g} + \frac{1}{2} t_0$$

bestimmt.

3)

$$\dot{z}_1(t_x) = v_0 - g\, t_x = -\frac{1}{2} g\, t_0 \quad \text{(Abwärtsbewegung)},$$

$$\dot{z}_2(t_x) = v_0 - g(t_x - t_0) = +\frac{1}{2} g\, t_0 \quad \text{(Aufwärtsbewegung)}.$$

Lösung zu Aufgabe 2.3.2

1) Bewegungsgleichungen:

$$m_1\, \ddot{x}_1 = m_1 g + S_1,$$

$$m_2\, \ddot{x}_2 = m_2 g + S_2,$$

Fadenspannung: $S_1 = S_2 = S$,
Zwangsbedingung: $x_1 + x_2 = \text{Fadenlänge} \Longrightarrow \ddot{x}_1 = -\, \ddot{x}_2$.

Man erhält also:

$$m_1 \ddot{x}_1 = m_1 g + S,$$
$$-m_2 \ddot{x}_1 = m_2 g + S.$$

2)

$$\ddot{x}_1 = \frac{m_1 - m_2}{m_1 + m_2} g = - \ddot{x}_2 .$$

Es handelt sich um den *verzögerten*, freien Fall. Gleichgewicht liegt bei $m_1 = m_2$ vor.

3) Die Fadenspannung

$$S = m_1(\ddot{x}_1 - g) = -\frac{2m_1 m_2}{m_1 + m_2}$$

ist maximal im Gleichgewicht.

Lösung zu Aufgabe 2.3.3

1) Es handelt sich um eindimensionale Bewegungen:

$$m_1 \ddot{z}_1 = m_1 g \sin\alpha + S,$$
$$m_2 \ddot{z}_2 = m_2 g \sin\beta + S$$

(S: Fadenspannung).

2) Die konstante Fadenlänge bewirkt:

$$\ddot{z}_1 = - \ddot{z}_2 .$$

Durch Subtraktion der beiden Bewegungsgleichungen in 1) erhalten wir die Beschleunigungen:

$$\ddot{z}_1 = \frac{m_1 \sin\alpha - m_2 \sin\beta}{m_1 + m_2} g = - \ddot{z}_2 .$$

Das ist der *verzögerte*, freie Fall.

3) Die Fadenspannung S berechnet sich aus 1) und 2) zu:

$$S = m_1(\ddot{z}_1 - g \sin\alpha) = -m_1 m_2 \, g \, \frac{\sin\alpha + \sin\beta}{m_1 + m_2}.$$

4)

$$\ddot{z}_1 = 0 = \ddot{z}_2 \iff m_1 \sin\alpha = m_2 \sin\beta.$$

Lösung zu Aufgabe 2.3.4

1) Die Kräfte des aufliegenden Seilstückes werden durch die Unterlage kompensiert. Auf das überhängende Stück der Länge x wirkt die Kraft:

$$F = m\frac{x}{l}g.$$

Das ergibt die Bewegungsgleichung:

$$m\,\ddot{x} = m\frac{x}{l}g.$$

2) Lösungsansatz:

$$x \sim e^{\alpha t}.$$

Die Bewegungsgleichung ist erfüllt, falls

$$\alpha^2 = \frac{g}{l} \Longleftrightarrow \alpha_{1,2} = \pm\sqrt{\frac{g}{l}}$$

gewählt wird. Die **allgemeine** Lösung der homogenen Differentialgleichung zweiter Ordnung lautet damit:

$$x(t) = A_+\,e^{\sqrt{g/l}\,t} + A_-\,e^{-\sqrt{g/l}\,t}.$$

Die Anfangsbedingungen

$$x(0) = x_0; \quad \dot{x}\,(0) = 0$$

legen $A_\pm$ fest:

$$A_+ = A_- = \frac{1}{2}x_0.$$

Daraus folgt:

$$x(t) = x_0 \cosh\left(\sqrt{\frac{g}{l}}t\right),$$

$$\dot{x}\,(t) = x_0\sqrt{\frac{g}{l}}\sinh\left(\sqrt{\frac{g}{l}}t\right).$$

3) Zur Zeit t_e befinde sich das Seilende gerade an der Kante:

$$x(t_e) = l = x_0 \cosh\left(\sqrt{\frac{g}{l}}t_e\right),$$

$$\dot{x}\,(t_e) = x_0\sqrt{\frac{g}{l}}\sinh\left(\sqrt{\frac{g}{l}}t_e\right).$$

Quadrieren der letzten Gleichung führt zu:

$$
\begin{aligned}
[\dot{x}(t_e)]^2 &= x_0^2 \frac{g}{l} \sinh^2\left(\sqrt{\frac{g}{l}} t_e\right) = \\
&= x_0^2 \frac{g}{l}\left[\cosh^2\left(\sqrt{\frac{g}{l}} t_e\right) - 1\right] = \\
&= \frac{g}{l}\left(l^2 - x_0^2\right) \\
\Longrightarrow \dot{x}(t_e) &= \sqrt{\frac{g}{l}(l^2 - x_0^2)}.
\end{aligned}
$$

Lösung zu Aufgabe 2.3.5

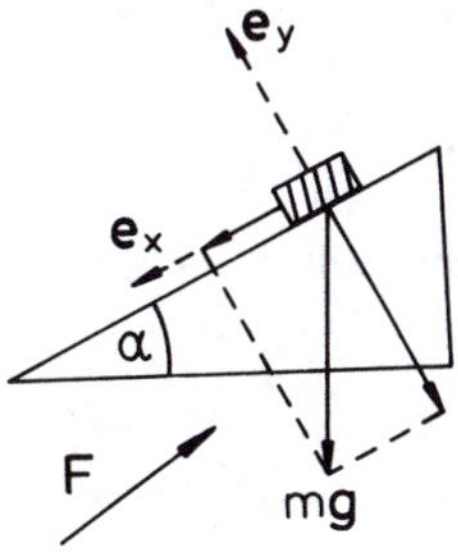

1) $\mathbf{F}$ sei die Kraft, die die Waage zum Gleichgewicht beisteuert. Ihre Richtung ist zunächst unbestimmt. Im Gleichgewicht muß gelten:

$$m(\mathbf{g} - \ddot{\mathbf{x}}) + \mathbf{F} = 0.$$

a) Masse fest:

$$\ddot{x} = 0 \Longrightarrow \mathbf{F} = -m\,\mathbf{g}.$$

Die Kraft $\mathbf{F}$ kompensiert die volle Schwerkraft; sie liegt parallel zu $\mathbf{g}$. Gewichtsanzeige:

$$F_{\|} = -\frac{1}{g}(\mathbf{F} \cdot \mathbf{g}) = m\,g.$$

b) Masse bewegt:

$$
\begin{aligned}
\mathbf{F} &= -m(\mathbf{g} - \ddot{\mathbf{x}}), \\
m\,\ddot{\mathbf{x}} &= m\,g \sin\alpha\,\mathbf{e}_x \\
\Longrightarrow \mathbf{F} &= m\,g\cos\alpha\,\mathbf{e}_y.
\end{aligned}
$$

Gewichtsanzeige:

$$F_{\|} = -(\mathbf{F} \cdot \mathbf{g})\frac{1}{g} = -m\,g\cos\alpha\frac{1}{g}(\mathbf{e}_y \cdot \mathbf{g}) = m\,g\cos^2\alpha.$$

Solange die Masse in Bewegung ist, zeigt die Waage also weniger an. Der Grenzfall $\alpha = \frac{\pi}{2}$ entspricht dem freien Fall. Die Waage zeigt dann den Wert Null an.

2) Die Anpreßkraft ist in beiden Fällen gleich:

$$a)\ F_y = \mathbf{F} \cdot \mathbf{e}_y = -m\,(\mathbf{g} \cdot \mathbf{e}_y) = m\,g\cos\alpha,$$
$$b)\ F_y = m\,g\cos\alpha\,(\mathbf{e}_y \cdot \mathbf{e}_y) = m\,g\cos\alpha.$$

Lösung zu Aufgabe 2.3.6

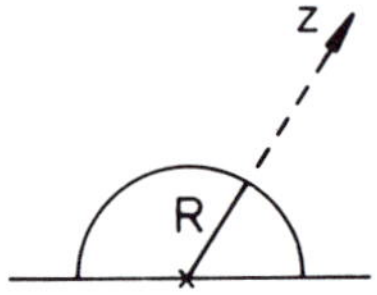

1) Der vertikale Wurf entspricht einer eindimensionalen Bewegung:

$$m\,\ddot{z} = -\gamma\frac{m\,M}{z^2}.$$

Speziell an der Erdoberfläche gilt:

$$m\,g = \gamma\frac{m\,M}{R^2} \iff \gamma\,M = g\,R^2.$$

Man kann obige Bewegungsgleichung also auch wie folgt schreiben:

$$\ddot{z} = -g\frac{R^2}{z^2}.$$

Dies formen wir mit Hilfe der Kettenregel weiter um ($v = \dot{z}$):

$$\ddot{z} = \frac{dv}{dt} = \frac{dv}{dz}v = -\gamma\frac{M}{z^2}.$$

Trennung der Variablen führt zu:

$$\int\limits_{v_0}^{v} v'\,dv' = -\gamma\,M\int\limits_{R}^{z}\frac{dz'}{z'^2}$$
$$\Longrightarrow \frac{1}{2}\left(v^2 - v_0^2\right) = \gamma\,M\left(\frac{1}{z} - \frac{1}{R}\right).$$

Damit ergibt sich für die Abstandsabhängigkeit der Geschwindigkeit:

$$v(z) = \sqrt{v_0^2 + 2\gamma\,M\frac{R-z}{Rz}}.$$

2)

$$v(z \to \infty) = \sqrt{v_0^2 - \frac{2\gamma\,M}{R}}.$$

Damit das Teilchen den Schwerebereich der Erde verlassen kann, muß notwendig

$$v(z \to \infty) \geq 0$$

sein. Das ist nur möglich, wenn

$$v_0 \geq \sqrt{\frac{2\gamma M}{R}}.$$

Zahlenwerte:

$$\gamma = 6,67 \cdot 10^{-11} \mathrm{N\,m^2\,kg^{-2}}, \quad M = 5,98 \cdot 10^{24}\,\mathrm{kg}, \quad R = 6,37 \cdot 10^6\,\mathrm{m}:$$

$$v_0 \geq 11,2\,\mathrm{km\,s^{-1}}.$$

Lösung zu Aufgabe 2.3.7

1)

$$(-i)^3 = i, \quad i^{15} = -i, \quad \sqrt{4(-25)} = 10\,i, \quad \ln(1+i) = \ln\sqrt{2} + i\frac{\pi}{4},$$
$$e^{i(\pi/3)} = \frac{1}{2} + \frac{1}{2}\sqrt{3}\,i, \quad e^{i(\pi/2)} = i.$$

2)

$$a)\ z = 2,$$
$$b)\ z = 23 + 2i.$$

3)

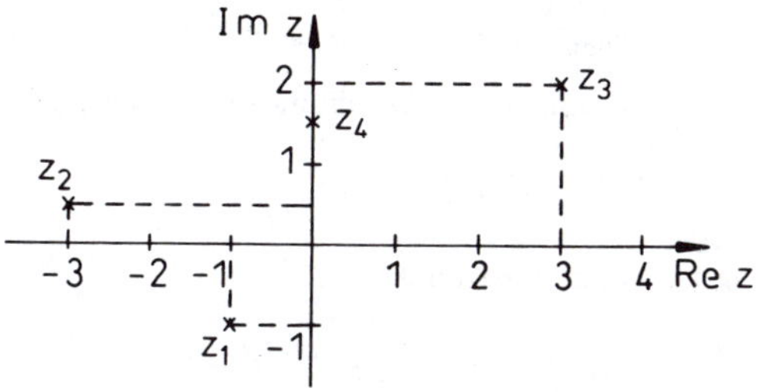

4)

$$z_1 = \sqrt{2}\,e^{i(3\pi/4)}, \quad z_2 = \sqrt{2}\,e^{i(5\pi/4)}, \quad z_3 = e^3 \cdot e^{2i},$$
$$z_4 = e^{i(\pi/6)}, \quad z_5 = e^{-i(\pi/2)}.$$

5)

$$z_1 = -\sqrt{e}, \quad z_2 = -i\,e^{-1},$$
$$z_3 = (e^3 \cos 1) - i\,(e^3 \sin 1).$$

6)

$$a)\ \mathrm{Re}\, e^{z(t)} = e^{-t}\cos 2\pi\, t; \quad \tau = 1,$$
$$b)\ \mathrm{Re}\, e^{z(t)} = e^{2t}\cos\left(\frac{3}{2}t\right); \quad \tau = \frac{4\pi}{3}.$$

Lösung zu Aufgabe 2.3.8

1)

$$7\,\ddot{x} - 4\,\dot{x} - 3x = 6.$$

Für die zugehörige homogene Gleichung,

$$7\,\ddot{x} - 4\,\dot{x} - 3x = 0,$$

empfiehlt sich der Ansatz:

$$x = e^{\gamma t}.$$

Einsetzen liefert eine Bestimmungsgleichung für γ,:

$$7\gamma^2 - 4\gamma - 3 = 0,$$

die durch

$$\gamma_1 = 1 \quad \text{und} \quad \gamma_2 = -\frac{3}{7}$$

gelöst wird. Die allgemeine Lösung der homogenen Differentialgleichung lautet deshalb

$$x_{\mathrm{hom}}(t) = a_1\, e^t + a_2\, e^{-(3/7)t}.$$

Eine **spezielle** Lösung der inhomogenen Gleichung *errät* man leicht:

$$x_s(t) = -2.$$

Die allgemeine Lösung ist damit bestimmt:

$$x(t) = a_1\, e^t + a_2\, e^{-(3/7)t} - 2.$$

2)

$$\ddot{z} - 10\,\dot{z} + 9\,z = 9\,t.$$

Eine spezielle Lösung ist leicht zu *erraten*:

$$z_s(t) = t + \frac{10}{9}.$$

Die zugehörige homogene Differentialgleichung

$$\ddot{z} - 10\,\dot{z} + 9\,z = 0$$

wird durch

$$z(t) = e^{\gamma t}$$

gelöst, falls

$$\gamma^2 - 10\,\gamma + 9 = 0$$

erfüllt ist. Dies gilt für

$$\gamma_1 = 1 \quad \text{und} \quad \gamma_2 = 9$$
$$\Longrightarrow z_{\text{hom}}(t) = \alpha_1\, e^t + \alpha_2\, e^{9t}.$$

Die allgemeine Lösung der inhomogenen Differentialgleichung lautet schließlich:

$$z(t) = \alpha_1 e^t + \alpha_2\, e^{9t} + t + \frac{10}{9}.$$

Lösung zu Aufgabe 2.3.9

1)

$$\ddot{y} + \dot{y} + y = 2t + 3.$$

Es sollte eine in t lineare, spezielle Lösung geben (warum?)!

$$y(t) = 2t + \alpha.$$

Einsetzen liefert:

$$2 + 2t + \alpha = 2t + 3 \Longrightarrow \alpha = 1 \Longrightarrow y_s(t) = 2t + 1.$$

2)

$$4\,\ddot{y} + 2\,\dot{y} + 3y = -2t + 5.$$

Auch hier sollte es eine in t lineare, spezielle Lösung geben:

$$y(t) = \alpha \cdot t + \beta.$$

Einsetzen liefert jetzt:

$$2\alpha + 3\alpha\, t + 3\beta = -2t + 5 \Longrightarrow \alpha = -\frac{2}{3}; \quad \beta = \frac{19}{9}$$
$$\Longrightarrow y_s(t) = -\frac{2}{3}t + \frac{19}{9}.$$

Lösung zu Aufgabe 2.3.10

Die homogene Differentialgleichung

$$\ddot{z} + 4z = 0$$

wird durch den Ansatz

$$z(t) = e^{\gamma t}$$

gelöst, falls

$$e^{\gamma t}(\gamma^2 + 4) = 0$$

erfüllt ist. Das ist für

$$\gamma_1 = +2i \quad \text{und} \quad \gamma_2 = -2i$$

der Fall. Die allgemeine Lösung hat deshalb die Gestalt:

$$z(t) = a_1 e^{2i\,t} + a_2 e^{-2i\,t}.$$

1) Randbedingungen: $z(0) = 0; \quad z\left(\frac{\pi}{4}\right) = 1$

$$\Longrightarrow a_1 + a_2 = 0; \quad i(a_1 - a_2) = 1$$
$$\Longrightarrow z(t) = \sin 2t.$$

2) Randbedingungen: $z\left(\frac{\pi}{2}\right) = -1; \quad \dot{z}\left(\frac{\pi}{2}\right) = 1$

$$\Longrightarrow a_1 + a_2 = 1; \quad 2i(-a_1 + a_2) = 1$$
$$\Longrightarrow z(t) = \cos 2t - \frac{1}{2}\sin 2t.$$

Lösung zu Aufgabe 2.3.11

1)

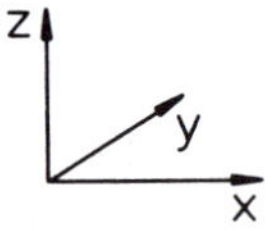

$$\mathbf{g} = (0, 0, g).$$

Bewegungsgleichung:

$$m\,\ddot{\mathbf{r}} = -\alpha v\,\dot{\mathbf{r}} - m\,\mathbf{g}.$$

Der erste Term auf der rechten Seite ist die Newtonsche Form der Reibungskraft ($v = |\,\dot{\mathbf{r}}\,|$). Beschränkung auf die vertikale Bewegung ergibt:

$$m\,\ddot{z} = -\alpha v\;\dot{z} - m\,g.$$

2) Die gleichförmig geradlinige Bewegung entspricht der kräftefreien Bewegung. Die Anfangsgeschwindigkeit muß also so gewählt werden, daß die Reibungskraft die Schwerkraft kompensiert:

$$|\,\dot{z}_0\,| = \sqrt{\frac{m}{\alpha}g}.$$

3) Fallbewegung:

$$\dot{z} = -v \leq 0.$$

Die zu lösende Bewegungsgleichung liest sich dann wie folgt:

$$-\frac{d}{dt}v = \frac{\alpha}{m}v^2 - g.$$

Variablentrennung führt zu:

$$dt = \frac{dv}{g - \frac{\alpha}{m}v^2}.$$

Dies läßt sich leicht integrieren [$v(t=0)=0$]:

$$t = \frac{1}{g}\int\limits_0^v \frac{dv'}{1 - \frac{\alpha}{m\,g}v'^2} = \sqrt{\frac{m}{\alpha\,g}}\,\text{arctanh}\left(\sqrt{\frac{\alpha}{m\,g}}\cdot v\right).$$

Damit haben wir die Zeitabhängigkeit der Geschwindigkeit bestimmt:

$$\dot{z}(t) = -v(t) = -\sqrt{\frac{mg}{\alpha}}\tanh\left(\sqrt{\frac{\alpha\,g}{m}}t\right).$$

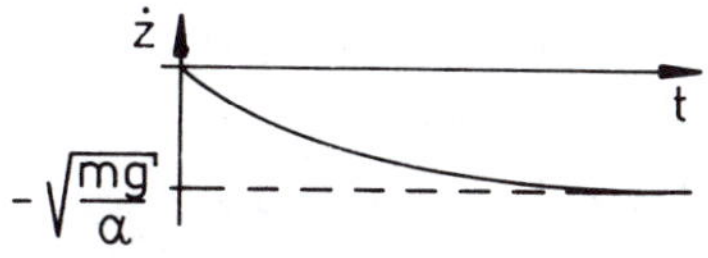

$$\left(\tanh x \underset{x\to\infty}{\Longrightarrow} 1\right)$$

4) Mit

$$\int \tanh x\,dx = \ln(\cosh x) + c_0$$

und dem Resultat für $\dot{z}(t)$ in c) folgt durch nochmaliges Integrieren:

$$z(t) = -\frac{m}{\alpha}\ln\left[\cosh\left(\sqrt{\frac{\alpha g}{m}}t\right)\right] + c_0,$$

$$z(t=0) = H = c_0$$

$$\Longrightarrow z(t) = H - \frac{m}{\alpha}\ln\left[\cosh\left(\sqrt{\frac{\alpha g}{m}}t\right)\right].$$

Wir diskutieren noch den Grenzfall verschwindender Reibung ($\alpha \to 0$): Wegen

$$\cosh x \underset{x \ll 1}{\longrightarrow} \left(1 + \frac{x^2}{2}\right),$$

$$\ln(\cosh x) \underset{x \ll 1}{\longrightarrow} \frac{x^2}{2}$$

folgt

$$z(t) \underset{\alpha \to 0}{\longrightarrow} H - \frac{m}{\alpha} \frac{\alpha g}{m} t^2 = H - \frac{1}{2} g\, t^2.$$

Dies ist der freie Fall!

Lösung zu Aufgabe 2.3.12

1) Bewegungsgleichung:

$$m\, \ddot{\mathbf{r}} = -\alpha\, \dot{\mathbf{r}} - m\, \mathbf{g}; \quad \mathbf{g} = (0, 0, g).$$

Für die einzelnen Komponenten gilt:

$$m\, \ddot{x}_i = -\alpha\, \dot{x}_i - mg\, \delta_{i3}; \quad i = 1, 2, 3.$$

Das sind lineare Differentialgleichungen zweiter Ordnung. Diese sind homogen für $i = 1, 2$ und inhomogen für $i = 3$.

2) Die zugeordnete homogene Differentialgleichung

$$m\, \ddot{x}_i + \alpha\, \dot{x}_i = 0$$

wird durch den Ansatz

$$x_i(t) = e^{\gamma t}$$

unter der Voraussetzung

$$(m\gamma^2 + \alpha\gamma) e^{\gamma t} = 0$$

gelöst. Für γ sind also die Werte

$$\gamma_1 = 0 \quad \text{und} \quad \gamma_2 = -\frac{\alpha}{m}$$

möglich. Das ergibt als allgemeine Lösung der homogenen Gleichung:

$$x_i(t) = a_i^{(1)} + a_i^{(2)} e^{-(\alpha/m)t}.$$

Für $i = 3$ benötigen wir noch eine spezielle Lösung der inhomogenen Differentialgleichung:

$$x_{3s}(t) = -\frac{m}{\alpha} g\, t.$$

Diese Lösung kann man leicht erraten oder aber durch eine physikalische Überlegung wie in Teil 2) von Aufgabe (2.3.11) gewinnen.

Damit haben wir schließlich als allgemeine Lösung der Bewegungsgleichung:

$$x_i(t) = a_i^{(1)} + a_i^{(2)} e^{-(\alpha/m)t} - \frac{m}{\alpha} g\, t \cdot \delta_{i3}.$$

3)

$$\mathbf{r}(t=0) = (0,0,0)\,; \quad \dot{\mathbf{r}}(t=0) = (v_0, 0, v_0).$$

4a)

$$\dot{x}_1\,(t) = -\frac{\alpha}{m} a_1^{(2)} e^{-(\alpha/m)t}$$
$$\Longrightarrow x_1(0) = a_1^{(1)} + a_1^{(2)} = 0,$$

$$\dot{x}_1\,(0) = -\frac{\alpha}{m} a_1^{(2)} = v_0$$
$$\Longrightarrow x_1(t) = \frac{m\, v_0}{\alpha}\left(1 - e^{-(\alpha/m)t}\right).$$

4b)

$$x_2(0) = a_2^{(1)} + a_2^{(2)} = 0,$$
$$\dot{x}_2\,(0) = -\frac{\alpha}{m} a_2^{(2)} = 0$$
$$\Longrightarrow x_2(t) \equiv 0.$$

4c)

$$x_3(0) = a_3^{(1)} + a_3^{(2)} = 0,$$
$$\dot{x}_3\,(0) = -\frac{\alpha}{m} a_3^{(2)} - \frac{m}{\alpha} g = v_0$$
$$\Longrightarrow x_3(t) = \frac{m}{\alpha}\left[\left(\frac{m}{\alpha} g + v_0\right)\left(1 - e^{-(\alpha/m)t}\right) - g\, t\right].$$

5) Die maximale Flughöhe ist durch

$$\dot{x}_3\,(t_H) \stackrel{!}{=} 0$$

bestimmt. Sie wird nach der Zeit

$$t_H = -\frac{m}{\alpha} \ln \frac{m\, g}{m\, g + \alpha\, v_0}$$

erreicht und beträgt

$$x_3(t_H) = \frac{m}{\alpha}\left(v_0 + \frac{m\, g}{\alpha} \ln \frac{m\, g}{m\, g + \alpha\, v_0}\right).$$

Lösung zu Aufgabe 2.3.13

1)

$$\begin{aligned} x(t) &= A\cos\omega_0 t + B\sin\omega_0 t, \\ \dot{x}(t) &= -A\,\omega_0 \sin\omega_0 t + B\,\omega_0\cos\omega_0 t, \\ \ddot{x}(t) &= -\omega_0^2\, x(t). \end{aligned}$$

Beim Maximalanschlag gilt:

$$\dot{x}(t_1) = 0; \quad \ddot{x}(t_1) < 0.$$

Damit folgt:

$$t_1 = \frac{1}{\omega_0}\arctan\frac{B}{A}.$$

Mit

$$\cos x = \frac{1}{\sqrt{1+\tan^2 x}}, \quad \sin x = \frac{\tan x}{\sqrt{1+\tan^2 x}}$$

ergibt sich durch Einsetzen:

$$\begin{aligned} x_{\max} = x(t_1) &= \sqrt{A^2+B^2}, \\ \ddot{x}(t_1) &= -\omega_0^2\sqrt{A^2+B^2}. \end{aligned}$$

2) Die Maximalgeschwindigkeit bestimmt sich aus der Forderung

$$\ddot{x}(t_2) \stackrel{!}{=} 0 \quad [\dddot{x}(t_2) < 0].$$

Das ist gleichbedeutend mit

$$x(t_2) \stackrel{!}{=} 0.$$

Daraus ergibt sich:

$$t_2 = \frac{1}{\omega_0}\arctan\left(-\frac{A}{B}\right).$$

Zu dieser Zeit t_2 erreicht der Oszillator seine Maximalgeschwindigkeit

$$\dot{x}_{\max} = \dot{x}(t_2) = \omega_0\sqrt{A^2+B^2} = \omega_0 x_{\max}.$$

3) Die Maximalbeschleunigung setzt

$$\dddot{x}(t_3) = 0; \quad x^{(4)}(t_3) < 0$$

voraus. Nun ist

$$\begin{aligned} \dddot{x}(t) &= -\omega_0^2\,\dot{x}(t), \\ x^{(4)}(t) &= \omega_0^4\, x(t), \end{aligned}$$

so daß man nach Teil 1) $t_3 = t_1$ vermuten könnte. Wegen $x(t_1) = x_{\max} > 0$ hat $\ddot{x}$ bei t_1 aber ein Minimum. Wir müssen deshalb

$$t_3 = t_1 + \frac{\pi}{\omega_0}$$

annehmen. Es ist dann

$$\dddot{x}\,(t_3) = -\omega_0^2\, \dot{x}\,(t_3) = 0,$$
$$x^{(4)}(t_3) = \omega_0^4\, x(t_3) = -\omega_0^4\, x(t_1) = -\omega_0^4\, x_{\max} < 0$$
$$\Longrightarrow x(t_3) = -x_{\max}; \quad \dot{x}\,(t_3) = 0; \quad \ddot{x}\,(t_3) = \omega_0^2\, x_{\max}.$$

Lösung zu Aufgabe 2.3.14

1) Ein elektromagnetisches Feld übt auf ein Teilchen der Masse m und der Ladung q die sogenannte **Lorentz-Kraft** aus:

$$\mathbf{F} = q\,\mathbf{E} + q(\mathbf{v} \times \mathbf{B}).$$

Hier sollen nach Voraussetzung $\mathbf{B}$ homogen,

$$\mathbf{B} = B\,\mathbf{e}_3,$$

und $\mathbf{E} \equiv 0$ sein. Die Bewegungsgleichung lautet deshalb:

$$m\;\ddot{\mathbf{r}} = q(\dot{\mathbf{r}} \times \mathbf{B}).$$

Das ist gleichbedeutend mit

$$\frac{d}{dt}\,\dot{\mathbf{r}} = \omega(\dot{\mathbf{r}} \times \mathbf{e}_3); \quad \omega = \frac{q}{m}B.$$

2)

$$\dot{\mathbf{r}} \cdot (\dot{\mathbf{r}} \times \mathbf{B}) = 0$$
$$\Longrightarrow \dot{\mathbf{r}} \cdot \ddot{\mathbf{r}} = 0$$
$$\Longrightarrow \frac{d}{dt}(\dot{\mathbf{r}} \cdot \dot{\mathbf{r}}) = 0$$
$$\Longrightarrow \frac{d}{dt}|\,\dot{\mathbf{r}}\,| = 0 \quad \Longrightarrow \quad |\,\dot{\mathbf{r}}\,| = \text{const.}$$

3)

$$\sphericalangle(\dot{\mathbf{r}}, \mathbf{B}) = \text{const.}$$
$$\Longleftrightarrow \cos(\dot{\mathbf{r}}, \mathbf{B}) = \text{const.}$$
$$\Longleftrightarrow \dot{\mathbf{r}} \cdot \mathbf{B} = \text{const.}$$
$$\Longleftrightarrow \frac{d}{dt}(\dot{\mathbf{r}} \cdot \mathbf{B}) = 0 = \ddot{\mathbf{r}} \cdot \mathbf{B}$$
$$\Longleftrightarrow \frac{q}{m}(\dot{\mathbf{r}} \times \mathbf{B}) \cdot \mathbf{B} = 0.$$

4) Da **B** nach Voraussetzung zeitunabhängig ist, gilt:

$$q(\dot{\mathbf{r}} \times \mathbf{B}) = q\frac{d}{dt}(\mathbf{r} \times \mathbf{B}).$$

Damit läßt sich die Bewegungsgleichung in 1) sofort integrieren:

$$m\,\dot{\mathbf{r}} = q(\mathbf{r} \times \mathbf{B}) + \mathbf{c}.$$

Der konstante Vektor **c** wird durch die Anfangsbedingungen festgelegt:

$$t = 0; \quad m\,\mathbf{v}_0 = q(\mathbf{r}_0 \times \mathbf{B}) + \mathbf{c}.$$

Damit ergibt sich ein erstes Zwischenergebnis:

$$m\,\dot{\mathbf{r}} = q(\mathbf{r} \times \mathbf{B}) + [m\,\mathbf{v}_0 - q(\mathbf{r}_0 \times \mathbf{B})].$$

5)

$$\dot{\mathbf{r}} = \dot{\mathbf{r}}_{\|} + \dot{\mathbf{r}}_{\perp}\,.$$

Die Lorentz-Kraft hat keine feldparallele Komponente. Deswegen erwarten wir, daß es sich bei $\dot{\mathbf{r}}_{\|}$ um einen konstanten Vektor handelt:

$$\begin{aligned} |\,\dot{\mathbf{r}}_{\|}\,| = \dot{\mathbf{r}} \cdot \mathbf{e}_3 &= \frac{q}{m}(\mathbf{r} \times \mathbf{B}) \cdot \mathbf{e}_3 + \mathbf{v}_0 \cdot \mathbf{e}_3 - q(\mathbf{r}_0 \times \mathbf{B}) \cdot \mathbf{e}_3 = \\ &= \mathbf{v}_0 \cdot \mathbf{e}_3 = \text{const.} \equiv v_{\|}. \end{aligned}$$

Der Betrag von $\dot{\mathbf{r}}_{\|}$ ist also konstant, die Richtung wegen $\mathbf{B} = \text{const.}$ ohnehin:

$$|\,\dot{\mathbf{r}}\,|^2 = |\,\dot{\mathbf{r}}_{\|}\,|^2 + |\,\dot{\mathbf{r}}_{\perp}\,|^2 \Longrightarrow |\,\dot{\mathbf{r}}_{\perp}\,| = \text{const.} = v_{\perp}.$$

Wegen 2) ist also $\dot{\mathbf{r}}_{\perp}$ ein in der Ebene senkrecht zu **B** liegender Vektor mit konstantem Betrag.

6) Nach 5) gilt:

$$\begin{aligned} \dot{\mathbf{r}} &= (v_{\perp} \cos\varphi(t), v_{\perp} \sin\varphi(t), v_{\|}) \\ \Longrightarrow \ddot{\mathbf{r}} &= v_{\perp}\,\dot{\varphi}(t)(-\sin\varphi(t), \cos\varphi(t), 0). \end{aligned}$$

Wegen 1) gilt aber auch:

$$\ddot{\mathbf{r}} = \omega(\dot{\mathbf{r}} \times \mathbf{e}_3) = \omega(v_{\perp} \sin\varphi(t), -v_{\perp} \cos\varphi(t), 0).$$

Der Vergleich führt zu:

$$\dot{\varphi}(t) = -\omega \Longrightarrow \varphi(t) = -\omega\,t + \alpha.$$

7) In 5) wurde gezeigt:

$$|\,\dot{\mathbf{r}}_{\perp}\,| = v_{\perp} = \text{const.} \Longrightarrow v_{\perp} = |\mathbf{v}_{0\perp}| = |[\mathbf{e}_3 \times (\mathbf{v}_0 \times \mathbf{e}_3)]| = |(\mathbf{v}_0 \times \mathbf{e}_3)|\,.$$

Wir können also schreiben:

$$\mathbf{e}_2 = \frac{1}{v_\perp}\left[\mathbf{e}_3 \times (\mathbf{v}_0 \times \mathbf{e}_3)\right]; \quad \mathbf{e}_1 = \frac{1}{v_\perp}(\mathbf{v}_0 \times \mathbf{e}_3).$$

Nun ist

$$\varphi(t=0) = \sphericalangle(\dot{\mathbf{r}}_\perp(t=0), \mathbf{e}_1) = \sphericalangle(\mathbf{v}_{0\perp}, \mathbf{e}_1) = \frac{\pi}{2}$$

$$\Longrightarrow \varphi(t) = -\omega t + \frac{\pi}{2}.$$

Damit lautet die vollständige Lösung für $\dot{\mathbf{r}}(t)$:

$$\dot{\mathbf{r}}(t) = (\mathbf{v}_0 \times \mathbf{e}_3)\sin\omega t + \left[\mathbf{e}_3 \times (\mathbf{v}_0 \times \mathbf{e}_3)\right]\cos\omega t + (\mathbf{v}_0 \cdot \mathbf{e}_3)\,\mathbf{e}_3.$$

8) Nochmalige Zeitintegration liefert:

$$\mathbf{r}(t) = -\frac{1}{\omega}\cos\omega t \cdot (\mathbf{v}_0 \times \mathbf{e}_3) + \frac{1}{\omega}\sin\omega t \cdot \left[\mathbf{e}_3 \times (\mathbf{v}_0 \times \mathbf{e}_3)\right] + (\mathbf{v}_0 \cdot \mathbf{e}_3)\, t\,\mathbf{e}_3 + \bar{\mathbf{r}}_0.$$

Die Anfangsbedingung

$$\mathbf{r}_0 = \mathbf{r}(t=0) = -\frac{1}{\omega}(\mathbf{v}_0 \times \mathbf{e}_3) + \bar{\mathbf{r}}_0$$

führt dann zur vollständigen Lösung für die Bahnkurve:

$$\mathbf{r}(t) = -\frac{1}{\omega}(\cos\omega t - 1)(\mathbf{v}_0 \times \mathbf{e}_3) + \frac{1}{\omega}\sin\omega t \cdot \left[\mathbf{e}_3 \times (\mathbf{v}_0 \times \mathbf{e}_3)\right] + (\mathbf{v}_0 \cdot \mathbf{e}_3)\, t\,\mathbf{e}_3 + \mathbf{r}_0.$$

9) Bewegung in einer Ebene senkrecht zum Feld bedeutet zunächst:

$$\dot{\mathbf{r}}(t) \perp \mathbf{B} \quad \text{oder} \quad v_\parallel = 0.$$

Dies ist nach 5) genau dann der Fall, wenn

$$\mathbf{v}_0 \perp \mathbf{B}, \mathbf{e}_3 \Longrightarrow v_\perp = v_0.$$

vorliegt. Dies bedeutet dann nämlich:

$$\hat{\mathbf{r}}(t) \equiv \mathbf{r}(t) - \left(\mathbf{r}_0 + \frac{v_0}{\omega}\mathbf{e}_1\right) = \frac{v_0}{\omega}(-\cos\omega t, \sin\omega t, 0)$$

und entspricht einer Kreisbewegung in einer Ebene senkrecht zu $\mathbf{B}$ mit der Frequenz

$$\omega = \frac{qB}{m}$$

und dem Radius

$$R = \frac{v_0}{\omega} = \frac{v_0\, m}{q\, B}.$$

10) Die allgemeine Lösung

$$\hat{\mathbf{r}}(t) = \left(-\frac{v_\perp}{\omega}\cos\omega t, \quad \frac{v_\perp}{\omega}\sin\omega t, \quad (\mathbf{v}_0 \cdot \mathbf{e}_3)t\right)$$

in 8) stellt eine Schraubenlinie dar.

Kapitel 2.4

Lösung zu Aufgabe 2.4.1

1)

$$\begin{aligned}
\mathrm{rot}_x\mathbf{F} &= \frac{\partial F_z}{\partial y} - \frac{\partial F_y}{\partial z} = 6\alpha_1 xyz^2 - 6\alpha_1 xyz^2 = 0, \\
\mathrm{rot}_y\mathbf{F} &= \frac{\partial F_x}{\partial z} - \frac{\partial F_z}{\partial x} = 3\alpha_1 y^2 z^2 - 12\alpha_2 xz - 3\alpha_1 y^2 z^2 + 12\alpha_2 xz = 0, \\
\mathrm{rot}_z\mathbf{F} &= \frac{\partial F_y}{\partial x} - \frac{\partial F_x}{\partial y} = 2\alpha_1 yz^3 - 2\alpha_1 yz^3 = 0
\end{aligned}$$

$\Longrightarrow \mathrm{rot}\,\mathbf{F} = \mathbf{0} \Longrightarrow \mathbf{F}$ konservativ.

2) Parametrisierung:

$$\left.\begin{aligned}
C_1 &: \mathbf{r}(t) = (x_0 t, 0, 0), \\
C_2 &: \mathbf{r}(t) = (x_0, y_0 t, 0), \\
C_3 &: \mathbf{r}(t) = (x_0, y_0, z_0 t).
\end{aligned}\right\} 0 \le t \le 1.$$

Damit folgt für die Arbeitsleistungen auf den einzelnen Wegstücken:

$$W(C_1) = -\int_{C_1} \mathbf{F}[\mathbf{r}(t)] \cdot \dot{\mathbf{r}}(t)dt = -x_0 \int_0^1 F_x(x_0 t, 0, 0)dt = 0,$$

$$W(C_2) = -\int_{C_2} \mathbf{F}[\mathbf{r}(t)] \cdot \dot{\mathbf{r}}(t)dt = -y_0 \int_0^1 F_y(x_0, y_0 t, 0)dt = 0,$$

$$W(C_3) = -\int_{C_3} \mathbf{F}[\mathbf{r}(t)] \cdot \dot{\mathbf{r}}(t)dt = -z_0 \int_0^1 F_z(x_0, y_0, z_0 t)dt =$$

$$= -z_0 \int_0^1 (3\alpha_1 x_0 y_0^2 z_0^2 t^2 - 6\alpha_2 x_0^2 z_0 t)dt = -\alpha_1 x_0 y_0^2 z_0^3 + 3\alpha_2 x_0^2 z_0^2$$

$$\Longrightarrow W = 3\alpha_2 x_0^2 z_0^2 - \alpha_1 x_0 y_0^2 z_0^3.$$

3) $\mathbf{F}$ ist konservativ und besitzt damit ein Potential

$$V(\mathbf{r}) = -\alpha_1 xy^2 z^3 + 3\alpha_2 x^2 z^2 + V_0.$$

Lösung zu Aufgabe 2.4.2

Weg C_1:

Parameterdarstellung:

$$C_{11}: \ \mathbf{r}(t) = (1-t)\mathbf{r}_1; \quad \dot{\mathbf{r}}(t) = -\mathbf{r}_1; \quad (0 \le t \le 1),$$
$$C_{12}: \ \mathbf{r}(t) = t \cdot \mathbf{r}_2; \quad \dot{\mathbf{r}}(t) = \mathbf{r}_2; \quad (0 \le t \le 1).$$

Arbeit:

$$W_{C_1} = -\alpha \int\limits_{C_{11}} \mathbf{r} \cdot d\mathbf{r} - \alpha \int\limits_{C_{12}} \mathbf{r} \cdot d\mathbf{r} = \alpha r_1^2 \int\limits_0^1 (1-t)\,dt - \alpha r_2^2 \int\limits_0^1 t\,dt$$

$$\Longrightarrow W_{C_1} = \frac{1}{2}\alpha\left(r_1^2 - r_2^2\right).$$

Weg C_2:

Parameterdarstellung:

$$C_{21}: \ \mathbf{r}(t) = r_1[\cos(\varphi \cdot t), \sin(\varphi \cdot t)]; \quad (0 \le t \le t),$$
$$\dot{\mathbf{r}}(t) = r_1\varphi[-\sin(\varphi \cdot t), \cos(\varphi \cdot t)]$$
$$\Longrightarrow \mathbf{r}(t) \cdot \dot{\mathbf{r}}(t) = 0.$$
$$C_{22}: \ \mathbf{r}(t) = (\mathbf{r}_2 - \mathbf{r}_A)\,t + \mathbf{r}_A; \quad (0 \le t \le 1),$$
$$\dot{\mathbf{r}}(t) = \mathbf{r}_2 - \mathbf{r}_A$$
$$\Longrightarrow \mathbf{r}(t) \cdot \dot{\mathbf{r}}(t) = (\mathbf{r}_2 - \mathbf{r}_A)^2 t + \mathbf{r}_A \cdot (\mathbf{r}_2 - \mathbf{r}_A).$$

Arbeit:

$$W_{C_2} = 0 - \alpha(\mathbf{r}_2 - \mathbf{r}_A)^2 \int\limits_0^1 t\,dt - \alpha\,\mathbf{r}_A \cdot (\mathbf{r}_2 - \mathbf{r}_A) \int\limits_0^1 dt$$

$$\Longrightarrow W_{C_2} = \frac{1}{2}\alpha\left(r_1^2 - r_2^2\right); \quad \left(r_A^2 = r_1^2\right).$$

Weg C_3:

Parameterdarstellung:

$$C_{31}: \mathbf{r}(t) = (\mathbf{r}_A - \mathbf{r}_1)t + \mathbf{r}_1; \quad (0 \le t \le 1),$$
$$\dot{\mathbf{r}}(t) = \mathbf{r}_A - \mathbf{r}_1$$
$$\Longrightarrow \mathbf{r}(t) \cdot \dot{\mathbf{r}}(t) = (\mathbf{r}_A - \mathbf{r}_1)^2\, t + \mathbf{r}_1 \cdot (\mathbf{r}_A - \mathbf{r}_1).$$

C_{32} : wie C_{22}.

Arbeit:

$$\begin{aligned}
W_{C_3} &= W_{C_{31}} + W_{C_{32}},\\
W_{C_{31}} &= -\frac{1}{2}\alpha(\mathbf{r}_A - \mathbf{r}_1)^2 - \alpha\,\mathbf{r}_1 \cdot (\mathbf{r}_A - \mathbf{r}_1) = 0\\
\Longrightarrow W_{C_3} &= W_{C_{32}} = W_{C_{22}} = W_{C_2} = \frac{1}{2}\alpha\left(r_1^2 - r_2^2\right).
\end{aligned}$$

Die Arbeitsleistungen sind also auf allen drei Wegen gleich. Das wundert nicht, da

$$\operatorname{rot}\mathbf{F}(\mathbf{r}) = \operatorname{rot}(\alpha\mathbf{r}) = 0$$

(s. Aufgabe 1.3.5) ist. $\mathbf{F}(\mathbf{r})$ ist also eine konservative Kraft und

$$\int_A^B \mathbf{F} \cdot d\mathbf{r}$$

wegunabhängig!
Es existiert also ein Potential $V = V(\mathbf{r})$:

$$\mathbf{F}(\mathbf{r}) = -\left(\frac{\partial V}{\partial x_1}, \frac{\partial V}{\partial x_2}, \frac{\partial V}{\partial x_3}\right).$$

Dieses läßt sich z.B. wie folgt bestimmen:

$$\begin{aligned}
-\frac{\partial V}{\partial x_1} &= \alpha\,x_1 \Longrightarrow V(x_1,x_2,x_3) = -\frac{\alpha}{2}x_1^2 + g(x_2,x_3),\\
-\frac{\partial V}{\partial x_2} &= \alpha\,x_2 = -\frac{\partial g}{\partial x_2} \Longrightarrow V(x_1,x_2,x_3) = -\frac{\alpha}{2}\left(x_1^2 + x_2^2\right) + f(x_3),\\
-\frac{\partial V}{\partial x_3} &= \alpha\,x_3 = -\frac{df}{dx_3} \Longrightarrow V(x_1,x_2,x_3) = -\frac{\alpha}{2}\left(x_1^2 + x_2^2 + x_3^2\right) + C.
\end{aligned}$$

Das Potential der Kraft $\mathbf{F}$ lautet also:

$$V(\mathbf{r}) = -\frac{\alpha}{2}r^2 + C.$$

Die Arbeit

$$W_{P_1 \to P_2} = V(P_2) - V(P_1) = \frac{1}{2}\alpha\left(r_1^2 - r_2^2\right)$$

ist wegunabhängig!

Lösung zu Aufgabe 2.4.3

$$\operatorname{rot}\mathbf{F}(\mathbf{r}) = \operatorname{rot}(\mathbf{a} \times \mathbf{r}) = 2\mathbf{a}$$

[s. Aufgabe 1.3.5]. Diese Kraft ist nicht konservativ. Das Linienintegral wird also wegabhängig sein.

Wir verwenden für die einzelnen Wege dieselben Parameterdarstellungen wie in Aufgabe 2.4.3.

Weg C_1:

$$\int_{C_{11}} \mathbf{F} \cdot d\mathbf{r} = +(\mathbf{a} \times \mathbf{r}_1) \cdot \mathbf{r}_1 \int_0^1 dt(1-t) = 0,$$

$$\int_{C_{12}} \mathbf{F} \cdot d\mathbf{r} = -(\mathbf{a} \times \mathbf{r}_2) \cdot \mathbf{r}_2 \int_0^1 dt\, t = 0$$

$$\Longrightarrow W_{C_1} = 0.$$

Weg C_2:

$$C_{21}: \ (\mathbf{a} \times \mathbf{r}) = r_1 \left(-a_3 \sin(\varphi t), a_3 \cos(\varphi t), a_1 \sin(\varphi t) - a_2 \cos(\varphi t)\right),$$

$$(\mathbf{a} \times \mathbf{r}) \cdot \dot{\mathbf{r}} = r_1^2 \varphi [a_3 \sin^2(\varphi t) + a_3 \cos^2(\varphi t)] = a_3 r_1^2 \varphi$$

$$\Longrightarrow W_{C_{21}} = -a_3 r_1^2 \varphi \int_0^1 dt = -a_3 r_1^2 \varphi.$$

$$C_{22}: \ (\mathbf{a} \times \mathbf{r}) \cdot \dot{\mathbf{r}} = t[\mathbf{a} \times (\mathbf{r}_2 - \mathbf{r}_A)] \cdot (\mathbf{r}_2 - \mathbf{r}_A) + (\mathbf{a} \times \mathbf{r}_A) \cdot (\mathbf{r}_2 - \mathbf{r}_A) =$$

$$= (\mathbf{a} \times \mathbf{r}_A) \cdot \mathbf{r}_2 = 0, \quad \text{da } \mathbf{r}_A \uparrow\uparrow \mathbf{r}_2$$

$$\Longrightarrow W_{C_{22}} = 0.$$

Insgesamt gilt also für den Weg C_2:

$$W_{C_2} = -a_3 r_1^2 \varphi.$$

Weg C_3:

$$C_{31}: \ (\mathbf{a} \times \mathbf{r}) \cdot \dot{\mathbf{r}} = (\mathbf{a} \times \mathbf{r}_1) \cdot (\mathbf{r}_A - \mathbf{r}_1) = (\mathbf{a} \times \mathbf{r}_1) \cdot \mathbf{r}_A$$

$$\Longrightarrow W_{C_{31}} = -(\mathbf{a} \times \mathbf{r}_1) \cdot \mathbf{r}_A;$$

C_{32} wie C_{22}, deshalb $W_{C_{32}} = 0$

$$\Longrightarrow W_{C_3} = -(\mathbf{a} \times \mathbf{r}_1) \cdot \mathbf{r}_A.$$

Die Arbeitsleistungen auf den verschiedenen Wegen sind also durchaus unterschiedlich.

Lösung zu Aufgabe 2.4.4

1)

$$\begin{aligned}\operatorname{rot}\mathbf{F} &= \left(\frac{\partial b}{\partial y} - \frac{\partial ax}{\partial z}, \frac{\partial ay}{\partial z} - \frac{\partial b}{\partial x}, \frac{\partial ax}{\partial x} - \frac{\partial ay}{\partial y}\right) = \\ &= (0, 0, a - a) = 0 \\ &\Longrightarrow \mathbf{F} \text{ ist konservativ!}\end{aligned}$$

2) Paramterdarstellung des Weges:

$$\mathbf{r}(\alpha) = (\alpha x, \alpha y, \alpha z); \quad (0 \le \alpha \le 1)$$

$$\Longrightarrow \frac{d\mathbf{r}}{d\alpha} = (x, y, z); \quad \mathbf{F}[\mathbf{r}(\alpha)] = (a\alpha y, a\alpha x, b)$$

$$\Longrightarrow \mathbf{F} \cdot \frac{d\mathbf{r}}{d\alpha} = 2a\alpha xy + bz.$$

Damit ergibt sich als Arbeitsleistung:

$$W_{P_0 \to P} = \int_0^1 \mathbf{F} \cdot \frac{d\mathbf{r}}{d\alpha}\, d\alpha = axy + bz.$$

3)

$$-\frac{\partial V}{\partial x} = ay \Longrightarrow V = -axy + g(yz),$$

$$-\frac{\partial V}{\partial y} = ax = ax + \frac{\partial g}{\partial y} \Longrightarrow \frac{\partial g}{\partial y} = 0 \Longrightarrow V = -axy + g(z),$$

$$-\frac{\partial V}{\partial z} = b \Longrightarrow g(z) = -bz + c$$

$$\Longrightarrow V(\mathbf{r}) = -axy - bz + c.$$

4) Die Arbeit ist dieselbe wie in 2), da $\mathbf{F}$ konservativ ist.

Lösung zu Aufgabe 2.4.5

1)

$$\mathbf{F} = -\nabla V = -(kx, ky, kz) = -k\mathbf{r}.$$

Es handelt sich um das Potential des harmonischen Oszillators. $\mathbf{F}(\mathbf{r})$ ist eine Zentralkraft.

2)

$$\frac{\partial}{\partial x} V(\mathbf{r}) = \frac{m}{2}[2\omega_x(\boldsymbol{\omega} \cdot \mathbf{r}) - 2\omega^2 x].$$

Analoge Ausdrücke gelten für die beiden anderen Komponenten:

$$\mathbf{F}(\mathbf{r}) = -\nabla V(\mathbf{r}) = -m[\boldsymbol{\omega}(\boldsymbol{\omega} \cdot \mathbf{r}) - \omega^2\mathbf{r}] = -m[\boldsymbol{\omega} \times (\boldsymbol{\omega} \times \mathbf{r})].$$

Es handelt sich um das Zentrifugalpotential. $\mathbf{F}$ ist in diesem Fall keine Zentralkraft!

Lösung zu Aufgabe 2.4.6

1)

$$\mathbf{F} = m\,\ddot{\mathbf{r}} = m\frac{d}{dt}\,\dot{\mathbf{r}}$$

$$\Longrightarrow \dot{\mathbf{r}}\,(t) - \dot{\mathbf{r}}\,(t=0) = \frac{1}{m}\int\limits_0^t \mathbf{F}(t')dt' =$$

$$= \int\limits_0^t (15\,t'^2, 2t'-1, -6t')\,dt'\ \mathrm{cm\,s^{-1}} = (5t^3, t^2-t, -3t^2)\ \mathrm{cm\,s^{-1}}$$

$$\Longrightarrow \dot{\mathbf{r}}\,(t=1) = (5,0,-3) + (0,0,6) = (5,0,3)\ \mathrm{cm\,s^{-1}}.$$

2)

$$\dot{\mathbf{r}}^2\,(t=1) = 34\ \mathrm{cm^2 s^{-2}}$$

$$\Longrightarrow T_1 = \frac{3}{2}\cdot 34\ \mathrm{cm^2\,g\,s^{-2}} = 51\ \mathrm{cm^2\,g\,s^{-2}}.$$

3) $W_{10} = T_0 - T_1$.

$$T_0 = \frac{3}{2}\,36\ \mathrm{cm^2\,g\,s^{-2}} = 54\ \mathrm{cm^2\,g\,s^{-2}}$$

$$\Longrightarrow W_{10} = 3\ \mathrm{cm^2\,g\,s^{-2}}.$$

Lösung zu Aufgabe 2.4.7

1) Die Kraft $F(x) = -kx$ ist konservativ, besitzt also ein Potential:

$$V(x) = \frac{k}{2}x^2 + C.$$

Weitere Kräfte liegen nicht vor, so daß nach Gleichung (2.232) der Energieerhaltungssatz gilt:

$$E = \frac{m}{2}\,\dot{x}^2 + \frac{k}{2}x^2 = \mathrm{const.}$$

Dies sieht man leicht wie folgt:

$$0 = m\,\ddot{x} + kx = (m\,\ddot{x} + kx)\,\dot{x} = \frac{dE}{dt}.$$

2) Aus dem Energieerhaltungssatz ergibt sich:

$$\dot{x}^2 = \frac{2E}{m} - \omega_0^2 x^2; \quad \omega_0^2 = \frac{k}{m}.$$

Dies benutzen wir zur Trennung der Variablen:

$$dt = \frac{dx}{\sqrt{\frac{2E}{m} - \omega_0^2 x^2}}.$$

Nach Aufgabe (2.3.13) ist für $x = x_{\max}$ die Geschwindigkeit $\dot{x} = 0$. Dies bedeutet:

$$\frac{2E}{m\,\omega_0^2} = x_{\max}^2.$$

Damit folgt:

$$\begin{aligned} t - t_1 &= \frac{1}{\omega_0} \int\limits_{x_{\max}}^{x} \frac{dx'}{\sqrt{x_{\max}^2 - x'^2}} = \frac{1}{\omega_0} \int\limits_{1}^{x/x_{\max}} \frac{dy}{\sqrt{1-y^2}} = \\ &= \frac{1}{\omega_0} \left[\arcsin\left(\frac{x}{x_{\max}}\right) - \arcsin 1\right] \\ &\Longrightarrow \arcsin\left(\frac{x}{x_{\max}}\right) = \omega_0 (t - t_1) + \frac{\pi}{2}. \end{aligned}$$

Die Variable $x_{\max}$ ist durch t_1 festgelegt. Sie ist somit kein zusätzlicher freier Parameter:

$$x(t) = \frac{1}{\omega_0} \sqrt{\frac{2E}{m}} \cos\left(\omega_0 (t - t_1)\right).$$

3) Nach Aufgabe (2.3.13) wird die maximale Geschwindigkeit beim Nullduchgang erreicht. Es ist also $x(t_2) = 0$, d.h.

$$\begin{aligned} t - t_2 &= \frac{1}{\omega_0} \int\limits_{0}^{x/x_{\max}} \frac{dy}{\sqrt{1-y^2}} \\ \Longrightarrow x(t) &= \frac{1}{\omega_0} \sqrt{\frac{2E}{m}} \sin\left(\omega_0 (t - t_2)\right). \end{aligned}$$

Lösung zu Aufgabe 2.4.8

1)

$$x(t) = a\cos(\omega t) \Longrightarrow \frac{y^2(t)}{b^2} = 1 - \cos^2(\omega t) = \sin^2(\omega t).$$

Es ist also:

$$y(t) = b\sin(\omega t).$$

Die Kreisfrequenz ω bestimmt sich aus

$$\omega \cdot 2 = 6\pi \quad \Longrightarrow \quad \omega = 3\pi \; s^{-1}.$$

Die Bahnkurve lautet damit:

$$\mathbf{r}(t) = (a\cos(3\pi\, t), b\sin(3\pi\, t), 0).$$

2) Es gilt offenbar:

$$\ddot{\mathbf{r}}\,(t) = -\omega^2\mathbf{r}(t) = -9\pi^2\mathbf{r}(t).$$

Auf den Massenpunkt wirkt deshalb die Kraft:

$$\mathbf{F}(\mathbf{r}, t) = -m\,\omega^2\mathbf{r}(t).$$

3) Drehimpuls:

$$\mathbf{L} = m(\mathbf{r}\times\,\dot{\mathbf{r}}) = m\begin{vmatrix} \mathbf{e}_x & \mathbf{e}_y & \mathbf{e}_z \\ x & y & 0 \\ \dot{x} & \dot{y} & 0 \end{vmatrix} = m(x\,\dot{y} - y\,\dot{x})\mathbf{e}_z =$$

$$= m[a\cos\omega t(b\omega\cos\omega t) + b\sin\omega t(a\omega\sin\omega t)]\mathbf{e}_z = m\,a\,b\,\omega\,\mathbf{e}_z.$$

$\mathbf{L}$ ist nach Richtung und Betrag konstant, da es sich bei $\mathbf{F}$ um eine Zentralkraft handelt.

4)

$$\frac{dS}{dt} = \frac{1}{2}|(\mathbf{r}\times\,\dot{\mathbf{r}})| = \frac{L}{2m} = \frac{1}{2}a\,b\,\omega = \text{const.}$$

$$\Longrightarrow \Delta S = \frac{dS}{dt}\Delta t = \frac{3}{2}\pi\,a\,b.$$

Kapitel 2.5

Lösung zu Aufgabe 2.5.1

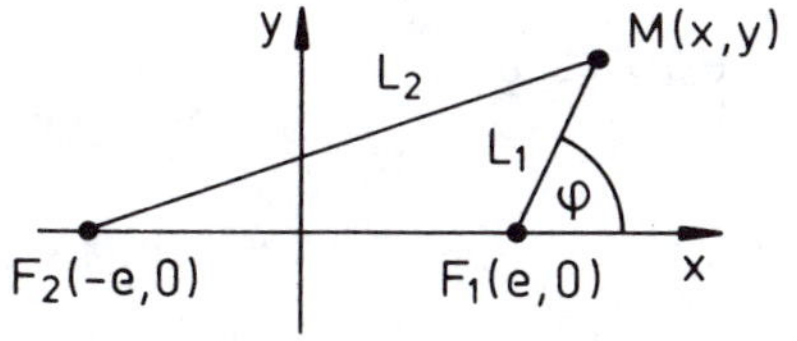

$$L_1 + L_2 = 2a$$

1) Wir wählen $M = M(0, b)$. Dann ist $L_1 = L_2 = a$. Nach dem Satz von Pythagoras gilt somit:

$$b^2 = a^2 - e^2.$$

2)

$$L_1^2 = y^2 + (x-e)^2; \quad L_2^2 = y^2 + (x+e)^2.$$

Setzt man dies in die Definitionsgleichung für die Ellipse

$$L_1 + L_2 = 2a \iff L_1^2 + L_2^2 + 2L_1L_2 = 4a^2$$

ein, so folgt nach einfachen Umformungen unter Benutzung von 1) die sogenannte Mittelpunktsgleichung der Ellipse:

$$\frac{x^2}{a^2} + \frac{y^2}{b^2} = 1.$$

3)

$$L_2^2 - L_1^2 = (L_2 + L_1)(L_2 - L_1) = 2a(L_2 - L_1).$$

Nach 2) ist aber auch:

$$L_2^2 - L_1^2 = 4ex = 2a\frac{2ex}{a} = 2a\,2\epsilon x.$$

Der Vergleich ergibt:

$$L_2 - L_1 = 2\epsilon x.$$

Kombiniert mit $L_1 + L_2 = 2a$ folgt:

$$L_1 = a - \epsilon x = a - \epsilon(e + L_1 \cos\varphi)$$

$$\Longrightarrow L_1(1 + \epsilon\cos\varphi) = a - \epsilon e = a - \frac{e^2}{a} = \frac{b^2}{a} = k.$$

Setzen wir noch $L_1 = r$, so haben wir die Ellipsengleichung in Polarkoordinaten:

$$r = \frac{k}{1 + \epsilon\cos\varphi}.$$

4) Die Parameterdarstellung

$$\left.\begin{aligned} x &= a\cos t, \\ y &= b\sin t \end{aligned}\right\} 0 \le t \le 2\pi$$

erfüllt offenbar die Mittelpunktsgleichung 2):

$$\mathbf{r}(t) = \begin{pmatrix} a\cos t \\ b\sin t \end{pmatrix}.$$

Lösung zu Aufgabe 2.5.2

1) Zu dem Potential

$$V(\mathbf{r}) = V(r) = \frac{\alpha}{r^2}$$

gehört die konservative Zentralkraft

$$\mathbf{F}(\mathbf{r}) = -\frac{2\alpha}{r^3}\mathbf{e}_r .$$

Der Drehimpuls $\mathbf{L}$ ist damit eine Erhaltungsgröße

$$\mathbf{L} = \text{const.}$$

Die Bewegung erfolgt in einer festen Bahnebene, dieses sei die xy-Ebene ($\vartheta = \pi/2$). Dann gilt nach Gleichung (2.253):

$$\mathbf{L} = m\, r^2\, \dot{\varphi}\, \mathbf{e}_z .$$

Auch die Energie E ist eine Erhaltungsgröße:

$$E = \frac{m}{2}\,\dot{r}^2 + \frac{L^2}{2mr^2} + \frac{\alpha}{r^2} \qquad \text{(s. Gleichung (2.261)).}$$

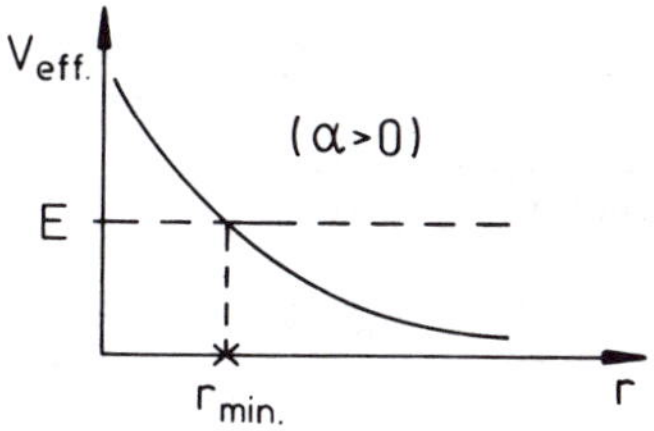

Man definiert als effektives Potential:

$$V_{\text{eff}}(r) = \frac{L^2}{2mr^2} + \frac{\alpha}{r^2}.$$

2) Bei

$$r(t=0) = r_{\text{min}}$$

muß

$$\dot{r}\,(t=0) = 0$$

sein. Es folgt dann aus dem Energiesatz:

$$r_{\text{min}} = \sqrt{\frac{L^2 + 2m\alpha}{2mE}}.$$

Wegen $\alpha > 0$ ist nur für $E > 0$ eine Bewegung möglich.

3)

$$E = \frac{m}{2}\,\dot{r}^2 + E\frac{r_{\text{min}}^2}{r^2}$$

$$\Longrightarrow \dot{r} = \frac{1}{r}\sqrt{\frac{2E}{m}}\sqrt{r^2 - r_{\text{min}}^2}.$$

Trennung der Variablen führt zu:

$$dt = \sqrt{\frac{m}{2E}} \frac{r dr}{\sqrt{r^2 - r_{\min}^2}} = \sqrt{\frac{m}{2E}} \frac{d}{dr} \sqrt{r^2 - r_{\min}^2}\, dr.$$

Das läßt sich mit $r_{\min} = r(t = 0)$ einfach integrieren:

$$t = \sqrt{\frac{m}{2E}} \sqrt{r^2 - r_{\min}^2}$$
$$\Longrightarrow r(t) = \sqrt{r_{\min}^2 + \frac{2E}{m} t^2}.$$

Zur Bestimmung der Bahn $r = r(\varphi)$ gehen wir vom Drehimpulssatz aus:

$$\dot{\varphi} = \frac{L}{mr^2} \Longrightarrow d\varphi = \frac{L}{mr^2} \cdot \frac{dr}{\dot{r}} =$$
$$= \frac{L}{\sqrt{2mE}} \cdot \frac{1}{r^2} \cdot \frac{1}{\sqrt{1 - (r_{\min}/r)^2}}.$$

Mit $\varphi(r_{\min}) = 0$ folgt daraus zunächst:

$$\varphi = \int_{r_{\min}}^{r} \frac{L}{\sqrt{2mE}} \frac{dr'}{r'^2 \sqrt{1 - (r_{\min}/r')^2}}.$$

Es empfiehlt sich die Substitution:

$$y = \frac{r_{\min}}{r} \Longrightarrow dy = -\frac{r_{\min}}{r^2} dr$$

$$\Longrightarrow \varphi = \frac{-L}{r_{\min}\sqrt{2mE}} \int_{1}^{r_{\min}/r} \frac{dy}{\sqrt{1 - y^2}} =$$
$$= \frac{-L}{r_{\min}\sqrt{2mE}} \left[\arcsin\left(\frac{r_{\min}}{r}\right) - \frac{\pi}{2}\right].$$

Die Umkehrung ergibt:

$$\frac{r_{\min}}{r} = \cos\left(\frac{r_{\min}\sqrt{2mE}}{L} \cdot \varphi\right).$$

Im Argument des Kosinus setzen wir noch $r_{\min}$ aus 2) ein:

$$r(\varphi) = \frac{r_{\min}}{\cos\left(\sqrt{\frac{L^2 + 2m\alpha}{L^2}} \cdot \varphi\right)}.$$

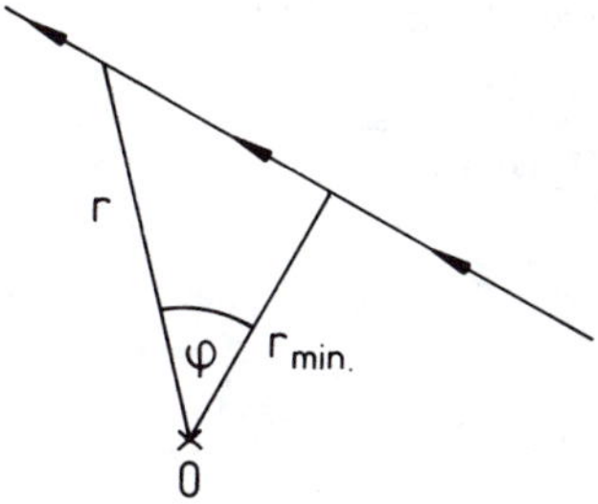

Der Spezialfall $\alpha = 0$ führt auf

$$r_{\text{min}} = r \cos \varphi .$$

Die Bahn ist damit eine Gerade:

$$-\frac{\pi}{2} \leq \varphi \leq +\frac{\pi}{2}.$$

4)

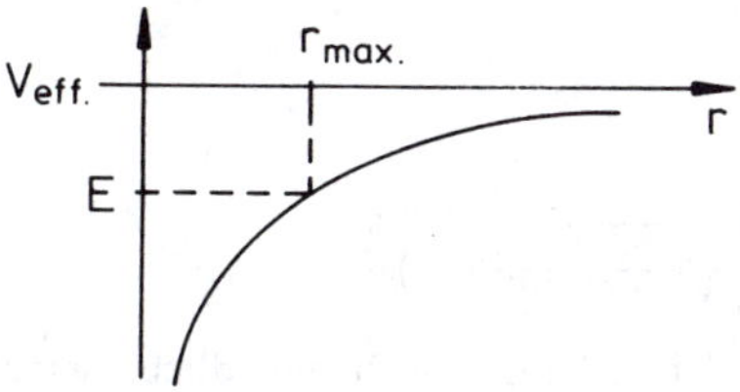

Es ist nun

$$V_{\text{eff}}(r) = \frac{1}{r^2}\left(\frac{L^2}{2m} - |\alpha|\right).$$

Die nebenstehend abgebildete *gebundene* Bewegung erfordert:

$$|\alpha| > \frac{L^2}{2m}; \quad E < 0.$$

Mit demselben Rechengang wie in 2) folgt dann:

$$r_{\text{max}} = \sqrt{\frac{2m|\alpha| - L^2}{2m|E|}}.$$

5) Wir können die konstante Gesamtenergie E durch r_{max} ausdrücken:

$$E = \frac{m}{2}\,\dot{r}^2 + E\frac{r_{\text{max}}^2}{r^2}.$$

Dieselben Überlegungen wie in 3) führen dann zu:

$$r(t) = \sqrt{r_{\text{max}}^2 - \frac{2|E|}{m}t^2}.$$

Das Teilchen landet also nach der Zeit

$$t_0 = r_{\text{max}} \cdot \sqrt{\frac{m}{2|E|}}$$

im Zentrum $r = 0$.

6) Die Berechnung der Bahnkurve $r(\varphi)$ läuft analog zu der in Teil 3):

$$d\varphi = \frac{L}{mr^2}\frac{dr}{\dot{r}} = \frac{L}{\sqrt{2m|E|}}\frac{1}{r^2}\frac{dr}{\sqrt{\left(\frac{r_{\max}}{r}\right)^2 - 1}}.$$

Mit $\varphi(r_{\max}) = 0$ und der Substitution $y = \frac{r_{\max}}{r}$ folgt:

$$dy = -\frac{r_{\max}}{r^2}dr.$$

Es folgt weiter:

$$\varphi = \frac{L}{r_{\max}\sqrt{2m|E|}}\int\limits_{r_{\max}/r}^{1}\frac{dy}{\sqrt{y^2-1}} = \frac{-L}{r_{\max}\sqrt{2m|E|}}\operatorname{arccosh}\left(\frac{r_{\max}}{r}\right).$$

Aus dem Energiesatz erkennt man noch:

$$r_{\max} = \sqrt{\frac{2m|\alpha| - L^2}{2m|E|}}.$$

Dieses oben eingesetzt ergibt schließlich:

$$r(\varphi) = \sqrt{\frac{2m|\alpha| - L^2}{2m|E|}} \cdot \frac{1}{\cosh\left(\sqrt{\frac{2m|\alpha|}{L^2} - 1} \cdot \varphi\right)}.$$

Dieses ist die Gleichung einer Spirale. Das Teilchen landet nach unendlich vielen Umläufen ($\varphi \to \infty$), aber nach endlicher Zeit t_0, im Zentrum $r = 0$.

Lösung zu Aufgabe 2.5.3

1)

$$\dot{\mathbf{A}} = (\ddot{\mathbf{r}} \times \mathbf{L}) + (\dot{\mathbf{r}} \times \dot{\mathbf{L}}) + (\operatorname{grad} V \cdot \dot{r})\mathbf{r} + V(r)\,\dot{\mathbf{r}}\,.$$

Im Zentralpotential ist $\dot{\mathbf{L}} = 0$ und außerdem:

$$\ddot{\mathbf{r}} = -\frac{1}{m}\frac{dV}{dr}\mathbf{e}_r.$$

Dies hat zur Folge:

$$\dot{\mathbf{A}} = -\frac{1}{m}\frac{dV}{dr}\frac{m}{r}[\mathbf{r} \times (\mathbf{r} \times \dot{\mathbf{r}})] + \frac{dV}{dr}\frac{1}{r}(\mathbf{r} \cdot \dot{\mathbf{r}})\mathbf{r} + V(r)\,\dot{\mathbf{r}} =$$

$$= \dot{\mathbf{r}}\left[r\frac{dV}{dr} + V(r)\right] = 0 \quad \text{für } V(r) = -\frac{\alpha}{r}.$$

2) Den Betrag des Lenz-Vektors erhalten wir aus:

$$\mathbf{A} \cdot \mathbf{A} = [(\dot{\mathbf{r}} \times \mathbf{L}) + V(r)\mathbf{r}] \cdot [(\dot{\mathbf{r}} \times \mathbf{L}) + V(r)\mathbf{r}]\,.$$

Beim Zentralpotential ist $\dot{\mathbf{r}} \perp \mathbf{L}$:

$$\mathbf{A}^2 = \dot{\mathbf{r}}^2\,\mathbf{L}^2 + V(r)\,[\mathbf{r} \cdot (\dot{\mathbf{r}} \times \mathbf{L}) + (\dot{\mathbf{r}} \times \mathbf{L}) \cdot \mathbf{r}] + V^2(r)\mathbf{r}^2.$$

Mit

$$(\dot{\mathbf{r}} \times \mathbf{L}) \cdot \mathbf{r} = \mathbf{L} \cdot (\mathbf{r} \times \dot{\mathbf{r}}) = \frac{L^2}{m}$$

folgt weiter:

$$\mathbf{A}^2 = \frac{2L^2}{m}\left[V(r) + \frac{m}{2}\,\dot{\mathbf{r}}^2\right] + V^2(r)\mathbf{r}^2$$

$$\Longrightarrow |\mathbf{A}| = \sqrt{\alpha^2 + \frac{2L^2}{m}E}.$$

3)

$$\mathbf{A} \cdot \mathbf{r} = (\dot{\mathbf{r}} \times \mathbf{L}) \cdot \mathbf{r} + V(r)r^2 = \frac{L^2}{m} + V(r)r^2 = |A| r \cos\varphi.$$

Setzt man

$$\epsilon = \frac{|\mathbf{A}|}{\alpha} = \sqrt{1 + \frac{2L^2}{m\alpha^2}E}; \quad k = \frac{L^2}{m\alpha},$$

dann gilt:

$$r = \frac{k}{1 + \epsilon\cos\varphi}.$$

Für $E < 0$ folgt: $\epsilon < 1 \Longrightarrow$ Ellipse,
für $E > 0$ folgt: $\epsilon > 1 \Longrightarrow$ Hyperbel.

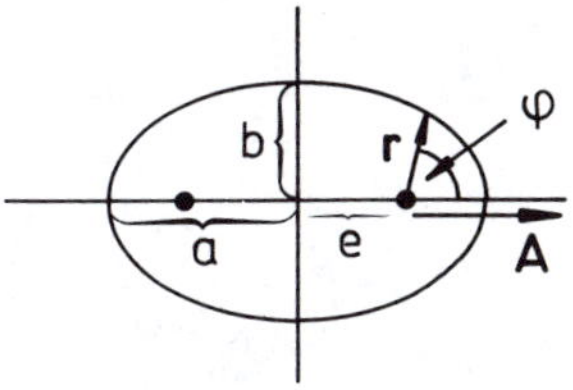

$\mathbf{A}$ liegt in der Bahnebene, weist vom Zentrum zum Perihel und hat den Betrag

$$\alpha\epsilon = \alpha\frac{e}{a}.$$

Kapitel 3.3

Lösung zu Aufgabe 3.3.1

1) Auf m_1 wirken die Kräfte:

$$F_1 = -k_1(x_1 - x_{01}),$$
$$F_{12} = -k_{12}\left[(x_1 - x_{01}) - (x_2 - x_{02})\right].$$

Auf die Masse m_2 wirken folgende Kräfte:

$$F_2 = -k_2(x_2 - x_{02}),$$
$$F_{21} = -F_{12}.$$

2) Mit den Abkürzungen

$$\bar{x}_i = x_i - x_{0i}\,; \quad i = 1,2$$

lauten die Bewegungsgleichungen:

$$m_1\,\ddot{\bar{x}}_1 = -k_1\bar{x}_1 - k_{12}(\bar{x}_1 - \bar{x}_2),$$
$$m_2\,\ddot{\bar{x}}_2 = -k_2\bar{x}_2 + k_{12}(\bar{x}_1 - \bar{x}_2).$$

3) Mit dem Ansatz

$$\bar{x}_i = \alpha_i \cos\omega t$$

ergibt sich das folgende homogene Gleichungssystem:

$$\begin{pmatrix} k_1 + k_{12} - m_1\omega^2 & -k_{12} \\ -k_{12} & k_2 + k_{12} - m_2\omega^2 \end{pmatrix} \begin{pmatrix} \alpha_1 \\ \alpha_2 \end{pmatrix} = \begin{pmatrix} 0 \\ 0 \end{pmatrix}.$$

Für eine nicht-triviale Lösung muß die Säkulardeterminante verschwinden:

$$0 \stackrel{!}{=} \left(k_1 + k_{12} - m_1\omega^2\right)\left(k_2 + k_{12} - m_2\omega^2\right) - k_{12}^2 =$$
$$= (3k - m\omega^2)(6k - 2m\omega^2) - k^2 = 2(3k - m\omega^2)^2 - k^2$$
$$\Longrightarrow \omega_\pm^2 = \left(3 \pm \frac{1}{\sqrt{2}}\right)\frac{k}{m}.$$

Lösung zu Aufgabe 3.3.2

1)

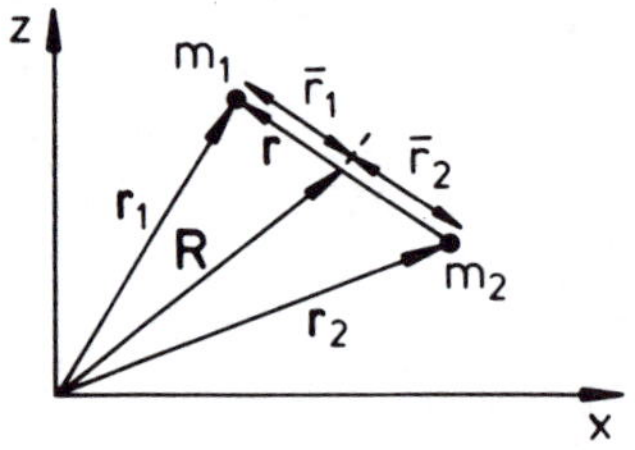

$$\mathbf{g} = (0, 0, -g).$$

Bewegungsgleichungen:

$$m_1\,\ddot{\mathbf{r}}_1 = \mathbf{F}_1^{(ex)} + \mathbf{F}_{12},$$
$$m_2\,\ddot{\mathbf{r}}_2 = \mathbf{F}_2^{(ex)} + \mathbf{F}_{21}.$$

Für die beteiligten Kräfte gilt:

$$\mathbf{F}_1^{(ex)} = m_1\mathbf{g}\,; \quad \mathbf{F}_2^{(ex)} = m_2\mathbf{g}\,; \quad \mathbf{F}_{12} = -\mathbf{F}_{21}.$$

Die gesamte äußere Kraft

$$\mathbf{F}^{(\mathrm{ex})} = \sum_i \mathbf{F}_i^{(\mathrm{ex})} = M\,\mathbf{g}\,; \quad M = m_1 + m_2$$

bewegt den Schwerpunkt

$$\mathbf{R} = \frac{m_1\,\ddot{\mathbf{r}}_1 + m_2\,\ddot{\mathbf{r}}_2}{m_1 + m_2}$$

unter Erfüllung des Schwerpunktsatzes:

$$M\,\ddot{\mathbf{R}} = \mathbf{F}^{(\mathrm{ex})} = M\,\mathbf{g}.$$

2) Mit den Anfangsbedingungen

$$\mathbf{R}(t=0) = 0\,; \quad \dot{\mathbf{R}}(t=0) = \mathbf{v}_0$$

beschreibt der Massenmittelpunkt die Bahn:

$$\mathbf{R}(t) = \frac{1}{2}\mathbf{g}\,t^2 + \mathbf{v}_0 \cdot t.$$

3) Der Gesamtdrehimpuls $\mathbf{L}$ läßt sich in einen Relativ- und einen Schwerpunktanteil $\mathbf{L}_r$ und $\mathbf{L}_s$ zerlegen:

$$\mathbf{L} = \sum_{i=1}^{2} m_i(\mathbf{r}_i \times \dot{\mathbf{r}}_i) = \mathbf{L}_r + \mathbf{L}_s,$$

wobei nach den Gleichungen (3.53) und (3.54)

$$\mathbf{L}_s = M(\mathbf{R} \times \dot{\mathbf{R}})$$
$$\mathbf{L}_r = \mu(\mathbf{r} \times \dot{\mathbf{r}}),$$
$$\text{mit } \mu = \frac{m_1 \cdot m_2}{m_1 + m_2}$$

gilt. $\mathbf{L}_s$ läßt sich explizit angeben:

$$\mathbf{L}_s = M\left(\frac{1}{2}\mathbf{g}\,t^2 + \mathbf{v}_0 t\right) \times (\mathbf{g}\,t + \mathbf{v}_0) = $$
$$= \frac{1}{2}M(\mathbf{v}_0 \times \mathbf{g})t^2.$$

4)

$$\ddot{\mathbf{r}} = \ddot{\mathbf{r}}_1 - \ddot{\mathbf{r}}_2 = \frac{\mathbf{F}_1^{(\mathrm{ex})}}{m_1} - \frac{\mathbf{F}_2^{(\mathrm{ex})}}{m_2} + \frac{\mathbf{F}_{12}}{m_1} - \frac{\mathbf{F}_{21}}{m_2} = \frac{1}{\mu}\mathbf{F}_{12}$$
$$\Longrightarrow \mathbf{F}_{12} = \mu\,\ddot{\mathbf{r}}; \quad \mathbf{F}_{12} \sim \mathbf{r}.$$

Es handelt sich um ein effektives Ein-Teilchenzentralfeldproblem. Deshalb muß

$$\mathbf{L}_r = \text{const.}$$

sein.

5) Wegen $\mathbf{L}_r$ =const. erfolgt die Relativbewegung in einer festen Bahnebene. Sie wird deshalb zweckmäßig in ebenen Polarkoordinaten beschrieben.

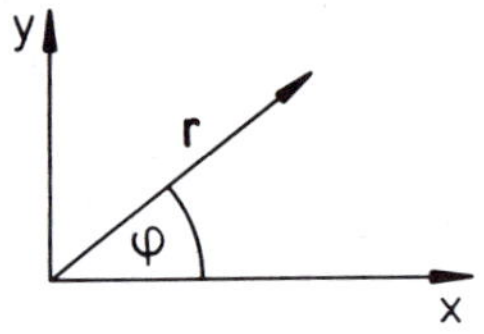

$$r = |\mathbf{r}_1 - \mathbf{r}_2| = l = \text{const.}$$

Die Gleichungen (2.8) bis (2.13) liefern in unserem Fall wegen $\dot{r} = 0$:

$$\mathbf{r}(t) = l\,\mathbf{e}_r(t),$$
$$\dot{\mathbf{r}}(t) = l\ \dot{\varphi}\ \mathbf{e}_\varphi,$$
$$\ddot{\mathbf{r}}(t) = -l\ \dot{\varphi}^2\ \mathbf{e}_r + l\ \ddot{\varphi}\ \mathbf{e}_\varphi.$$

Da eine Zentralkraft vorliegt, muß

$$\ddot{\mathbf{r}} \sim \mathbf{e}_r$$

sein. Das bedeutet

$$\ddot{\varphi} = 0 \Longrightarrow \dot{\varphi} = \omega = \text{const.}$$

und damit

$$\ddot{\mathbf{r}} = -l\,\omega^2\,\mathbf{e}_r = -\omega^2\mathbf{r}.$$

Die Lösungen sind damit vom Typ

$$\mathbf{r}(t) = l(\cos\omega t\,\mathbf{e}_x + \sin\omega t\,\mathbf{e}_y).$$

Die Bewegungen der Massen m_1, m_2 relativ zum Massenmittelpunkt werden durch

$$\bar{\mathbf{r}}_1 = \frac{m_2}{M}\mathbf{r}; \quad \bar{\mathbf{r}}_2 = -\frac{m_1}{M}\mathbf{r}$$

beschrieben (Gleichungen (3.43) und (3.44)):

$$\bar{\mathbf{r}}_1(t) = l\frac{m_2}{M}(\cos\omega t\,\mathbf{e}_x + \sin\omega t\,\mathbf{e}_y),$$
$$\bar{\mathbf{r}}_2(t) = -l\frac{m_1}{M}(\cos\omega t\,\mathbf{e}_x + \sin\omega t\,\mathbf{e}_y).$$

Das sind offenbar Kreisbahnen mit den Radien

$$\rho_1 = l\frac{m_2}{M}; \quad \rho_2 = l\frac{m_1}{M}; \quad \frac{\rho_1}{\rho_2} = \frac{m_2}{m_1},$$

die mit konstanter Winkelgeschwindigkeit ω durchlaufen werden.

Lösung zu Aufgabe 3.3.3

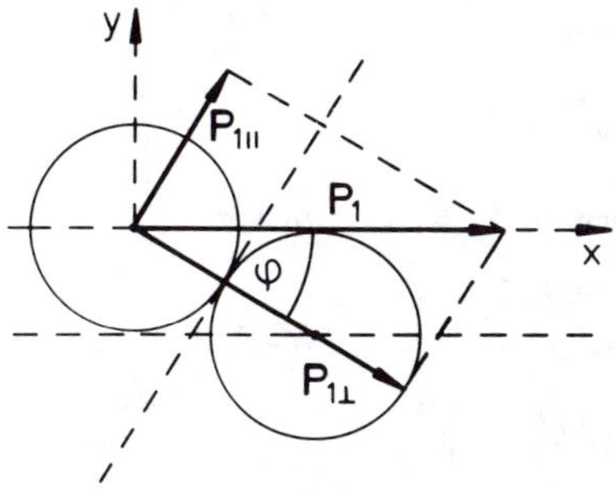

1) Der Anfangsimpuls $\mathbf{p}_1$ werde in seine Komponenten parallel und senkrecht zur Berührungsebene $(\mathbf{p}_{1\parallel}, \mathbf{p}_{1\perp})$ zerlegt. Da nach Voraussetzung keine Reibungseffekte auftreten sollen, gibt es keine Kraftübertragung innerhalb der Berührungsebene. Die Parallelkomponente des Impulses ändert sich deshalb nicht:

$$\mathbf{p}_{1\parallel} = \mathbf{p}'_{1\parallel}; \quad \mathbf{p}_{2\parallel} = \mathbf{p}'_{2\parallel} = 0.$$

Der Impulssatz liefert:

$$\mathbf{p}_1 + \mathbf{p}_2 = \mathbf{p}'_1 + \mathbf{p}'_2$$
$$\Longrightarrow \mathbf{p}_{1\perp} + \mathbf{p}_{2\perp} = \mathbf{p}'_{1\perp} + \mathbf{p}'_{2\perp} = \mathbf{p}_{1\perp}.$$

Des weiteren nutzen wir den Energiesatz aus:

$$\frac{1}{2m_1}\mathbf{p}_{1\perp}^2 = \frac{1}{2m_1}\mathbf{p}_{1\perp}'^2 + \frac{1}{2m_2}\mathbf{p}_{2\perp}'^2.$$

Die beiden Erhaltungssätze führen auf die folgenden Bestimmungsgleichungen:

$$p_{1\perp}^2 = p_{1\perp}'^2 + p_{2\perp}'^2 + 2p'_{1\perp}p'_{2\perp},$$
$$p_{1\perp}^2 = p_{1\perp}'^2 + \frac{m_1}{m_2}p_{2\perp}'^2.$$

Diese werden gelöst durch:

$$p'_{1\perp} = \frac{m_1 - m_2}{m_1 + m_2}\,p_{1\perp},$$
$$p'_{2\perp} = \frac{2m_2}{m_1 + m_2}\,p_{1\perp}.$$

Dies können wir noch weiter auswerten:

$$p_{1\perp} = p_1\cos\varphi; \quad p_{1\parallel} = p_1\sin\varphi,$$
$$\sin\varphi = \frac{A}{2A} = \frac{1}{2} \Longrightarrow \varphi = 30^\circ \Longrightarrow \cos\varphi = \frac{1}{2}\sqrt{3}.$$

Damit folgt:

$$\mathbf{p}'_1 = \frac{1}{2}p_1\left(\sqrt{3}\frac{m_1 - m_2}{m_1 + m_2}\,\mathbf{e}_\perp + \mathbf{e}_\parallel\right),$$
$$\mathbf{p}'_2 = \sqrt{3}\,p_1\frac{m_2}{m_1 + m_2}\mathbf{e}_\perp.$$

Mit

$$\mathbf{e}_\perp = \cos\varphi\,\mathbf{e}_x - \sin\varphi\,\mathbf{e}_y = \frac{1}{2}\left(\sqrt{3}, -1\right),$$
$$\mathbf{e}_\parallel = \cos\left(\frac{\pi}{2} - \varphi\right)\mathbf{e}_x + \sin\left(\frac{\pi}{2} - \varphi\right)\mathbf{e}_y = \frac{1}{2}\left(1, \sqrt{3}\right)$$

lauten schlußendlich die Impulse nach dem Stoß:

$$\mathbf{p}_1' = \frac{1}{2}\frac{p_1}{m_1 + m_2}\left(2m_1 - m_2, \sqrt{3}\, m_2\right),$$
$$\mathbf{p}_2' = \frac{1}{2}\frac{p_1}{m_1 + m_2}\left(3m_2, -\sqrt{3}\, m_2\right).$$

Ein interessanter Spezialfall liegt bei gleichen Massen $m_1 = m_2 = m$ vor:

$$p_{2\perp}' = p_{1\perp}, \quad p_{1\perp}' = 0.$$

Dies bedeutet für die Endimpulse:

$$\mathbf{p}_1' \cdot \mathbf{p}_2' = 0 \Longleftrightarrow \mathbf{p}_1' \perp \mathbf{p}_2'.$$

2) Im Schwerpunktsystem gilt für die Impulse:

$$\bar{\mathbf{p}}_i = \mathbf{p}_i - \frac{m_i}{M}\mathbf{P},$$
$$\bar{\mathbf{p}}_i' = p_i' - \frac{m_i}{M}\mathbf{P}.$$

Dabei ist

$$\mathbf{P} = \mathbf{p}_1 + \mathbf{p}_2 = \mathbf{p}_1' + \mathbf{p}_2' = \mathbf{p}_1.$$

Vor dem Stoß gilt also:

$$\bar{\mathbf{p}}_1 = \mathbf{p}_1 - \frac{m_1}{M}\mathbf{p}_1 = \frac{m_2}{M}\mathbf{p}_1,$$
$$\bar{\mathbf{p}}_2 = 0 - \frac{m_2}{M}\mathbf{p}_1 = -\bar{\mathbf{p}}_1.$$

Nach dem Stoß haben die beiden Kugeln die folgenden Impulse:

$$\bar{\mathbf{p}}_1' = \mathbf{p}_1' - \frac{m_1}{M}\mathbf{p}_1 = \frac{1}{2}\frac{m_2 p_1}{m_1 + m_2}(-1, \sqrt{3}),$$
$$\bar{\mathbf{p}}_2' = \mathbf{p}_2' - \frac{m_2}{M}\mathbf{p}_1 = \frac{1}{2}\frac{m_2 p_1}{m_1 + m_2}(1, -\sqrt{3}).$$

Kapitel 4.6

Lösung zu Aufgabe 4.6.1

1)

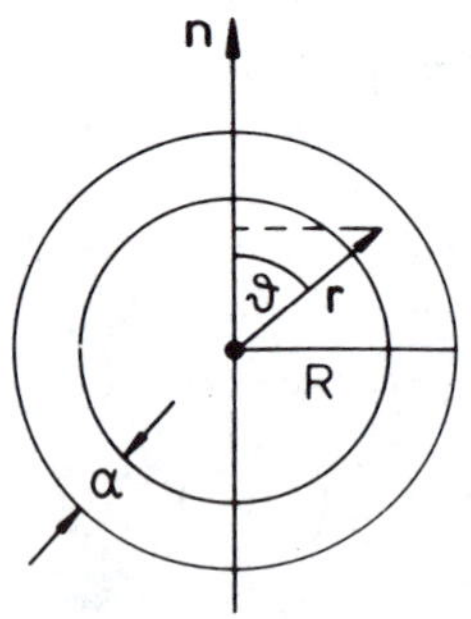

Massendichte:

$$\rho(\mathbf{r}) = \begin{cases} \rho_0, & \text{für } R - d \leq r \leq R \\ 0 & \text{sonst.} \end{cases}$$

Trägheitsmoment:

$$J = \int d^3r\,\rho(\mathbf{r})(\mathbf{n} \times \mathbf{r})^2 =$$
$$= \rho_0 \int\limits_{R-d}^{R} r^4 dr \int\limits_0^{2\pi} d\varphi \int\limits_{-1}^{+1} d\cos\vartheta (1 - \cos^2\vartheta) =$$
$$= \frac{8\pi}{15}\rho_0 \left[R^5 - (R-d)^5\right].$$

Da $d \ll R$ sein soll, gilt näherungsweise:

$$(R-d)^5 = R^5 \left(1 - \frac{d}{R}\right)^5 \simeq R^5 - 5d\,R^4.$$

Dies bedeutet:

$$J \simeq \frac{8\pi}{3}\rho_0\,d\,R^4.$$

Für die Masse M der Kugelschale berechnet man

$$M = \frac{4\pi}{3}\rho_0 \left[R^3 - (R-d)^3\right] \simeq 4\pi\rho_0 R^2 d$$

und damit für das Trägheitsmoment:

$$J \simeq \frac{2}{3} M\,R^2.$$

2)

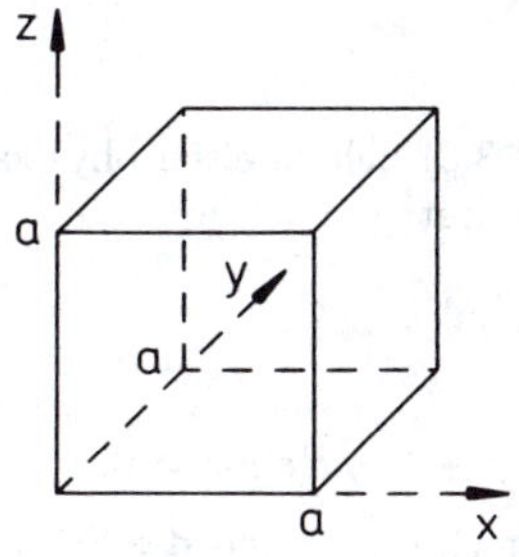

Die z-Achse sei Drehachse:

$$J = \int d^3r\,\rho(\mathbf{r})(x^2 + y^2) =$$
$$= \rho_0 \iiint\limits_0^a dx\,dy\,dz\,(x^2 + y^2) =$$
$$= \rho_0 a^2 \frac{a^3}{3} 2.$$

Für die Masse M gilt:

$$M = \rho_0 \cdot a^3.$$

Dies bedeutet:

$$J = \frac{2}{3} M\,a^2.$$

3) Massendichte (Zylinderkoordinaten: $\overline{\rho}, \varphi, z$):

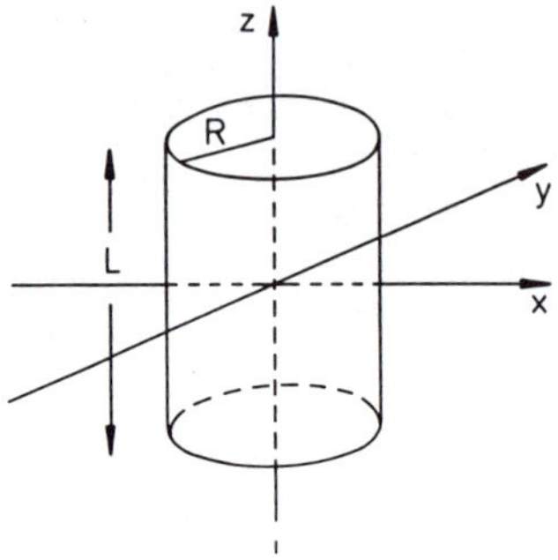

$$\rho(\mathbf{r}) = \begin{cases} \alpha \cdot \overline{\rho}, & \text{falls } 0 \le \overline{\rho} \le R \\ & \text{und } -\frac{L}{2} \le z \le +\frac{L}{2} \\ 0 & \text{sonst.} \end{cases}$$

Für die Masse M gilt dann:

$$M = \int \rho(\mathbf{r}) d^3r = \alpha \int\limits_0^R \overline{\rho}^2 d\overline{\rho} \int\limits_0^{2\pi} d\varphi \int\limits_{-\frac{L}{2}}^{+\frac{L}{2}} dz = \alpha \frac{R^3}{3} 2\pi\, L.$$

Für die Konstante α können wir also setzen:

$$\alpha = \frac{3M}{2\pi\, L \cdot R^3}.$$

Wir berechnen nun das Trägheitsmoment:

$$J = \int d^3r\, \rho(\mathbf{r}) \overline{\rho}^2 = 2\pi\, L\, \alpha \int\limits_0^R \overline{\rho}^4 d\overline{\rho} = \frac{2\pi\, L\, \alpha}{5} R^5 = \frac{3}{5} M\, R^2.$$

Lösung zu Aufgabe 4.6.2

Es handelt sich um eine Realisierung des in Kap. (4.3.3) behandelten physikalischen Pendels. Die Bewegungsgleichung ist in (4.22) abgeleitet:

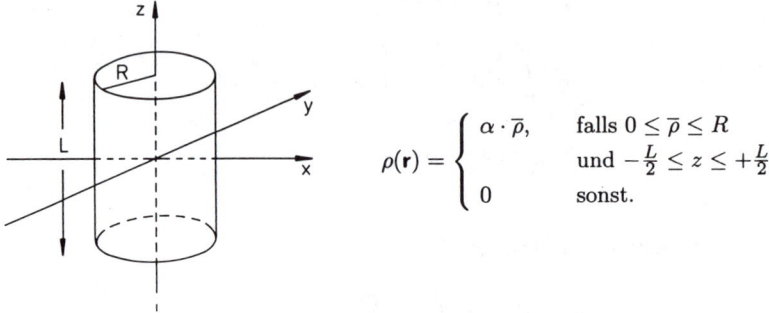

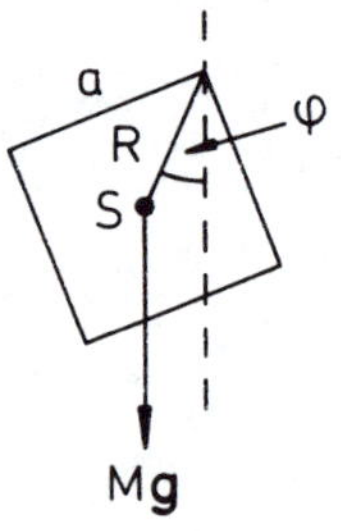

$$J\, \ddot{\varphi} + M\, g\, R \sin\varphi = 0.$$

R ist der senkrechte Abstand des Schwerpunktes von der Drehachse

$$R = \frac{a}{\sqrt{2}}.$$

Das Trägheitsmoment J haben wir in Teil 2) von Aufgabe (4.6.1) ausgerechnet:

$$J = \frac{2}{3} M\, a^2.$$

Für kleine Schwingungen ($\sin\varphi \simeq \varphi$) lautet dann die Bewegungsgleichung:

$$\ddot{\varphi} + \frac{3g}{2\sqrt{2}\,a}\varphi = 0.$$

Die Schwingungsdauer und Kreisfrequenz liest man daran unmittelbar ab:

$$\omega = 2^{-\frac{3}{4}}\sqrt{\frac{3g}{a}}; \qquad \tau = \frac{2\pi}{\omega}.$$

Nach Gleichung (4.23) beträgt die Fadenlänge des äquivalenten mathematischen Pendels:

$$l = \frac{J}{M\,R} \Longrightarrow l = \frac{2\sqrt{2}}{3} a.$$

Lösung zu Aufgabe 4.6.3

1) Wir benutzen diesselbe Bezeichnung wie im Bild auf S. 230. Für die potentielle Energie können wir dann direkt Gleichung (4.34) übernehmen:

$$V = M\,g(l - s)\sin\alpha.$$

Für die kinetische Energie gilt:

$$T = \frac{1}{2} J\,\omega^2 + \frac{1}{2} M\ \dot{s}^2\ .$$

J ist das Trägheitsmoment bezüglich der Symmetrieachse des Hohlzylinders, der *unendlich dünn* sein möge:

$$J = M\,R^2.$$

Aus der Abrollbedingung (4.31)

$$\Delta s = -R\Delta\varphi \Longleftrightarrow \dot{s} = R\,\dot{\varphi}$$

folgt mit $\dot{\varphi} = \omega$ und $\dot{s} = v$:

$$\omega = \frac{v(t)}{R}.$$

Die gesamte kinetische Energie T ist dann:

$$T = M v^2(t)$$

Die potentielle Energie zur Zeit $t = 0$ beträgt

$$V(s = 0) = M\,g\,l\sin\alpha \equiv V_0.$$

Die kinetische Energie ist zur Zeit $t = 0$ Null. Damit lautet der Energiesatz:

$$V(s) + T(\dot{s}) = \text{const.} = V_0$$

$$\Longrightarrow M\,g(l - s)\sin\alpha + M\,v^2(t) = M\,g\,l\sin\alpha$$

$$\Longrightarrow v^2(t) = g\,s\sin\alpha = \dot{s}^2\,(t).$$

2) Aus der letzten Beziehung folgt:

$$\frac{ds}{dt} = \sqrt{g\sin\alpha}\cdot s^{1/2}.$$

Wir trennen die Variablen und integrieren:

$$\int_0^s \frac{ds'}{\sqrt{s'}} = \sqrt{g\sin\alpha}\int_0^t dt'$$

$$\Longrightarrow 2\sqrt{s(t)} = t\cdot\sqrt{g\sin\alpha}.$$

Das liefert die Lösung:

$$s(t) = \frac{1}{4}t^2\,g\sin\alpha.$$

Die gesuchte Geschwindigkeit $v(t) = \dot{s}\,(t)$ beträgt damit:

$$v(t) = \frac{1}{2}t\,g\sin\alpha.$$

STICHWÖRTERVERZEICHNIS

Bücher aus dem Umfeld

Freche Verse - physikalisch

Physik und Physiker im Limerick

von Peter Hägele, illustriert von Peter Evers

1995. 116 Seiten. Kartoniert.
ISBN 3-528-06634-2

Aus dem Inhalt: Klassische Mechanik - Elektrodynamik und Optik - Thermodynamik - Spezielle Relativität - Kosmologie - Die Quantenmechanik und ihre Deutungen - Elementarteilchen und Atome - Festkörper - Computer - Chaos - Laborpraxis - Erkenntnis durch Physik

Was kommt heraus, wenn ein Physiker seiner Wissenschaft und seinen Standeskollegen von früher und heute auf die Finger schaut und das ganze in Limericks faßt? Eine Sammlung von kurzen, oft überraschenden und lustigen, oft auch nachdenklich machenden kurzen Gedichten, die die Schwächen der Großen und (noch) Kleinen des Faches nicht ohne Sympathie offenlegen. Der Physiker und Zeichner Peter Evers, bekannt durch seine regelmäßigen Beiträge in Sachen humorvoller Physik in den „Physikalischen Blättern", hat fast 30 Karikaturen beigesteuert, die die Welt der Physik ebenfalls mit einigen Schlaglichtern beleuchten. Ein Daumenkino macht dieses Buch sogar zu einem bewegten Erlebnis!

Über den Autor:
Prof. Dr. Peter C. Hägele ist Physiker an der Universität Ulm.
Peter Evers, ebenfalls Physiker, ist freischaffender Cartoonist.

Verlag Vieweg · Postfach 1547 · 65005 Wiesbaden · Fax (0611) 78 78-420

vieweg